设计城市

——城市设计的批判性导读

U0213976

献给爱莎和萨拉
For Ailsa and Sarah

本书是《城市形态——政治经济学与城市设计》的姊妹篇

国外城市规划与设计理论译丛

设计城市

——城市设计的批判性导读

[澳] 亚历山大·R·卡斯伯特 编著
韩冬青 王 正 韩晓峰 钟华颖 译

中国建筑工业出版社

著作权合同登记图字：01-2004-1452号

图书在版编目（CIP）数据

设计城市——城市设计的批判性导读／（澳）卡斯伯特编著；韩冬青等译．
北京：中国建筑工业出版社，2011.3
（国外城市规划与设计理论译丛）
ISBN 978-7-112-12642-2

Ⅰ.①设… Ⅱ.①卡…②韩… Ⅲ.①城市规划-建筑设计 Ⅳ.①TU984

中国版本图书馆CIP数据核字（2010）第238202号

Designing Cities: Critical Readings in Urban Design / Alexander R. Cuthbert
Copyright © 2003 Blackwell Publishing Ltd.
This edition from the original English language version is published by arrangement
with **Blackwell Publishing Ltd**, Oxford.
Chinese Translation Copyright © 2011 China Architecture & Building Press

本书经英国Blackwell Publishing Ltd.出版公司正式授权翻译、出版

责任编辑：董苏华 责任设计：陈 旭 责任校对：王金珠 马 赛

本项目由"北京未来城市设计高精尖创新中心——城市设计理论方法体系研究"
资助，项目编号UDC2016010100

国外城市规划与设计理论译丛
设计城市
——城市设计的批判性导读
［澳］ 亚历山大·R·卡斯伯特 编著
韩冬青 王 正 韩晓峰 钟华颖 译
*
中国建筑工业出版社出版、发行（北京西郊百万庄）
各地新华书店、建筑书店经销
北京嘉泰利德公司制版
北京圣夫亚美印刷有限公司印刷
*
开本：787×1092毫米 1/16 印张：27¾ 字数：666千字
2011年3月第一版 2017年11月第二次印刷
定价：**89.00**元
ISBN 978-7-112-12642-2
（30146）

版权所有 翻印必究
如有印装质量问题，可寄本社退换
（邮政编码100037）

目　录

前 言

 在大多数人的生活经历中，显然，最值得珍惜的事情之一，莫过于参观美丽的城市并为其蕴含的人类创造力的惊人多样性而赞叹不已。只有在城市里，人们才能彻底体验由华丽的建筑、美丽的雕塑和纪念碑、水道、运河、广场、码头、林荫道、商业街廊、露天市场组成的盛大场景，这些要素集中在一起，形成无数迷人的城镇和都市。锡耶纳、巴黎、威尼斯、布拉格、佛罗伦萨、爱丁堡、杜勃罗文克，名单无穷无尽。其他城市也许没有如此辉煌，但也复杂得惊人。洛杉矶是一个重要的实例，从东到西100英里的体验令人迷幻，尽管我们当中的一些人也许不同意爱德华·苏贾（Ed Soja）（1989，p.190）所云"一切都聚集到了洛杉矶"。甚至如芝加哥、格拉斯哥和汉堡这些拥有预示着灾难的工业遗产的城市，也已经设法将自己塑造成重要的旅游点。设计城市一直是一个有趣而迷人的主题，对国王、君主、统治者和总统具有明确的重要意义，对街上的普通市民也是如此。

 然而城市设计的概念何指，我们用这个术语意味着什么，什么构成"设计"，参与设计城市需要什么样的知识，这些并不是那么清晰。宏伟的城市空间证实了历史的变迁、权力的支配及其引起的冲突、几千年来人类意识的转变，以及体现于我们的环境架构之中的公众记忆的庆典。本书尝试澄清并且深入城市设计的所有这些问题。它来源于毕生从事城市设计研究和在四大洲的教育和实践的经历，以及关于什么构成对城市设计的恰当理解这个问题的持续不断的个人思辨。在此期间，我个人收集了一系列从不同角度探讨这个主题的读本，而把它们汇集成能够传达关于这个主题的适当知识的一本图书却是一个巨大的工程。考虑到构成城市设计的浩繁的理论、经验和技术性问题，一本理论性读物看来显然是一个开端。即使有这些制约，选择、排除、连贯性的问题仍然很多。对我来说很明白的是，缺乏综合观点的一个可能的原因是城市设计作为一门学科已经无力发展任何可以称为是它自己的实质性理论。它充满了历史主义、折中主义和经验主义，这三方面观点共同抵制了重大理论的发展。迄今为止，城市设计仍没有任何关于该学科的整体的观点，用来在整个社会的物质发展框架内寻求对其由来的解释，而不是将城市设计作为个别天才的行为、历史偶然或者技术变化的随机结果。《设计城市》是完成这项任务的第一关。

 因此，本书是一本理论读本。它既没有提出培训城市设计者的方法，也没有提出是什么构成了恰当的有教育意义的体验。关于"怎么做"这样一个棘手的问题我已经在别处着手考虑了（Cuthbert，1994a，b，1997，2001）。因此书中的28篇文章局限于观点、示范和洞察，并没有提出发展控制、结构规划、"模式语言"、设计方法、滤网测绘等方面的种种技巧，或是现在可用于模拟建筑形式和空间的不同技术的影响。这些主题中的每一个都可以轻而易举地单独集中成册。还有一点很重要：继这本书之后是我正在写的一本。《城市设计》教科书，我想把现在这本作为第二本的基础。在这本书里，我采用了同样的基本格式，但是将会更加深入这些论辩和主张，这些东西可能在其后的简介中被节删了。

　　组织当前这本书时，我得到无数同事的支持，但是我要感激三个特殊人物不懈的支持：第一个是我的朋友普雷姆（Prem），他不得不处理我那反复无常的创造力的高潮和低谷；第二个是我伟大的朋友和同事乔恩·兰（Jon Lang），他接管了我的行政职务一整年，使这个项目成为可能；第三，我的研究助手凯瑟琳·凯茨（Catherine Gates）的关心、对重要细节的专心、技术技巧和良好的幽默感，向她致以永久的感谢。最后，我要感谢那些对本书的出版作出直接贡献的人们。感谢悉尼新南威尔士大学建筑环境系给我提供八个月的进修假期，以及为这个项目提供必要的经费，感谢我的两个同事，迈克尔·邦兹（Michael Bounds）和凯文·邓恩（Kevin Dunn）为我的绪论提出敏锐的意见。我还要感谢在布莱克韦尔的全体工作人员，萨拉·法尔屈斯（Sarah Falkus）、安杰拉·科恩（Angela Cohen）、罗西·海登（Rosie Hayden）、布赖恩·约翰逊（Brian Johnson）和约翰·泰勒（John Taylor），他们的职业作风使我在前进的道路上一步一个脚印。我真诚希望这个成果值得由不同个人和机构投入时间、精力和财力。不过，在这项工作中所有的任何差错当然应该归责于我本人。

致 谢

本书作者和出版人员十分感谢以下文章的作者允许我们翻用他们的有版权的材料：

Chapter 1: Manuel Castells (1983) "The process of urban social change." In *The City and the Grassroots: A Cross-Cultural Theory of Urban Social Movements*. Edward Arnold, London, pp. 301–305, 418. Reprinted by permission of the author.

Chapter 2: Paul Walter Clarke (1989) "The economic currency of architectural aesthetics." In *Restructuring Architectural Theory* (eds M. Diani and C. Ingraham). Northwestern University Press, Evanston, IL: pp. 48–59. Reprinted by permission.

Chapter 3: Sharon Zukin (1988) "The postmodern debate over urban form." *Theory, Culture and Society*, 5(2–3), pp. 431–446. © Theory, Culture and Society 1988. Reprinted by permission of Sage Publications Ltd.

Chapter 4: Manuel Castells (1983) "The new historical relationship between space and society." In *The City and the Grassroots: A Cross-Cultural Theory of Urban Social Movements*. Edward Arnold, London, pp. 311–318, 419–421. Reprinted by permission of the author.

Chapter 5: Dolores Hayden (1996) "Urban landscapes as public history." In *The Power of Place: Urban Landscapes as Public History*. MIT Press, Cambridge, MA, pp. 2–13, 248–250. Reprinted by permission.

Chapter 6: Abraham Akkerman (2000) "Harmonies of urban design and discords of city-form: urban aesthetics in the rise of western civilization." *Journal of Urban Design* (http://www.tandf.co.uk/journals), 5(3), pp. 267–90. Reprinted by permission of Taylor & Francis Ltd and the author.

Chapter 7: David Harvey (1992) "Social justice, postmodernism and the city." *International Journal of Urban and Regional Research*, 16(4), pp. 588–601. Reprinted by permission of Blackwell Publishing.

Chapter 8: Christian Norberg-Schulz (1976) "The phenomenon of place." *Architectural Association Quarterly*, 8(4), pp. 3–10. Reprinted by permission of the Architectural Association, London.

Chapter 9: Mark Gottdiener (1986) "Recapturing the center: a semiotic analysis of shopping malls." In *The City and the Sign: An Introduction to Urban Semiotics* (eds M. Gottdiener and A. Lagopoulos). Columbia University Press, New York, pp. 288–302. Reprinted by permission.

Chapter 10: A. Madanipour (1999) "Why are the design and development of public spaces significant for cities?" *Environment and Planning B: Planning and Design*, 26(6), pp. 879–891. Reprinted by permission of Pion Ltd, London.

Chapter 11: Peter Marcuse (1998) "Reflections on Berlin: the meaning of construction and the construction of meaning." *International Journal of Urban and Regional Research*, 22(2), pp. 331–338. Reprinted by permission of Blackwell Publishing.

Chapter 12: Rosalyn Deutsche (1996) "Tilted Arc and the uses of democracy." In *Evictions: Art and Spatial Politics* (ed. R. Deutsche). MIT Press, Cambridge, MA, pp. 257–268, 362. Reprinted by permission.

Chapter 13: Gwendolyn Wright (1988) "Urban spaces and cultural settings." *The Journal of Architectural Education*, 41(3), pp. 10–14. Reprinted by permission of MIT Press, Cambridge, MA.

Chapter 14: Sharon Zukin (1991) "The

urban landscape." In *Landscapes of Power: From Detroit to Disney World*. University of California Press, Berkeley, pp. 39–54, 285–290. Copyright © 1991 The Regents of the University of California.

Chapter 15: Lawrence Knopp (1995) "Sexuality and urban space: a framework for analysis." In *Mapping Desire: Geographies of Sexualities* (eds D. Bell and G. Valentine). Routledge, London, pp. 149–161. Reprinted by permission.

Chapter 16: Liz Bondi (1992) "Gender symbols and urban landscapes." *Progress in Human Geography*, 16(2), pp. 157–70. Reprinted by permission.

Chapter 17: Dolores Hayden (1985) "What would a non-sexist city be like? Speculations on housing, urban design and human work." *Ekistics*, 52(310), pp. 99–107. Reprinted by permission.

Chapter 18: Peter Newman and John Kenworthy (1999) "Summary and conclusions." In *Sustainability and Cities*. Island Press, Washington, DC, and Alexander C. Hoyt Associates, New York, pp. 333–342. Reprinted by permission.

Chapter 19: G. J. Ashworth (1997) "Conservation as preservation or as heritage: two paradigms and two answers." *Built Environment*, 23(2), pp. 92–102. Reprinted by permission of Alexandrine Press, Oxford.

Chapter 20: Jennifer Wolch (1996) "Zoöpolis." *Capitalism, Nature, Socialism: A Journal of Socialist Ecology*, 7(2), pp. 21–47. Reprinted by permission.

Chapter 21: Jon Lang, "Aesthetic theory." In Creating Architectural Theory: The Role of the Behavioral Sciences in Environmental Design." Van Nostrand Reinhold, New York, pp. 181–187. Reprinted by permission of John Wiley Inc.

Chapter 22: Aldo Rossi (1993) "The urban artifact as a work of art." In *Architecture Culture 1943–1968: A Documentary Anthology* (ed. J. Ockman). Rizzoli, New York, pp. 393–395. Reprinted by permission.

Chapter 23: Barbara Rubin (1979) "Aesthetic ideology and urban design." *Annals of the Association of American Geographers*, 69(3), pp. 339–361. Reprinted by permission of the Association of American Geographers and Blackwell Publishing.

Chapter 24: Anthony Vidler (1978) "The third typology." In *Rational Architecture Rationelle: The Reconstruction of the European City*, pp. 28–32. Editions Archives d'Architecture, Brussels. Reprinted by permission.

Chapter 25: Rob Krier (1979) "Typological and morphological elements of the concepts of urban space." In *Urban Space*. Rizzoli, New York, pp. 15–29, 173, 174. Reprinted by permission.

Chapter 26: Sarah Chaplin (2000) "Heterotopia Deserta: Las Vegas and other spaces." In *Intersections: Architectural Histories and Critical Theories* (eds I. Borden and J. Redell). Routledge, London, pp. 203–19. Reprinted by permission of Taylor & Francis Ltd.

Chapter 27: Paul L. Knox (1988) "The design professions and the built environment in a postmodern epoch." In *The Design Professions and the Built Environment* (ed. P. Knox). Nichols Publishing, New York, pp. 1–11. Reprinted by permission.

Chapter 28: Anne Vernez Moudon (1992) "A Catholic approach to organizing what urban designers should know." *Journal of Planning Literature* vol. 6 (4), pp. 331–49. Reprinted by permission of Sage Publications Inc.

Figure 6.2: E. J. Owens (1991) *The City in the Greek and Roman World*. Routledge, London. Reprinted by permission of Taylor & Francis Ltd.

Figure 6.3: R. Chartier, G. Chaussinand-Nogaret, H. Neveux and E. L. Ladurie (1981) *Le Ville Classique de la Renaissance aux Revolutions*. Editions du Seuil, Paris.

Figure 6.5: R. Rosenau (1983). *The Ideal City: Its Architectural Evolution in Europe*. Methuen, London.

Figure 6.12: Tony Garnier (1917) *Une cité industrielle*. Estate of Tony Garnier/Musée des Beaux-Arts de Lyon.

Figure 12.1: Richard Serra's Tilted Arc, Federal Office Plaza, New York 1979 (later removed). Reproduced courtesy of the artist. © DACS 2002.

Figure 23.1: Advertisment for Atlantic Richfield Oil, 1970s.

Figure 23.2: Advertisement for Volvo, 1973.

Figure 23.11: Golden Buddha, Pan-Pacific Exposition, San Francisco, 1915. University Research Library, UCLA.

Figure 23.12: Tin Soldiers, Pan-Pacific Exposition, San Francisco, 1915. University Research Library, UCLA.

发行人对以上列表中的任何错误和遗漏表示道歉，并且感谢任何修正的建议，同时将在下个版本或者重新出版此书时进行修正。

导　言

背景

　　伴随着信息时代的到来以及城市化持久的危机，城市的物质性组织和设计在世界经济中的作用被夸大了。关键原因中最根本的是政治因素，因为一个成功的城市的主要标准是它们可以产生一种促销性形象的能力，这种形象可以国际性地传播。这也可以被看作反映了经济过程全球化和大量的迅速改变地球的社会空间结构的巨大的相互关联的现象。其中一些反映在信息化资本主义的总体进步之中，这种信息化的资本主义对劳动力、符号化经济以及虚拟时空进行全新的国际性划分，所有这些已经影响了人们对建成环境的不断变化的美学感受。在整个形势的中心存在着全球化的概念，自从伊曼纽尔·沃勒斯坦（Immanuel Wallerstein）（1974）把这个概念提到显著的地位以来，我们的讨论已经超过四分之一世纪了。虽然全球化现在是挂在每个人嘴上的时髦语汇，人类知识的许多领域把它当成一种占主导地位的与"后现代"相对应的范式，但是，在这里我们既没空间也没必要对这个话题讨论太深，读者可以参考一些关于这个主题的读本，如由卡斯特利斯（Castells）（1989）、费瑟斯通（Featherstone）（1990）、扎森（Sassen）（1991）、罗伯逊（Robertson）（1992）、阿帕多拉伊（Appadurai）（1996）和斯科特（Scott）（1997）写的书。然而，有必要对于城市形态是如何适应这种平衡作出一些说明，集中关注影响城市建成形态的主要因素，因为城市设计是本书关注的焦点。至此，地理分支的几个领域——经济、人类、文化和城市——是最重要的，我得益于这些领域的许多著名作者，如哈维（Harvey）（1989）、戴维斯（Davis）（1990）、加罗（Garreau）（1991）、斯克莱尔（Sklair）（1991）、费瑟斯通（1995）、比尔（Biel）（2000）、苏贾（Soja）（2000）、明卡（Minca）（2001）和其他许多人。

　　在《网络社会的崛起》中，卡斯特利斯对世界经济和全球经济作了重要的区分。差别在于，在此前的世界经济之中，资本主义从16世纪以来已经充分发展了，这种发展基于遵循同一种基本思想体系的不同中心，当阿姆斯特丹、汉堡和佛罗伦萨成为商业主义的新经济形式的主要煽动地之时，在当今世界之中，全球经济略有不同：它是一种有能力在全球范围内作为一个单元而实时同步地运作的经济。虽然资本主义产品模式的主要特征是无情扩张，总是试图征服时间和空间的限制，但都是只有到了 20 世纪晚期，世界经济才能够真正在由信息和交流技术提供的新的基础设施的基础上变得全球化。（Castells，1996，p. 93）

卡斯特利斯用了信息资本主义这个词，因为新的经济不管在虚拟还是符号性的感觉上，现在都正以信息的交换价值挑战商业产品。假如由于网络社会而产生了资本的大量流动，那么控制机制总是超出国家政府的操控范围，并且，传统经济政策的杠杆作用已经很微弱了。因而，这种新的经济范式变得高度政治化，对社会空间的结构产生巨大的影响。作为整体过程中的一部分，卡斯特利斯继续阐明技术和生产力的采用不是为了服务于社会整体的利益，而只是受利润和竞争的驱使。在这个基础上，超国家、国家、地区和地方性层次的政治机构都相应地重组，以此来使它们相应的经济最大化。在为全球化寻找一些基本的政治原因或是支配性的理性逻辑时，我们很容易会假定，全球化仅代表美国对世界经济的干涉主义的一个新的阶段，考虑到自从第二次世界大战以来美国帝国主义的主导地位。但是正如斯科特（1997，p. 4）指出，"即使是那些从发展理论中得出分析因而对西方模式的输出敏感的人也强调在全球化和美国化之间的联系决不是直接的。"

这里想要暗示的是，不管美国的巨大的经济实力，明显的霸权可以在许多方面被质疑，不仅仅是在政治和经济领域，而且还有文化和媒体帝国主义，其中任何假设美国的优越性都是"一种深刻而神秘的错误"（Sklair，2002，p. 179）。同样情况下（In the Same vein），另一些权威学者，如保罗·赫斯特（Paul Hirst）则认为"全球化"所含有的虚构性比真实性更大。这是因为世界经济仍然主要由国家级别产生的竞争压力和产品决定，并且依赖国家性的社会和政治机构（Hirst，2000，p. 243）。然而，尽管美国仍然是世界头号超级大国，但自从美国的政治影响受到不同经济体系和社会主义国家内可供选择的社会公正、意识和思想形态的挑战以来，对资本主义的苛刻质疑已经减弱了。相反，在美国对世界事务的影响中所代表的新帝国主义越来越受到它自身内部思想结构的对抗，如法院系统、绿色运动以及像艾默里·洛文斯（Amory Lovins）在《自然的资本主义》（The Natural of Capitalism）中所说的资本家优先权的重组，在这本书中，从理论上提出一种对可持续发展的资本主义的革命范式（Hawken 等，1999）。洛文斯的基本观点是经济效益性的，即和产生废弃物一样从加工废弃物中也有利可图发财致富。因此，"肮脏的资本主义"被净化了的新的环境技术所取代，这种技术同时又提供了利润和清洁的环境。为了能够密切注视这个不断变化的领域，主要经济中的私有部分越来越关注社会供应的问题以及关于可持续性和环境保护的争论问题，这些问题都存在于城市发展的所有领域之中（并不是说，这必然是种慈善性的过程）。这是对增长的社会责任表现出的一种真诚的关心，还是对基本的人类价值扩展的操作所承担的义务，还要拭目以待。在一个高度竞争的世界之中，似乎更可能是，就可持续能源而言，自然资本主义的任何利润，只有在大资本、尚未受到挑战这一流行假定的前提下才能获得。

在这个新的全球经济中，资本和劳力重构中的大量变化已经在一种重构了的空间经济中创造了相对应的构造性改变，在这种空间经济之中的先进的资本主义社会固有的地理性的不平衡发展正在一种新的常常是不可预言的方式之中重新形成。这个过程所暗含的是存在于国家之间以及国家内部的巨大的人口迁移，穷人寻找工作而富人在全球化的旅游经济之中寻找娱乐，这种旅游经济与西奥多·阿道尔诺（Theodore Adorno）所指的"文化工业"有很大联系（由 Scott 重述，2000）。在最基本的层次上，西方经济的非工业化趋向以及被信息化经济促进的新的工业化经济正在产生巨大的空间变化。旧式的基于国家的区域性劳力分区正让位于网络社会和联盟重构中新的联合。在国家政府的政治权威下降和电子通信形成的新网络的共同作用下。这也滋生了一种新地方主义——"地方和区域性的城市地缘政治经济正在变得同这种广泛的全球网络的联系比同国家的城市系统的联系更加紧密。"（Soja，2000，p. 41）。从某种意义上说，这种新的帝国主义最浅显的说明是城市尺度的加大（Biel，2000），而城市本身并不重要，增大的实际尺寸与其增大的复杂性没有必然的联系，这种复杂性基于网络、流动或是物理空间，或者更细节的城市空间的功能，适应性能力或其形式。发展不平衡的部分原因根源于全球化在多大程度上被理解为它的影响是统一的。普遍接受的说法，除了"以全球的眼光思考，以地方性的方式操作"外，似乎全球化并没有统一性，空间正在被以一种固有的不可预知和戏剧性的方式重组。因此，"全球地方化"一词在学者中普遍使用来描绘这个现象，即所有的地理尺度上的社区将会在一个整体上不平衡的基础上来体验全球化的影响（Robertson，1995）。甚至，我刚才使用的社区一词也没有任何分析性的意义，因为这个词所含有的物理约束已经失去了连贯性。正如卡斯特利斯指示的，信息经济联合了场所空间与流动空间，这导致了诸如虚拟现实和互联网等时空概念，这都符号性地重新定位每个个体。在这个越来越失去边界的行星上，那些非常幸运地发现自己处在如苏贾所说的"后都市"区域，如洛杉矶、纽约、伦敦和巴黎的人能够体验最混杂的城市空间，在其中不仅有"汇集自世界各地的全球资本和劳力，而且，还有时尚、娱乐、美食、建筑风格，政治立场和可持续的经济策略"（Soja，2000，p. 196）。

在这个普遍的说明之中潜藏着一种印象，即后现代和后都市自身有一种混乱，无规则性的整体氛围，并且感觉到全球化是如此扩散，没有人能够真正说明它。换句话说，后现代城市主义破裂的本质往往会产生错误的印象，即所有的制度性的政体都已暂停，或者被剥夺了权利。这可能真的是一个错误的假设。虽然人们可以认为现代主义的普遍特征是管理，也可以认为在后现代城市生活中，反管理看似迄今一直成为人们接受的意识形态但更合适的说法是，对被管理的东西的重视已经大大地转向允许发生独特的经济和政治变化。为了能够理解这个过程，我们必须返回到现代性的消失以及 20 世纪 70 年代中期的国家财政危机（Arrighi，1994）。国家和州不断下降的税收基础以及自那时起的州机构的长久私有化，都已经被一种存在于资本主义部分中的财政/商业中的叫做新组合主义的哲学指导。虽然现代主义者的组合主义的基本特征是对已有社会秩序的重组，这种重组是通过在市民社会和政府之间创造中间性机构来完成的。后现代主义的新组合主义使用这些相同的机构来渗透，最后对政府组织施行有力的控制。事实上，建成环境专业的不断变化的作用及其实质很强烈地表现了这点（Marshall，2000）。同样，在那些私有成分不能控制一切的区域，或者是需要政府财政，如贷款、种金或其他的分配，公共－私有成分的合伙关系成为运作样式（modus operandum）。福利货物在社会控制、健康、教育和其他服务业中也被商品化了。例如，在教育中，过去的企业合作策略认定政府创办的教育仅仅是为了对他们的员工进行教育，通过这种教育他们施加了具体但却是部分的控制，在今天新组合主义中，公司发现在第三次教育中他们自己传递教育产品这样一个新的市场。在这个基础上，他们将仅仅是从雇佣劳动中得来的潜在的剩余价值扩展到更大的利益，这种利益来自将整个教育过程商品化。

因此，看起来"后现代城市"并不是一些明显随机的过程产物，它是一致商定的，苦心作出计划的结果，去除福利、社会住房的消失，重新布置警力，以此来加强社会的边缘化现象（marginalization），提倡一些规划来消除那些被认为是人类平等的破坏因素的人，"社会再生产的整个领域已经被拍卖给了私有的警力，监狱操控者、公园保护、商业促进区以及类似的方面"（Mitchell，2001，p. 81）。明卡（Minca）把这种后都市的形式叫做后公正城市，其中，"地理学家"（以及其他一些）们对城市后现代化的乌托邦幻想不是支持形成一种进步的城市政策，而是支持一种在其意图和实践上都越来越残忍的制度化的政体（Minca，2001，p. 9）。这里，目标是"创立一系列不依赖于法律或者权利的普遍化趋势的公共空间制度。"并且各种不同的利益社团可以创立他们自己的法则来对他们拥有或者居住的空间进行取舍（Mitchell，2001，p. 73）。对社会产品部分的私有化天生是对最伟大的民主象征之一，即对公共空间和公共领域的控制的威胁。我认为，一种深化的新组合的思想整体上不能抵制把公共空间当成一种私有商品，它伴随着对集体社会行为表达的自由以及公民权利的暗含的限制，以及在这个过程中暗含的整体的全景监视。事实上，已经有许多作品讨论这个话题了，经典的有迈克·戴维斯的《石英城市》（City of Quartz，1990）以及《恐惧的生态学》（Ecology of Fear，1998），N·艾琳（Nan Ellin）的《恐惧的建筑》（Architecture of Fear，1997）以及戴维·哈维的《希望的空间》（Spaces of Hope，2000）。

　　与这种对整体过程的非制度化直接相连的是一种对公共空间控制的私有化的不确定的感觉。我把这种环境称作"模糊空间"并且提出了与香港社会空间设计相联系的普遍问题，虽然附加在当代后都市的基本原则是作为一个整体（Cuthbert，1995；Cuthbert & Mackinnell，1997）。这个概念的中心是产生了监视社会。虽然监视在人类行为的各个层级中都有，但是它构成了对权力的一种特别的表现形式，其中主要的场地就是国家的管理官僚机制。空间是一种媒介，通过它这种权力得以实现。"这种意义上的权力意味着通过对信息的控制来控制主体人群。作为国家政策的工具，环境职业在此过程中通常是无意地，通过包装、处理和设计空间来帮助权力的适应。从这点来看，城市的权力这个问题对于城市规划的道德心来说变得越来越重要了，城市规划的道德心代表了政府积极地处理好存在于社会关系和空间结构之间的界限（Cuthbert，1995，p. 294）。监视作为一种社会活动决不是一种新概念，因为在所有社会之中已经有一些监控的形式来支撑各种形式的社会控制。然而，电子通信却为这个词注入了全新的重要性，超过了乔治·奥威尔（George Orwell）在《1984》（Nineteen Eighty-four）中设想的任何事情。正如吉登斯（Giddens）所说的，监视在创造现代性中发挥了主导的作用，因为"不比资本主义或是工业主义差，监视是一种推动现代社会偏离传统社会行动模式的方法"（Giddens，1990，p. 20）。毫无疑问，城市空间的设计越来越受到各种形式的监视和治安的影响，而且目前城市中所有的系统与二十年后预期的相比将是很原始的。今天的电子系统创造了一种对大众人群的全新的影响领域（Poster，1990；Lyon，1994；Bogard，1996；Parker，2000）。很重要的是，今天的电子监视系统对于建筑和空间以及新的组合建筑的设计和城市设计有一种遗留的影响，在这些设计之中，设计策略有一种控制性的空间，而不是把公共用途当做首要的重点。整个现象从根本上可以追溯到上面我提到的政府财政危机，以及伴随它的公共部门消耗的减少，因此它削弱了中产阶级对政府为他们提供个人和公共安全的能力方面的信心。这种普遍的不信任的一个明确特征是私人监控，守卫性社区以及对进入一定类型的商业中心的限制的增加。另一点是新的建筑和城市规划的范式，如已被提到的英国的新传统和美国的新城市主义，"可以得出一个似乎有理的结论，建筑的新城市主义不仅在美学上反对郊区化，而且代表了一种高度地方化的对新的城市生活现实的政治性反抗。"（Smith，2001，p. 157）

　　这种新的城市主义现在有一种刚萌芽的全球性表现，尽管它在根本上是种反抗性的美学和保守性倾向（Audirac and Shermyen，1994；Katz，1994；McCann，1994；Till，1994）。在某个层次上说，它构成了一种对安全和人性社区的真正探索。其他的就不确信了，因为在地方层级上的良好意愿，以及正在被建的各种类型的社区之中，都只是代表了一种对现有的阶级斗争的掩饰（Al-Hindi 和 Staddon，1997）。新城市主义的起点是安德烈斯·杜安尼（Andreas Duany）和伊丽莎白·普拉特-齐贝克（Elizabeth Plater-Zybeck）在佛罗里达海边的一个项目，这个项目预示了对历史参考的怀旧的重生。同时这场运动对现存城市化是颠覆性的，并且伴随着一种孤立主义的趋向，这种孤立主义采取的形式是中产阶级价值取向的，绿色区域的场地以及隔离性的社区。尽管是符号性的，对意向的所有权对于处在迅速扩张的全球化影响的领域中越来越多的个体来说是至关重要的。虽然新城市主义的思想体系现在有一种全球性的外观，它同时伴随着发展中国家寻求强大的或是新的身份，弗兰姆普敦（Frampton）开创性地表达了这个概念（1983），同时最近以来不断发展的亚洲意识也表达了它，在这意识之中，一种进步的新美学由像郑庆顺（Tay Kheng Soon）（1989）和马来西亚建筑师杨经文（Ken Yeang）等这样的个人而形成。两种运动的差异在于前者的基本推动力是根本性的经济和政治发展需要，而后者至少部分原因是对殖民主义的反抗。虽然新城市主义是反抗性的，但它符合国家的特质，并且试图重新诠释历史过程。总的来说，批判性地方主义的概念似乎比新传统主义和新城市主义有一种更加健康的政治目标，如果不从其他的角度，只是从它只往前看，而不向后看这点来说。

　　同时，居住性郊区被新城市主义所质疑，城市的外观也被这样一种欲望改变了，即超国家的合作试图占据那些将会吸引最好员工的环境，并且使得以符号性资本为形式的合作表象在许多新的开发之中占主导："这种深受欢迎的人就成为老练的地区消费者，不管这些地区是高科技 'nerdistans' 如北卡罗来纳的罗利、出类拔萃的乡村'英雄纪念堂'还是复兴了的大都会地区如曼哈顿、西雅图或芝加哥的湖边区。"（Kotkin，2000，p. 28）然而，尽管有信息经济和基于网络的通信，面对面的联系仍然是重要的，许多城市中心区现在被复兴了，而不是衰落，其前提是这种策略伴随着占主导地位的合作以及政府干预的减少。考虑到使一切从公司到其所在的建筑物都与众不同的日益显现的重要性，则形象拥有对后现代城中的共同参与和对新城市生活至少一样重要。在城市设计条件下，这表明了一种从先前的基于国家权力和控制的城市"意象库"向建立在新合作思想体系下的意象库的转变。"市民设计"这个旧词语沿用至 20 世纪 60 年代来描述城市空间物质性重构，当时国家既是管理者又是其机构的建设者的时候。这个过程现在让位于新组合性的国家，在其中，传统的社会机构的意象被占主导范式的合作性的建筑空间和形式标志淹没了。这不仅仅暗示了一种空间形式再现中的改变，这种空间形式反映了一种深刻的经济和政治变革，而且暗示了一种道德方向的重新确立，即从对社会福利严肃的审视变成由私有部分对社会生活及其机构（教育、卫生、福利、犯罪等）的越来越强的主导。

　　城市设计作为总的城市变革的核心，已经越来越成为一种政治性操控的过程，随着"景象社会"在空间中慢慢变成现实（Debord，1983；Marcuse，1998；Campbell，1999）。这种把美学生产当成是标准经济过程的一个组成部分的渐渐定形反映了城市要在世界市场中领先其竞争力的根本需要，在这个世界市场内，经济效益和改进的建成环境既相互协作，又有益于商业。这个环境也加深了前面提到的不平衡发展的概念，因为，在此过程中城市被置于中世纪时的状态，那时盛行城市对有限的商业机会的战争性争夺。今天，所有城市处在一种被包围的状态。能为城市精英们创建更加优美宜人的环境，同时又必然提高自身的城市设计品位，任何一个这样的城市在世界舞台上都有着更好的前景，因而也就有着更好的经济效益——尽管不能肯定重大活动如奥运会必然会带来巨大的财政回报（悉尼奥运会最终花费纳税人 13.5 亿澳元）。这导致了在很大程度上依靠财政支撑，成功的城市有一系列需要安排服务设施的功能——国际会议、奥林匹克运动会、大奖赛、艺术节等等——所有这些都能够产生收入，并且提升城市形态的复杂性。然而，其必然的结果是不能与无情的基准程序和运行规则统一，这些规则是后现代城市的组成部分，本身带有严肃的经济处罚。在这些条件下，成功的城市得以生存且持续繁荣；那些未能成功的城市要思考这些问题，即象征性资本的缺乏、资源的匮乏以及城市繁荣的消失。总的说来，上述情形将会使发达地区的城市形态引向一种可预见的将来。

最后，城市形态的发展也有一种不良的方向：城市设计将在世界范围内在城市受到人为或者是自然灾害的影响而重建或者恢复时受到影响；例如，贝鲁特、萨拉热窝、帝力（帝汶岛东北部港市）和其他一些受到台风、地震以及帝国主义战争、种族战争、宗教差异引起的战争的综合影响。正如这本书所表明的，另一种新的并且是很重要的影响城市设计的因素正在形成，即全球性的恐怖主义，从世界贸易中心计划建四个较低的塔楼可以看出。两座世界上最大的纪念性建筑的毁灭已经使得所有发达国家的政府重新思考城市设计政策，避免完全不必要的高层纪念性建筑。这将导致这样一些结果，即对防御性城市形态的慎重考虑，以及导向这种新的城市形态，还有使人烦恼的警备问题，伴随着上面提到的监视和可防御性的空间（Newman，1972）。我们最好还要记得卡斯特利斯的预言，在 21 世纪的新全球系统中的一个主要因素将是全球的犯罪经济，即使是在 1994 年，全球的毒品交换值比全球石油交易额还要大。许多来自非法毒品交易的不合法利益（以及其他任何来自身体到钚的东西）将会在建成环境之中被掩饰，它们在创造城市形态中起着非常重要却看不见的作用（Castells，1998，p. 169）。

理论问题

考虑到上述现象的复杂性显然，城市空间的设计不可能只被一种简单的理论所包含，许多伟大的经济或社会科学内的理论家充其量也只是偶然地说到空间，但从来没有论述过城市设计。卡尔·马克思（Karl Marx）、马克斯·韦伯（Max Weber）、埃米尔·涂尔干（Emile Durkheim）、乔治·西美尔（George Simmel）、亚当·斯密（Adam Smith）、J·M·凯恩斯（John Maynard Keynes）、V·帕累托

（Vilfredo Pareto）以及其他一些重要的思想家们主要论述的是驱动城市发展的最根本的过程。城市所显示出来的与这些过程无关。事实上，空间本身从来没有被认为有太多重要性。抽象的社会科学喜欢忽略这样一些事实：即"一些没有发生在关键节点上的社会过程"，以及"从物体发生关联的实际形式中而来的抽象性是机制所赖以产生的影响过程是模糊的"（Sayer，1984，p.135）。在两次世界大战之间，空间在唯物主义社会科学中发展为一种重要概念是由马克思主义理论家葛兰西（Antonio Gramsci）提倡的，但是直到两部突破性的著作——亨利·勒菲弗的《城市革命》（La Revolution Urbaine）（Henri Lefebvre，1970）和卡斯特利斯的《城市问题》（La Question Urbaine）——出现之后，关于空间理论的讨论才成为社会科学发展的中心问题。卡斯特利斯对新马克思主义提出的城市发展理论的挑战，不仅是说空间重要，而且要紧的是，对社会空间和社会再生产的任何分析都必须强调消费过程的重要性高于生产过程，因此，把马克思主义的正统论颠倒了过来。就这一点说，卡斯特利斯打破了传统的空间社会理论的框框，而进入一个新的城市空间理论范畴。他在历史上首次在一种新的范式中对城市形态和城市设计进行了定位，在《城市问题》中，他第一次提出了在更大的空间政治经济环境中的"城市符号"的重要话题，第二次是在《城市与乡村地区》中提出了同样的问题。

从20世纪70年代早期（正好Charles Jencks宣布后现代主义的诞生），"空间造成的差异"开始成为以社会科学为基础的学科以及城市地理学等学科的中心。随后引起持续了大约十年的讨论，并且造成了一种今天仍然能够感觉到的持久烙印。那个时期产生的经典著作有戴维·哈维的《社会公平和城市》（Social Justice and the City）（1973）、艾伦·斯科特的《城市土地关系与国家》（The Urban Land Nexus and the State）（1980）、安东尼·吉登斯（Anthony Giddens）的《对历史唯物主义的当代批判》（A Contemporary Critique of Historical Materialism）（1981）、恩佐·明焦内（Enzo Mingione）的《社会冲突和城市》（1981）、多琳·马西（Doreen Massey）的《劳动力的空间划分》（Spatial Divisions of Labour）（1984），以及许多其他著作。彼得·桑德斯（Peter Saunders）在《社会理论和城市问题》（Social Theory and the Urban Question）（1981）中清晰地总结了这些争论。在这干预性的二十年中，理论和方法发生了一种范式改变，这种改变由相应的社会变化引起，但主要是由于从工业资本主义向信息化资本的转变，且伴随着一种持续和深化的在世界各个国家中都有的财政危机。同样，最重要的理论发展是关于稳定物价的社会空间分析，其立场和书的作者一样多，到1980年时，还稳定存在的东西已经转变成太多想要被倾听的不同声音。两部主要的著作代表了理论家们在抓住新的现象时候体验到的困难，同时又要把他们的工作与这些现象相适应起来，我指的是戴维·哈维的《后现代的状况》（The Condition of Postmodernity）（1989）和爱德华·苏贾的《后大都市》（Postmetropolis）（2000），它们在关于"城市"的讨论开始冷却之后代表了十年间的标志性著作，但是，这些却可以被其他大量的事物所代替。哈维大胆行动，从其致力于新马克思主义分析中，从侧面采取根本性的步骤直接面对疑难重大的文化问题。其结果就是对时间的一种直接反映，在其中，新理论途径中的许多元素同时并存：是对巴特（Barthes）、福柯（Foucault）、利奥塔（Lyotard）以及法国后结构主义者如德里达（Derrida），德勒兹（Deleuze）和瓜塔里（Guattari）的赞扬；用艺术主要是用绘画、雕塑和摄影来阐述一些要点，更不要说整体地阐述后现代建筑和城市设计了。尽管这些新浪潮中的文本明显试图从本质上调和后现代理论，哈维仍然坚信大多数著作还是浮浅的，而马克思关于资本主义概念的实质从根本上来说是正确的。

> 重读马克思的《资本论》的论述而恍然大悟，在认识上产生某种震惊。即使现在的条件在许多方面十分不同，却仍然很容易看到马克思所定义的任何资本主义生产模式所固有的不变成分和关系仍然在所有表面泡沫之上，而且在许多案例中比以前更加强烈。（Harvey，1989，p. 187）

爱德华·苏贾是这样一位理论家，他很大程度上代表了新的巨大跳跃，在其中，原词汇被发明用于浓缩新的现象以及对差异的持久需求（新，但却是古代传统的一个部分）。在他最近一本书《后都市》中，甚至"理论"这个词也不是绝对必要使用的，被"限定中的概念框架"所取代，这包括了"城市空间的三角架构"。虽然对于城市研究的理论历史所承担的义务已经被很仔细地揭示出来，他仍然觉得甚至需要挣脱单词的局限，以及更传统的理论限制的局限。诸如"Synekism"这样的单词被创造出来，因为"另一个单词需要被引入进来以一种更清晰的方法来抓住人类最重要的一种从城市'生活'的本质中而来的机能"（Soja，2000）。同样的词还有"国际性都市"、"外城市"（Exopolis，外城市远远地坐落于过去的聚居点之外，并沿着自己的新轨道发展着，把城市的中心引向边缘，同时又把城市的边缘引向中心）、"第三空间"以及"碎片城市"，所有词汇都用在同一个地点——当代洛杉矶——为了描述复杂体的层级以及一些复杂现象。

对于像建筑和城市设计这样的学科来说，已经在 1980 年之前数百年就接受了"空间制造差异"（尽管以不同的逻辑为基础）的理念，这种可能性是伴随着空间政治经济的增长而出现的，环境设计师，如景观建筑师、建筑师、规划师和城市设计师们所持有的经验性信仰现在也许有一种实质性的理论来充满它们，就像系统理论在 20 世纪 60 年代晚期对规划所提供的支持一样（Von Bertallanty，1952；Chadwick，1966；Mcloughlin，1969）。存在于这些职业之间的关联和空间政治经济不简单，虽然一些有洞察力的理论家会从传统的建筑，城市设计和城市规划的学科之中努力达到目标（Cosgrove，1984；Mcloughlin，1994），大多数人则会从社会科学内的外围资源来达到目标。其中一个有突破性的文本已经在七年前出现，即曼弗雷多·塔夫里（Manfredo Tafuri）的《建筑与乌托邦——设计与资本主义发展》（Architecture and Utopia-Design and Capitalist Development），第一次在 1973 年以意大利文出版，然后在 1976 年以英语出版。另几本书和文章以历史唯物主义的一般传统追随出版，如丹尼斯·科斯格罗夫（Denis Cosgrove）的经典文献《社会形式和象征性的景观》（Social Formation and Symbolic Landscape）（1984），第亚尼（Diani）和英格拉哈姆（lngraham）的《重构建筑理论》（Restructuring Architectural Theory）（1989），朱克英（Sharon Zukin）的《权力景观》（Landscapes of Power）（1991）等等，但是，在过去的十年之中，后现代城市主义的主要趋势是些更加叙述性和推理性的作品。虽然许多学者仍然对主要理论家，如马克思、海德格尔（Heidegger）、福柯、布尔迪厄（Bourdieu）、梅洛－庞蒂（Merleau-Ponty）等表示敬意，但是关于城市建成形式的解释变得越来越个人化和扩散了。虽然今天很难像二十年前那样得出一个主要的范式，但毫无疑问，在地理学之中可认清晰地看到一种"文化转变"。这种新的折中主义的案例可以在 N·艾琳的文集《恐惧的建筑》（1997）、金·多维（Kim Dovey）极好的文本《构造场所》（Framing Places）（1999），格罗思（Groth）和布雷西（Bressi）的《理解普通景观》（Understanding Ordinary Landscapes）（1997），和伦德尔（Rendell）、彭纳（Penner）和博登（Borden）的《性别空间与建筑》（Gender Space and Architecture）（2000）中探求。

尽管以上理论家们对城市的"解读"存在很多显然的差异，而经济发展背景的理论应该是第一位的，然后是许多实践性城市设计的富有意义的理解。它们的理论根源肯定主要来自多学科松散的联合，主要是城市地理学、社会学和经济学，有时混在一起叫做"空间政治经济"，仅仅因为他们处理的是社会生活的基本事实，并且直接来自经济学和社会科学以及自然科学。B·麦克劳林（Brian McLoughlin）在他死后出版的文章《中心还是边缘》（Centre or Periphery）中说道：

> 政治经济学是一门跨学科的项目，目的是对我们居住的世界有种圆满的理解，包括了社会学、经济学、政治和其他社会科学的视角，而不对任何学科有偏向。空间政治经济学带领我们更深入地考虑到坚持地理学在不断重构的社会关系中的基本作用。（Mcloughlin，1994，p. 1114）

空间政治经济学由此为我们提供了一套很有价值的原则，这些原则在那些和城市空间有关的学科之间起到一种综合作用。通过它的"无宗派"性的关注点，以及对各单个学科位置的清晰定位，空间政治经济学为我们提供了一种知识角度，通过它可以分析讨论城市，并且能形成新的目标。正因为这个原因，空间政治经济学被认为对环境职业和学术界是一种威胁。它表明职业性的垄断在与资本主义的思想体系的联系之中是部分的，或者如萧伯纳（Bernard Shaw）认为的，"所有职业共谋反对公众。"它们的基本目标受到所赋予的利益和利润的驱使，而不是任何对理论和理解的需求，特别是超出了任何专业者所能形成的局限的联合，在那个过程中，职业在资本主义经济之中被严格地重新定位了，不仅是智力劳动者的雇主，还是资本的股票持有人，因此把职业化中立的理念留给历史。同样，学术机构也通过对教育的职业性干涉而与这个进程紧密联系在一起。大学迅速地被新组合主义以及它的功能主义、微观经济学、运行准则、用户支付、基础程序和其他无情的哲学思想的吸引，大学也越来越不愿意承认它们的主要责任是对市民社会的责任，而是对私人部分的利益负责。把环境教育的程序当做一个整体从围绕着职业化领域的思想体系的利益而构成的程序中删除，而转到围绕着空间的政治经济学的不同方面的程序之中也变得问题重重。谢天谢地！知识还没有完全地被剥夺一些固有的权威，并且主要通过创造边缘学科来形成自身的干预，这些边缘学科来自许多传统学术领域的交叉。例如，像城市设计这样的学科被稳定在一个完全不同的层面上，其中对狭义定义的职业领域刚出现的反抗来自以下多学科复杂的交互作用，如数学、艺术史、社会人类学、人类生态学、女权主义、性别以及文化研究。面对如此的多样学科，空间政治经济学向结构主义理论转变的趋势也同时被迫遭遇到后现代主义思想中固有的各种言论："这些言论是多方面的，并且（至少）包括来自实证主义地理学和新古典主义经济学，以及新马克思主义和新韦伯主义社会理论，女权主义地理学；'绿色'运动以及许多其他领域的批判的真知灼见。那是一种令人困惑的而且是矛盾性的言论。"（McLoughlin，1994，p.1114）。虽然麦克劳林主要关注的是法规性规划程序，但是对于城市设计来说也同样适用。虽然有时非常令人困惑，然而这种情况为重要的理论交锋和多学科的新型理智整合提供了一个健康而充满活力的环境，所有这些都涉及城市设计。

虽然把所有这些不同的看法都归在"空间政治经济学"的旗号下是不正确的，但是有一个共享的成分是把城市空间当成是环境专业的最重要的基准线，这些环境专业有建筑、景观建筑、城市规划、城市设计和城市研究。其中一个最有洞察力的关于城市设计的定义以及它和城市规划的关系也是很重要的，这个定义丰富了这本读本。在《城市问题》中卡斯特利斯罕见地把城市空间形式的分析当做是基础经济过程的产物——生产、消费、交换和管理——以及在象征性组构、元素和场地方面的思想结构的反映。因此，并不奇怪，他在《城市和乡村地区》（The City and the Grassroots）中关于城市设计的定义与其后的定义形成明显对比，并且作为一种把设计城市的过程同资本主义制度下空间产出的全过程联系起来的极其罕见的努力而凸显出来。"我们把城市社会变迁叫做城市意义的重新定义。把城市规划叫做城市功能与一种共享的城市意义的配合。把城市设计理解为在特定的城市形态中为了表达一种可接受的城市意义的符号性尝试。"（Castells，1983，p.304）

限定领域

毫无疑问，城市设计在整个城市发展中有着越来越重要的意义。并且，城市设计学科在描述贯穿全球的城市项目的正式成果中起着重要作用。把"城市设计"定义为既是一个过程又是产品仍然是有问题的。与此相关，城市设计中包含的理论是个令人为难的主题。

总体上可以说，在城市设计学科中，有一种对理论的折中使用趋势。因此，如果承认城市设计自身在理论上是无关紧要的学科，那么城市设计将无所失而大有所得。无可辩驳地，它的力量来源于这样一个事实，它是一门深深嵌入社会的实践，并且社会从无法追忆的时代就重视实践，而且在那时候也有它自身的价值。因此，没有必要通过参考一些不相关联的家庭成长理论来判断它的存在。城市设计整个词汇在西方来说根源于它自身的历史和形式根源，从埃及和苏美尔肥沃的山谷到古希腊和古罗马，然后到 19 世纪末维也纳以及现代主义诞生。很严肃地试图提出这样的理念，即城市设计有它自身固有的理论完整性，却总是导致一种狭隘的技术权威答案，或是以实践为基础的方法论定义，或者是那种含糊的试图去定义类似于建立在城市规划之上或在城市规划之内的说法，迈克尔·迪尔（Michael Dear）称之为"模仿作品的实践"。矛盾的是，城市设计作为一个"领域"为了要获得可信度，有赖于放弃这样一个理念：它自身有其本来的完整性和标准化了的"常规设计"（Dear，1986，p. 379）。这不是说理论在城市设计与社会形式发生适配时，对于理解城市设计不重要。正相反，它所表述的正是城市设计在城市化中不是一个独立的力量，就像城市规划一样，因此，任何实质性的理论一定是关于城市设计而并不就是城市设计的理论。罗斯·金（Ross King）在《资本主义社会的城市设计》（Urban Design in Capitalist Society）中有力地提出了这个相同的一般立场，在书中他写道：

> 城市设计涉及城市内涵有目的的生产，它是通过对场地或空间元素间的关系的协同设计而进行的。在资本主义社会，这种内涵生产对于加强主导利益的起关键作用的方法支撑了资本积累、社会再生产及其合法性的改变。它的影响有助于抵制不稳定性、系统"退化"（从这种利益的立足点出发）以及社会系统的根本转变。（King，1987，p. 445）

或如斯科特和罗威斯（Roweis）所解释的（1977，p. 1011）：

> 我们不能认为城市设计是根据其只存在于自身内部的力量……而形成、而获其可观的品质、而发展演变的。"城市设计"不是在真空中创造出来的，而是在结构上产生于资本主义的社会制度和财产关系间的基本矛盾（和这些关系特有的城市象征）以及随之而来的集体行动的必要性。

与这些强大的定义相比，许多城市设计领域的学者和实践者喜欢将城市设计学科与其他职业联系起来，与它最主要的功能；或者是与具体的技术联系起来，而那些强大的定义试图将城市设计当做是更大范围社会均衡中的一个部分。对于许多人来说，城市设计或是"扩大了的建筑"或是"更微观的城市规划"，的确它与两者紧密相连。至少在定位城市设计上，部分的问题应归因于它从来没有被确立为一个独立的职业。这种局面的关键是两门最紧密相连的学科即建筑和城市规划的偏执策略。传统上，城市设计被理解为中介状态的职业、同义词，建筑和城市规划双方都需要它但双方又都不承认它。由于职业责任的原因，世界范围内的建筑职业在大学里从来没有给予城市设计项目足够的注意。除非项目完全被毕业的建筑师完全垄断。另外一方面，规划行业也反对承认"物质设计"，主要由于在思想上把以社会科学为基础的学科当做城市规划实践的根基，这从1970年以来一直是这样。这不仅仅有利于形成一种一维的规划解决办法，它还把标准的规划实践描述成不适合处理当前以项目为基础的场地规划的趋势。尽管规划系统通过整体的控制发展的机制对城市产品的形式和美学仍然留有控制性，特别是在设计概要上规划者仍然明显地不太适合于城市设计的程序。由于这些以及其他原因，许多专家和学者给城市设计下的定义，试图把它定义在建筑和城市规划的主导领域之内。例如，以下的定义就支持了大多数城市设计的文献："城市设计是以比单独一栋建筑更大规模的三维城市设计艺术"；"城市设计连接了规划、建筑和景观，它填充了三者之间任何可能的间隙"；"城市设计是城市规划的一部分，它处理美学问题，并且决定城市的秩序和形式"；"城市设计是在一个扩大的地区内各种活动和物体的总的布局设计。在其中业主是多方面的，程序是未确定的，控制是不完全的，并且永远没有完成的时候"；"城市设计主要关注城市公共领域的品质，不仅是社会领域还有物质领域，并且创造人们可以享受和尊敬的场所"；"城市设计的艺术是制造或塑造城市景观的艺术"等等。

虽然这些言论大部分是正确的，然而却价值不大。或者如卡尔·波普尔（Karl Popper）会说，它们只是用于低级别的辩论，与之相对的是需要所有意义重大的理论。虽然我们同意这些说法，但是我们几乎没有学到什么内容，并且它们对于建立一种有任何实际内容的理论领域毫无帮助。就这种情况说，不可否认的是舒尔赫（Schurch，1999，p. 7）作出如下决断是正确的，即"关于什么定义了城市设计既没有一致的意见，也没清晰的陈述。"而戈斯林（Gosling）（1984）与罗利（Rowley）（1994）已经写了很长的文章讨论"城市设计的定义"，另一些人也许是从感觉上决定了通过把城市设计与一些特定的问题联系上来绕过这个话题；例如，公共政策（Barnett，1982）、制度（Baer，1977）、设计控制（Carmona，1996），通过项目类型和方法论的含义（Lang，1996）、关于美学（Isaacs，2000）、当做城市规划实践的类型学的一个部分（Yiftachel，1989），或者与诸如"真实性"（Salah Ouf，2001），"市镇景观"（Taylor，1999）、"私有财产"（Rowley，1998）或是"文化衰退"（Wansborough and Mageean，2000）这样的概念联系上。

虽然以上所有的立场对于说明城市设计过程的特定特征以及城市设计实践的基本特征是有价值的，但是，如果我们要达到一种不可驳倒的陈述，一种令人满意的定义，或是把城市设计当做实践一样的意义重大的解释的话，仍然有两个根本的问题没有考虑到。第一，以上所有的定义或是方法都没有和根本的社会现实联系上，总体上，他们很大程度上试图首先基于实践来定义城市设计，而不是社会、经济和政治过程。他们甚至没有根据一种特定的哲学和范式来思考城市设计。第二，结果是他们不能就城市设计在社会中的位置给出任何意义重大的理论解释。为了使这种规则合法，必须得出的一种占中心支配地位的假设是，知识是社会性地复制出来的，并且最丰富的理论是那些对社会生活的发展进化最有洞察力的理论，这也是公理。另外，理论有两种根本的任务，第一种是解释，第二种是对实践进行指导。虽然在这两种功能之间没有清晰和必要的联系，但是在总体的环境职业之内，以及特别是城市设计之内，有将两者混合的趋势。这样做并不难，如我前面所说，因为可以认为其理论基础完全脆弱。因此城市环境的最重要的操作特征是其解释的"理论"力量。这样的例子是克里斯托弗·亚历山大（Christopher Alexander）的《模式语言》（Pattern Language）（1977），戈登·卡伦（Gordon Cullen）的《市镇景观》（Townscape）（1961）（Taylor，1999，再次提到），凯文·林奇（Kevin Lynch）《城市形态》（Theory of Good City Form）（1981）。虽然每套理念在对城市品质上创造一种洞察力是非常有用的，但是我们也许可以大胆提出从任何有价值的意义上说，它们根本不构成理论。然而，我不是想表明"外围"的理论是完全没有的，三个持续提供有趣的模型和解释的领域主要来自环境心理学（Zube and Moore，1991）、数学（Hillier，1996）和政策研究（Carmona，1996）。可是，虽然它们本身是重要的，而每个领域对整体只是起到了边缘性的影响。

本书的概念

考虑到以上的情况，这本读本可能包含有多种不同的方向，并且有很多与城市设计相关的规则原型。在社会科学中，有许多编辑的合集，如刘易斯·科塞（Lewis Coser）的《社会思考杰作》（Masters of Sociological Thought）（1971），或者是艾克·格布哈特（Eike Gebhardt）和安德鲁·阿拉托（Andrew Arato）的《法兰克福学派主要读本》（The Essential Frankfurt School Reader）（1982）。同样，城市研究有许多编辑的合集，如格雷戈里（Gregory）和厄里（Urry）的《社会联系和空间结构》（Social Relations and Spatial Structures）（1985），莱根（LeGates）和斯托特（Stout）的《城市读本》（The City Reader）（1996），帕迪森（Paddison）的《城市研究手册》（Handbook of Urban Studies）（2000），以及法因斯坦

（Fainstein）和坎贝尔（Campbell）的《城市理论读本》（Readings in Urban Theory）（1996b）。然而，建成环境学科内的合集却很少，建筑学内有些有趣的新选集，如海斯（Hayes）的《1968 年以来的建筑理论》（Architecture Theory since 1968）（2000）和《性别空间和建筑》（Rendell 等，2000）。最近以来的三本书某种程度上改善了城市规划的局势，即杰伊·斯坦（Jay Stein）的《城市规划经典读本》（Classic Readings in Urban Planning）（1995），曼德尔鲍姆（Mandelbaum）的《规划理论探索》（Explorations in Planning Theory）（1996），和法因斯坦和坎贝尔的《规划理论读物》（Readings on Planning Theory）（1996b），以及与以上说到的文本姐妹篇——《城市理论读物》（Readings in Urban Theory）。与所有这些相关联的学科相比较，城市设计至今已经失去了任何复杂和整合的学科视角，就像它从一个更大的政治、地理学和社会科学领域内出现那样。《设计城市》构成了启动这个学科困难且令人兴奋的未来的研究。

在整合编辑材料时，我想解释编辑的过程是很重要的，这样的话，这个读本可以在一个大背景下看待，并且可以揭示本书结构背后的思考过程。为了完成这个任务，有几种特别重要的基本方法指导如何从数千篇可用的作品中精选入围，这也显示了本书产生前一年的调研工作。第一个原则是把关于城市设计的内容限制在"西方"社会，只因为一个简单的原因，即整个城市化的过程所遵循的过程与其他地方完全不同，如在中美洲和南美洲、非洲和其他国家。例如，一个主要的分界线是殖民中和殖民化社会的体验，这里我们可以看到一个清晰的分界线存在于西方社会和亚洲社会。虽然有一些珍贵的作品，如安东尼·金（Anthony King）1984 年的文章"建筑形式的社会产物，"试图联系东方和西方。金的文章在试图把建筑重塑成为类型学以及与帝国主义的进展相联系的社会产物上是标志性的，而不是把它看作为个人天才的不可言喻的产物。第二，最后一篇文章必须既被用作感兴趣的外行人和专业人员的一般性理论读物，还要可以作为大学里建成环境研究的工具，因此，需要一个相当清晰的结构和组织。第三，我对历史唯物主义和空间政治经济学长时间以来有种偏爱，我把它们尽可能地当做组织原则，因此在材料上有某种统一性。最后，我希望这个读本能够反映我确信城市设计完全是一种有前后传承的文脉关系的过程，因此关于"技巧"的问题完全依赖设计的文脉，而"技巧"一直以来缠绕职业界。"技巧"的概念在特定的社会环境之外，在经济、文化、技术和场所的限制之外是没有任何意义的。认为有一套所有城市设计师应该遵循的实践技巧和标准知识的想法必须受到严肃的质疑。这种立场在这句简单的话中得到极好的总结"我们的思维要适应于我们认识的同一环境"（Soros，1998，p.15）。因此，我们把重点没有放在核心技巧上是最重要的，而是放在核心的"知识"上（像福柯那样）强调存在与参与者、过程概念和传统之间的联系。这在组合这本包括了各种领域作者的作品之中是主导的思路。这些材料有几种可能的方法被组织起来；例如，根据重要文献的年代，通过各种学科的分界来组织那些来自不同的学术或职业学科的文章，或者根据不同的理论立场，如环境心理学、数学或政策研究。总之，看起来似乎用关于内容的主导元素的分类是更加合适，如历史或政治，所以最终选择了元素性的结构。

该读本中的材料因此按下面的分类进行组合，这种分类是按从普遍/理论到具体/实践来组织的，并且每一类有一个指导性的问题。例如：

1. 理论。我们是如何把城市设计理解为一种理论性的努力的？
2. 历史。关于城市设计我们能够从历史中学到什么？
3. 哲学。什么样的意义系统启发了城市过程？
4. 政治。城市的设计之中包含了什么样的价值系统和妥协？
5. 文化。社会和文化如何影响城市形态？
6. 性别。"性别"的内涵对于城市空间的设计有何意义？
7. 环境。自然世界对设计过程有什么重要的内涵？
8. 美学。我们如何理解感觉与城市形态的联系？
9. 类型学。在城市的设计之中能发现什么样的组织形式？
10. 实用主义。城市设计师需要知道什么？

任何分类系统中都有许多实际问题，且对于每个决定都有折中的办法，原因很简单：即每个被定义的元素很大程度上都是人工的。例如，只分四类将会简单点，或者再多两类，并且经济和思想体系是候选的类别。总的来说，因为内容从一个种类溢出到另一个不可能获得一种人们期望的任何事件中所含有的精确性。理论、历史和哲学间的重叠总是绝对的，因为必须同时讨论它们三个。哈维的文章《社会公正、后现代主义和城市》就是一个这样的例子。分了十大类意味着每个章节只能有大约三篇文章，这为材料的选择增加了一些严格的局限。在许多例子中，作品质量和它的长度之间有某些关联，许多极好的文章必须被排除在外，仅仅因为它们太长。因此在这本读本及其内容允许的范围之内，这种选择是最好的。

对于材料本身的选择是最难的，最终的选择来自 300 篇文章和书籍章节。被排除的作品有许多是突破性的，但是因为许多与品质无关的原因必须被排除，如因为文章/章节太长，包含了太多板块，或者仅仅因为不能和每个单节的分类相适配，在这些章节之中，材料被精心挑选以能够尽可能地连续阅读。有无数种排除的例子，由于它们对城市设计理论的重要性，有一些必须被提及。可能最严重的缺省是休斯克（Schorske）的《世纪末的维也纳》（Fin De Siecle Vienna）副标题，"环城街评论和城市现代主义的诞生"中的第二章。用休斯克自己的话说，"为了反抗环城大街的铁砧，两位思考城市和城市建筑的现代先锋，卡米洛·西特（Camillo Sitte）和奥托·瓦格纳（Otto Wagner）提出城市生活和城市形态的影响仍然对我们起作用"，（Schorske, 1981, p. 25）。这两位先驱对城市设计的重要性不能被低估。并且存在于理性主义/功能主义与文脉主义之间的斗争仍然是今天的建筑师和城市设计师最为重要的矛盾。同样，如果我们只选取以上种类的其中一个——政治，许多精彩的文章不得不被排除，并且关于那一个主题就可以集成一本书。例如，布莱姆勒（Bremner）1994 年的文章"空间和国家——三篇评阿尔多·罗西的文章，"除了概括 20 世纪最伟大的一位建筑师的作品外，还阐述了人们太容易忽略的城市设计和政治之间的关系，就如罗西自己的文章"作为艺术品的城市人造物"事实上那样做的（1993）。另一篇忽略的经典是凯文·考克斯（Kevin Cox）的"资本主义和围绕公共生活空间的矛盾"（1983），在其中，他集中讨论中心话题并且定义了城市设计的组成部分，也就是把公共生活空间既当做社区又当做商品。最后是查尔斯·詹克斯（Charles Jencks）和玛吉·瓦伦丁（Maggie Valentine）写的卓越的文章（1987）"民主的建筑"，追寻了把公共领域当做多数民主的理念，为考克斯和布莱姆勒的文章增加了另外一种维度。相同种类的排除贯穿了整本书，为了补偿这些省略，在每个章节附加的参考之中有个参考书目作为读本的附录。

　　但是对于实践的城市设计师来说，需要解释一些"奇怪"的排除，也就是那些传统上与"城市设计理论"相关联的作者，克里斯托弗·亚历山大、唐纳德·阿普尔亚德（Donald Appleyard）、凯文·林奇、戈登·卡伦以及许多其他人，只有一位出现在这本书中。至少有四个原因。第一反映了我在上面作的声明，即任何本质上的理论一定是关于城市设计，而不就是城市设计的理论，并且我已经提到了在城市设计的正统信仰中被称为理论的与许多更大的社会背景不相关。因此，在缺乏聚焦一些知识的本质主体上完全是折中的，甚至几乎是混乱的。第二，因此如果这本读本有任何连贯性，逻辑上它不会来自这个学科之内，而把空间政治经济当做为主导的机制既加强了这种立场，并且允许一种更大范围的学科呈现出来。第三，虽然不可能从选择的文章中得出一种城市设计的理论，我所希望的是通过阅读此处搜集的许多作者的作品至少能够指出一种范式，这些作者几乎不直接和实践发生关联。第四，下面给出的城市设计的"经典"案例都是些很难概括的文章，哪怕只删除一个章节也难以概括的，因为连续性是最重要的，并且当选取其中一章的代价是舍弃其余的章节时，它们并不容易操作。因此，这些或者其他一些作品中几乎没有章节被选中。然而，作为尊敬，我搜集了 30 篇经典的关于城市设计的文章，这些是我认为过去三十年中最有影响力的作品。以下列出的书中的许多在我自身的教育以及其他专业者的教育之中是有帮助的，虽然这个短短的参考书目反映的是我个人的意见，并且可以被扩展数倍，但我感觉大多数学者和实践者会同意把它们当做这门学科传统的基础没有大的遗漏。虽然在哪些应该包括在这个列表之中不会有太多不同，每一个都对城市设计的"主流"作出了重大的贡献，我感谢作者们对我在城市设计领域内兴趣的鼓励：

克里斯托弗·亚历山大：《模式语言》（Alexander；C.：The Pattern Language）

克里斯托弗·亚历山大：《城市设计新理论》（Alexander, C.：A New Theory of Urban Design）

E·培根：《城市设计》（Bacon, E.：The Design of Cities）

R·班纳姆：《四个生态学建筑》（Banham, R.：The Architecture of Four Ecologies）

J·巴尼特：《城市设计入门》（Barnett, J.：An Introduction to Urban Design）

J·勃罗德彭特：《城市空间设计中出现的概念》（Broadbent, J.：Emerging Concepts in Urban Space Design）

S·切尔曼耶夫：《社区和私密》（Chermayeff, S.：Community and Privacy）

戈登·卡伦：《城镇景观》（Cullen, G.：Townscape）

劳伦斯·哈尔普林：《城市》（Halprin, L.：Cities）

劳伦斯·哈尔普林：《RSVP 循环》（Halprin, L.：RSVP Cycles）

简·雅各布斯：《美国大城市的死与生》（Jacobs, J.：The Death and Life of Great American Cities）

卡茨：《新城市主义》（Katz, P.：The New Urbanism）

罗布·克里尔：《城市空间》（Krier, R.：Urban Space）

乔恩·兰：《美国城市设计指南》（Lang, J.：Urban Design：The American Experience）

凯文·林奇：《场地规划》（Lynch, K.：Site Planning）

凯文·林奇：《城市意象》（Lynch, K.：Image of the City）

凯文·林奇：《城市形态》（Lynch, K.：A Theory of Good City Form）

伊恩·麦克哈格：《设计结合自然》（McHarg, I.：Design With Nature）

刘易斯·芒福德：《城市发展史》（Mumford, L.：The City in History）

奥斯卡·纽曼：《可防御的空间》（Newman, O.：Defensible Space）

克里斯蒂安·诺伯格–舒尔茨：《地域守护神》（Norberg-Schultz, C.：Genius Loci）

H·M·普罗尚斯基等：《环境心理学》（Proshansky, H. M. et al.：Environmental Psychology）

阿摩斯·拉普卜特：《城市形态的人文因素》（Rappoport, A.：Human Aspects of Urban Form）

柯林·罗和克特尔：《拼贴城市》（Rowe and Koetter：Collage City）

伯纳德·鲁多夫斯基：《人性化的街道》（Rudofsky, B.：Streets for

People）

　　卡米洛·西特：《建造城市的艺术》（Sitte，C.：The Art of Building Cities）

　　罗伯特·萨默：《私人空间》（Sommer，R.：Personal Space）

　　曼弗雷多·塔夫里：《建筑与乌托邦——设计与资本主义发展》（Tafuri，M.：Architecture and Utopia）

　　罗伯特·文丘里：《向拉斯韦加斯学习》（Venturi，R.：Learning from Las Vegas）

　　马克斯·韦伯：《城市区域中的场所和非场所》（Webber，M.：The Place and Non-Place Urban Realm）

　　考虑到出版者的基本需求，所选取的材料因此主要基于三个因素：作品的长度，理论成分，以及它的创造连续性和增加意义上与别的作者的"适配性"。最核心的考虑是作品本身的品质，以及它源于一些主要的理论范式而具有直接渗透到核心话题的能力。总之，我认为一篇文章对下一篇文章的引导从而推断出联系和过渡关系，这比文章自身单独只是一篇经典文章更重要。因此，不仅仅在章节与章节之间，而且在每个段落之内，试图从一般到特殊给个例子，在第一部分"理论"中，这个段落开始于卡斯特利斯的文章，在其中城市设计既被限定在城市社会变迁的过程之中，同时又与与空间的新历史性联系之中，接着讨论了现代的城市理论，并且在保罗·克拉克（Paul Clarke）的美文"建筑美学的经济流通"中讨论了城市发展对城市设计的具体影响。这段以朱克英关于城市形态的细致讨论结尾，以及城市设计的特殊性作为一种产物是如何能够被定义到某个环境之中，每篇文章因此代表了一种城市整体轨迹内把城市设计当做一种干预的从大的历史维度到城市设计的具体性的进步性发展。同样，在"哲学"这一段中处理了三个相互关联的概念系统，即马克思主义、现象学和符号论，分别讨论了关于社会公正、个性和意义或是伦理、存在和意义或是符号主义。因此，整个文本以一种可能的途径表明了一种提高对城市设计艺术理解的方法。我希望阅读此书对于每位进行这次旅途的读者来说是一次愉快且成功的历程。

参考文献

Adorno, T. (1991) *The Culture Industry*. London: Routledge.

Alexander, C. (1977) *A Pattern Language: Towns, Buildings, Construction*. New York: Oxford University Press.

Alexander, C. (1987) *A New Theory of Urban Design*. New York: Oxford University Press.

Al-Hindi, K. F. and Staddon, C. (1997) The hidden histories and geographies of neotraditional town planning: the case of Seaside, Florida. *Environment and Planning D: Society and Space*, 15(3), 349–72.

Appadurai, A. (1996) *Modernity at Large: Cultural Dimensions of Globalisation*. Minneapolis: University of Minneapolis Press.

Arrighi, G. (1994) *The Long Twentieth Century: Money, Power and the Origins of Our Times*. London: Verso.

Audirac, I. and Shermyen, A. (1994) An evaluation of neotraditional design's social prescription: postmodern placebo or remedy for suburban malaise? *Journal of Planning Education and Research*, 13(3), 161–73.

Bacon, E. (1967) *Design of Cities*. New York: Viking.

Baer, W. C. (1997) Toward design of regulations for the built environment. *Environment and Planning B: Environment and Design*, 24, 35–57.

Banham, R. (1973) *Los Angeles: The Architecture of Four Ecologies*. Harmondsworth: Penguin.

Barnett, L. (1982) *An Introduction to Urban Design*. New York: Harper and Row.

Biel, R. (2000) *The New Imperialism*. London. Zed Books.

Bogard, W. (1996) *The Simulation of Surveillance*. Cambridge: Cambridge University Press.

Bremner, L. (1994) Space and the nation: three texts on Aldo Rossi. *Environment and Planning D: Society and Space*, 12(3), 287–300.

Broadbent, J. (1990) *Emerging Concepts in Urban Space Design*. New York: Van Nostrand.

Campbell, S. (1999) Capital reconstruction and capital accumulation in Berlin: a reply to Peter Marcuse. *International Journal of Urban and Regional Research*, 23(1), 173–9.

Carmona, M. (1996) Controlling urban design. Part 1: a possible renaissance? *Journal of Urban Design*, 1(1), 47–73.

Castells, M. (1977) *The Urban Question: A Marxist Approach*, trans. A. Sheridan. Cambridge, MA: MIT Press (originally published 1972).

Castells, M. (1983) *The City and the Grassroots. A Cross-cultural Theory of Urban Social Movements*. Berkeley: University of California Press.

Castells, M. (1989) *The Informational City*. Oxford: Blackwell.

Castells, M. (1996) *The Rise of the Network Society*. Oxford: Blackwell.

Castells, M. (1998) *End of Millennium*. Oxford: Blackwell.

Chadwick, G. (1966) A systems view of planning. *Journal of the Town Planning Institute*, 52, 184–6.

Chermayeff, S. and Alexander, C. (1963) *Community and Privacy: Toward a New Architecture of Humanism*. New York: Doubleday.

Coser, L. (ed.) (1971) *Masters of Sociological Thought*. New York: Harcourt.

Cosgrove, D. (1984) *Landscape and Social Formation*. London: Croom Helm.

Cox, K. R. (1983) Capitalism and conflict around the communal living space. In M. Dear and A. Scott (eds), *Urbanisation and Urban Planning in Capitalist Society*. London: Methuen, pp. 431–55.

Cullen, G. (1961) *The Concise Townscape*. New York: Reinhold.

Cuthbert, A. (1994a) Flexible production, flexible education? Part 1. *The Australian Planner*, 31(4), 207–13.

Cuthbert, A. (1994b) Flexible production, flexible education? Part 2. *The Australian Planner*, 32(1), 49–55.

Cuthbert, A. (1995) The right to the city: surveillance, private interest and the public domain in Hong Kong. *Cities*, 12(5), 293–310.

Cuthbert, A. (1997) Trial by facts. *The Australian Planner*, 34(4), 213–20.

Cuthbert, A. (2001) Going global: reflexivity and contextualism in urban design education. *Journal of Urban Design*, 6(3), 297–316.

Cuthbert, A. and MacKinnell, K. (1997) Ambiguous space, ambiguous rights: corporate power and social control in Hong Kong, *Cities*, 14(5), 295–311.

Davis, M. (1990) *City of Quartz: Excavating the Future in Los Angeles*. London: Verso.

Davis, M. (1998) *Ecology of Fear: Los Angeles and the Imagination of Disaster*. New York: Metropolitan Books.

Dear, M. (1986) Postmodernism and planning. *Environment and Planning D: Society and Space*, 4(3), 367–84.

Debord, G. (1983) *The Society of the Spectacle*. Detroit: Black and Red Press.

Deutsche, R. (1996) Tilted arc and the uses of democracy. In *Evictions: Art and Spatial Politics*. Cambridge, MA: MIT Press, pp. 257–68, 362.

Diani, M. and Ingraham, C. (eds) (1989) Introduction. In *Restructuring Architectural Theory*. Evanston, IL: Northwestern University, pp. 1–8.

Dovey, K. (1999) *Framing Places*. London: Routledge.

Ellin, N. (1997) *The Architecture of Fear*. New York: Princeton Architectural Press.

Fainstein, D. and Campbell, S. (eds) (1996a) *Readings in Planning Theory*. Oxford: Blackwell.

Fainstein, D. and Campbell, S. (eds) (1996b) *Readings in Urban Theory*. Oxford: Blackwell.

Featherstone, M. (ed.) (1990) *Global Culture: Nationalism, Globalisation and Modernity*. Newbury Park, CA: Sage.

Featherstone, M., Lash, S. and Robertson, R. (eds) (1995) *Global Modernities*. London: Sage.

Frampton, K. (1983) Towards a critical regionalism: six points for an architecture of resistance. In H. Foster (ed.), *Postmodern Culture*. London: Pluto Press, pp. 16–30.

Garreau, J. (1991) *Edge City: Life on the New Frontier*. New York: Doubleday.

Gerbhardt, E. and Arato, A. (eds) (1982) *The Essential Frankfurt School Reader*. New York: Continuum.

Giddens, A. (1981) *A Contemporary Critique of Historical Materialism*. London: Macmillan.

Giddens, A. (1990) Modernity and utopia. *New Statesman and Society*, November 20–22.

Gosling, D. (1984) Definitions of urban design. *Architectural Design*, 54(1/2), 16–25.

Gregory, D. and Urry, J. (eds.) (1985) *Social Relations and Spatial Structure*. London: Macmillan.

Groth, P. and Bressi, T. W. (1997) *Understanding Ordinary Landscapes*. New Haven, CT: Yale University Press.

Halprin, L. (1963) *Cities*. New York: Reinhold.

Halprin, L. (1969) *The RSVP Cycles: Creative Processes in the Human Environment*. New York: G. Braziller.

Harvey, D. (1973) *Social Justice and The City*. Baltimore: Johns Hopkins University Press.

Harvey, D. (1989) *The Condition of Postmodernity*. Oxford: Blackwell.

Harvey, D. (2000) *Spaces of Hope*. Edinburgh: Edinburgh University Press.

Hawken, P., Lovins, A., and Lovins, L. (1999) *Natural Capitalism: The Next Industrial Revolution*. London: Earthscan.

Hayes, K. M. (2000) *Architecture Theory Since 1968*. New York: MIT Press.

Hillier, B. (1996) *Space Is the Machine*. Cambridge: Cambridge University Press.

Hirst, P. (2000) Why the nation still matters. In Beynon and Dunkerley, pp. 241–6.

Isaacs, R. (2000) The urban picturesque: an aesthetic experience of urban pedestrian places. *Journal of Urban Design*, 5(2), 145–80.

Jacobs, J. (1961) *The Death and Life of Great American Cities: The Failure of Town Planning*. New York: Vintage.

Jencks, C. and Valentine, M. (1987) The architecture of democracy: the hidden tradition. *Architectural Design*, 57(9/10), 8–25.

Johnson, N. (1995) Cast in stone: monuments, geography, and nationalism. *Environment and Planning D: Society and Space*, 13(1), 51–65.

Katz, P. (1994) *The New Urbanism*. New York: McGraw-Hill.

King, A. D. (1984) The social production of building form: theory and practice. *Environment and Planning D: Society and Space*, 2, 429–46.

King, R. J. (1987) Urban design in capitalist society. *Environment and Planning D: Society and Space*, 6(4), 445–74.

Kotkin, J. (2000) *The New Geography*. New York: Random House.

Krier, R. (1979) *Urban Space*, trans. C. Czehowski and G. Black. New York: Rizzoli.

Lang, J. (1994) *Urban Design: The American Experience*. New York: Van Nostrand.

Lang, J. (1996) Implementing urban design in America: project types and methodological implications. *Journal of Urban Design*, 1(1), 7–22.

Lefebvre, H. (1970) *La Révolution Urbaine*. Paris: Gallimard.

LeGates, R. T. and Stout, F. (eds) (1996) *The City Reader.* London: Routledge.

Lynch, K. (1960) *Image of the City.* Cambridge, MA: MIT Press.

Lynch, K. (1971) *Site Planning.* Cambridge, MA: MIT Press.

Lynch, K. (1981) *A Theory of Good City Form.* Cambridge, MA: MIT Press.

Lyon, D. (1994) *The Electronic Eye.* Cambridge: Polity Press.

McCann, E. (1994) Neotraditional developments: the anatomy of a new urban form. *Urban Geography*, 13, 210–33.

McHarg, I. (1969) *Design with Nature.* Natural History Press.

McLoughlin, J. B. (1969) *Urban and Regional Planning: A Systems Approach.* London: Faber.

McLoughlin, J. B. (1994) Centre or periphery? Town planning and spatial political economy. *Environment and Planning A*, 26(7), 1111–22.

Mandelbaum, S. J., Mazza, L., and Burchell, R. W. (eds) (1996) *Explorations in Planning Theory.* New Brunswick, NJ: Rutgers.

Marcuse, P. (1998) Reflections on Berlin: the meaning of construction and the construction of meaning. *International Journal of Urban and Regional Research*, 22(2), 331–8.

Marshall, N. G. (2000) Into the third millennium: neocorporatism, the state and the urban planning profession. Doctoral thesis, Faculty of the Built Environment, University of New South Wales, Sydney.

Massey, D. (1984) *Spatial Divisions of Labour.* London: Macmillan.

Minca, C. (ed.) (2001) *Postmodern Geography: Theory and Praxis.* Oxford: Blackwell.

Mingione, E. (1981) *Social Conflict and the City.* Oxford: Blackwell.

Mitchell, D. (2001) Postmodern geographical praxis? The postmodern impulse and the war against homeless people in the "post justice city." In C. Minca (ed.), *Postmodern Geography: Theory and Praxis.* Oxford: Blackwell, pp. 57–91.

Mumford, L. (1961) *The City in History.* New York: Harcourt, Brace, Jovanovich.

Newman, O. (1972) *Defensible Space: People and Design in the Violent City.* New York: Macmillan.

Norberg-Schulz, C. (1979) *Genius Loci. Towards a Phenomenology of Architecture.* New York: Rizzoli.

Paddison, R. (ed.) (2000) *The Handbook of Urban Studies.* London: Sage.

Parker, J. (2000) *Total Surveillance.* London: Piatkus.

Poster, M. (1990) *The Mode of Information.* Oxford: Blackwell.

Proshansky, H. M., Ittelson, W. H. and Rivlin, L. G. (1970) *Environmental Psychology: Man and His Physical Setting.* New York: Holt, Rinehart and Winston.

Rappoport, A. (1977) *The Human Aspects of Urban Form.* Oxford: Pergamon.

Rendell, J. Penner, B. and Borden, I. (2000) *Gender, Space and Architecture.* London: Routledge

Robertson, R. (1992) Globalization. *Social Theory and Global Culture.* London: Sage.

Robertson, R. (1995) Glocalisation: time–space and homogeneity–heterogeneity. In M. Featherstone et al. (eds), *Global Modernities.* London: Sage, pp. 25–44.

Rossi, A. (1993) The urban artifact as a work of art. In J. Ockman (ed.), *Architecture Culture 1943–1968: A Documentary Anthology.* New York: Rizzoli, pp. 393–5.

Rowe, C. and Koetter, F. (1978) *Collage City.* Cambridge, MA: MIT Press.

Rowland, K. (1966) *The Shape of Towns.* London: Ginn.

Rowley A. (1994) Definitions of urban design. *Planning Practice and Research*, 9(3), 179–97.

Rowley, A. (1998) Private-property decision makers and the quality of urban design. *Journal of Urban Design*, 3(2), 151–73.

Rowley, A. and Davies, L. (2001) Training for urban design. *Quarterly Journal of the Urban Design Group*, 78 (http://www2.rudi.net/ej/udq/78/research-udq78.html), accessed July 25, 2001.

Rudofsky, B. (1969) *Streets for People.* Garden City, NY: Doubleday.

Salah Ouf, A. M. (2001) Authenticity and the sense of place in urban design. *Journal of Urban Design*, 6(1), 73–86.

Sassen, S. (1991) *The Global City.* Princeton, NJ: Princeton University Press.

Saunders, P. (1981) *Social Theory and the Urban Question*. London: Hutchinson.

Sayer, A. (1984) *Method in Social Science*. London: Hutchinson.

Schorske, C. (1981) *Fin De Siecle Vienna*. New York: Vintage.

Schurch, T. (1999) Reconsidering urban design: thoughts about its status as a field or a profession. *Journal of Urban Design*, 4(1), 5–28.

Scott, A. J. (1980) *The Urban Land Nexus and the State*. London: Pion.

Scott, A. J. (ed.) (1997) *The Limits of Globalisation*. London Routledge.

Scott, A. J. (1998) *Regions and the World Economy*. Oxford: Oxford University Press.

Scott, A. J. (2000) *The Cultural Economy of Cities*. London: Sage.

Scott, A. J. and Roweis, S. T. (1977) Urban planning in theory and practice: a reappraisal. *Environment and Planning A*, 9(10), pp. 1097–119.

Sitte, C. (1965) *City Planning According to Artistic Principles*, trans. G. Collins and C. Collins. New York: Random House (originally published 1889).

Sklair, L. (1991) *The Sociology of the Global System*. Hemel Hempstead: Harvester Wheatsheaf.

Sklair, L. (2000) Media imperialism. In Beynon and Dinkerley, pp. 178–9.

Smith, N. (1984) *Uneven Development: Nature, Capital and the Production of Space*. Oxford: Blackwell.

Smith, N. (2001) *Rescaling Politics: Geography, Globalism, and the New Urbanism*. In C. Minca (ed.), *Postmodern Geography: Theory and Praxis*. Oxford: Blackwell, pp. 147–68.

Soja, E. (2000) *Postmetropolis*. Oxford: Blackwell.

Sommer, R. (1969) *Personal Space: The Behavioral Basis for Design*. Englewood Cliffs, NJ: Prentice Hall.

Soong, T. K. (1989) *Mega Cities in the Tropics*. Singapore: Institute of South East Asian Studies.

Soros, G. (1998) *The Crisis of Global Capitalism*. London: Little Brown and Co.

Stein, J. (ed.) (1995) *Classic Readings in Urban Planning*. New York: McGraw-Hill.

Tafuri, M. (1976) *Architecture and Utopia: Design and Capitalist Development*. Cambridge, MA: MIT Press.

Taylor, N. (1999) The elements of townscape and the art of urban design. *Journal of Urban Design*, 4(2), 195–209.

Till, K. (1994) Neotraditional towns and urban villages: the cultural production of a geography of "otherness." *Environment and Planning D: Society and Space*, 11, 709–32.

Venturi, R., Brown, D. S. and Izenour, S. (1977) *Learning from Las Vegas*. Cambridge, MA: MIT Press.

Von Bertallanfy, L. (1951) An outline of general systems theory. *British Journal of the Philosophy of Science*, 1, 134–65.

Wallerstein I. (1974) *The Modern World System*. New York: Academic Press.

Wansborough, M. and Mageean, A. (2000) The role of urban design in cultural regeneration. *Journal of Urban Design*, 5(2), 181–97.

Webber, M. (1963) The urban place and the non-place urban realm. In *Explorations into Urban Structure*. Philadelphia: University of Pennsylvania.

Yiftachel, O. (1989) Towards a new typology of urban planning theories. *Environment and Planning B: Planning and Design*, 16, 23–39.

Zube, E. H. and Moore, G. (1991) *Advances in Behaviour and Design*. London: Plenum.

Zukin, S. (1991) *Landscapes of Power: From Detroit to Disney World*. Berkeley: University of California Press.

第一部分

理 论

第 1 章

城市的社会变迁历程

曼努埃尔·卡斯特利斯（Manuel Castells）

社会存在于时间和空间之中。因而社会的空间形态与社会结构紧密关联，城市的变迁纠结于历史的演进。然而这个规则太笼统了。要理解城市，要解开城市与社会变迁的关系，我们必须判定导致空间结构发生变化和城市内涵重新定义的机制。为了以本书所呈阅的观察和分析为基础来研究这个问题，我们需要介绍一些支持我们所作分析的社会学一般理论的基本要素。而要让这些原理作为有效工具应用于我们的研究，首先必须进一步明确我们要研究的问题。

我们的目标是解释城市怎样变化和为什么变化。但什么是城市呢？我们是否能满意于城市就是人类社会的空间形式这样的定义？哪种空间形式？什么时候我们知道这些空间形式是城市？在密集度或者人口数量的统计数据达到哪一个门槛，城市得以形成？我们如何确信在不同的文化和历史时期，我们基于相似密度、密集定居和不同社会种类的人口，指的是同样的社会现实？当然，城市社会学家反复提出这一相同的问题，却从没有产生一个令人完全满意的答案（Castells，1968，1969；Fischer，1976；Saunders，1981）。毕竟这看起来更像是一个学术讨论，离最近从全球范围的城市危机中浮现出来的引人注目的问题太遥远。并且，在无视社会形态的内容，或社会形态的概况被人口调查局搞得模糊不清的情况下，我们着手对社会形态中的变化进行解释，似乎智商有问题。实际上，通过从历史变迁的观点来研究城市，我们的基础理论视角取代了这个问题。

让我们冒着显得比较概略的危险，以尽可能最清晰的陈述开始。与所有的社会现实一样，城市不仅其物质性方面，而且其文化内涵、在社会组织中和人们的生活中所起的作用方面，都是历史的产物。城市变迁中的一个基本的维度是，在社会一般阶层和历史主导者之间关于城市内涵，社会结构中的空间形式的意义，以及与整个社会结构相关的城市的内容、层级关系、城市密度的意义存在的争论。一个城市（任一城市类型）是由历史性的社会决定它（每一个城市）将会成为什么。城市是由历史所限定的社会所赋予一个特定空间形式的社会内涵。这个表述必须立即用两条注释来限定。

1. 我们将在下面几页讨论的社会是一个结构性的矛盾现实，在其中，社会各阶层根据他们自身的社会利益，在社会组织的基本规则基础上互相对抗。因此城市内涵的界定将是一个冲突、支配和反支配的过程，与社会抗争的动态直接相关，而与一个统一文化的再生性空间表达无关。不仅如此，城市和空间对社会生活的组织是基础性的，为特定的目标安排特定的空间形式的冲突将会是社会结构中支配与反支配的基本机制之一。[1] 例如，要把城市建立为控制乡村的信仰中心，就要以象征性的合法性和心理上的安全感来换取农村劳动力，以获取用来开发剩余农产品的物质支撑。或者，如在另一种情况下，城市声称是一个公共交易和政治自主的自由之地，这是对抗封建秩序的一个主要的胜利。如此，"城市"内涵的定义既不是文化的一种特殊的复制品，也不是在星系某处真空中的不确定历史因素之间的战争的结果。它是最基本的过程之一，通过该过程，历史因素（如社会阶级）根据自身的利益和价值构建起社会。

2. 就其物质意义而言，城市内涵的界定是一个社会过程。它不是通俗文化意义上的一个简单的文化类别，如一套思想。在人类学意义上，它是文化性的，也就是作为社会结构的表达，包括经济、宗教、政治和技术等方面的运作（Godelier，1973）。如果城市被商人定义为市场，它意味着街市和高度社会化，但它还意味着经济活动商品化、工作过程货币化以及建立运输网络，联系所有潜在的货物发源地和所有可能延伸的市场。总之，城市的历史性定义不是空间形式的精神再现，而是依据矛盾的历史社会动态，给空间形式分派结构性任务。

我们定义城市内涵为，由特定社会中的历史因素之间的矛盾过程，作为一个目标指派给一般城市（和城市间分工中的一个特定城市）的结构性工作。接下来我们将要检查社会如何根据生产方式进行自我建构。这样，城市内涵的定义也许会随着不同的生产方式和同样生产方式下的不同历史结果而变化。

定义城市内涵的历史过程决定了城市职能的特征。例如，如果城市被界定为殖民中心，军事用途和领土控制将是其基本功能。如果它们被界定为资本机器，它们将在工厂榨取剩余价值、劳动力再生产、在城市化中榨取利润（通过房地产）、在金融机构中组织资本流通、在商业系统中进行商品交换和管理资本主义商业中心中的所有其他运作当中，细分其功能（有时是在不同的城市专门化其功能）。因此我们定义城市职能为以实现由历史界定的城市内涵指派给每个城市的目标为目的的组织方式的枢纽系统。

城市的意义和职能共同决定城市形态，也就是说，因而象征性的空间表达过程就具体化了。例如，如果城市被界定为宗教中心，如果牧师对农民的意识形态控制是要实现的功能，在建筑中以及在城市景观的空间模式中，永恒和高度、神秘、距离、还有保护和可达的线索将是决定性要素。极少有建筑师相信美国市中心的摩天楼仅仅是集中了大公司的文书工作：它们通过技术和自信在城市中体现了金钱的力量，是正在上升的公司资本主义时期的大教堂（参见 Tafuri，1973 和 1968）。然而它们行使了大量的至关紧要的管理功能，也是在空地上主要的房地产投资，此时空地自身也已经成为商品。自然，在符号形式上不能直接反映出城市内涵和功能，因为符号学研究已经产生了复杂的形式表达语言的派生物，而就派生物的功能内容说这种语言又有其相对的自主性（Burlen，1975；Raymond 等，1966；Dunod，1971）。无论如何，我们不是在争论经济决定城市形态，而是在历史内涵、城市职能和空间形态之间建立联系和层级关系。作为一个理论观点这是完全不同的。某些城市形态，如早期中世纪城市，大教堂这个象征性要素是构成城市形态和内涵的首要因素。但这是由于城市内涵是建立在农民、领主和神之间的宗教关系的基础之上，教堂承担了一个媒介（Panofsky，1957）。

此外，城市形态不仅是材料、体量、色彩和高度的组合，就像凯文·林奇教导我们的那样，城市形态是用途、流动、知觉、精神联系、表达系统——其意义随时间、文化和社会群体而变（Lynch，1960，1972）。就我们而言，唯一重要的问题是既要强调城市形态维度的特殊性，又要强调城市形态与城市内涵和职能的联系。

因此我们定义城市形态为城市内涵和城市内涵（及其形态）的历史性层叠的象征性表达，通常取决于历史因素之间的矛盾过程。

不论什么特殊情况下，城市都是由三个尽管互相关联但是相互不同的过程形成：

1. 城市内涵定义的矛盾。

2. 适当体现城市职能的矛盾。这些矛盾可能产生于同样的公认的框架中的不同利益和价值，或者产生于完成城市职能的共同目标的不同途径。

3. 城市内涵和（或）城市职能的适当象征性表达的矛盾。

我们称城市社会变迁为城市内涵的重新定义。我们称城市规划为城市职能对共享的城市内涵的妥协性适应。我们称城市设计为对一定城市形态中公认的城市内涵进行表达的象征性的尝试。

不用说，既然定义城市内涵是一个矛盾的过程，那么城市规划和城市设计也是如此。但是借由并且通过真实内涵的社会矛盾运动指派给城市的结构性任务，制约了城市职能及其象征性，而任务通过城市职能及其象征性得以实现和表达。

城市的社会变迁制约了城市实践的所有方面。因此城市社会变迁的理论给任何其他城市理论打下了基础。

这样的一个变化从何而来？我们又怎么知道发生了变化？

这里最重要的问题是抵制那种认为城市变化有一个预定方向的任何提议。历史没有方向，只有生和死。它是戏剧、胜利、失败、喜和悲、乐和苦、创造和破坏的组合。现在我们有可能享受人类最丰富的体验，也有可能在一场核灾难中毁灭。我们可以与一些人进行革命，也可能引发革命恐怖力量反抗同样那些人。如果我们因此而赞同必须放弃人类自然的进步这个过时的意识形态，那么同样我们也必须与城市的社会变迁一道继续前进。如此，我们用变迁一词仅仅指的是赋予城市范畴或者一个特定城市新的内涵。新意味着什么？一方面，答案对每一个历史文脉或者我们观察过的每一个城市而言是特定的，但是另一方面，答案与对社会变革的更加笼统和理论化的评估有关。因此我们必须等一会儿再来解决这个关键问题。

然而我们还远不能从我们对城市社会变迁的定义中得出主要结论：定义的评估是纯客观的。我们并没有暗示变迁就是进步，因而我们不需要定义进步为何物。如前所述，我们的理论不是规范性的，而是历史性的。我们想要知道过程是如何发生的，以至于如艾伦·雅各布森（Allan Jacobson）和凯文·林奇这样最人文主义的城市设计者都会肯定我们自己的环境是安宁的。尽管我们总体上赞同他们的标准，但我们的目的不是来界定好的城市，倒不如说是理解好和坏，天堂和地狱是怎样由我们历史经验的天使和魔鬼制造出来的（我们自己的感觉是魔鬼似乎比天使更有创造力）。

当新的城市内涵产生于以下四个过程（它们全部互相矛盾并对立于一个或多个历史因素）之一时，城市的社会变迁就发生了：

1. 特定社会的统治阶级根据自身的利益和价值，拥有制度上的权力来重建社会形态（并因此重建城市），改变既有的内涵。我们称之为城市更新（对城市而言）和区域重建（对地区整体而言）。例如，如果南布朗克斯被故意遗弃，或者如果波士顿的意大利社区变成了一个总署城市，或者如果某些工业城市（如纽约的布法罗）变成了失业的少数民族人员库房时，我们就有了城市更新和区域重建的实例。

2. 统治阶级完成了一个局部或者总体的变革，改变了城市内涵。例如，古巴革命使哈瓦那非都市化（Eckstein，1977），或者格拉斯哥的工人在1915年强行把住宅作为社会公益服务，而不是商品（Melling，1980）。

3. 社会运动在特定的地方发展了自己的内涵，与结构上的主体内涵相矛盾，如多洛蕾丝·海登（1981）在女权计划中描述的那样。

4. 社会动员（不一定建立在特定社会阶级的基础上）强加于习惯的城市内涵相矛盾、与统治阶级的利益相悖的新的城市内涵。只有在这种情况下我们用城市社会运动的概念：集体有意识的、以改变习惯的城市内涵为目标、与统治阶级的逻辑、利益和价值相悖的行为。我们的前提是只有城市社会运动是城市导向的动员，影响结构性的社会变化并改变城市内涵。这个前提的对称面不一定正确。社会变迁（例如新阶级的统治地位）可能也可能不改变城市内涵；例如，工人阶级革命保持城市作为集中的非民主的国家机器的场所作用。

我们分析到这一步时，有必要搞清楚我们的一些关于社会变迁能够在城市变化和社会变化之间建立更加特殊的联系的假想。这项任务需要一个简短概要的迂回，进入社会变迁的一般理论的冒险领域。

注释

1 Anthony Giddens insists on the mistaken neglect by the theories of social change of the fundamental time-space dimensions of human experience as the material basis for social activity (see Giddens, 1981, especially pp. 129–56).

参考文献

Boudon, P. (1971) *Sur l'Espace Architectural: Essai d'Epistemologie de l'Architecture*. Paris: Dunod.

Burlen, K. (1975) L'image achitecturale. PhD thesis, University of Paris.

Castells, M. (1968) Y a-t-il une sociologie urbaine? *Sociologie du Travail*, 1.

Castells, M. (1969) Theorie et ideologie en sociologie urbaine. *Sociologie et Société*, 2.

Eckstein, S. (1977) The de-bourgeoisement of Cuban Cities. In I. L. Horowitz (ed.), *Cuban Communism*. New Brunswick, NJ: Transaction Books.

Fischer, C. (1976) *The Urban Experience*. New York: Harcourt Brace Jovanovich.

Giddens, A. (1981) *A Contemporary Critique of Historical Materialism*. London: Macmillan Press; Berkeley: University of California Press.

Godelier, M. (1973) *Horizons: Trajets Marxistes en Anthropologie*. Paris: Maspero.

Hayden, D. (1981) *The Grand Domestic Revolution: A History of Feminist Designs for American Homes, Neighborhoods, and Cities*. Cambridge, MA: MIT Press.

Lynch, K. (1960) *The Image of the City*. Cambridge, MA: MIT Press.

Melling, J. (ed.) (1980) *Housing, Social Policy and the State*. London: Croom Helm.

Panofsky, E. (1957) *Gothic Architecture and Scholasticism*. New York: Meridian Books.

Raymond, H. et al. (1966) *Les Pavillonnaires*. Paris: Centre de Recherche d'Urbanisme.

Saunders, P. (1981) *Social Theory and the Urban Question*. London: Hutchinson.

Tafuri, M. (1968) *Teoriae e Storia della Achitettura*. Rome and Bari: Laterza.

Tafuri, M. (1973) *Progetto e Utopia: Architettura e Sviluppo Capitalistico*. Rome and Bari: Laterza.

第 2 章

建筑美学的经济流通

保罗·沃尔特·克拉克（Paul Walter Clarke）

    我的目标是要论证建筑哲学由现代主义向后现代主义的转变，反映了在发达资本主义内部，相应地在空间及空间联系的生成和控制方面的深刻变化。这是一个简单易懂的断言，即建筑物花费金钱并占据空间。因而，建筑对我们政治经济的城市化中空间生成和空间配置的整体是不可或缺的。断言建筑理论和美学自身具有政治和经济意义就不那么简单易懂了。换句话说，现代主义和后现代主义这样的现象是政治化的进程；每个对我们而言都不仅是作为风格，而是作为文化召唤，支持和促进一系列非常不同的文化现象。

    这个目标直接提出了问题：经济变化如何在城市景观中变得显而易见？是什么给现代主义发展提供了动力，现在又是什么推动后现代主义？回答这些问题需要对城市史、经济史和建筑史进行考察研究。以下首先描述了资本主义的破坏倾向；其次描述了这些倾向如何促进从工业城市向商业化城市的转变和描述现代主义在这个资本主义转变中的作用；第三描述了伴随着必需的并正在进行的自我前身的破坏，商业化城市的进一步发展，以及后现代主义在城市重组中的作用。

    继续下文之前，必须先申明不是当今所有的文化产物都是"后现代"；现代主义和后现代主义都不是一个整体、均质的现象。我不会尝试"在文体上"把什么是现代和什么是后现代弄得绝对清楚。我认为这两者都不仅是建筑"风格"，而是表现在建筑上的文化显示。每个时代自身内部都存在下一个时代的种子。我相信后现代主义文化现象在"现代主义"风格上有直接的表达。因此我疑惑于什么是典型的、被认为是截然不同的建筑风格。我提出的讨论是尝试性的，不充分的。我的意图既不是认为现代主义或者后现代主义是资本主义必需的，也不是推动任何经济决定论的争论。细微和复杂是任何社会的物质和空间运作的特征。建筑实践可能具有经济偶然性，但是它也能够由抗争、冲突、革新、矛盾和不确定因素引发而自主发展。

创造性破坏

　　一个普遍的观念认为后现代主义建筑产生于现代建筑的失败。这最多是个天真之事，一个复杂反应的简单规则。现代主义不仅涉及建筑运动。实际上，现代主义彻底改变了 20 世纪资本主义的城市景观。在这方面，现代主义是极大的成功。然而，这个成功是其与社会其他部分关联的结果。成功很少是绝对的。由城市天际线给我们带来的敬畏心被恐惧感取代了。产生这些巨大构筑物的力量仍在运动。就像这些建筑取代了先前的景观，最新的建筑也将降临。建成环境的有意识破坏对资本的积累不可或缺。后现代主义的出现并不标志着"创造性破坏"的死亡。

　　"建成环境"是不同构筑物（道路、房屋、交运系统、公用事业）的复杂集合的一个确实有用的简单化名称；每一个构筑物产生于特定的条件并因循不同的规章和财政约束。建成环境久存，不易变化，空间明确，并吸收了大量资本集结。为了分期偿还其所必需的巨大成本，必须终身维持它的价值。一部分环境有时为资本家和消费者所共用。不过，即使那些供私用的部分（住房、商店、工厂）也处于并使用于经济环境中，对资本流动贡献巨大。这暗示构成城市景观的不同部分的集群必须作为一个整体发生作用。这个特征，加上所有前述的特征，与资本投资有牵连（Harvey，1985，p. 16）。

　　建成环境的各部分成为剩余资本的一个巨大的投资领域。结果，通过资本发展的过程，城市形态将越来越多地受到资本积累的急切要求的影响。如果这个观点显得同义反复的话，提出它来是因为我们倾向于宿命地把城市形态看成是发达工业（或者现在的"后工业"）社会的一个不可避免的结果。从这个视角出发，迁移和定居的模式（从乡村到城市，从城市中心到郊区，从郊区到"恶化"的城市中心）同工作和家庭、商业区和居住区、上层阶级社区和下层阶级社区，甚至是周末和工作日的空间区分，好像同政治无关，而是因实际需要由经济制度形成的。这样一个印象直至今日还是一个持久的谜。由"限制工业化"及大量失业造成的日益增长的公众意识正在驱散这样的意识，即如果不再通过发展来促使和加强资本的生产和消费，城市将要衰退。否则投资会转移到其他地方。这并不新鲜，在工业化伊始之前就已经成为"自由市场"经济的整体所不可缺少的部分。资本主义有着具有魔力的胃口来建设和重建。每一项新建设给城市母体添加了价值。建成环境既扩充又花费资本。城市中心区的建设把其他企业和用地赶到外围。外围区的建设给予中心区更大的价值。

　　建筑物占据空间。如果是场地而不是建筑物变得更有价值了，那么既有建筑物就阻碍了价值的实现。在这种情况下，只有通过对建成环境中老价值的破坏，新价值才能产生。资本主义以一副贪婪的胃口，咬了自己的尾巴。

　　资本主义发展因而不得不寻求一条关键的道路，在保持建成环境中过去的资本投资的交换价值和破坏这些投资的价值，以为资本积累打开新的空间之间游走。那么在资本主义下就存在永久的挣扎，资本在一个特定时段建立了一个适应其自身条件的物质景观，而在下一个时间点，通常在一个危机中却又不得不破坏它。时间上和地理空间上的衰退和建成环境中的投资流动只能按这样一个过程才能理解。资本主义内部矛盾的结果投射到建成环境中稳定不变的投资这样的特定背景中时，就这样在历史性的景观地理中大事渲染。（Harvey，1978，p. 124）

　　传统城市及其老的社区文化的破坏归咎于现代主义。但这种破坏是不可避免的。奥斯曼式改造也许在出生之日就死了，但是如果要容纳资本主义的话，巴黎仍会改变。如果勒·柯布西耶继续当他的手表匠，商业化资本主义就会找到一种不同于光明城市的乌托邦式形象来重塑城市。再则，我不想描述一种在经济上明显注定了的命运，而是要阐明：在各个时期，不管建筑师的作用何等重要，他们都从属于当权者的"理性"。无论他或她的作用的重要性如何（de Carlo，1972，p. 9）。

　　所有纪念碑的悲哀在于其材料强度和稳固性实际上毫无价值并完全不重要，它们正是被其所赞美的资本主义发展的力量驱散，如脆弱的芦苇一般。即使是最漂亮的最感人的建筑物也可以任意处置和遭规划废弃，其社会功能更接近于帐篷和宿营地，而不是"埃及金字塔、罗马输水渠或哥特式教堂"。（Berman，1982，p. 99）

　　资本主义城市是持续变化的城市。如果这个物质世界为什么是"持续不变"提供一个参考框架的话，那么这个世界自然指令的潜在力量一定遭到反对，甚至毁灭。这对现代主义的成功必不可少，并且这场持续破坏产生的遗产已经贡献给了后现代主义的本质：空洞、浅薄、"无深度"（Jameson，1984，p. 60 – 62）。对建筑师而言，关键问题是出现了什么样的合法化过程来掩饰这种歪曲？

现代主义及其形象的重大价值

　　至19世纪中期，城市的主要经济特征从商业中心转变为生产中心。随后而来的是垄断资本主义出现、强盗资本家和工厂系统延伸和精炼的时期。从商业集聚到生产集聚的转变产生了巨大的城市动乱。没有一个资本主义城市躲过了变化；且大多数经历了根本性的创伤转变。大型工厂集中于市中心区，靠近铁路和水源，工人阶级住宅区出现在中心位置，根据社会等级隔离在不同街区中。中产阶级和上层阶级在其财富允许的条件下，尽可能快和尽可能远地逃离了市中心（Gordon，1977，p. 99）。许多文学作品描述了工业化城市中，掠夺工人阶级的土地投机的恐怖情况：从狄更斯（Dickens）到里斯（Riis）、恩格斯（Engels）。[1] 只有这最令人绝望的情况迫使劳动阶级顺从于资本主义的剥削。虽然工业霸权留有极少机会给独立示威，但还是存在抵抗城市的联合和暴乱。

工业革命没有劳动力就难以为继。必须给工人阶级提供住宿，至少达到他们应允的要求。后来中产阶级的城市改造运动是要证明资本家优先而不是劳动力优先。戈登非常令人信服地论证，我们的城市在性质上从工业化到商业化的基本变革，并非来自使生产远离城市中心区的明显的技术革新，也不是来自保证管理与生产分离的管理集聚化经济；而是来自控制劳动力的资本主义动力（Gordon，1977，p. 100 – 103）。劳动力选择部分是通过新形成的职业调解发生的，这些职业有法律业、医药业、社会工作和与这个讨论密切相关的建筑业。工业化所必需的城市化孕育了现代主义，而现代主义反过来又在后来产生 20 世纪中期的企业化城市的城市重新组织过程中起到作用。这个时期同时也带来了建筑专业化的全面繁荣。这些并非是不相关的现象。

习惯上，建筑师同社会统治势力相连，而统治势力通常是唯一能够敛聚和提供资本、材料、土地和行政权威的力量，一般也被认为是建筑业的先决条件。工业革命之前，建筑师绝大部分来自统治精英阶层。他们为自己的阶层而设计。建筑物把建筑师自身的阶层作为其主题。这种情况随工业集聚而发生变化，且这场变化在现代主义建筑信条的形成中意义重大。

20 世纪 20 年代的早期现代主义者，代表了先锋派，试图把自己与统治政权的实践分开。他们的纲要提倡消灭固定意义或者传统类型意义上的形式概念。巴黎美术学院和其他历史建筑的刻板的柱式方法被嘲笑为剥削的和垂死的社会在建筑上的表达。历史风格也被认为已经由于技术和材料方面的革新而落伍。现代主义者寻求一种现代技术的语汇，处理和满足新的城市人口集结引起的住房危机。另外，这种新建筑一定是功能性的，完全按必要和"实际需求"的决断而发展（van Doesberg，1970，p. 78）。这场奋斗是要发展出一种形式语言，以昂贵装饰和传统劳动密集型建造方式最少为前提。[2] 比例的几何作用、新的材料和色彩将给新建筑带来极大的丰富多采。这种有意的方法上的经济性相信贫乏可以作为一种风格而兴起。抛弃了先前的建筑典范，现代主义者以自身取而代之：通用空间、柱网、活动墙体的平面以及不对称和无等级的倾向；所有这些标志着一种要创建平等社会的建筑意图。

> 现代主义建筑解释为一种福音确实最令人信服……其影响可以看到，与它的技术革新或是形式语汇都没有太多关系。实际上，它们看起来的价值从来不如它们象征的价值那么多……它们是教诲的例证，与其理解为是为了其自身，不如理解为一个更好的世界标志。一个理性动机

盛行、所有政治阶层的有形的机构，都已被清除到一个被取代和遗忘的无关角落……它的理想……是要展示使徒式的清贫，这样的美德。类似圣方济各会的美德……现代建筑的定义可以显现为对建筑物的一种态度，它把未来将会揭露得更加完美的秩序在当前泄露出来。（Rowe and Koetter，1978，p. 11）

不幸的是，这个新风格作为一种形象取代了原先的社会意图。新建筑产生之时，事实证明它对社会秩序的影响微不足道。大众住房令人困惑地成了集中公寓。纯几何美学——朴素的方盒子——被误认为是其自身期望的终点。反对装饰成了新视觉模式的追求，而不是像一开始声称的那样，是要消除设计的视觉决定因素。社会变革的议程被剥离了。对建筑在设计中使用理性方法的关注，被对建筑显得理性的关注所侵蚀。

单一无装饰物体的风格具有神秘的推论。它意味着这个物体从社会内涵中分离出来。这个物体没有了历史并且不延续任何历史。它与历史无关。内涵和形式互相独立，这个物体只有不得不指涉自己是合法的。物体的纯洁性未被玷污，因为这个物体没有主题。所有这些都是无用的断言，虚构的神话。

然而，如果就像早先所述的那样，现代建筑是一个巨大的胜利，那是因为它的神秘化对经济是至关重要的。这种经济正在为创造而进行破坏。它是一种利用建筑活动的经济，一种背离"居住"行为而称之为"住房"的经济。建筑师不再为她或他的阶级而设计。住房、工厂、学校、"公共"图书馆、仓库和其他新建筑类型，由资产阶级指定，但不是他们使用，当然也不是建筑师来使用，这些东西的主体并不是工人阶级，尽管实际上他们就住在里面。主体就是资本主义。现代主义建筑师首次有了被剥夺了权利的"业主"。被一种生产模式具体化的劳动大众又更进一步被一种建筑哲学具体化了，这种哲学不尊重历史，反叛阶级的观念并因而拒绝承认延续的阶级关系。这是一种通用准则的哲学，与既有文化的各方面无关，因为它主张建筑是一种新的"解放"文化的先锋。现代主义者主要的胜利是创造了一种实用建造模式及其原理。这种模式随后就被其得以在其中得到救助的经济力量所利用和贬值。

所谓的现代主义建筑……致力于培养这样的幻想，即无生命物体的外观能够满足男人［或女人］并把他［或她］从压迫的焦虑和恐惧中解脱出来。通过排斥装饰，强调功能的容器这样的表面结构联系的重要性，一般认为建筑可以成为一个理性的产品，消费者真的获得了一种用途，一种真正的用途，而不是价值的象征。然而，结构骨架的暴露，功能的表达，基本几何形式的采用，丝毫没有能够使骨架更加有效或是改善所容纳的功能；这些都是为一种语言建立新的视觉词汇的尝试，这种

　　语言现在有了新的目标，即临时把权力放弃给迅速过时的产品生产者。
(Tzonis，1972，p. 87)

　　如同所有先锋派现代主义者，否定既有物质。事实上，它是衰落的、过时的
且束缚真正的进步和创造力，因而，他们促进它的破坏。早期现代主义者利用了
现代资本主义的技术，在这样做的过程中，也接受了这种技术的社会逻辑，而不
论他们认为它如何中性。现代主义运动目标是乌托邦的，但在资本主义内部，它
不是，也不可能是。它是物体的乌托邦——物体的革命。现代主义的失败不单是
在建筑方面，更是在其背后的社会逻辑方面。这个逻辑认为物体是中性的，且超
出社会关系之外。

　　最终，现代主义的姿态是防守和狭猥的，且有一些建筑文化的地方性，这种
文化喜欢"从自我中心演绎出只能通过对神秘的社会译解、扭曲和变形，通过切
实利用形象制造者发出的消息途径进行彻底且公平的分析才能发现的东西。"
(Tafuri，1980，p. 103)

　　现代主义城市也难以避免建成像可悲的西巴利亚那样的棚屋区。无论如何，
正是在现代主义的掩饰之下，商业化城市从工业化城市的矛盾中产生出来。自
然，工业活动在商业化王国中继续，这个王国最终依靠于价值的生产和实现。一
个新的区别表现在，这些操作和倾向由更少但却更大的经济实体所操纵，这些经
济体以不同形式寻求合法性，但建筑不是。同样重要的是经济生产越来越包含空
间的生产和土地经营中的长期投资。当城市中心越来越受制于由高耸的商业摩天
楼组成的中央商务区时，"形象制造者"就被整个卷了进去。

　　商业化城市和摩天楼是同一种经济的附带现象——一个大致协调的发动机和
它的外罩装饰——这两者象征性地互相敌对，这是自相矛盾的。商业化城市有几
个，使之区别于工业化城市的特征。管理和生产在地理上分开。制造业迅速从城
市中心区移出，而不是在中心集中。商业图标钉在中央商务区的地景上，这是为
控制和支配商业及高端金融功能而选择的地点。城市在政治上被分割，打碎成许
多分开的城市和郊区管辖区，这也是很重要的。当制造业能够穿过法律的围护，
逃离由工业城市中大量劳动力集中而带来的冲突和矛盾时，这个特征就很明显。
以前被证明高效的东西变成了缺点（Gordon，1977，p. 102）。城市及其内地正在
为商业效率而重新组织成一个单一王国。这种效率并不完全，在彼此之间存在混
乱。摩天楼正是这种矛盾的标志，资本主义的每一阶段产生了匹配的城市化形
式，但是某些城市化的因素，有时却以一种自主的方式在运行。土地投机和空间
生产是突出的实例。

　　　摩天楼是一个"事件"，作为一个"无政府主义个体"，通过将其形
象投射到城市的商业中心，在单个公司的独立与集体资本的组织之间创

建了一种不稳定的平衡。

在城市中单个建筑物的运行，作为投机冒险，与日益增长的把城市中心控制为一个结构性功能整体的要求相冲突。面对要确保中央商务区在整体功能方面的高效，在已经惊人拥挤的曼哈顿中心的摩天楼的"个性"更加突出，乃是一个时代错误。企业尽管有力量，仍然无法把城市想象成一个关乎发展的综合公共事业，也没有能力把商业中心的物质结构组织成一个单一协同的实体。（Tafuri，1979，p. 390 – 391）

在商业化世界中，建筑就是形象，摩天楼是权力集中的缩影。资本沉淀在市场中必须拥有凭证。作为一个建设项目，高层办公楼由细胞空间或开放、连续的模数空间的增长组成。它是一种顽固地保持同一模样的建筑类型。

这种建筑类型由于新近才出现，因而缺乏从先例获得合法性的广泛认可的象征形象，它不像市政厅、博物馆或是火车站，它无止境地在我们的城市中心复制。自相矛盾的是，它的许多成功依赖于其与周边环境的区别，因为它意味着再现和宣传公司或是商业组织的力量。因此，办公楼作为一种中性语义的类型，最可能被赋予一种诱人的形象。（Pertuiset，1986，p. 87）

1922 年的论坛报大楼的设计竞赛文件性地记载了建筑外表的详细资料，该建筑几乎证实了新古典主义在高度方面的不适应性。对这种城市变形的一个更加可塑的表皮是艺术装饰；一种工业化的新艺术美学（来改变老先锋派的眼光，而新先锋派还在为合法性而奋斗），一个机器加工的"工艺美术"（劳动力，如果没有被收留，至少应该被告知），巴黎美术学院美学的最后一丝喘息，除了轮廓分明的外表，它认可大部分现代主义者的形式进程。

从装饰艺术到严整的、密斯式的，方格纸状外立面包裹的柏拉图体，这种诱人形象的转变跨越了一条无数眼泪的深渊：经济萧条和第二次世界大战。[3] 这些年来的外伤使城市环境更加恶化，在公共意识中培养了对传统城市的抵制情绪。大萧条相当程度上不仅仅是一场消费低迷的危机。然而，它看起来的确如此，资产阶级也如此回应它。除了新政，经济萧条是由于二战防卫开支而终结的。对经济萧条的恐惧（和其他恐惧一起）维持了后来冷战时期的防卫开支。如此出现了商业化城市的一个必然结果：凯恩斯式城市（Harvey，1985，p. 202 – 211）。这种反应是城市进程的另一种变形，在其中，商业积累形成了一种新的空间动力。塑造成了一个消费产物，资本主义城市的社会、经济、政治和物质属性依赖于政府支持的、借贷金融的消费。因为它们对日益依赖图像有影响，有些特点值得探讨。

凯恩斯式城市

第一，联邦政策，政治上无组织的都市区域的分区策略，银行机构参差不齐的地理性投资模式，房地产发展商和建造业，都有助于 20 世纪 50 年代和 60 年代广泛蔓延的独户住宅的产生。独户住宅的大量增长加剧了单个家庭与其社区和阶层的关系的孤立和分离。结果是对认同感的寻求瓦解成无数的消费选项，从房子及社区声誉价值，到"孩子有更好的学校"。建筑形象只是这些区别的一种方式。新的阶级排斥和种族隔离的诸多飞地承担了郊区梦想的代价。

第二，凯恩斯式城市周边蔓延的开发因能源工业、汽车工业和高速路建设而加强。汽车和高速路的发展突出了老市中心的不便，并进一步强化了都市人群的孤立。

第三，当制造业移到城市中心区以外，金融和房地产行业以及城市政府部门（"为增长而联盟"）认识到，只有越来越多的公司总部定点于它们的中央商务区时，它们的共同利益才能提高，下决心要维持地方基础设施投资的价值。现代主义者的项目在"城市改造"中官僚性地起着作用。"衰退"、"萎缩"、"贫民窟"街区被"清除"以供"再开发"。破坏和更新以前所未有的程度发展着。更新项目的效果是把穷人赶到更加拥挤的地区，并在很多情况下，在漫长而可怕的"孵化"时段内腾空大量市中心土地（Gordon，1977，p. 107）。

这三个特征描述了增长联盟如何有力地通过城市更新和郊区化来提升它们的利益。创造性的破坏在地理上大不相同，郊区创建起来，而城市中心的邻里关系遭到破坏。金融资本和联邦、州和地方政府的操作中形成了新的手段。结果是意识形态控制"以通过正当途径保证消费者主权至高无上，这样通过某些关键工业部分（汽车、家居设备、油等）的扩张，产生与积累有关的理性消费"（Harvey，1985，p. 211）。到 20 世纪 60 年代，美国拥有样子非常不同的低密度蔓延的城市，拥有各不相同的消费空间（乡村到郊区到城市中心），以"奇怪的生活方式和社会地位的含义，烙在彻头彻尾的消费主义的景观中"（同上）。这些城市化的特征在资本主义下一阶段将证明更加令人厌恶。

现代主义的传播

现代主义怎么样了？为什么在 20 世纪二三十年代形成并时髦的这个形象，在 20 世纪五六十年代受到企业如此广泛的赞同？20 世纪 50 年代的摩天楼是其中的典型，作为企业价值标志的同时，它们呼吁一种比商业建筑更高和更受广泛尊重的理想。在那十年中，现代主义不是一个先锋派的信条，而是重建社会和扩展经济的赞美诗。在经济萧条和第二次世界大战前后二十年中，各类建设都受挫折，一开始是因为缺乏资本，后来战争期间资本过剩但又物资匮乏。20 世纪 50 年代是二十年苦行后迟到的满足。麦迪逊大街在帮助建立赞美诗"你的未来有一辆福特车"方面并不马马虎虎。远景在艾森豪威尔年代成了现实。美国城市在战争期间改变了；农业重组，农村迁离，加上城市就业，使美国城市人口曾经达到最多和最高密度。普通中产阶级的情绪是已经改变的城市还要进一步改变。现代主义者对阳光、空气、开放性绿地的呼吁，给郊区以信心，并给城市复兴以形象。建筑是政府和企业建设未来的具体的实证。西格拉姆广场的开阔空间是给曼哈顿的一个"礼物"。即使它是对西格拉姆大厦的巨大高度进行分区调整的补偿也不要紧。在这个中产阶级和企业富足的时期，在这个城市毁坏和疯狂建设的时期，遭忽视的是由经济萧条产生的反商业情绪。这种情绪还得到贫穷阶层的信任，他们居住在城市改造地带和高速路下。然而如今这种状况乃是城市改造承受激烈反对的原因。

后现代主义，商品具体化和资本象征

凯恩斯式城市的繁荣花费了相当大的成本，到 20 世纪 60 年代末、70 年代初，成本接近危险的程度。这段时期难以简单描述。民权运动、越南战争、城市骚乱、反战运动、学生抗议，都与城市政策有复杂而微妙的因果关系。邻里和社区的观念在形成对持续城市改造的抵制的过程中成为中心。抵制不仅限于包绕的城市贫困区维持邻里关系的斗争。郊区居民努力争取"增长的极限"。空间的生产受到场所敏感性的阻止。城市改造最后的破坏为期不远，以至于需要在这里再叙述。简而言之，所允诺过的前景证明是不能令人满意的。现代主义者大多数已经实现的梦想，体验起来却是单调和片断的景象；是充斥于冲突和苦恼中的一个社会和时代的又一种形式的疏远。现代主义似乎在经济动力摇摇欲坠时精疲力竭了。凯恩斯计划的战后策略由于复苏的世界贸易在耐用品和消费品方面国外竞争的加剧而减弱。通货膨胀的金融暂时缓解了经济进一步吸收投资的能力。在最高回报率的追求中，国际贷款的波动在美元走弱和 20 世纪 80 年代国际债务危机中达到顶点。

值得重复提出的是，资本主义城市化固有的、不可避免的特征是流动，危机是资本主义转变的重要方式。1973 年的经济衰退，20 世纪 70 年代末的"经济停滞与通货膨胀"，1981－1982 年"里根"时期的衰退，形成了后来的商业市场萎缩、大量失业、全球劳动分工的迅速转移（以种植业终止、"反工业化"[4]、资本外流，以及技术重组和金融重组为标志）等现象。哈维在危机对城市化和建成环境的影响方面是一个优秀的观察家和评论员。

　　当应对 1973 年的螺旋式通货膨胀，货币政策紧缩时，虚拟资本形式（如土地投机）的激长达到了一个意想不到的结果，贷款成本增加，房地产市场崩溃……地方政府发现它们自己濒于……财政危机的创伤。资本流入到物质基础设施和社会基础设施的创建中……在经济衰退和强烈的竞争把这种投资的效率和生产力坚定地提上议程的同时减慢下来……问题是要尽力挽救和整理尽可能多的投资，而不会带来物质资产的巨大贬值和所提供服务的破坏。使城市发展合理化以及使它更加经济划算的压力很大。

既然到了城市化已经成为问题的一部分的程度，那么它也不得不成为解决方式的一部分。结果就是 1973 年以后的城市进展的基础性变化。当然，这是一个重点的转移而非整体变革……它必须改变以前的城市遗产，并严格受限于数量、质量和那些原材料的配置。

围绕需求增长这个主题的城市进程经过一代或更多代的建设之后，正确组织生产的问题重新回到中心位置。（Harvey，1985，p. 212 – 213）

哈维提出这样一个问题：20 世纪 80 年代，很大程度上享有需求方遗产的城市区域，如何适应一个新的供给方的世界？他列出了四个当时的实例，它们中没有一个是互相排斥的，没有一个没有严重的政治分歧和经济风险，没有一个没有破坏和再创造的必需形式。以下是哈维的叙述大纲（同上，p. 215 – 218）。

首先，城市能够积极主动地参与劳动空间分配的竞争，以改善其生产能力。这方面的努力就是去把新工业吸引到一个地方。最近游说联邦政府去竞争国外汽车制造业在国内的生产场地就是这种竞争的一个典型案例。这种竞争的全面、长期的作用很少是有利的。通常，为吸引一个产业重新部署而同意采取的让步是可观的，伴随着利润亏空和长期的债务。[5] 成功吸引产业必须有一大套常备资源：从高速路和运输系统到优良的学术机构、资本资源和财政机遇，最后还有剩余的熟练劳动力的基础建设。劳动力通常并不受益于这种竞争，因为在讨价还价中，通常包含工会合同和创新的、节省劳动力的技术。

其次，城市各区域能够通过关注消费空间的划分来改善它们的竞争地位。这使得不仅仅是旅游业造成的消费如其所能地惊人。需求方的城市化从第二次世界大战末以来就根据声望地位和权力的标志和象征，把精力和投资集中于生活方式和意义、"社区"构建和空间组织方面。这种城市化一直在为参与这样的消费主义不断扩展机会，同时突出了其阶级排外主义，因为经济衰退，失业，信贷的高成本阻碍了大量人群的参与。这种城市间竞争的形式无疑是冒险的，因为建立起一个有声望的生活环境的投资和寻求提升"生活质量"的投资是昂贵的。在这场努力中，形象极为重要。例子很多，旧金山的吉瑞戴里广场、波士顿的法纳尔会堂、巴尔的摩的海港广场、圣路易斯的联合车站、底特律的文艺复兴中心。甚至近来的公司总部、路易斯维尔的休马纳大厦，或是宝洁公司扩建工程，也致力于这场地位和吸引消费的竞争。一个尚未解决的例子是奥克兰、菲尼克斯、孟菲斯、杰克逊维尔和巴尔的摩，都在向美国国家橄榄球联盟申请举办权。巴尔的摩在努力保留其棒球队并获得一支国家橄榄球联盟队伍的过程中，已经提议在靠近其市中心内港的地方搞一个投资2亿，占地85英亩的两个体育馆，开发项目（Schmidt and Barnes，1987）。这种城市对声望和生活方式的强烈要求并不是一个新趋势（想想悉尼歌剧院，或甚至是巴黎歌剧院），这一点应该很清楚。然而特别显著的是与整体的城市经济健康及竞争欲望的关联，这些已经培育出当前的这些建筑。其结果是城市内部分为两极，在表面简朴的场面里，花费巨资建设一些场所。事实上，巴黎歌剧院就是这种不适的真正先驱。

第三，大都市地区能够争夺联合大企业、高级财政和政府部门的那些关键的控制与指挥职权，这些职权体现了对各种活动和空间的管辖。这样的竞争培育和保护了金融资本、信息收集和掌控以及政府决策的中枢。这种类型的竞争需要基础设施供应的谨慎战略。在全球范围的运输和通信网络中，中心性和效率至关重要。这使得机场、快速交通和通信系统方面的巨大花费成为必需。充分的办公空间是竞争所必需的，并且依赖于房产开发商、银行金融家和有能力参与和应对可能发生的需求的公众利益团体的公私联合。这里建筑形象也意义重大。巩固过的电子工业场址是典范：加利福尼亚的硅谷和波士顿城外128大道的再开发。美国东西海岸的统治地位最近受到得克萨斯州的挑战，该州努力把奥斯汀和得克萨斯州立大学建立成美国主要的电子业研究发展中心。

第四，凯恩斯主义的计划还没有完全消失。重新分配的巨额花销，其中，国防预算是首要的，给区域竞争和城市竞争提供了机会。联邦政府提供经费的数十亿的超级回旋加速器是当前可能从这种竞争中获得回报的一个实例。

后现代城市

城市正沿着这四个趋势发展。所导致的在空间约束和城市空间生产方面的转变——有些比较激进，有些比较微妙——已经容许非常大的、国家性的、甚至有时是国际性规模的生产、消费和风险投资在地理空间上的分散。实际效果是城市内的、城市间的、各州之间的、地区之间的、国家之间的竞争加剧。这种破裂在一种不可救药的乌托邦意象的外壳中得以实现。所有这些特征在20世纪70年代和80年代得到展现。然而，其速度、外表和普遍特性是最近才突出的。企业和政府官僚机构以及小企业家适应和回应，甚至提升变化速度的灵活机动到目前为止是无与伦比的。哈维称当前晚期资本主义时期为弹性积聚期（Harvey，1987）。

与弹性积聚同时并存，美学越来越整合到商品生产中。就像弗雷德里克·詹姆逊（Fredric Jameson）所说的那样，有一种疯狂的经济急迫性来产生更多具有新奇外观、以更大的翻建费用获得的环境（Jameson，1984，p.56）。这是后现代主义的结构性作用：审美革新和实验，以支持弹性积聚。

　　弹性积聚归入后现代主义，并反映了福利国家及现代主义建筑教条的寿终正寝。为生活和工作提供通用形式和理想环境的天真浪漫不复存在。在这个过程中几乎没有安全保障，因为弹性积聚制造了不切实际的长期规划前景。"创造性破坏"不再在一个宏大的一元意识形态系统的单独庇护下向前发展。后现代主义是一个文化双关语，它允许分歧和异质性。这个术语表示一种方向性，但不是目标。它的建筑议程暗示了一个对立面。现代主义否认历史，后现代主义信奉历史。现代主义破坏城市景观，后现代主义尊重既存的文脉和城市生活的文化。现代主义蔑视现存文化，后现代主义认可以所有"大众化"形式存在的文化。现代主义忽视民间的原型，后现代主义详细描述所有缘起的类型。全面纵览后现代主义是困难的，因为其范围和约束如此不定型。然而，后现代主义继承了现代主义的遗产，尽管前者与之大相径庭。当代建筑师们的建筑物是与其主题相分离的独立物。我们也许不再会谈论未装饰的方盒子是审美典范，但破碎的社会关系仍存在，尽管与现代主义的那些不同，但却相似。"主题疏远被主题破碎所替代。"（同上，p. 63）

　　这个领域现在呈现出风格和离题的异质，其在一个有着重大集体需求的时代，却缺乏重大的集体计划。交换价值已被这样的宗教热情所提升，以至于对使用价值的记忆等价于亵渎（同上，p. 66）。要赢得价值交换（只有通过市场系统实现的价值——投机是一种形式），就要突出形象创造。

　　　　在出租商业空间的生意中……发展商必须集中精力，通过提供一个物质和金融上都有优势的环境把顾客从其他建筑吸引来。他们的商业本质吸引他们注重短期利益而不是长期稳定性。他们的建筑必须诱人、时尚，并尽可能廉价的建造。（Drummond，1986，p. 74）

　　极少有例外，越新的建筑老得越快，但它们的脆弱不只是由于其不实在的建造，也是由于其形象的空洞。詹姆逊用"缺乏深度"一词，对表达美学自身的实质性解构，来描述这种情形。现代主义的"深度"范例总体上已经受到批判：本质和外观，隐藏的和明显的，真实和非真实，以及象征物和被象征物之间的对立。"深度被表面或是多重表面所取代"。媒体谴责信息的缺乏。如德波所评论："意象已变成了商品具体化的最终形式"（引自 Jameson，1984，p. 66）。

象征性资本

　　商品具体化之于德波，就是象征性资本之于哈维（1987）。象征性资本是用来证明其所有者的品位和个性的奢侈品的集中体现。象征性资本并没有描述什么新东西。然而，与弹性积聚一起，这个术语大大加强了对中产阶级向衰败市区移居的描述（侵占"其他人"的场所和历史），恢复"历史"（真实、幻想、再创造的、篡改的、或是混合在一起的大杂烩），"社区"的理想化（真实的或者作为可消费的商品），以及用来建立代码和特征标记的装饰和"风格"的描述。创造性破坏是象征性资本追求的整体的一部分。即使就当前的建筑复原和保护项目来说也确实如此，建筑物被还原，但作为一个文化和历史标志已遭破坏。

货币资本本身在20世纪70年代由于通货膨胀而变得不稳定。经济衰退迫使对产品的差异性进行调研，因为寻求象征性资本的期望在建成环境的生产中高涨起来。把象征性资本转换成货币资本的能力是当代城市进展的文化政治中所固有的。[6]弹性积聚变成了形象动员——在城市舞台上的就业景象。迪斯尼乐园成了一种城市策略。

不管其诱人的形象，及对所处文脉的遵从，这些迪斯尼乐园看起来还是格格不入。它们看起来格格不入是因为它们是似乎熟悉却含糊不清、似乎在精神上很有活力却在承诺方面很冷淡的城市计划的组成部分；还因为我们的城市由于这些后现代景象正变得越来越破碎。这种破碎的发生是因为象征性资本必须使自己与众不同。它必须要限定其边界来保护自身作为一个标志，保护自身作为投资。同样，它不能在城市的连续统一体中"填空"。它必须是一个单独的事件。我们城市的破碎是强加秩序的多重努力的结果，这种努力的成功完全依赖于这种强加行为在地理空间上是如何分离的。

日常生活景观的破碎可以有平庸的表现形式。最近建造的大型购物中心由于没有更好的词语，而显示出对单行入口的认可。从购物中心进入开发区的主要商店、百货商场的入口在购物中心侧面，非常显眼。大门典型是厚重的模塑框架的，置于引人注目的经过调整的墙中央，并通常与中央大厅呈轴向布置，中央大厅自身扩展宽度接近入口。在举行门外场地的宣传方面，鲜有建筑策略遭忽视。一旦进入大门，百货商场的流线往往是循环路径，同时导向左和右，垂直流线方式通常从大门不能直接看到。调研是强制性的。尽管商业中心的路线是清楚的，并有信息提示，如今，在商业中心内部线路还是模糊不清。循环的线路抵消了方向感。流线偶尔在分散的展示障碍物周边放慢或分开。实际上所有道路和环境都"引人入胜"的。要回去会很费劲。由于不记得已经经过了香水柜台（或不管什么），想要找到重新回去的路就很困难。你认为是你最初进来的那个门把你带到了停车场。出口都非常相似。建筑令人讨厌地声称百货商场自身就是购物中心。返回商场被预先被排除。进入商场的商铺入口被认为是不如进入商铺的商场入口重要。进入商业中心的入口在侧面有一个高顶棚，在商铺内部有一个矮顶棚。所穿越的墙和店铺的许多内墙一样，装满货架或搁板。初次遇到这种情况，愤怒是下意识的。第二次，愤怒就是有意识的，并且你知道了适当的线索，不再重复同样的错误。我们的城市同样让我们迷失。我们在城市景观中艰难行进，当我们行走于这个区域时，我们的身体发出并依赖于磕磕巴巴的步伐。[7]

后现代主义空间和现代主义空间一样，拒绝谈及"外部"是什么。它们是依赖于城市的世俗空间，但是它们否认与城市中的日常生活与生俱来的内在联系。一个人能够从波士顿市政中心或从金融街走到法纳尔会堂。当你穿过街道，进入商业区，压力是感觉得到的。法纳尔会堂随人群而震颤，步伐立即疲惫起来。人体骨架伴着渴望作出反应——购物、饮食、工作或者是不得不从一群游客中穿过。这种渴望来源于这样一个事实吗？即如果你想要加入这个场所，或甚至在此逗留，你就必须花钱。[8]

同样，进入任何波特曼的海特摄政旅馆。沿着建筑物的反常路线穿过拥有"导弹发射井"的全部优雅魅力的富丽堂皇的中庭，进入玻璃电梯仓，吸引你到上面去看内外的景色。你一来就会有一个服务生或女服务员问候你，询问你是否喝点或吃点什么。有些人也许会认为你是在受到"服务"，但是在这个商业机构里你只是一个目标。

当奥斯曼切断贯穿巴黎的大道时，波德莱尔（Baudelaire）观察到继而发生的一个咖啡文化的有趣而极其重要的情况：人可以加入到公共领域并仍保持不被人知。随着当今发生的公共领域私人化，这种情况受到了危害。当你使用信用卡时你不是匿名的。如果你的社会地位由于你无力参与这种消费而显示出来，你也就不是不为人知的。

意大利广场，与圣约瑟喷泉一起，已经成为新奥尔良市标识的一个组成部分，尤其是如果你看最近的电影的话。完成于 1978 年由佩雷斯（Perez）及其合伙人及查尔斯·穆尔（Charles Moore）设计的这个广场在一段时期作为后现代主义的一个主要事件广受传播（Filler，1978）。这个广场，作为意大利社区对新奥尔良的文化活力的贡献的一个纪念碑，是一个建筑狂欢节，"油腻的星期二"仿佛一个浮游物永久地停泊于靠近中央商业区的货栈街区。仿古的细部在这个鲜活的、炫目的、喧嚣的建筑物上肆意横行。暗示建筑永恒性的历史要素被切分和割断，然后重新组合成一个虚空的、"缺乏深度"的罗马许愿池和可能是旧金山的艺术宫两者的大杂烩。仿科林斯式的柱子有霓虹灯柱颈，而旁边的不锈钢混合式柱头的柱子拥有喷水"短袜"。其他柱子的柱身被省略，并代之以水柱，从悬挂的多立克式柱头的底部流下来。空间与广场上舞动的宠物——水一起，生气勃勃。水在喷洒、喷射、流动、爆发、奔驰、涡旋，其中心装饰是一个 80 英尺长的三维的意大利半岛地图，西西里岛位于广场聚焦的中央。轮廓闪闪发光，三个喷泉的水从波河、阿尔诺河和台伯河的位置发源，喷流而下，流到两个代表第勒尼安海和亚得里亚海的水池中。

到 1985 年，我前去参观时，广场看起来比它的短短几年寿命老了许多。故意破坏和涂鸦证实这不是一个它想要成为的"人民的场所"。粉刷的表面已经风化得可怜，其他一些部分也被喷泉的流水所侵蚀。广场及其喷泉，本打算作为复兴一个靠近中央商业区的、"未充分利用"的区域的一个城市更新计划的初始投资。复兴尚未发生，而广场的命运摆在那里。对其开发者而言，它们是泥土中的一颗人造钻石。作为建筑物来说，这个广场是一个虚构之作。它是没有人的舞蹈。它没有常驻四邻来使用和滋养它，并且尚未有基础设施来维持它。它与中央商业区的亲近很费劲，并且它已变成了它打算改变的文脉的牺牲品。广场作为其所不能幸免的再开发的失败的预言继续存在。最近，广场已作为两部不同影片的场景，《黑色手铐》（Tightrope）和《越轨干探》（The Big Easy）。难以置信的是，在每一部影片中，都有一具尸体被发现沉在圣约瑟喷泉里。荒谬的是这两部警探故事——小说——更加现实地看待了这个广场，即把它作为一个空空的场所，而不是建筑本身。这是一个潜在的空间而非一个真正的场所。

　　这个后现代主义的虚构和神话并不是在其实践者身上迷失了，他们中的一些人是公正的，却不愿认错：

　　　　生活在这些建筑里的人当然和其他任何人一样为赚钱生活在这样的地方而奔忙，他们从来没有真正地坐到门廊的椅子上凝视着大海，不比你坐在广场上安逸地看着教堂更多些。你急匆匆地绕一下，花2分钟喝一杯咖啡，但那些想象的瞬间，才是使其有可能存活下来的支撑。这就是我们的现代环境的代价。如果我们要在当前生存下去的话，我们就必须拥有那些记忆和传统，即使它必须成为其自身的神话。（Stern，1987）

　　再重复一下，美国城市正在变得越来越被这些潜在的空间所支配，这些空间的场所真实性将永远遭到否认。KPF（Kohn，Pedersen，Fox）设计的宝洁公司总部扩建工程的周边柱廊式庭院作为加入辛辛那提城市的一个奇妙的绿色空间受到赞扬，其超负荷的喷泉广场是唯一的市中心的公共室外空间。广场被一条繁忙的城市道路一分为二，并被一条宽敞的仪式性的机动车道与总部分开，其外部边界又被一条宽阔而繁忙的运输大道与城市分开。这个绿色地坪既起不到总部的自然延伸作用，又起不到城市绿洲的作用，尽管它的宣传承诺有这两种用途。从公司的窗口看起来这是一个阿卡迪亚式景观。格子花架的回廊比人行道高出数尺，也高于内部绿地。结果远处的人连草地都看不到。从外部看，效果更像是墙体而不是空间。这不是设计出了问题。这个庭院只是权力的空间。这个空间不是用来居住的，它也不为城市所用。这个装饰空间是一个合适的象征，作为象征性资本，它更是象征而不是资本。如果从大街对面看到的景象不清晰，乃是许多入口处都经常饰有不锈钢链条，挡住了通道。在一个坚持疏离的设计中，链条并不是多余的。权力的空间需要保卫。

　　圣路易斯联合车站，是吉瑞戴里广场最新的一个建筑，"实用而喜庆"的城市交通路线和商业中心。车站及其旅馆铺张地重建，火车棚号称是全世界最大的，覆盖了几个商店群和附加的旅馆群。老车站和旅馆小心谨慎的修复给这个再开发建立起华丽的特征。然而，当一个人冒险穿越这些商店，到了后边，这个设计失去了原有建筑建立起来的清晰性。浅水道和台阶是从围合的商铺到停车场的笨拙的转换，占用了多半车棚遮蔽的区域。这个夸张的车站的气质就作为圣路易斯的一个入口。除了庄严，它有意对城市表示尊重。它是城市旅程的开始。是城市的一部分。现在，车站再开发的气质似乎是郊区商业广场的内向错觉。结果令人疑惑，人总是在车站后面，而不是在车站里。车棚下显眼的空间给了停车场，确认了商业中心没有中心，原来的车站和宾馆缩减到站台前，但这个建筑如此厚重和宏伟，以至于使其自身的再开发黯然失色。这里，如同其他相关现存纪念性建筑的城市更新，一个重要建筑的复原已经剥去了其象征性。这个建筑保持了原样进行翻建，但其文化认同感遭到破坏。这是被盗用的历史。

确实，在设计联合车站的初始阶段的某一时刻，肯定有人提议把客车服务恢复到火车棚的后部，尽管现在这些服务被缩减了。那么原设计的气质就能恢复，并延展至整个车棚。它将是一个车站，一个城市的入口，城市的一部分，而不是再开发将它搞成的破碎孤岛。[9]同样肯定的是，这个想法被摒弃了，因为那些乘客并不是开发商要取悦的购物者。这个长时间空闲和贬值的车站，作为工业城市及其统治阶级的纪念碑，已被恢复成新城市和新统治精英的象征性资本，显然比强盗资本家的寿命更不耐久。

口味的改变可以贬低象征性资本。人可以厌倦迪斯尼乐园。当没有好处可以分享时，"实用而喜庆"又怎么样呢？更加喜庆？

形象的批判价值：主题的回归

我们需要更多喜庆，但不需要最近正在大量制造的城市安慰剂。我们需要朝人类自我实现发起运动的建筑，而不要在不够仁爱的世界里容纳人类存在的建筑。创造性破坏应该由这样一个美景加以控制，要破坏有害的神秘化和正统化，人类成长的潜力才能得以创造。

后现代主义作为一种意识形态，声称信奉历史，尊重文脉，赞同"大众"的文化形式，苦心经营民间的类型。有些问题很麻烦，谁的历史？谁的文脉观念？谁的地方性？谁的"大众"文化？真正的传统的结果还是消费者经济的另一产物？这些问题和其他一些问题还没有人提出过，而且正因为没有被提出过，拟议的方针将永远解决不了他们提出的这些重大问题。建筑的质量必须以重大而专意的创造性参与的案例探究为前提，这些案例通常被列为"无序"（de Carlo，1972，p.19）。"任何城市理论从其出发点开始应该是社会冲突的理论。"（Castells，1983，p.318）我们需要重新建立阶级斗争的纯粹术语，一个通常遭诽谤和误解的马克思主义术语，然而却是一个强大且潜藏快乐的术语。这种斗争必须认识到当前的真相，即后现代主义的真相——也就是说，我们的世界是一个跨国公司和弹性积聚的世界。我们不能回到美学的策略，因为那是与那些不再存在的历史时刻相对应的。通过努力和参与，建筑客体可以拥有真正的主题。形象可以解放，可以有批判性内容并考虑多元解说。使得建筑生产的运作中有建设性提问的可能。

　　这对一些人来说是简单的事实，而对另一些人而言则是异端邪说，对许多人来说是毫不相关的。在一个需要激进变革的世界，也许不是每个人都需要变得激进（尽管我当然会欢迎更多的激进人物）。无论如何，即使是保守阶级也能承认建筑史和经济史之间的内在关联。建筑师往往是当前状况的口头批评者，正是他们对这种状况的形成起了极大的作用。这个职业必须成为一个演说的舞台，与自身及超越自身交战。还可以从我们的学校和工作室开始。演说必须变成建筑而不能仅止于此。

　　对我们现状的批判必须以建筑形式来表达，而不是语言。建立一种新的建筑质量的概念是必要的。如果一个优雅的设计破坏了人类和社会行为的解放潜能，如果一种形式或技术的发现并没有改善人类社会的物质环境，如果一个建筑活动，尽管技术上很纯净，艺术上让人激动，但未能对日常生活的破碎提出抗争……它就不是建筑。

注释

1　See Engels (1973), Gauldie (1974), and Cole and Postgate (1971, pp. 129–42). For a vision of the social costs borne by the middle class in Chicago of the same period, see Sennett (1974).

2　"The idea of 'economic efficiency' does not imply production furnishing maximum commercial profit, but production demanding a minimum working effort" (CIAM, 1970, p. 109). "The new architecture is *economic*; that is to say, it employs its elemental means as effectively and thriftily as possible and squanders neither these means nor the material" (van Doesberg, 1970, p. 78).

3　For a detailed history of the political and aesthetic evolution of the American skyscraper, see Tafuri (1979).

4　For an extensive description of the phenomenon see Bluestone and Harrison (1982).

5　How Volkswagen came to western Pennsylvania is representative of the costs expended in these competitions. See Chernow (1978, pp. 18–24) and Goodman (1979, pp. 1–31).

6　That symbolic capital can indeed be liquidated is best illustrated by the sale by US Steel (now USX) of its Pittsburgh headquarters for $250 million in 1982. The corporation now rents its office space (Nader and Taylor, 1986, p. 30). Another example is the sale of $1 billion in assets, including its 611 acre headquarters site in Danbury, Connecticut, by Union Carbide Corporation, after it was "heavily pummeled by industrial accidents and a hostile takeover offer" (Cuff, 1986).

7　For a detailed discussion of architecture and human response and body sensibilities, see Knesl (1978).

8　In the movie *Charly*, of the early 60s, there is the briefest of scenes in which Claire Bloom and Cliff Robertson shop – without anxiety – for groceries in the open-air stalls of Faneuil Hall obviously some time before its redevelopment. The scene shows the grit and the casualness of the urban market which is an undeniable part of the city. The scene foretells the redevelopment. In the background rises the nascent form of the Boston City Hall construction.

9　I would like to thank Frank Ferrario of St Louis for this critique of the Union Station redevelopment.

参考文献

Berman, M. (1982) *All that Is Solid Melts into Air*. New York: Simon and Schuster.

Bluestone, B. and Harrison, B. (1982) *The Deindustrialization of America*. New York: Basic Books.

Castells, M. *The City and the Grassroots*. Berkeley: University of California Press.

Chernow, R. (1978) The rabbit that ate Pennsylvania. *Mother Jones*, January, 18–24.

CIAM (1970) La Sarraz Declaration [1928]. In U. Conrads (ed.), *Programs and Manifestoes on 20th-century Architecture*. Cambridge, MA: MIT Press.

Cole, G. D. H. and Postgate, R. (1971) *The Common People 1746–1946*. London: Methuen.

Cuff, D. F. (1986) $1 billion asset sale by Carbide. *New York Times*, 8 April.

deCarlo, G. (1972) Legitimizing architecture. *Forum*, April.

Drummond, D. (1986) Identifying risks in corporate headquarters. In T. A. Dutton (ed.), *Icons of Late Capitalism: Corporations and Their Architecture*. Oxford, OH: Department of Architecture, University of Miami.

Engels, F. (1973) *The Condition of the Working Class in England*. Moscow: Progress Publishers.

Filler, M. (1978) The magic fountain. *Progressive Architecture*, November.

Gauldie, E. (1974) *Cruel Habitations*. London: Allen and Unwin.

Goodman, R. (1979) *The Last Entrepreneurs*. Boston: Simon and Schuster.

Gordon, D. M. (1977) Capitalism and the roots of urban crisis. In R. E. Alcaly and D. Mermelstein (eds), *The Fiscal Crisis of American Cities*. New York: Vintage Books.

Harvey, D. (1978) The urban process under capitalism: a framework for analysis. *International Journal of Urban and Regional Research*, 124.

Harvey, D. (1985) *The Urbanization of Capital: Studies in the History and Theory of Capitalist Urbanization*. Baltimore: Johns Hopkins University Press.

Harvey, D. (1987) Lecture given at the symposium Developing the American City: Society and Architecture in the Regional City, Yale School of Architecture, 6 February.

Jameson, F. (1984) Postmodernism, or the cultural logic of late capitalism. *New Left Review*, July/August.

Knesl, J. (1978) Foundations for liberative projectuation. *Antipode*, 10(1).

Nader, R. and Taylor, W. (1986) *The Big Boys*. New York: Pantheon Books.

Pertuiset, N. (1986) The Lloyds Headquarters: imagery takes command. In T. A. Dutton (ed.), *Icons of Late Capitalism: Corporations and Their Architecture*. Oxford, OH: Department of Architecture, University of Miami.

Rowe, C. and Koetter, F. (1978) *Collage City*. Cambridge, MA: MIT Press.

Schmidt, S. and Barnes, R. (1987) Maryland stadium foes lose in court. *Washington Post*, 9 September.

Sennett, R. (1974) *Families Against the City*. New York: Vintage Books.

Stern, R. (1987) Lecture in Verona. *Art and Design*, April.

Tafuri, M. (1979) The disenchanted mountain. In G. Ciucci, F. Dal Co, M. Manieri-Elia and M. Tafuri, *The American City from the Civil War to the New Deal*. Cambridge, MA: MIT Press.

Tafuri, M. (1980) *Theories and History of Architecture*. New York: Harper and Row.

Tzonis, A. (1972) *Towards a Non-oppressive Environment*. Boston: Simon and Schuster.

van Doesberg, T. (1970) Towards a plastic architecture. In U. Conrads (ed.), *Programs and Manifestoes on 20th-century Architecture*. Cambridge, MA: MIT Press.

第 3 章

关于城市形态的后现代讨论

朱克英（Sharon Zukin）

  20 世纪 80 年代期间，许多领域的学术都渗透了"后现代"论争的术语。在一定程度上，这反映了智力水平的拓宽，通过学科间概念的移植，给已经变得平庸的调查和论辩注入新的生命。后现代主义的影响也反应了大多数社会科学领域霸权教条的长期分离，以及作为政治模式的对立面，文学模式的诱惑——在马克思主义政党的微光中，但是对后现代主义的共同吸引力在一个更深的层次应对了世界上某些超越学术危机范畴的事物。许多社会科学家认同新文化形式的多样性和普及性，尽管非常不得要领，他们仍然渴望为这些形式所源于的"破碎"的社会结构辩解。

  后现代主义没有连贯的定义来引导那些如此有倾向性的社会科学家们的盗用。弗雷德里克·詹姆逊（1984）区别了作为文化产物和作为文化时期的后现代主义；在两种情况下，它都是 20 世纪晚期，产生于信誉扫地的现代运动的灰烬中。虽然在建筑理论中，后现代主义指一种风格，但在文学理论中，它是指一种方法；建筑物和书首要的是作为内在一致的"语言"（比较 Jencks，1984）或"文本"（比较 Hassan，1987）进行"阅读"。从许多对音乐视频、装饰品和模仿作品的谈论还可以进一步讨论，后现代主体总体上是一个与生俱来的对世界的视觉——与听觉相对——理解；然而并没有一致的意见认为电影和绘画比其他文化形式更加后现代。即使是作为政治议程的聚焦点，"抵制的后现代主义和反动的后现代主义"也都存在（Foster，1983，p. xii）。而且，当美学议程和政治议程碰到一起时，就像国立艺术博馆一样，后现代主义成了一个以更加平民主义和更加精英主义的两种途径评论艺术史的纲领（比较，Mainardi，1987）。

  概念的可替代性可以说明它的一些要求。然而它也提到了时代精神，那些只研究社会的人参与在其中：后现代主义是"自我意识、共享文化、时空中定位的总和"（Dear，1986，p. 373）。

  当詹姆逊的文章"后现代主义，还是晚期资本主义的文化逻辑"发表于 1984 年《新左翼评论》（1984）时，它被美国的社会学家和政治经济学家广泛阅读。那些仅仅阅读过从阿尔都塞（Althusser）到福柯和德里达等权威著作片断的人，那些不能分辨建筑中的"矛盾"和"复杂性"的人，那些还认为菲利普·马洛

（Philip Marlowe）是夏洛克·福尔摩斯（Sherlock Holmes）的直系后裔（Poster，1984；Venturi，1977［1966］；Tani，1984），被詹姆逊的方式刺激和煽动起来。

许多人因为詹姆逊任意删除资本和文化，因其以肤浅的观念规定后现代主义的认知世界"绘图"而批评他。一些人反对詹姆逊发现的以同样尺度存在于艺术和建筑、电影和文学方面的多种形态的后现代主义。还有一些人在他把后现代主义与扩张的而不是危机四伏的资本主义等同这方面指责他（Davis，1985）。然而，很大程度上依靠其文章，詹姆逊鉴别过的议题和描述过的案例在社会分析领域形成潮流。

在城市研究领域，后现代之争引起了普遍的共鸣。首先詹姆逊的陈述的花言巧语——尤其是为绘画和约翰·波特曼（John Portman）的中庭旅馆这样的令人难忘但却有缺陷的案例所做的呼吁——与研究城市空间的地理学家、社会学家和政治经济学家进行对话。其次，城市研究人员已经调适好对"建成环境"进行跨学科阅读；迫不得已，他们必须考虑建筑、艺术市场、城市规划和资本投资，来搞清楚当代城市的发展（Zukin，1982）。而且马克思主义的城市研究最近经历了一场创伤式的自我检查，经济决定论在一个更加开放的唯物主义的分析之前退却了，这个分析既包括经济结构也包含文化和政治（Berman，1982；Castells，1983；Harvey，1985；Gottdiener，1985）。

詹姆逊把后现代主义与资本主义当前阶段相联系是对把城市和区域发展与资本在全球范围内的重组相联系的补充（比较 Massey，1984）。对当地"重构"的分析通常伴随着使资本家之间或资本家与其他社会群体之间变化的权力关系以空间方式形象化的努力（非常不同的方式，参见 Fainstein and Fainstein，1982；Smith，1984；Soja，1986）。也许后现代之争对研究城市最大的影响是根据一个社会方面更加概念化的空间与空间方面更有想象力的社会这两者之间的相互关系，编制了参差不齐的经济发展状况的议题（Soja，1987）。

虽然这种贡献被称为"地理后现代化"（Soja，1987），但恭维似乎已经言过其实。城市研究人员在把后现代主义从一种美学类别转换成关于城市形态的争论方面遇到了很大的麻烦。

当然，后现代主义关于视觉艺术多元化的观念已经影响了资本积聚的多样和"弹性"策略的正确评价，尤其是在城市中（Harvey，1987；Cooke，1988）。不仅如此，后现代的叙述性碎片的概念似乎与基于地理或其他传统纽带的社会联系的破裂相关，这种破裂在老工业城市和地区是一个很明显的过程（Friedmann，1983；Scott and Storper，1986）。最后，后现代建筑和后结构主义批判的语言适合于描述一种"反文脉"的为了娱乐、消遣和"展示"的目的重新创造城市建筑的历史形式的物质环境（Debord，1983［1967］）。这些城市空间包括詹姆逊描述的旅馆中庭，迪斯尼乐园和各种重新建造的市区购物中心（Faneuil Hall、South Street Seaport、Inner Harbor）以及更加普遍的标准化的或者无视地域传统的"没有场所"的空间（比较 Relph，1976；Frampton，1983）。

在关于城市形态的论辩中使用后现代主义一词有某种的优势。直觉上，它"听起来很正确"，因为它与当代经济重构的地理忠实性的破碎及其在新城市两极中的表达产生了共鸣。它也巩固了城市政治经济学家和地理学家内部的一项承诺，把文化与政治和经济一起从上层建筑中分出来，并作为物质形式的一个基本决定因素加以研究。使用后现代主义使得城市研究人员在一个跨学科的或多或少有一个共同词汇或主题的城市事业中站到了一起。

然而如果社会科学家不超越后现代主义现在所描述的城市世俗的呼唤，他们就冒了被已经扰乱了最近的城市研究的另一种"混乱概念"所淹没的危险（Sayer，1982；Zukin，1987）。要合理使用后现代主义，我们必须从概念上把它作为一种社会进程，根据城市空间的生产和消费划分时期。显露出来的历史延续性以资本的社会组织中的一个新阶段对后现代主义的辩论提出挑战（比较 Fainstein and Fainstein，1989）。

作为社会进程的"后现代化"

后现代化这个棘手的术语表明了我们在动态进程方面的兴趣，这个进程的规模和复杂性可与现代化的强大建设力量相比。与现代化一样，后现代化提出了以不同地理尺度分析不连续和不协调的社会进程方面的问题。在全球层面上，后现代化指的是通过工业和服务业的投资和生产、劳动力迁移、无线电通信方面的新模式重建社会空间联系（比较 Portes and Walton，1981；Urry，1987）。在都市区域的层面上，后现代化指的是以关于承受能力和合法性相对立的主张为基础的社会——空间重新分配（比较 Smith and Williams，1986；Smith，1987）。全球的和都市的进程都体现在某种程度的非集中化上。然而在城市层面上，后现代化体现在全球市场的核心城市的某种再度集中化之上（例如 Soja，1986）。

如果后现代主义在美学上暗示新的新古典建筑和历史形式的再造，那么它只包括了 20 世纪 70 年代以来美国和欧洲主要城市的部分变化。这种描述当它仅限于上层阶级为了高度竞争的商业设施、高价出租的住房，以及大体积或新式样的文化消费而进行的闹市区和滨水区的重建时是最适用的。历史保护和作为房地产投资的一种办法和一种理解方式的技艺之间的关联，确实反映了文化和社会的真实变化（Zukin，1982，1988；Wright，1985；Hewison，1987）。然而，把后现代主义限制在这种用法上并没有涉及形象化与社会重构，一种"把某种社会控制形式拼贴到另一个上面"的双重努力之间的联系（Clark，1985：49；比较 Harvey，1985；Boyer，1987）。

看待后现代主义，我们应当以较古老的建筑关注和认知中的多种对立观念为指导（Sarfatti Larson，1982；追随 Walter Benjamin）。适应于这些类别，一方面，后现代化涉及市场和场所之间、驱使人离开和把人拴在特定的空间的力量之间的这种结构性对立。另一方面，后现代主义涉及城市空间的公共用途和私有用途之间的这种制度性对立。后现代城市形态的分析强调市场甚于场所，并否认私有空间和公共空间的分离。因此，结构性力量和政治、经济和文化制度都加要以关注。[1]

建筑生产

核心资本主义社会中城市的不断重建显示着，建筑生产的主要情况是创造材质变换的景观。这些景观连接时空，它们也通过建立市场主导的投资、生产和消费规范并遵从它，由此直接调解经济力量。

尽管今天的建筑师主要是在商业的惠顾下工作，他们也和城市规划师、房地产开发商和城市官员一道，在国家政策和地方优惠的矩阵中工作。他们既没有游离于也没有束缚于市场作用力和场所的附属物。尽管建筑师通常根据个体业主设定的具体要求工作，但是他们最大多数的委托来自商业和地产业开发商，这些人"投机"建设，也就是说在建筑一旦启动之后就试图出售或出租空间。这些雇主通过要求在更短建造时间内获得更多的可售或可租的空间，从而把市场标准强加给建筑师。这样的业主越来越多是国家和国际的投资者而不是当地开发商。由于这个原因，詹姆逊和其他一些学者把城市建筑看成是"跨国资本主义的直接表现"（Jameson，1984；Davis，1985；Logan and Molotch，1987）。

不仅如此，建筑师是在竞争不断加剧的情况下追寻这些雇主。大多数建筑公司最近经历了与律师行业、会计行业和广告行业的公司同样的成长以及国际化拓展活动——尽管专业公司在法律上不允许向公众出售所有权股份，一般是通过开设分公司而不是合并和收购成长起来。结果，新的建筑形式和城市形态在几乎与消费品和商业服务同样的社会组织下生产出来。

因此，我们在城市形态中看到了标准化和有区别的市场驱动模式。不论地方性的变异，也不管因美学、意识形态或是"感情"原因（Jager，1986；Logan and Molotch，1987，chapter 4；Harvey，1987）而被强加的种种变异，对城市形态的主要影响源于投资、生产和消费的国际化。然而在社会－空间方面，国际化与投资集中化、生产分散化及消费标准化相关联。

1945年后，就在它快速地疏散住房和购物中心及其旗舰店、控制的环境和商业内街，破坏许多中央商业区的商业生机的同时，美国的郊区化进程要求对财政和建设集中控制（Checkoway，1986；Kowinski，1985；Mintz and Schwartz，1985，p.43）。然而，从20世纪70年代早期开始，集中的跨国投资以及城市商业街区进一步层次划分，既支持了持续的疏散，又支持了再集中。同样的产品和氛围来自在纽约、法国、日本和意大利的跨国公司。它们越来越多地出现在上麦迪逊大道的商店中，也日益出现于罗德奥大道、圣奥诺雷郊区大街或者蒙特拿破仑大街。当地的店主被这些承租者所付的更高的租金所取代时，他们明智地归咎于那些名胜地的小商店，它们的租金得到它们跨国母公司的资助。对早期转变作一个敏锐的概括就是，更多的国际投资把商业街区从手工艺（火腿蛋糕）转向大规模生产（麦当劳或贝纳通）和消费（Giovannini，1986；Meislin，1987）。

麦当劳和贝纳通成为国际城市形态和国际化生产和消费之间联系的缩影。它们的店铺在全世界的城市中无所不在，支持了母公司的全球扩张战略（Lee，1986；Business Week，October 13，1986）。这两家公司全球运作的方法不同：麦当劳向当地开业者出售传统的经营权，而贝纳通对贝纳通商店既不投资也不收取经营权费。不止于此，麦当劳的管理者在当地购买它们的食品供应，而贝纳通管理者从贝纳通购买所有的商品。两个连锁商店的统一标准是通过其他企业政策来维持：店长的严格培训；严守公司质量、服务标准，在贝纳通还有装饰和橱窗展示标准；来自公司总部的观察员频繁地现场检查。

不论它们出售的产品类型的差异，贝纳通和麦当劳的成长部分地归功于管理改革。大部分这种进步集中于生产和分配。麦当劳把快餐烹饪的"机器人"式的操作磨炼到极点，贝纳通开发了更便宜的软化羊毛、染制有色外衣的办法，并在电子化制造和设计以及仓储运作的真正自动机械方面花费精力。在此过程中，两家连锁商店都发展出了一个总的"模样"，综合了生产、生产方式、专门的消费经验和广告风格，正如其"经典的"大量生产的毛衫和汉堡把全世界的消费者联系起来一样，这些跨国公司在每一个国家的地方经济中成了更加重要的角色。麦当劳对牛肉的大量需求对拉丁美洲养牛的国家的食物链造成了潜在损害（Skinner，1985）；对照起来，贝纳通在北卡罗来纳的新的美国工厂给纺织工人提供（自动化的）了工作岗位。

建筑业不像大量生产的消费品，它有一个鲜明的姿态。就在单个建筑变得更加标准化时，其设计者声称为客户提供了更多差异。职业建筑师尤其是黏附在许多后现代风格上的假人民党主义者。继续在使一个潜在的美学活动或社会活动理论化。大众化的迫切要求使建筑师更易于接受企业顾主，他们想要得到公众接受，也要使他们的公司区别于那些置身于经商业改造的从 20 世纪 50 年代直至 70 年代的现代主义玻璃盒子里的公司（参见 Venturi，1977［1966］；Venturi 等，1977；比较 Kieran，1987）。

开发商较少限制于谈论建筑生产的状况。开发商说"我的房子是一个产品"（Architectural Record，June 1987，p. 9）。"它们是产品，就像透明胶带是一种产品，或是莎纶包装膜。产品的包装是人所看见的第一个东西。我将要出售或出租空间，空间必须在一个有足够吸引力以使财政上获得成功的包装中"。他强调说，"我负担不起建造纪念碑的费用，因为我不是一个公共机构"。

著名建筑评论家埃达·路易斯·赫克斯塔布尔（Ada Louise Huxtable）

（1987）在对纽约市特别普遍的纪念尺度的、过分个性化的新建摩天楼的批判中改变了这样的评论。"在过去的五年里"，她说，"一类新开发商已经用所谓的'签名建筑'重塑了城市，一种后现代现象，以一种会使伯尔尼尼困惑但现代企业家却能完全理解的方法把市场和消费主义结合起来。"

强调可与个体文化制作者视为等同的个性化产品，与大量消费年代里市场竞争的加强是不可分离的（Forty，1987）。后现代摩天楼设计的"埃及金字塔式"特征，与 20 世纪 20 年代在房地产爆发中竞争的投机办公楼的"玛雅式"金字塔类似（Stern 等，1987，p. 511 – 513）。20 世纪 30 年代直到 50 年代，好莱坞电影制片场为观众对其产品的忠实度而发生的相似的竞争激励了个体导演制作"签名电影"。建筑业方面，由于劳动力成本提高，工艺技巧减少，社会差异的负担就传递给了昂贵材料的使用及设计的独创性本身。不奇怪，就像好莱坞导演一样，建筑师具有甚至就是商业特质。

在一定程度上，建筑师商业化反映了建筑产品的市场竞争。但是它也反映了设计这个社会门类的不断商业化。这既是在市场竞争也是在非市场竞争下发生的。实际上，在一个把市场机构和非市场机构（及其主顾）结合起来的流动的社会空间里，这种情况发生得如此典型，以至于把我们的注意力吸引到新城市形态中的公共 – 私有的"极限空间"上。

极限空间

后现代城市形态的极限空间在社会方面建立于从文化消费者到文化制造者的自治性的销蚀。顾客的自主性对建筑师和设计师来说一直特别成问题，因为需要物质资源来实现他们的设计。理论上说，职业化以及特殊的教育资格、认可程序，应该加大了建筑制造者和顾客之间的距离。然而实际上，这些制造者的举动和"有教养的"文化消费者正日益靠拢。[2]

通过新的和复活的制度形式，如商品交易会、百货商店促销、博物馆活动，集中得以形成，而这些形式已成了主要的城市吸引力。例如，当纽约和洛杉矶不再能自称是全世界服装和家具生产中心时，它们确实扩展了它们的设计和文化的中心地位，以及用来集中与概念、展示及销售关联的商业行为的商品市场。对这些城市来说，宣称是全世界的设计中心非常重要。这种角色既象征又为高等级商业服务的专门化提供了物质资源，这是核心城市所热望的。并且吸引了商业、政治、时尚方面异质的新兴精英，这些人构成了国际上层阶级的一个显在部分（比较 Silverman，1986）。

百货商店和博物馆共享的公共社会 – 空间要素是它们在设计者、大量消费者和富有的文化素养良好的主顾之间建立起联系。地方流派和个体艺术家的作品提供了作为文化和大量消费的消费包装而唤起的主题。每年在布卢明代尔（Bloomingdale's）的促销类似于都市艺术博物馆服饰侧厅的新品展，且两者都是用来提升它们各自机构的竞争地位（Silverman，1986）。

　　许多这样的事情发生在 19 世纪晚期，百货商店构成了"奢侈的民主化"（Williams，1982，p. 11），所以它既鼓励富裕阶级，也鼓励了下层阶级的消费。同样，博物馆之间争取非市场资源如政府支持的激烈竞争，促使它们设定一个大众化的适合部分有教养的中、上层阶级的鉴赏家身份。

　　百货商店和博物馆这样就形成了极限空间，构成了文化商品的概念，在纯艺术和服务于市场的艺术之间周旋。在这两个机构中，展示和出售的公众聚集，还结合了私人功能（资源的市场竞争和非市场竞争，慈善"活动"）。

　　当后现代艺术评论家注意到这些社会进程的结果时，他们通常把自己限制于评说文化生产者不再与市场之间保持一个批判的距离（Jameson，1984；Solomon-Godeau，1989）。相反，模糊上层和下层文化之间的区别，尤其通过把文化含义加到扩大的"鉴赏家"大众身上，正是后现代文化机构的本质。同样，为这种含义的释放提供极限空间，模糊公共和私密、市场标准和非市场标准之间的区别，正是后现代城市形态的本质。

划分后现代城市形态的时期

　　百货商店和博物馆之间的机构共生现象回溯至 20 世纪 20 年代（DiMaggio，1986；Stern 等，1987，p. 336 - 338）。同样，高度个性化建筑和公共 - 私密极限空间的生产起源于 1870 - 1930 年之间现代建筑的建筑投机风暴。这样，历史使得把后现代主义定义成建筑生产的一个明确时期的尝试变得复杂起来。相反，设计既作为一个空间商品又作为一个文化商品进行销售，开始于现代主义。

　　"明星建筑"被认为是后现代城市形态的标志。如同摇滚乐或华尔街的明星，明星建筑师的产生反映了这个行业的主要公司想从产品开发中长期的，大规模的投资中补偿价值的期望。城市再开发中，这种规模的投资产生了需要高度个性化然而却日益标准化的建筑设计的市场。许多有关的重要委托被授予具有明星声誉的活跃于国际的建筑师。

　　正如这些项目经常超越了特定地点的历史的规模，因此招募来做设计的建筑师具有超越当地文化制造者的名誉。"忽然"，一位当地建筑师，抱怨波士顿水边的一个主要的新项目，"过分对'著名'建筑师的需求，已经把这些建筑师及其作品并排摆在一起"。这威胁到"波士顿、巴克湾、纽布利大街的识别性"淹没在其他任何地方的特征中（*Architectural Record*，May 1987，p. 4）。[3]

　　然而明星建筑的产生源于同样的造成高度现代主义的建筑投机行为。早在 19

世纪 70 年代的芝加哥，商业循环和大火引发的持续的循环重建导致了迅速蔓延的建筑工业和商业化导向的建筑。一位被奥斯曼和拿破仑一世的兵团毋庸置疑地监禁过的法国观察家说，"芝加哥建筑师厚颜无耻地接受了投机商强加的条件"（Saint，1983，p. 84）。

当亨利·詹姆斯（Henry James）在欧洲生活 20 年之后，于 1905 年回到纽约，他发现 19 世纪中期的圣三一教堂受到被教区执事出售及迫近转手的威胁（James，1968［1907］，p. 83 - 84）。建筑千篇一律，对詹姆斯来说这是应该被坚定不移地取代的，"作为一个不惜代价的欲望，以全部的决心来移走——移走、移走、移走是根本的结局。"

对于在美国企业和现代建筑的两大都市——纽约和芝加哥——的下一代来说，高涨的土地价值、增长的企业和房地产投机制造了一个持续变化的景观。纽约办公楼的平均寿命缩短到只有 20 年。而且，取而代之的现代建筑，就像詹姆斯所怀疑的，比它们古典的前任更不突出——并且建造和维护起来更便宜。到 20 世纪 20 年代，商业建筑的产生依赖于投机商、建筑师和报纸的关系，投机商的资金使一个项目启动，建筑师"画出一个摩天楼的雄伟图画；如果它比伍尔沃斯大厦高几层就更好"，报纸迫不及待地公布"高层建筑的图片，真的或是想象的，因为……读者对此很感兴趣"（建造商 William A. Starrett［1928］，引自 Stern 等，1987，p. 513 - 514）。

这种明星建筑、商业化和投机之间的历史性的关系类似于城市形态的产生和占用中的一种混合的公共 - 私密模式。

当前的观察家倾向于提出这种制度性的混合在历史上是全新的。结果，城市再开发的后现代时期涉及公共 - 私密的合伙关系，这种关系甚至在"进步"的市政管理下苗壮成长（Hartman，1984；Bennett，1986；Judd，1986），也涉及"私人化"，其以滨水公共空间转变成大量消费的商业中心以及私人机构侵入到公共空间（如都市艺术馆扩张到中央公园内）这样的方式发生。

但再次重申，后现代概念源于高度现代主义固有的进程。从 1880 年代起，新的机械发明日益用于运输和电信，铸成了混合的公共 - 私有文化形态（Kern，1983，p. 187 - 191）。电话使男人和女人既分离又能够互相联系。报纸达到很大的发行量，既作为隐私也作为信息手段。而且，铁路缩小了个人旅游的规模，公众通过钢铁和玻璃建造的宏伟火车站的有限的透明隧道到达城市（Schievelbusch，1979，p. 161 - 169）。同样，现代城市里的社会生活常常通过新的市场消费方法——咖啡屋、茶室、餐馆、百货商店——形成，市场消费从本来的私人群体扩散到更广泛的大众中（Thorne，1980；Barth，1980；Williams，1982；Benson，1986；比较 Wolff，1985）。

相反，对弗雷德里克·詹姆逊描述的"后现代"的波特曼建造的旅馆而言，公共空间的私人用途首先被早先的那位无畏的消费者亨利·詹姆斯参观纽约的华

尔道夫－阿斯多里亚（Waldorf-Astoria）饭店时注意到（1968［1907］，p. 104－
105；比较 Agnew，1983）。

对詹姆斯来说，美国大饭店的茶室和商店创造了"一个世界，其与自身形式和
手段的联系实际上很自然；……一个把广告宣传作为与权威组织在一起的重要手段
的概念，用这个手段，美国人的组织天赋再加上勇气，能够独自组织起来"。在
"全世界的华尔道夫－阿斯多里亚"的洞穴状的大厅里，詹姆斯发觉被"闪闪发光
的昂贵的旅店"吸引到"这个聚合的创造性的公共场所里"。正如詹姆逊在中庭、
詹姆斯在华尔道夫看到"整个建筑里的人群好像在温和的、默许的对其受吸引和控
制的状态的猜疑中走动，其在过度融合中不得不采取的默许态度作为那些似乎乐于
认为是过度奢侈的东西的代价"（James，1968［1907］，p. 440－441）。

结论

关于城市形态的后现代之争暗示了一种比迄今为止所有思考更加微妙的"资
本主义的文化逻辑"（Jameson，1984）。传播着一种断裂和不连续的感觉，并理所
当然地认为进步是脆弱的，后现代景象再现了对寿命、文化层次及使市场与场所
相对立的既定利益的同样的崩溃。因此，在代表（或反对）先进工业时代的"高
度"资本主义方面，存在着与现代主义的相似性和连续性。

相反，后现代化发生于这样一个社会文脉下，即当市场更加多变，而场
所——甚至是文化生产者这样的职业类别——越来越缺乏自主性之时。后现代城
市形态所起的作用是通过社会和空间的重新区分过程，占用或恢复指定的含义。
正如经济的国际化在投资、生产和消费领域有不同的社会和空间结果，后现代化
应对其美学影响的社会产物仔细分析。

注释

1　The following material is drawn from chapter 2 of my book-in-progress, *American Market/Place* (Berkeley and Los Angeles: University of California Press), and represents a greatly condensed version of the argument.

2　These terms bring up the usual modern distinctions between clients who directly commission architectural products and patrons who by their connoisseurship and command of institutionalized cultural resources support the general process of architectural production. As we shall see, the marketing of connoisseurship calls in turn for new terms of distinction.

3　The same submersion of locality (and local capital) by superstar architecture is illustrated by 1 Liberty Place, Helmut Jahn's new office building in Philadelphia. The design by Jahn, a well-known postmodern architect based in Chicago, had to receive special authorization from the city government because it rose above the symbolic limit set by the statue of William Penn atop City Hall. Penn, founder of the commonwealth of Pennsylvania, laid out Philadelphia's initial city plan in the seventeenth century.

参考文献

Agnew, Jean-Christophe (1983) The consuming vision of Henry James. In Richard Wightman Fox and T. J. Jackson Lears (eds), *The Culture of Consumption*. New York: Pantheon.

Barth, Gunther (1980) *City People: The Rise of Modern Culture in Nineteenth-century America*. New York: Oxford University Press.

Bennett, Larry (1986) Beyond urban renewal: Chicago's North Loop redevelopment project. *Urban Affairs Quarterly*, 22, 242–60.

Benson, Susan Porter (1986) *Counter Culture: Saleswomen, Managers and Customers in American Department Stores, 1890–1940*. Urbana: University of Illinois Press.

Berman, Marshall (1982) *All that Is Solid Melts into Air*. New York: Simon and Schuster.

Boyer, M. Christine (1987) The city of collective memory. Unpublished paper.

Castells, Manuel (1983) *The City and the Grassroots*. Berkeley and Los Angeles: University of California Press.

Checkoway, Barry (1986) Large builders, federal housing programs, and postwar suburbanization. In Rachel G. Bratt et al. (eds), *Critical Perspectives on Housing*. Philadelphia: Temple University Press.

Clark, Timothy (1985) *The Painting of Modern Life*. New York: Viking.

Cooke, Philip (1988) The postmodern condition and the city. *Comparative Urban and Community Research*.

Davis, Mike (1985) Urban renaissance and the spirit of postmodernism. *New Left Review*, 151 (May–June), 106–13.

Dear, M. J. (1986) Postmodernism and planning. *Environment and Planning D: Society and Space*, 4, 367–84.

Debord, Guy (1967, 1983) *Society of the Spectacle*. Detroit: Black and Red.

DiMaggio, Paul J. (1986) Why are art museums not decentralized after the fashion of public libraries. Paper presented to Workshop on Law, Economy and Organizations, Yale Law School (December).

Fainstein, Norman I. and Fainstein, Susan S. (1982) Restructuring the American city: a comparative perspective. In Fainstein and Fainstein (eds), *Urban Policy Under Capitalism, Urban Affairs Annual Review*, 22.

Fainstein, Susan S. and Fainstein, Norman I. (1989) Technology, the new international division of labor, and location: continuities and disjunctures. In Robert Beauregard (ed.), *Industrial Restructuring and Spatial Variation, Urban Affairs Annual Review*, 29.

Forty, Adrian (1987) *Objects of Desire: Design and Society From Wedgwood to IBM*. New York: Pantheon.

Foster, Hal (ed.) (1983) *The Anti-Aesthetic: Essays on Postmodern Culture*. Port Townsend, WA: Bay Press.

Frampton, Kenneth (1983) Towards a critical regionalism: six points for an architecture of resistance. In Hal Foster (ed.), *The Anti-Aesthetic*. Port Townsend, WA: Bay Press.

Friedmann, John (1983) Life space and economic space: contradictions in regional development. In Dudley Seers and Kjell Ostrom (eds), *The Crises of the European Regions*. London: Macmillan.

Giovannini, Joseph (1986) The "new" Madison Avenue: a European street of fashion. *New York Times*, 26 June.

Gottdiener, Mark (1985) *The Social Production of Urban Space*. Austin: University of Texas Press.

Hartman, Chester (1984) *The Transformation of San Francisco*. Totowa, NJ: Rowman and Allenheld.

Harvey, David (1985) Paris, 1850–1870. In *Consciousness and the Urban Experience*. Baltimore: Johns Hopkins University Press.

Harvey, David (1987) Flexible accumulation through urbanization: reflections on "postmodernism" in the American city. Paper presented to Symposium on Developing the American City: Society and Architecture in the Regional City, Yale School of Architecture (February).

Hassan, Ihab (1987) *The Postmodern Turn: Essays in Postmodern Theory and Culture.* Columbus: Ohio State University Press.

Hewison, Robert (1987) *The Heritage Industry.* London.

Huxtable, Ada Louise (1987) Creeping Gigantism in Manhattan. *New York Times,* 22 March.

Jager, Michael (1986) Class definition and the aesthetics of gentrification: Victoriana in Melbourne. In Neil Smith and Peter Williams (eds), *Gentrification of the City,* Winchester, MA: Allen and Unwin.

James, Henry (1907, 1968) *The American Scene.* Bloomington: Indiana University Press.

Jameson, Fredric (1984) Postmodernism, or the cultural logic of late capitalism. *New Left Review,* 146 (July/August), 53–93.

Jencks, Charles (1984) *The Language of Postmodern Architecture,* 4th edn. New York: Rizzoli.

Judd, Dennis R. (1986) Electoral coalitions, minority mayors, and the contradictions in the municipal policy agenda. In M. Gottdiener (ed.), *Cities in Stress, Urban Affairs Annual Review,* 30.

Kern, Stephen (1983) *The Culture of Time and Space, 1880–1918.* Cambridge, MA: Harvard University Press.

Kieran, Stephen (1987) The architecture of plenty: theory and design in the marketing age. *Harvard Architecture Review,* 6, 103–13.

Kowinski, William Severini (1985) *The Malling of America.* New York: William Morrow.

Lee, Andrea (1986) Profiles: being everywhere (Luciano Benetton). *The New Yorker,* 10 November.

Logan, John and Molotch, Harvey (1987) *Urban Fortunes.* Berkeley and Los Angeles: University of California Press.

Mainardi, Patricia (1987) Postmodern history at the Musée D'Orsay. *October,* 41 (Summer), 30–52.

Massey, Doreen (1984) *Spatial Divisions of Labor.* New York: Methuen.

Meislin, Richard J. (1987) Quiche gets the boot on Columbus Avenue. *New York Times,* 25 July.

Mintz, Beth and Schwartz, Michael (1985) *The Power Structure of American Business.* Chicago: University of Chicago Press.

Portes, Alejandro and Walton, John (1981) *Labor, Class and the International System.* New York: Academic.

Poster, Mark (1984) *Foucault, Marxism and History.* Cambridge: Polity Press.

Relph, E. (1976) *Place and Placelessness.* London: Plon.

Saint, Andrew (1983) *The Image of the Architect.* New Haven, CT: Yale University Press.

Sarfatti Larson, Magali (1982) An ideological response to industrialism: European architectural modernism. Unpublished paper.

Sayer, Andrew (1982) Explanation in economic geography: abstraction versus generalization. *Progress in Human Geography,* 6 (March), 68–88.

Schievelbusch, Wolfgang (1979) *The Railway Journey,* trans. Anselm Hollo. New York: Urizen.

Scott, A. J. and Storper, M. (eds) (1986) *Production, Work, Territory.* Winchester, MA: Allen and Unwin.

Silverman, Debora (1986) *Selling Culture: Bloomingdale's, Diana Vreeland, and the New Aristocracy of Taste in Reagan's America.* New York: Pantheon.

Skinner, Joseph K. (1985) Big Mac and the tropical forests. *Monthly Review,* (December), 25–32.

Smith, Neil (1984) *Uneven Development.* Oxford: Basil Blackwell.

Smith, Neil (1987) Of yuppies and housing: gentrification, social restructuring, and the urban dream. *Environment and Planning D: Society and Space,* 5, 151–72.

Smith, Neil and Williams, Peter (eds) (1986) *Gentrification of the City.* Winchester, MA: Allen and Unwin.

Soja, E. W. (1986) Taking Los Angeles apart: some fragments of a critical human geography. *Environment and Planning D: Society and Space,* 4, 255–72.

Soja, E. W. (1987) The postmodernization of geography: a review. *Annals of the Association of*

American Geographers, 77(2), 289–323.

Solomon-Godeau, Abigail (1989) Living with contradictions: critical practices in the age of supply-side aesthetics. In Andrew Ross (ed.), *The Politics of Postmodernism*. Minneapolis: University of Minnesota Press.

Stern, Robert A. M. et al. (1987) *New York 1930: Architecture and Urbanism Between the Two World Wars*. New York: Rizzoli.

Tani, Stefano (1984) *The Doomed Detective: The Contribution of the Detective Novel to Postmodern American and Italian Fiction*. Carbondale, IL: Southern Illinois University Press.

Thorne, Robert (1980) Places of refreshment in the nineteenth-century city. In Anthony D. King (ed.) *Buildings and Society*. London: Routledge and Kegan Paul.

Urry, John (1987) Some social and spatial aspects of services. *Environment and Planning: Society and Space*, 5, 5–26.

Venturi, Robert (1966, 1977) *Complexity and Contradiction in Architecture*, rev. edn. New York: Museum of Modern Art.

Venturi, Robert et al. (1977) *Learning From Las Vegas*, rev. edn. Cambridge, MA: MIT Press.

Williams, Rosalind H. (1982) *Dream Worlds: Mass Consumption in Late Nineteenth-century France*. Berkeley and Los Angeles: University of California Press.

Wolff, Janet (1985) The invisible flâneuse: women and the literature of modernity. *Theory, Culture and Society*, 2 (3), 37–48.

Wright, Patrick (1985) *On Living in an Old Country*. London: Verso.

Zukin, Sharon (1982) *Loft Living: Culture and Capital in Urban Change*. Baltimore: Johns Hopkins University Press.

Zukin, Sharon (1987) Gentrification: culture and capital in the urban core. *Annual Review of Sociology*, 13, 129–47.

Zukin, Sharon (1988) Postscript: more market forces. In *Loft Living*, 2nd edn. London: Radius/Hutchinson.

第二部分

历史

第 4 章

空间与社会之间新的历史关联

曼努埃尔·卡斯特利斯（Manuel Castells）

以我们对历史变迁过程的理解为基础，现在可以着手探讨其与空间的功能和形式的关系，进而探讨其与城市内涵的产生之间的关系。在近来关于城市研究的文献中，空间是社会的表现这种公式的应用已习以为常。尽管这种观点是针对在有关空间的学科中往往居于主导地位的技术决定论以及短视的经验主义的一种积极健康的反应，但是这样的陈述显然过于含糊，并且没有充分地说明该问题。

与某些人的说法相反，空间并不是社会的反映，而是社会基本物质要素之一，脱离了与社会之间的关系思考空间，也就将自然与文化分离，从而破坏了社会科学的基本原理：物质与意识相关。这种关联乃是科学和历史的本质。因此，空间形式，至少是在地球上，如同其他事物一样，是人类行为的产物，它取决于特定的生产方式和发展模式，表达和实现统治阶级的利益，表达和实现特定历史条件下社会中的国家权力关系。空间形式的实现和塑造取决于性别主体和国家强制的家庭生活，同时也会留下被剥削阶级、受压迫的奴隶和受虐待的妇女的抗争印记。这种矛盾的历史过程对空间的作用通过施加于某种已传承的空间形式——历史的产物得以实现，也承载了新的利益、计划、主张和梦想。最终，不时会发生社会运动，对空间结构的意义提出挑战，尝试新的功能和形式。这就是城市社会运动，城市空间演变的动因，最高层次的城市社会变革。

我们不能跨越时间和文化，用预设的分析模型来探讨空间形式和城市意义的产生。但是我们可以在讨论中引入近来的一些空间形式转变的趋势，这些趋势构成了城市社会运动引起的新的城市内涵产生的基础。

我们知道资本主义生产方式为了其统治利益，在其工业化发展期间，导致了区域性的引人注目的重建，赋予了城市新的社会内涵。社会性空间在以下四方面的进展是产生变化的原因：

1. 生产方式、经营单位、劳动力、市场、消费集中于我们称之为都市区的庞大而复杂的空间单位（参见 Hall，1966；Duncan 等，1964；Harvey，1978）。

2. 根据资本利益和工业生产、运输和配给的效率的空间区位的专业化（参见 Pred，1977；Cohen，1981）。

3. 通过房地产市场（包括土地买卖）和居住区，引发了城市自身的商品化，例如，城市向郊区蔓延，以开辟建筑和运输市场，并创造一种用来刺激个体消费的家庭生活模式（参见 Harvey，1975）。

4. 基本的设想是这种模式的都市化扩展的完成使得人口和资源的流动成为必需，为了利益的最大化转移到需要它们的地方。这种设想伴随着大量的移民运动、社区和地方文化的瓦解、地区发展不平衡、可供发展的空间与建造房屋和设施的需求之间的失衡、超出整体效率的限制、缺乏维持人际交流方式最低限度的时空需求的城市自动螺旋式增长（参见 Sawyers and Tabb，1977；Bluestone and Harrison，1988）。

这种模式导致了住房、服务业、社会控制等方面普遍的城市危机，我们在其他地方已指出并分析过（Castells，1981）。国家处理这些危机而采取的措施引发了越来越多的早期城市运动这样的政治活动。

一个特定系统的主导利益对于结构性危机的反应通常包括两部分：一方面是政治性的——镇压和拉拢（所有资本主义国家在 1960 - 1980 年期间经历过，不同的结果取决于各自的社会情况），另一方面是技术性的，向新的管理系统和生产技术转移。如此，信息化发展模式为危机中的新的空间形态的重建创造了条件，同时为了充分扩展它也需要新的空间条件（参见 Mollenkopf，1981）。以通信系统和微电子领域孕生的革命为基础的新技术对空间的主要影响是将空间地点转换为流动和通道——这等于说生产和消费不受任何地点限制。[1]不仅信息可以长距离地从个人传送到个人，消费也同样可以个人化，转变为有线电视图像与通过电话传送的信用卡号码之间的交易。从技术角度来看，购物中心的方式已经太陈旧了。固然，逛商店不仅仅是购物，但是经济功能和象征功能的分离造成了空间形态的差别，并潜移默化地将两种功能都转变为非空间流动（在家通过图像消遣和沉迷，通过广告和与电话联通的家庭电脑购物）。[2]根据统治阶级的观点，以下四个方面限制了生产和消费反地方化的趋势。

1. 大量的资本成为先前阶段其自身所创造的巨型集中区的固定资产。曼哈顿或者伦敦不可能像南布朗克斯或者布利克斯顿那么容易一气呵成。[3]

2. 一些文化习俗、历史传统，以及上层阶层和统治精英中的人际关系网络必须得以保存和改进，因为资本意味着资本家、管理人员和专家政治论者；也就是说，人被文化所定义和导向，当然也就没必要展开他们自身的流动。[4]

统治阶级计划用来对付这两个问题的空间程序是一个众所周知的办法：城市更新。这就是复原、新生、改善、对有限和独有的居住、工作和休闲空间的保护，通过计算机化的警卫将其从紧邻的周边环境中隔离出来，并通过日益增多的保护起来的空中纽带（私人的飞机和机场贵宾室）和电话会议系统与其他精英孤岛（包括名胜地）联系起来。

3. 然而这种发展的信息模式需要一些产生知识和存储信息的中心，同样，需要中心来发送图像和信息。因此，大学、实验室、科学设计机构、新闻中心、信息机构、公共服务金融中心、管理机构及其所有相应的技术人员、工人和雇员，仍必须从空间上集中起来。

4. 不仅如此，发展的信息模式无可逃脱地与发展的工业模式纠缠在一起，包括工业化了的农业、矿业和全球农作物的收集。因此，工厂、田地、住房和为工人和农民提供的服务设施必须具有一定的空间组织。

根据统治阶级的观点设计的用来对付第三和第四两个解除空间结构障碍的空间处理办法，把重点放在根据空间区位增加空间层级及空间功能和形式的专门化上（参见 Idris-Soven 等，1978）。发展的信息模式所允许的是生产和管理的分离，因而不同的任务可以在不同的地方完成并通过信号（以信息的方式）集中，或者通过先进的运输技术（从很远的生产点运来的标准化部件）。在家中或者社区中心工作，生产的地区化划分，以及在各具特点的地方生产和管理信息单位的集中，会成为资本家－专家政治论精英们的新空间模式。不仅如此，全球性的资本主义生产方式的扩展和整合加速了劳动力的国际化分配，把生产层级化地组织成一条世界组装线，打开了一个世界市场，输入和输出劳动力到便利的地方，把跨国公司资本的流动转变为资本主义系统最终的、最有力的非物质财富：钱。新统治阶级的空间计划倾向于断开人和空间形式之间的联系，因此也打断了人们的生活与城市的意义之间的联系。并不是说人们会不在场所之中或者城市会消失，相反，在大多数国家城市化会加速，并且寻找住处和服务设施会变成人们所面临的最大问题。

尽管如此，场所对于人的意义趋于消失。各个场所，各个城市，会从其在一个层级网络中所处的位置获得其社会意义，这个网络的控制力和节奏将脱离场所，甚至脱离在场所中的人。此外，随着越来越多的专门化空间连续不断地重构，人们将会转移。底特律的黑人失业者已经被鼓励回到他们位于遥远南方的处于急速发展中的工业城市。墨西哥人会被引入美国，而土耳其人仍然会呆在德国直到通用汽车公司在墨西哥发展生产，日本会通过占有境况不佳的西班牙汽车工厂之类的方法，接管曾一度被德国汽车统治的欧洲市场。把发展的信息模式和工业模式联合起来的全球资本主义系统的新空间，是个易变的几何空间，依据其在一个连续变化的各种流动的网络中按层级排序的位置而形成，这些流动包括：资本、劳动力、生产元素、商品、信息、抉择和信号。统治阶级的新的城市内涵就是基于体验的意义缺失。生产的抽象概念趋向于成为整体化。新的动力来源于对整个信息网络的掌控。空间解体而进入流动：城市成为影子，其破碎或消解取决于那些居住者始终忽视的抉择。外部体验与内心感受被割裂。城市内涵的新趋向从空间和文化上把人与他们的产品和历史分离开来。这是一个集体疏远而个人暴力横行的空间，它被无差别的反馈信息转变为无始无终的流动。生活变成了抽象概念，城市变为影子。

然而这还不是即将出现的空间形式，也不是由新的统治阶级强加而毫无抵制的城市内涵，因为空间和城市，和历史一样，并不是统治阶级、性别和政治机构的意志或者利益的产物，而是被统治阶级、性别和从属者进行抵制的过程的产物，在此过程中会遭遇新兴的社会参与者的非传统项目。因而资本主义技术统治论的空间蓝图会历史性地在一系列维度遭到由劳动力、妇女、文化、市民、城市社会运动提出的另一种城市内涵的挑战，这些维度我们必须在介绍我们正在描述的戏剧性事件和我们在研究城市运动中所观察的社会进程之间的联系之前先指出来。

新的统治阶级尝试的每一次空间重建，每一层由资本家、管理者、技术统治论者所定义的城市内涵都与各种社会角色所提出的城市内涵、功能、形式方面的项目发生冲突。借用查尔斯·蒂利（Charles Tilly）（1977）的说法，一些城市运动对统治阶层已经造成的空间破坏作出反应，而另一些则抢先提出空间与社会之间的新型关系。在对我们已经观察过的城市社会运动以及它们与历史变迁之间的关系进行分析之前，让我们先勾画出关于城市内涵定义的新斗争的基本趋向。

为了清楚起见，我们将列举统治阶级的空间计划和大众和（或）社会运动所提议的另一种内涵之间已经形成的各种矛盾关系：

（1）通过城市改造使老空间适应新的支配性功能，以地区新的特殊化为基础的区域性重建，遭到邻里关系的抵制，他们不愿意就此消失；遭到地区文化的抵制，他们想要群集在一起；遭到这样一些人的抵制，他们先前无家可归，现在想要落脚。就在写作的时候，最清醒的美国社团机构的出版物《商业周刊》意识到了这个问题。其1981年7月27日的刊物以"美国新的稳定社会"为标题，报道如下：

> 美国著名的"流动社会"正在落地生根。在前面四分之一个世纪里，每年有20%的人口搬家，现在比例正在下降。在上次人口普查局1976年的研究中，根据人口普查官员的数据，这个比例下降到17.7%，并且还在持续下降……人口普查局首席移民专家拉里·H·朗（Larry H. Long）说，美国不太可能回到20世纪50和60年代的流动状况。那样自如的流动——既是国家随心所欲的方式和革新的经济状况的证明，也是其原因——已经终结了。处理这种变化带来的结果对美国工业而言将是20世纪80年代最大的挑战之一……美国正在停滞的现实就像隔壁的住房或办公室离我们一样近。被两份职业的联姻、住房花销、通货膨胀和不断增长的对闲暇和社区活动——"生活质量"——的重视所束缚，工人们正在抵制重新安置。(p. 58)

《商业周刊》独断：流动是工业模式发展，一定程度上也是信息模式发展的空间先决条件，正受到保护邻里关系和寻求生活质量的行为的挑战。

（2）在劳动力的世界性划分的层面上似乎出现了一个更加复杂的模式。一方面，民族经济被跨国公司、绿色革命和国际金融网络渗透，完全瓦解了现存的生产结构，引起乡村向城市、城市向大都市移民的加速（参见 Santos，1975）。另一方面，新来的人群一旦来到大城市就想方设法在稳定的社区里安顿下来，建立起邻里关系，并依靠当地的社会网络（例如 Portes，1981）。整个世界的无根经济和地方的合作社区是同一过程的两个方面，正朝向一个潜在的决定性的对抗发展。

（3）第三个关于城市的主要争论是关于信息和知识成为生产力的主要源泉，建立起一个新的发展模式后所造成的空间结果（参见 Stanback，1979）。对信息的依赖引起的主要社会问题是：由于权力和阶级关系控制了信息在其中发展的构架，对它们的垄断就变成了主宰和控制的主要源泉。因此在阶级和国家统治经济论者的社会里，信息越发展，通信渠道就必须越得到控制。换句话说，为了让信息变成控制的根源，信息和通信必须脱节，必须保证信息的垄断，信息的发出和反馈必须规划安排。这里再次强调，新的控制形式的根源既不是计算机、视频，也不是大众传媒。通信的交互系统和知识的电子化传播已经充分发展，用来显著改善而不是减少人与人之间的交流和信息，以及信息的文化多样性。[5]然而，受资本控制或者国家控制的大众传媒的垄断，以及技术统治论对信息的垄断已经产生了来自地方社区的反作用，他们强调建构另一种面对面接触的交流文化和模式，复兴口头交流的传统。作为集中的单向信息流的结果，没有任何空间形式的交流和文化趋势正遭遇到以区域性固定文化社区和社会网络为基础的交流网络地方化。大众传媒的文化统一性遭遇到空间为基础的人际关系网的文化特异性。信息技术统治论者把空间消融在他们的流动中。猜疑的人们越来越倾向于依靠经验作为他们基本的信息来源。双向交流可能的潜在破坏将会在我们信息社会的合理性上造成一个令人瞩目的裂缝。

（4）由信息化发展造成的空间重建的加速和劳动力的国际性分工引起的普遍运动已经开始反驳源自资本主义城市其他结构性矛盾的城市主张。在这些城市运动中，最重要的是我们称之为集体消费工团主义的运动。生产在经济和空间方面的集中化导致了社会化消费，因为在这样的条件下绝大多数集体消费资料（例如住房、学校、医疗中心、文化福利设施等）对私人资本投资而言获利很少，除非国家提供无风险的市场条件或者对这些城市的服务设施的投放和管理负直接责任。城市生活的条件成为社会酬劳的一个关键部分，本身是福利国家的一个组成部分。虽然这些发展减轻了对直接酬劳的需求压力并建立起资本和劳动力之间相对的社会安宁的架构，但也导致了涉及受城市公共设施制约的标准、价格、生活手段的新型需求运动的形成。当 20 世纪 70 年代的经济危机表现出日益依赖于过度膨胀的政府服务设施的分配的资本主义经济矛盾的结构强度极限时，美国阿尔卡利和默梅尔斯坦（Alcaly & Mermelstein）（1977）的城市财政危机和欧洲的节俭政策（例如，参见 Conference of Socialist Economists' State Group，1979）不得不满足对已经成为日常生活的物质基础的公共消费资料的普遍需求。城市的再改造不得不面对城市公共需求的改善，人人都有资格享受社会公益（参见 Harloe and Paris，1982）。

（5）资本主义生产方式在其全球层面的工业化发展中的另一个主要趋势是以这样一种方式来合并不同种族和不同文化本源的工人，对于资本的需求而言，他们在社会和政治方面会比核心国家本地市民更加脆弱。[6]不但如此，劳动力等级制引起的裂缝会导致工人阶级内部的种族分离，这在美国资本主义的形成过程中很成功，为劳动力交易的完全胜利铺平了道路（参见 Aronowitz，1973）。实际上，经验已经显示移民工人并不像预期的那么顺从，在一些国家，如瑞士和德国，它们已经处于新一轮斗争的最前沿（参见 Castles and Kosack，1973）。然而在美国和西欧，过度剥削移民的经济机制仍在运作，而不管普遍的失业和日益增多的移民劳动力的争斗。结果，主要的资本主义城市的种族结构在过去20年里已经经历了显著的转变，这个过程正在不断扩大。结合典型的空间层面的种族隔离，种族歧视和住房市场的分割，基于地区的种族社区正越来越多。最近在大都市地区非正式经济的发展，是建立在廉价劳动力和非法的工作和生活条件基础上的，它想使自身永存下去而给新来者的生存增加了艰难。对这种新经济的有效性的基础是他们无防备的状况，这需要维持依附的状况和与劳动力市场、国家机构、城市的主流生活失去关系的状况。

另一方面，为了新来的城市定居者的生存，他们比以前更加需要去重新建立一个社会天地，本地的活动范围，自由的空间和社区。有时社区的建立是以重建社会层级关系和他们遗弃的社会经济剥削为基础，就像在旧金山的中国城，受六家公司的统治，而在迈阿密的古巴社区，被流亡的古巴资产阶级所支配。其他情况下，基于种族的社团组织形成了一种邻里关系，既是为了城市的需要，也是为了抵抗习惯化的偏见，例如洛杉矶的拉丁美洲人，纽约的波多黎各人，或者伦敦的西印度群岛人。绝大多数情况下，工会，尤其是年轻人组织的，以俱乐部、帮派，或者团体的形式，在那里，圈内的身份与集体生存联系在一起，毒品经济和黑社会找到了他们的人手，帮派势力范围的界限同时变成了他们的力量和工场——他们收入的来源——的物质保障。所有这些要素有时结合到一起造成大爆发。市中心的社区与新的后工业社会里种族隔离的空间碎片、陌生文化和过度的经济剥削作斗争，保卫他们的个性，保存他们的文化，寻根，标志出他们最新需要的区域范围。有时他们也会表达出他们的愤怒，试图毁坏那些制度，他们认为那些制度破坏了他们的日常生活。

（6）空间始终是与国家联系在一起的。新的资本主义体系的新城市功能和空间尤其明显。国家机构对城市公益事业的管理，虽然是劳工运动提出的需求和作为通过阶级斗争达成的社会契约的一部分，已经成为最有力、最微妙的对我们社会的日常生活进行社会控制和制度性影响的机制之一。CERFI——由米歇尔·福柯（Michel Foucault）领导的基于巴黎的研究中心的研究人员已经从理论和经验上证实了这一点。[7]此外，政府的中央集权，行政部门日益增大的作用，政治体系的收缩和官僚主义，以及财政资源和地方政府的合法权利的减少，导致了民主权利的行使已经局限于孤立的、尽管至关重要的投票，在有限的几个候选人中选举，候选人的由来已经不顾公众的信息、意识、观点和决断。

由于政党的僵化以及他们发现接纳新的社会运动所表达的价值和需求的难度（例如女权主义者、生态学者、反对法制的青年），平民社会与政治体系之间的差距在扩大。民主国家合理性的危机（Habermas，1973）已经说服三方委员会的专家：民主应受限制，这样人们才不至于过分自由（Crozier等，1975）。另一方面，存在一种不断增长的政治上的部落制趋势，提倡放弃民主生活，回到随意安居的、自由公社的、轮换制度的杂乱无序状态。[8]关于国家的基本争论是我们文明的核心，十分惊奇的是，这种争论倾向于使用地方化语言。新的资本家和技术统治论精英们提倡一个没有边界、没有区域、没有限制的国家，提倡一个通过流动来控制的国家。其蓝图包括通过电子技术方法和在互相联系的记忆器里存储的档案对所有人进行信息化控制，模糊国家的边界，国家以核动力形式对能源的集权，依靠有力的官僚机器对小圈子和特殊团体的决议进行集中，并认为地方政府狭隘而无力看到全局，因而不胜任他们的职责。这种新式的开明的专制统治倡导一个非地方化的世界秩序，以城市成员的资格为基础的市民代言人必须被懂得诀窍的控制器替代，它从航天飞机中铺了地毯的房间里扫视这个星球上的问题。[9]

所有阶级的人都提出了关于城市和国家之间关系的见解，这些观点与现在越来越受到集权政府通过孤立官僚机构的渗透和控制的城市体系有冲突。一方面，当德国的非法居留者要求城市保护以居住和政府适度的许可以在城市里生存下去时，他们其实正在采取分裂国家和平民社会之间关系的最后一步（参见 Mayer，未注明出版日期）。哥本哈根的奥斯陆公社，20 世纪 70 年代期间意大利的印第安都会，一些荷兰的非法居留者，加利福尼亚同性恋社区的一部分，当然还有苏黎世的青少年，他们都共有一个相同的态度：如果城市不能摆脱政府，就让我们寻求政府的同意只抽出城市的一小部分，并且以此为条件：不同于无鲜明特色的郊区住宅综合楼里的一小块土地相比，这是一个真正的邻里关系，并有一个强化的城市生活和历史传统。

然而政府中央集权和政府对城市的支配趋势正遭到全球非常普遍的要求地方自治和城市自理的呼吁的反对。民主的复归依赖于在平民社会不断渗透的基础上，把新的对社会管理机构（也就是政府）的要求、价值和计划联系起来的能力，在人们能最积极参与决策的地方开始：地方政府的公社机构（Castells，1981），像街道委员会——始于 20 年前在波洛尼亚的一种体系—— 一样分散（Nanetti，1977）。一方面，在政府与它的无特征的偏僻地区之间，另一方面，对城市保护的需求，一个自我管理的新方案看起来能够以他们共同的根源为基础，重新建构政府和城市之间的关系。

正是在历史框架之中，我们对正在涌现的城市运动进行观察。现在，让我们来综合一下这个总体框架和我们的研究发现，这样，历史趋势会有血有肉，我们观察的结果才能被很好地理解。

注释

1 An evolution that was foreseen, many years ago, by Richard Meier (1962).

2 Alvin Toffler, in a somewhat superficial but perceptive manner, has popularized these themes in his best seller *The Third Wave*. A good simple description of the new technologies under way can be found in Osborne (1979); also see Martin (1981). For a preliminary assessment of the spatial impact of this development see Stanback (1979). We also benefited for the analysis of the relationship between the new technologies and spatial restructuring from talks given by Ann Markusen as she progressed towards the completion of a major book on regional political economy.

3 As Roger Friedland (1982) explains in his analysis of American central cities.

4 A trend made abundantly clear by the remarkable research monograph by Anna Lee Saxenian (1980) on the formation of the Silicon Valeey, the largest concentration of microelectronics industry in the world, around Santa Clara (California) and Stanford University. In relationship to the more urban-oriented managerial and professional elite, this cultural pattern seems to underlie the so-called back to the city movement that, in America, sees a tendency of middle class professionals living in places of active urban life. See Laska and Spain (1980).

5 We are indebted for information and ideas on this subject to Françoise Sabbah, from the Department of Broadcasting and Communication Arts, San Francisco State University.

6 See Castells (1975). The analysis appears, overall, to be verified for America by the statistical and historical research on immigration currently being undertaken by Alejandro Portes, Professor of Sociology at Johns Hopkins University.

7 See, for instance, Fourquet and Murard (1977), or Murard and Zylbermann (1976). The main theoretical inspiration for all this work comes from Michel Foucault, as expressed, for example, in his book *Surveiller et Punir* (1975).

8 Observed, for instance, in the Christiana commune, located in the core of Copenhagen in the buildings that were formerly occupied by the army; or again in the powerful squatter movements in Holland. See, for instance, Anderiesen (1981).

9 To be sure, we are not referring to specific societies but pointing out tendencies of the new dominant class. For instance, the Reagan administration emphasizes the role of local governments, both to dismantle the welfare state and in confidence of conservative support in most segregated communities of suburban America. But when local governments pass rent control laws, the Republican Urban Task Force Threatens them with the withdrawal of Federal funds.

参考文献

Alcaly, R. and Mermelstein, D. (eds) (1977) *The Fiscal Crisis of American Cities*. New York: Vintage Books.

Anderiesen, G. (1981) Tanks in the streets: the growing conflict over housing in Amsterdam. *International Journal of Urban and Regional Research*, 5(1).

Aronwitz, S. (1973) *False Promises: The Shaping of the American Working Class Consciousness.* New York: McGraw-Hill.

Bluestone, B. and Harrison, B. (1980) *Capital and Communities.* Washington, DC: The Progressive Alliance.

Castells, M. (1975) Immigrant workers and class struggle. *Politics and Society,* 5(1).

Castells, M. (1981a) *Crisis Urbana y Cambio Social.* Madrid and Mexico: Siglo XXI.

Castells, M. (1981b) Local government, urban crisis and political change. In *Political Power and Social Theory: A Research Annual, volume 2.* Greenwich, CT: JAI Press.

Castles, S. and Kosack, G. (1973) *Immigrant Workers and Class Structure in Western Europe.* Oxford: Oxford University Press.

Cohen, R. B. (1981) The new international division of labor: multinational corporations and urban hierarchy. In M. Dear and A Scott (eds), *Ubanization and Urban Planning.* London: Methuen, pp. 287–315.

Conference of Socialist Economists' State Group (1979) *Struggles over the State: Cuts and Restructuring in Contemporary Britain.* London: CSE Books.

Crozier, M., Huntington, S. and Watanuk, J. (1975) *The Crisis of Democracies: Report on the Governability of Democracies.* New York: Columbia University Press.

Duncan, O. D. et al. (1964) *Metropolis and Region.* Baltimore: Johns Hopkins University Press.

Foucault, M. (1975) *Surveiller et Punir.* Paris: Gallimard.

Fourquet, F. and Murard, L. (1977) *Les Equipments du Pouvoir.* Paris: Christian Bourgeois.

Friedland, R. (1982) *Power and Crisis in the City.* London: Macmillan.

Habermas, J. (1973) *Legitimation.* Boston: Beacon Hill.

Hall, P. (1966) *The World Cities.* (London: Weidenfeld and Nicolson, 1966).

Harloe, M. and Paris, C. (1982) The decollectivization of consumption. Paper delivered at the Tenth World Congress of Sociology, Mexico.

Harvey, D. (1975) The political economy of urbanization in advanced capitalist countries: the case of the US. In *Urban Affairs Annual Review.* Beverly Hills, CA: Sage.

Harvey, D. (1978) The urban process under capitalism. *International Journal of Urban and Regional Research,* 2(1), 101–32.

Idris-Soven, A. et al. (eds) (1978) *The World as a Company Town: Multinational Corporations and Social Change.* The Hague: Mouton.

Laska, S. and Spain, D. (1980) *Back to the City.*

Martin, J. (1981) *Telematic Society.* Englewood Cliffs, NJ: Prentice Hall.

Mayer, M. (n.d.) Urban squatters in Germany. *International Journal of Urban and Regional Research.*

Meier, R. (1962) *A Communication Theory of Urban Growth.* Cambridge, MA: MIT Press.

Mollenkopf, J. (1981) The north east and the south-west: paths toward the post-industrial city. In G. Burchell and David Listokin (eds), *Cities under Stress.* Piscataway, NJ: Rutgers University Center of Urban Policy Research.

Murard, L. and Zylbermann, P. (1976) *Ville, Habitat et Intimité.* Paris: Recherches.

Nanetti, R. (1977) Citizen participation and neighborhood councils in Bologna. Unpublished PhD thesis, Department of Political Science, University of Michigan, Ann Arbor.

Osborne, A. (1979) *Running Wild: The Next Industrial Revolution.* Berkeley, CA: Osborne/McGraw-Hill.

Portes, A. (1981) Immigracion, etnicidad y el caso Cubano. Unpublished research report, Johns Hopkins University, May.

Pred, A. (1977) *City-systems in Advanced Economies: Past Growth, Present Processes and Future Development Options.* New York: John Wiley.

Santos, M. (1975) *The Shared Space: The Two Circuits of Urban Economy in the Underdeveloped Countries and Their Spatial Repercussions.* London: Methuen.

Sawyers, L. and Tabb, W. (eds) (1977) *Marxism and the Metropolis.* New York: Open University Press.

Saxenian, A. L. (1980) Silicon chips and spatial structure: the industrial basis of urbanization in Santa Clara County, California. Unpublished master's thesis, Department of City Planning, University of California at Berkeley.

Stanback, T. M. (1979) *Understanding the Service Economy: Employment, Productivity, Location.* Baltimore: Johns Hopkins University Press.

Tilly, C. (1977) *From Mobilization to Revolution.* Reading, MA: Addison Wesley.

Toffler, A. (1980) *The Third Wave.* New York: William Morrow and Co.

第 5 章

作为公共历史的城市景观

多洛蕾丝·海登（Dolores Hayden）

　　1975 年 1 月至 2 月，赫伯特·J·甘斯（Herbert J. Gans）与埃达·路易斯·赫克斯塔布尔在《纽约时报》的专栏版上就历史建筑的公众意义进行了辩论。城市社会学家甘斯针对纽约地标建筑保护委员会改写纽约建筑的历史发起了论战："由于委员会倾向于指定那些堂皇的富人大厦和著名建筑师设计的房子，所以它主要是保护了以往建筑的精英部分。它让大众的建筑消失……这种地标建筑政策歪曲了真实的过去，夸大富裕和宏伟，却贬低了现在。"（Gans，1975a）

　　建筑评论家埃达·路易斯·赫克斯塔布尔是《时代》杂志的编委会成员，也是保护政策的拥护者，为委员会的诉状进行辩护。她警告说："指责主要的建筑典范是富人的产物，以及指责对它们的关注是精英文化政策，是对历史不正当的和无益的歪曲……这些建筑物是文明的主要且不可替代的组成部分。审美的特性与乡土的表达同样重要。金钱经常能成就建筑艺术的优秀范例，并且幸运的是，伟大的建筑常常是由杰出的建筑师设计和建造的。"（Huxtable，1975）她还辩论说，除了她认为对公众文化而言是基本的纪念式的建筑，地标建筑保护委员会还指定了 26 个历史街区，包括 11000 幢建筑物，其中绝大多数都是"民间的"的建筑。

　　甘斯在第二篇文章中反驳了赫克斯塔布尔为伟大建筑师创造的"伟大建筑"的辩护，文中他为了更好地说明普通建筑是公众历史的一部分而提出理由："平民当然有资格保留他们自己的过去，但当保护变成了公共行为，由公共基金来承担时，那它理当照顾到每个人的过去。"（Gans，1975b）[1] 他继续对纽约的指定进行定量的分析，着眼于 1875 年以后建成的建筑当中被指定的地标建筑：113 幢建筑当中的 105 幢是由重要建筑师设计，其中 25 幢是由同一个公司——MMW（McKim，Mead & White）事务所设计。并且这些建筑物当中的大部分不对公众开放。91 幢位于曼哈顿，只留给其他区极少的历史地标建筑，甚至没有。26 个历史街区中，有 17 个建在富人区。尽管这些数据也许已经获胜，赫克斯塔布尔仍然强辩到底。甘斯的第二篇文章没有发表在专栏上，而是作为一封致编者的信以缩略的形式出现。他为公共基金使用的公正和除曼哈顿之外的其他区遭到的忽视所进行的辩论从来没有被大都市的人接受。

从 20 年前两人交锋过后，一个著名的城市社会学家和一个著名的建筑评论家就不能（或者不愿）理解对方的语言了。当他说"建筑"这个词，他指的是所有的城市建筑，或者建成环境。当她说"建筑"这个词，她指的是由经过专业训练的建筑师带着美学的意向进行设计的建筑，或者也许是百分之一的建成环境。当他说到"乡土"一词时，他在按社会用途对建筑物分类，意在定义社会等级和可进入性，同时也暗指廉价公寓、血汗工厂、酒吧、公共浴室。当她说"乡土"这个词，意指建筑师是不出名的，并且通过建筑风格或者类型来分类，比如希腊复兴式的有侧厅的联排住宅，因而在她的术语中，会出现许多"乡土"联排住宅在富裕的上东部，又有在比较中等的区域。"邻里关系"一词对他而言指的是既作为社会纽带又作为空间纽带的复杂网络，暗指工人阶级群体，如威廉斯堡和布什威克。她的"邻里关系"一词却指的是划分历史街区边界的物质性的边线，如上东部或格林尼治村。

随着争论的进行，他们隐含的价值观使得这场论战更加激烈。他想要更多的社会历史，而她想要更多的文化。他希望在所有邻里社区范围公平地使用纳税者的钱，而她坚信审美资源应该从鉴赏的角度排序从而得到最好的。她并不反对偶尔指定一些公共浴室、酒馆、廉价公寓、慈善住宅项目作为地标建筑，但她更加热衷于保存伟大建筑的审美品质："因为它们的保存和再利用非常困难而昂贵，而且它们的土地价值通常很高，是最难保存的建筑。"她指责甘斯说，"不论'精英'与否，它们需要它们能得到的所有帮助。"（Huxtable，1975）

他俩彼此激怒对方，因为他对审美品质不感兴趣，而她不愿意在社会问题方面花大量金钱。他坚信过去对于不同的人有着不同的意义，从社会角度而言，所有这些都是正当的，但他对设计没什么兴趣："建筑无论是漂亮或者难看都只是个人的判断，不应该单独地留给职业美学家去判断。"她争辩说由指定的地标建筑所表达的历史，对社会来说是"包罗万象"的，她不同意关于审美角度的重要性有多元标准的观点。

他们都不深入研究其倡议的不利方面。他没有探究少数民族聚居点或痛苦记忆的保存和解释问题。她则没有追问如何证明花费纳税人的钱而不向公众公开和解释是正当的。而且他们都不设法寻求机会去实现他关于城市保护的理想和她关于建筑保护的理想。例如，更多的仓库、商店、寄宿公寓，他所捍卫的这些城市民间建筑，也许已经得到保存，用来为她所辩护的联排住宅提供社会和经济文脉。又或者，她所维护的私人俱乐部和大厦本可以从泥瓦匠和木匠建造它们以及女仆和园丁维持它们的技术这个角度来解释，以提供他所期望的城市工人阶级的历史。

这场辩论在当时似乎是陷入了僵局。但是从今天的眼光来看，甘斯和赫克斯塔布尔似乎都有一个共同的关注，那就是当波士顿的意大利裔美国人西部聚居区这样的社区被推平，或者纽约中央车站这样的标志建筑遇上拆迁运动之时，美国正在失去意义重大的公众记忆。并且他们都同样无力预测他们论战 20 年后城市人口的社会构成以及美国城市日益恶化的经济条件。甘斯对于保护来说是个外行，他作为一个著名的社会学家提出了一些引起争端的问题。他认为他的辩论主要是关于城市里的社会阶级。作为一个著名的建筑评论家，赫克斯塔布尔则着重于建筑物。他们都没有料到 20 世纪 90 年代会出现关于民主社会中公众历史和公众文化的界定的论战。[2]

当今，关于建成环境、历史和文化的争论在更加引起争论的种族、性别和阶级范畴内展开，反对美国的大城市尤其严重的长期的经济和环境问题。在 1970 年人口普查中纽约市民还有 75% 的白人。到了 1990 年，纽约只拥有 38% 的白人，被非洲裔、拉丁美洲裔和亚裔美国人超过，这三者占有 61% 的城市人口，包括长期居留者和新移民。[3]［综观全美国，前十大城市显示了相同的变化，从 1970 年大约 70% 的白人降至 1990 年的不足 40%（Davis，1993）。］联邦政府对城市的支持在过去的 20 年里一直下降，极端贫困和无家可归已经日益集中于市中心区。环境问题也集中在那里——有害健康的空气、污染的港口、废弃的住房、生锈的桥梁、破裂的自来水总管。

城市景观可能更加缺乏吸引力了，与此同时出现了更多要求为公众历史和公众文化提供资源的主张。今天，詹姆斯·鲍德温（James Baldwin）的提问"为什么它不是为你服务的？"在城市的大街小巷产生共鸣，在他还是个孩童时，他就感觉到这些大街小巷将他排斥在外。一个非洲裔美国人社团为了保护位于曼哈顿现在的市政厅附近的非洲坟场遗迹，并将其作为一处殖民时代有色人种埋葬地的证明而寻求支持。纽约朔姆堡黑人文化研究中心的首脑霍华德·多布森（Howard Dobson）解释说，"这个城市已经有 300 年时间在纪念其历史的其他方面"（Myers，1993；Fabre and O'Meally，1994）。他的愤慨得到了全市和全美国范围内其他社团的响应。数世纪的种族歧视历史催化了抗议的大潮——哪里有本土美国人、非洲裔美国人、拉丁美洲裔和亚裔美国人的地标？

性别方面也有相似的相关问题。为什么女性历史中只有那么少的瞬间作为保护的一部分而受到纪念？为什么描写女性的纪念性公共艺术那么少？又为什么在那些极少数得到荣誉的女性中几乎从来都没有有色人种？关于工人阶级和贫困小区的问题依然存在——如果有的话，什么能够被公众历史或者保护项目添加进它们的认同范围和经济发展中？这些议题是怎样与种族历史和女性历史的声张相交织？什么样的公众程序和技术能最好地承担起公众领域的社会历史的重托？

私人非营利性机构（如美术馆和保护组织），还有公共机构（城市地标委员会和艺术委员会），每天都在设法获得不同的城市公众的理解，这些人既是纳税者也是潜在的听众。时下的人口普查数据暗示，寻求新的途径，在包括从展出到保护历史建筑和景观，以及创造永久性公共艺术作品的文化计划中来分配美元实在是非常恰当的。就在一些私人机构和公共机构努力地忙于他们的工作，为了获得更多的理解而发起各种各样的"文化计划"之时，许多没有耐心的市民社团正在提出他们自己的主张来表达他们社区的历史，并在公共领域讲述他们自己的历史（例如，参见 Karp 等，1992）。辨识政策——无论他们如何围绕着性别或者人种或者社区来定义——从公众历史、城市保护和城市设计的观点看来，都是处理城市建筑环境的一个不可回避的重要方面。

实际上，对身份主题的兴趣并不限于这个城市。女性历史和种族历史推动了遍及美国的很多有关保护的争论。最近，全美国文物保护信托基金会在保护方面为文化多样性确立了目标（作者不详，1993）。[4] 在田纳西州、亚拉巴马州和佐治亚州，保护与民权运动和马丁·路德·金（Martin Luther King）有关建筑物的努力已经获得成功。《历史保护新闻》最近声称开始努力保护位于北卡罗来纳州格林斯博罗的伍尔沃斯商场，"在那里，四个黑人学生于 1960 年，在限于白人的午餐柜台举行了有历史意义的静坐示威"（作者不详，1994）。1994 年，与女性历史地标指南《苏珊·B·安东尼安睡在此》（Susan B. Anthony Slept Here）（Kazickas and Scherr，1994）在全美国发行同步，第一届保护女性历史全美国研讨会在布林莫尔召开。就像学术报告一样，许多其他关于种族和妇女历史的地标指南正在全美国的州和城市里出现（Wade，1994）。然而种族和妇女的地标都是在甘斯和赫克斯塔布尔争论的一些大问题还没有解决的时候提议的。建筑学作为一个学科还没有认真考虑过社会和政治问题，同时，社会历史学已经发展起来，而对空间和设计却没有太多考虑。然而正是社会问题和空间设计的不稳定组合关系，在这些辩论中纠缠不清，使得它们对美国城市的未来如此重要。

变化绝不仅是简单笼统地承认多样性或者修正一下把建筑遗产与财富和权势联系到一起的传统偏见。增加一点非洲裔美国人或者本土美国人的项目，或者一点点妇女的项目，然后设想在 20 世纪 90 年代美国城市历史保护处理得不错，这是不够的。一些不同的组织提倡个别的项目也是不够的。需要一个更大的概念性框架来支持居民更加包容性的"文化公民身份"，如同里娜·邦马约尔和约翰·陈国伟（Rina Benmayor & John Kuo Wei Tchen）已经定义过的，"一个不是出于合法的成员资格，而是出于文化归属感而形成的身份"（Inter-University Project for Latino Research，Hunter College，1988；quoted in Tchen，1990）。邦马约尔和陈认为，公众文化必须承认和尊重多样性，超出多重的有时是冲突的民族、种族、性别、人种和阶级身份，去包容更大的共同主题，如移民经验、家庭破裂和重组，或者寻求在某一城市背景下身份的新感受。他们寻求唤起美国人非常细微的多样性，这种多样性同时增强了我们在美国城市社会中共同的成员资格的感觉意识。

公共空间能够有助于培养这种更加深刻、微妙和包容的感觉，即成为一个美国人意味着什么。身份与记忆密切相连：我们个人的记忆（我们从哪儿来和居住在哪儿）和集体或者社会记忆，后者与我们家庭、邻居、同事和种族社区的历史相关联。城市景观是这些社会记忆的仓库，因为如山丘或港口和街道、房屋，以及居住点的样式这样的自然特征，形成了许多人的生活，并且常常比人的寿命更长。几十年的"城市改造"和"再开发"的野蛮方式已经教育了许多社区，一旦城市景观损坏，重要的集体记忆也就消除了。然而，即使是完全推平的地方可以表现出恢复一些共享的公众意义，认可这种空间冲突、痛苦或者绝望的体验。同时，那些普通街坊，躲过了推土机却从未成为大笔花销的市政项目，可以通过适当地花钱建设一些项目来提升其在公共领域的社会意义，这些项目对所有市民及其不同的遗迹都很敏感，与认可场所的文化和政治重要性的公共进程共同发展。

场所的力量——普通的城市景观培养市民公共记忆的力量，以共享地带的形式获得共享时光的力量——在绝大多数美国城市中，对于大多数劳动人民的社区，以及在大多数种族的历史上和妇女的历史上，仍未得到使用。市民身份的意义，即可以传播的共享历史消失了。甚至痛苦的经历和斗争团体都失去了记忆的必要——以至于其重要性并不减少。

那些对于妇女历史和种族历史而言非常重要的物质资源的忽视要扭转过来不是一个简单的过程，尤其当保护主义者要真实地洞察一个宽泛的、包容的，包括性别、人种和阶级社会历史的时候。恢复许多遭到忽视的重要的城市场所的公共意义，首先要将全部城市文化景观作为美国历史的一个重要部分，而不仅仅是那些建筑典范。这意味着要强调这种容纳了劳动人民日常生活的建筑类型——如廉价公寓、厂房、联合会堂，或礼拜堂。其次，还要找到创造性的方法来说明普通建筑物是现代生活潮流的一部分。一种政治上有意识的城市保护办法必须超越传统的建筑保护技术（把保护下来的建筑物变成博物馆或者用来吸引商业性房地产）以得到更多的支持者。它必须强调公共历程和公共记忆。这将需要重新考虑在公共场所表达妇女历史和种族历史的策略，同时也保护这些公共场所本身。

尽管少数几个建筑师雄辩地呼吁，赞同与未来派"预言的剧场"差不多的说法，把城市和建筑作为"记忆的剧场"（Rowe and Koetter，1978）[5]，然而大多数对于美国建成的过去的思考都与欧洲建筑风尚和它们在美国典范建筑中的应用相关。美国文化景观和城市民间建筑被忽略了很多年。今天，民间语言受到更加细致的、学术和专业的分析，但是这还常常是建立在物质形式而不是社会和政治意义的基础之上。作家和艺术家进行了同样的创造性工作，主张美国的场所要由美国的建筑师、景观建筑师和规划师来实现，以一个严肃的方式把我们自己放置于美国的城市当中，就像现存的和已经存在的那样与城市景观妥协，把关于城市空间斗争的历史和特定场所的诗意联系起来。[6]

这暗示了在城市景观史方面的学识和文化认同方面的工作之间有一个更强的联系，也暗示了在城市设计的理论和实践之间存在更牢的关联。在最近的十年里已经爆发了许多关于文化认同的学术工作。文化地理学者和政治地理学者已经揭示了城市社团为地块进行奋斗的这种张力；社会历史学家已经着眼于妇女、工人和种族的历史。进行文化研究的学者们已经打造出研究女权主义、阶级和种族问题的新的综合体，并着重于看待大众文化的新方式。同时也出现了新的把空间作为文化产物来研究的兴趣。环境心理学家和人类学家考察过人对场所空间的反应。环境历史学家对城市史的研究已安排了新的议程。地理学家提出了与建筑学和文学研究相联系的"后现代地理学"。但是所有这些工作都散布在单独学科中，这些学科正不断尝试在自身学科范围内把方方面面的知识重新联系起来，不管是社会的、经济的、环境的或者文化方面的。同样，学者们对城市空间的最新领悟对那些努力创建新项目的专业人员和社团积极分子并不总是可用的。而且这些积极分子或艺术家们的经验并不总能够赶上专业人员和学者。

　　一个社会层面具有包容性的城市景观史可以为研究公众历史和城市保护的新方法提供基础。这会不同但却有益于补充研究建筑学的艺术史方法，这种方法为建筑保护提供了基础。一个更加包容的城市景观史也能够激发城市设计的新方法，鼓励设计师、艺术家和作家以及公民为在城市中创造一个崇高的场所意义这样的城市艺术作贡献。这将会是这样一种城市设计，它承认城市的社会多样性和空间的公共用途，与作为纪念碑式建筑的由形式控制或者由地产投机驱动的城市设计非常不同。

　　就像甘斯和赫克斯塔布尔之间的论辩展示的那样，保存一部公众的历史对任何一个城市或者城镇而言都是一个政治的，也是历史的和文化的进程。决定记住什么和保护什么涉及历史知识基础，还涉及公共历史、建筑保护、环境保护和纪念性公共艺术等方面的可能性。而所有这些对过去进行保护的方法都是在局部有时甚至是矛盾地运作。时间轨迹深留在每个城市的城市景观中，提供了把美国城市的片断故事重新联系起来的机会（Lynch，1972）。不过在历史学家对文化景观史和特定场所的记忆之间错综复杂的关系有更多理解之前，把握整体而不是所有的局部之和会比较困难。

　　乔治·库布勒（George Kubler）曾经把历史学家的技艺描述为勾画"时间的形状"。他写道，历史学家的技艺类似于画家，"去发现一套图案化的属性，这种属性会引出对总体的识别，同时传输一种对主体的新的认知"（Kubler，1962）。面对20世纪90年代城市景观的历史学家需要探究其物质形状，连同其社会和政治意义。通过和城市大众讨论来认识历史场所的社会意义，涉及历史学家与居民以及与规划人员、保护人员、设计人员和艺术家的协作。这使得社会的、历史的和美学的想象定位于：让深植于历史性城市景观中的文化认同的叙述能够被理解，将其对于城市的最大和最永恒的意义作为一个整体投射出来。

注释

1 Gans supplied me with the complete text of his article, which appeared in very abbreviated form.

2 Gans wrote *Popular Culture and High Culture* (1975c) but didn't anticipate ethnic diversity as a focus. The Organization of American Historians [held] its 1995 meeting on "Public Pasts and Public Processes." An overview of some current museum efforts is Karp et al. (1992). Also see Karp and Lavine (1991), Leon and Rosenzweig (1989).

3 Cisneros (1993) provides a good summary of changing demographics. Also see Davis (1993).

4 Also see Anon. (1992) for an extensive list of ongoing projects.

5 They are quoting Frances Yates's term from *The Art of Memory.*

6 Turner (1989) is an admirable account of several American writers coming to terms with American places. Simonson and Walker (1988) is a good introduction to current writing. Lippard (1990) is an excellent analysis of how American artists are dealing with ethnic heritage.

参考文献

Anon. (1992) *Cultural and Ethnic Diversity in Historical Preservation.* Information series no. 65. Washington, DC: National Trust for Historic Preservation.

Anon. (1993) Focus on cultural diversity II. *Historical Preservation Forum*, 7 (January/February), 4–5.

Anon. (1994) Historic store slated to become Civil-Rights museum. *Historical Preservation News*, 34 (February/March), 2–3.

Cisneros, H. G. (ed.) (1993) *Interwoven Destinies: Cities and the Nation.* New York: W. W. Norton.

Davis, M. (1993) Who killed LA? The war against the cities. *Crossroad*, 32 (June), 9–10.

Fabre, G. and O'Meally, R. (1994) *History and Memory in African-American Culture.* New York: Oxford University Press.

Gans, H. J. (1975a) Preserving everyone's Noo Yawk. *New York Times*, January 28, op-ed. page.

Gans, H. J. (1975b) Elite architecture and the Landmarks Preservation Commission: a response to Ada Louise Huxtable. *New York Times*, February 25, editorial page, letters column.

Gans, H. J. (1975c) *Popular Culture and High Culture.* New York: Basic Books.

Huxtable, A. L. (1975) Preserving Noo Yawk landmarks. *New York Times*, February 4, op. ed. page.

Karp, I. and Lavine, S. D. (1991) *Exhibiting Cultures: The Poetics and Politics of Museum Display.* Washington, DC: Smithsonian Institution Press.

Karp, I., Mullen, C., and Lavine, S. D. (1992) *Museums and Communities: The Politics of Public Culture.* Washington, DC: Smithsonian Institution Press.

Kazickas, J. and Scherr, L. (1994) *Susan B. Anthony Slept Here.* New York: Times Books.

Kubler, G. (1962) *The Shape of Time: Remarks on the History of Things.* New Haven, CT: Yale University Press.

Leon, W. and Rozenzweig, R. (eds) (1989) *History Museums in the United States.* Urbana: University of Illinois Press.

Lippard, L. (1990) *Mixed Blessings: New Art in a Multicultural America.* New York: Pantheon.

Lynch, K. (1972) *What Time Is This Place?* Cambridge, MA: MIT Press.

Myers, S. L. (1993) Politics of present snags remembrance of past. *New York Times*, July 20, B1, 2.

Rowe, C. and Koetter, F. (1978) *Collage City.* Cambridge, MA: MIT Press.

Simonson, R. and Walker, S. (eds) (1988) *Multi-cultural Literacy: opening the American Mind*. St Paul, MN: Greywolf Press.

Tchen, J. K. W. (1990) The Chinatown–Harlem initiative: building a multicultural understanding in New York City. In J. Brecher and T. Costello (eds), *Building Bridges: The Emerging Grassroots Coalition of Labor and Community*. New York: Monthly Review Press.

Turner, F. (1989) *Spirit of Place: The Making of an American Literary Landscape*. San Francisco: Sierra Club Books.

Wade, B. (1994) New guides to landmarks of black history. *New York Times*, February 13, section 5, 4.

第 6 章

城市设计的谐调性与城市形态的矛盾性

亚伯拉罕·阿克曼（Abraham Akkerman）

引言

古代至早期文艺复兴之时，城市设计折射出宇宙和谐的宗教信仰。从远古直至中世纪，这些信仰反映在理想城市的概念当中。理想城市具备对称的城市形态，例如一些新城镇或新建殖民地的外轮廓，大多接近方形或圆形。文艺复兴时期，风格主义与巴洛克时期，宇宙和谐的观念继续主导理想城市规划与建成城市，城市形态往往被调整成适合军事防卫的需要（Rosenau，1983，p. 14 – 15）。工业革命至 20 世纪的城市设计，受科学发展成功的激发，以既定一致的观念追求社会空间的平衡与和谐（例如，Wilson，1983）。在统一、秩序或最优化的外表之下，机械的一致性成为 20 世纪大部分时期城市设计的标准（例如，Friedman，1962）。作为数学与机械学的中心概念，均衡也成为城市规划、城市空间配置、交通干线布局及土地利用的基本理性原则。从作为早期现代主义开始的城市设计的成果，20 世纪经规划的城镇揭示了早期宇宙和谐的观念是理想城市的一种原型（比较 Benjamin，1972，in Buck-Morss，1990，p. 114）。

然而，虽然坚持几何对称的手法通常会非常行之有效，例如希腊或罗马的新殖民地，在那里，土地的所有权被明确地界定，或在黑火药出现之前军事要塞城镇的构建，但是人为的一致性在这些新规划的城市当中导致了与设计目的显著不同的结果。无论是一座工业化大都市或一个郊外社区，一座后工业时代的市镇或一个新居民小区，真正理解城市发展则会认识到这些有损于规划意向。正是现实城市当中的不均衡，而不是为之规划的稳定和静止，为城市打上了烙印。对热情的观察者而言，真正大都市的非凡之处正在于它的不均衡、荒谬与无意义当中。此外，在经过规划的城市当中，往往是广受欢迎与盛行的均衡导致了这些可笑特质。大都市现实当中非均衡性的事实与人情疏远之间的紧张关系，引起了 20 世纪重要作家的强烈反响。然而，在城市设计领域却没有出现相应的思考。

弗朗茨·卡夫卡（Franz Kafka）因《城堡》而被认为是 20 世纪最伟大的作

家之一，在这部未完成的小说中，个体与建成环境之间存在严重疏远：

> 每时每刻，K. 都希望能赶快回到城堡，只有希望在支撑他前行；他累了，极不情愿地离开街道，他对村庄的长度也感到吃惊，看起来没有尽头，那些小房子一遍又一遍地出现，冰冷的窗格子，冰冷的雪，一个人也没有。(Kafka，1992，p. 17 ［1919］)

世纪之初，卡夫卡也许就已经很好地预言了世纪末北美的郊区面貌。K.，这位小说的男主人公，一个土地测量员从未能达成他的目标，也就是抵达官僚统治者占据的城堡，这就像卡夫卡自己未能完成这部小说一样。街道不通向任何地方的小城，除了官员谁都不能进入的城堡，这些像幻影一样出现，唯一真实的则是疏远本身。实际上，土地测量员作为最早的专业人员，从古代开始就已经在丈量土地，布置新的城镇。一旦所有土地都已丈量完，城镇发展也已经完成，他没有理由再待在这城镇里。他永远离开这座城镇，置自己的住所于不顾，永不停止地从一地搬到另外一地去完成他的职业。已经布置好了的城镇将不需要土地测量员：

> 正如你讲的，你已经是一名土地测量员了，但很不幸的是，我们已经不需要土地测量员了。在这里你可能一点用处也没有了。我们这个小国的边界已完成勘测且正式记录在案。还要土地测量员干吗？"(Kafka，1992，p. 61 ［1919］)

比起任何其他融合了艺术与技术的领域，城市设计有更广泛的影响。这种融合具体展示了现代性的悲剧性扭曲，它们只会去摧毁那些穷困的社区，但是除了用一种荒凉的完美代替那些社区之外别无他法。卡夫卡号召他的读者认识到那种完美对人类是无意义的；纯想象是令人反感的。

诠释向当代城市设计挑战这样的号召，就提出了一个问题：城市形式中的不完整和不完美性是否也有优点。这项研究提出，这可能正好是问题所在。此外，历史评论表明 20 世纪是城市形态发展历史中的里程碑。当城市设计还在受历史上各种和谐理念所制约时，20 世纪陌生的城市显示了对人类真实性的追寻，正是通过这种不恰当的人文主义追求，试图保持城市组织与基础设施的平衡。城市效率与人类真实性之间的矛盾也许无法调和。然而，如果城市设计认识到这一困境，卡夫卡的挑战就会已经被解决了：免得我们城市的边界要"被划定和正式被记录下来"。

古希腊时期的宇宙和谐与城市规划

从古代开始，宇宙和谐的信仰在城市的有意布局中是天生的。人类文明史上

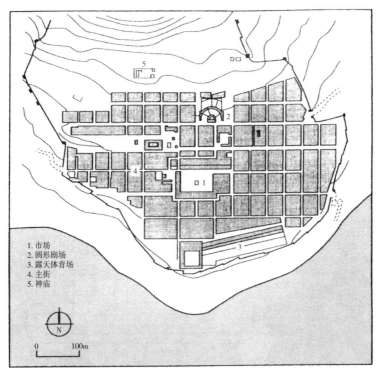

图 6.1　普里埃内（Priene）城平面，约公元前 450 年

第一座经过系统规划的城市，具有正交格网状平面与直线型街道，在大约公元前 2400 年印度河流域的城市中就已出现。在摩亨朱达罗（Mohenjo-Daro）地区，12 个方形城市街块占地 1200 英尺×800 英尺组织在 3 条 30 英尺宽的大道和两条与之垂直的街道之内。这些巨大街区被一些近 10 英尺宽的小路所细分，小路再与许多建筑相通。经过辨认，大道为南北向，与街区划分方向相同。摩亨朱达罗与指北针方位一致，12 个城市街区显然与 12 个朔望月（lunar month）相符，这意味着早期印度城市布局与宇宙秩序有关（比较 Hawkes，1973）。印度城市文明早在公元前 7 世纪已通过美索不达米亚与埃及对古希腊城市产生了影响（Roth，1993，p. 183）。希腊古典时期无论城市还是乡村，土地大多被分为统一的方形以保证土地划分的公平性（Jameson，1991）。在地形允许的情况下，方形布局成为希腊古典时期大部分新建及重建聚居地（图 6.1）的标准（Roth，1993，p. 191 – 193）。

　　然而，希腊也采用正交街道模式显然源于希腊人的宇宙观。源于实践当中测量直角以分割土地的需要，大约公元前 525 年，由定居于意大利南部的毕达哥拉斯（Pythagoras）创建的哲学学派担任了发展直角坐标系几何学的任务，并且冠以他的名字达千年之久。正是毕达哥拉斯几何学起源的实际源头，以及与音乐形式的关联，产生了宇宙和谐的学派教义。

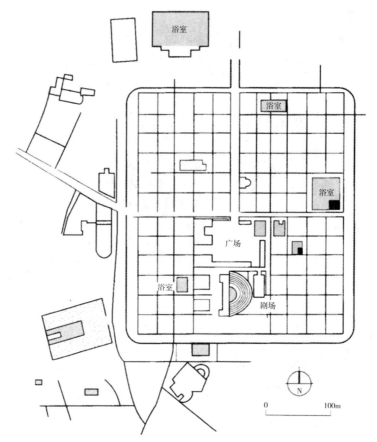

图 6.2 2 世纪时的提姆加德城（**Owens，1991，p. 135**）。泰勒和弗朗西斯（**Taylor & Francis**）出版公司和作者同意使用

这种一致性还可以从毕达哥拉斯专注于数字 4（所有整数当中第一个由二次方获得的数）及方形、直角三角形的斜边当中看出（参见 Burnet，1964，p. 105 - 106）。受毕达哥拉斯的影响，公元前 5 世纪的诗人、哲学家恩培多克勒（Empedocles）提出了宇宙四要素的观念，即土、火、水及气。四要素学说被一个世纪以后的亚里士多德（Aristotle）（公元前 384 - 前 322 年）采用。中世纪的经院哲学也信奉这一学说，并持续至文艺复兴时期。

城市设计史当中，采用数字 4 作为平衡的范式可由广场得到佐证。广场是 2 世纪罗马殖民地城市当中的标志性要素，比如提姆加德城（Timgad）（图 6.2），直至巴洛克城市，17 世纪的黎塞留（Richelieu）（图 6.3）。

毕达哥拉斯的宇宙秩序观在米利都城（Miletus）（约公元前 479 年，图 6.4）的重建中得到实现。其方格网布局强加于地形之上，而非顺应地形。根据亚里士多德的描述重建的米利都城分为三个不同区域：

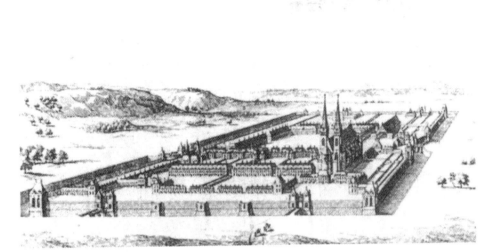

La Ville de RICHELIEV en Poitou

图 6.3　黎塞留城，约 1638 年，Israël Silvestre 刻（Chartier 等，1981，p. 114）

希波丹姆（Hippodamus，约公元前 500 - 前 440 年），尤利芬（Eury-phon）之子，创造了城市分区方法并规划比雷埃夫斯城（Piraeus）……他希望建设一座 1 万人的城市，分为三个部分，分别居住工匠、农民及经过武装的军队。他也把城市分为宗教区、公共区及私人区。[《政治Ⅱ》，8，Apostle and Gerson，1986，p. 55]

根据亚里士多德作的数字，米利都城可容纳 3 万居民。无论何处的希腊典型城镇及城邦，人口均小于这一数字。亚里士多德的老师柏拉图（公元前 427 年 -前 347 年）提出理想城邦的人口是 5040 人。实际上，据记载只有雅典、锡拉丘兹（Syracuse）、阿克拉加斯（Akragas）的人口超过 2 万。

柏拉图本人最杰出的作品《理想国》（Republic）一书（Adams，1963），完成于大约公元前 380 年。书中提出理想城邦包含三个阶层的市民，使人推测米利都城的布局对柏拉图的这一思想产生了影响（Von Gerkan，1924，p. 62；Lang，1952）。柏拉图理想城的社会结构是朴实的，他进一步详细描述城市自然布局运用网格与他认为的社会结构相符合：

环境设想有不反感……社会法规的人，他们会容忍对财产的终身限制。例如那些我们业已提出的生育限制和剥夺对黄金及其他物品的占有，而这些东西，如前所述，立法者肯定会禁止的；他们进一步预料首

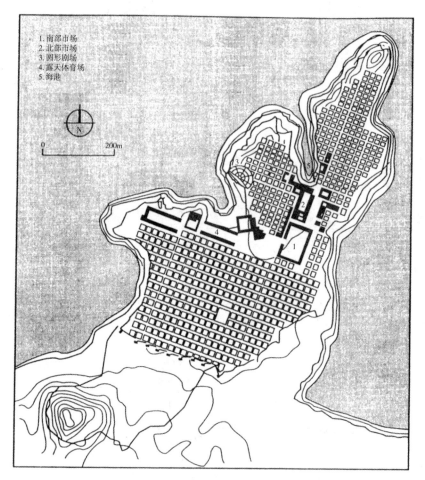

图6.4   米利都城平面，约公元前479年

府的中心位置和领地的住宅分布，就如（立法者）所规定的那样，几乎好似他在讲述他的梦想或者制作一座蜡像城市和其居民一样。（《法律 V》，746，Saunders，1970，p.217）

对柏拉图而言，城邦秩序井然的三重划分法产生于人类的深层精神（《理想国 II》）。在柏拉图的观念当中，存在一个严格的相互关系，经由人类精神反映至理想城市当中（《理想国 II》），因此，理想城市是一个普遍原型，普遍适用。

斯多噶学派和早期基督教的理想城市

大约公元前300年，和谐城市的理念被斯多噶学派加以发展，最明显的是他们

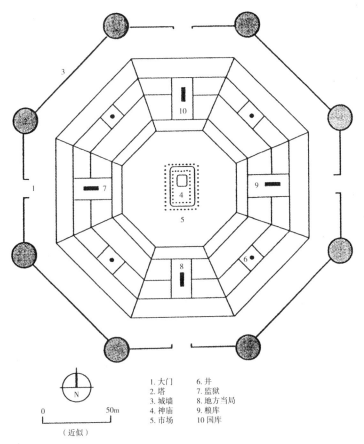

图 6.5　维特鲁威绘制的一幅理想城市的平面图［根据加利安尼（Galiani）18 世纪关于维特鲁威的版本（Rosenau，1983，p. 70）］

提出的"世界城邦"的概念。宇宙"好比神与人的共同家园，或者说城市应属于两者共有"（Dio Chrysostom，［1 世纪］，第 36 项原则，21 段，Schofield 译，1991 年，p. 62）。以此观点，宇宙才是唯一真正意义上的城市。因为"没有人知道一座完全由理想元素组成的理想城市，过去出现过的及将来某一天可能出现的均不值得憧憬，除非是天堂中的上帝之城"（Dio Chrysostom，Schofield 译，1991 年，p. 62）。

　　和谐，以及相关的秩序与对称概念，作为艺术与科学的指导原则，从古希腊开始已成为后来城市思想史的关键。古典希腊城市形态与中世纪城市、文艺复兴城市体验的最重要联系在于城镇规划的理念。罗马军事建筑师、工程师维特鲁威（Marcus Vitruvius Pollio，公元前 46 – 前 30 年任职）在《建筑十书》当中对此加以详细阐述。维特鲁威自己提出的理想城市平面（图 6.5）表明他首要关注的仍然是达成和谐，只不过运用圆形而非方形满足规律性、围合与防风的需要（Rosenau，1983）。

5世纪，斯多噶学派的"世界城邦"概念在圣奥古斯丁（St Augustine）的18册著作《上帝之城》当中得到极大扩展（Tasker，1945）。也许事出有因：当希波主教阿里留斯·奥古斯丁（Aurelius Augustinus，公元354－430年）在《上帝之城》中研究一个天堂式的社区时，他认为提及当时真正的城市本质很重要。借鉴自斯多噶学派的观念以与世俗的原罪城市相对比，奥古斯丁观念的潜在原则是把公正与调和作为理想社会的神学准则。然而奥古斯丁的社会理想又一次是和谐与平衡，或者"秩序"（ordo），并与完美的宇宙系统相联系的秩序，"秩序的创造"（Barker，1962，第七章）。奥古斯丁把两类城市相并置，亦指向了一种普遍的平等关系：

> 两类城市形成于两种关爱：世俗的源于自我之爱，甚至轻视了上帝；天堂的源于上帝之爱，甚至轻视自我。总之，前者以自我为乐，后者以上帝为荣。（《上帝之城》，第十四章，28，Tasker，1945）

奥古斯丁理想城市的概念因此作为包含本体论成分的宇宙平衡观而出现，并非仅是一种宗教及社会性的试图改变现状的努力。

奥古斯丁所述的源于"自爱"的世俗城市，在大多数中世纪城市流行的不规则平面当中有实际体现。房屋的朝向与街道及相邻住宅相关，常常反映了主人到达市场或者主要大道的愿望，而非指向规划的中心（Dickinson，1963，p.315）。另一方面，对几何对称平面形态的渴望继续表现了中世纪的新城以及中世纪晚期主要城邦的特征，如佛罗伦萨、锡耶纳生长出来的部分。佛罗伦萨的原始街道平面，也许可以追溯至公元前90－前80年，布局可能是国际象棋棋盘状（Haverfield，1913，p.92）。实际上倒不如说是在新城当中强化了正交对称的平面。

特别突出的例子是两座佛罗伦萨的新城圣乔瓦尼（San Giovani）与特拉诺瓦（Terranuova）。两城地势最低的地块面对城市中心的主要大街，被认为是第一块或中心城市街区，往城墙方向退，有成排街区位列其后。越靠近城墙，每排街区内的地块地势越高。同时，各排地块具有相同的宽度，它们与相同地势高度的其他地块不同，决定于各自所属那排离中心地块的距离。圣乔瓦尼（建于1299年）地块深度决定于直角三角形30°与60°角各自所对的直角边长度。特拉诺瓦（建于1377年）地块深度决定于直角三角形15°、30°、45°、60°及75°角所对直角边（Friedman，1988）。其他中世纪有序平面的例子，常常表明了财富的增长以及投机生意、贸易、商业的发展，远至不列颠的岛屿均能发现这一现象（Slater，1990）。

文艺复兴与矫饰主义时期理想城市中的均衡

文艺复兴及矫饰主义时期，毕达哥拉斯的和谐观念在美学与科学两方面的发展均达到顶峰。几何对称作为一种方法论工具出现于文艺复兴时期以前及文艺复兴中，它一直是早期现代艺术与自然科学中的实质性原则。文艺复兴理想城市平面特别关注防御工事，可以被认为是单一构筑物当中艺术与技术的创造性联合体。也许相对其他此类联合体，文艺复兴城市平面进一步把和谐的概念重塑成更为普遍、清晰的均衡观念。因此，把希腊的传统转化于早期现代艺术与科学中。

文艺复兴重视平衡作为自然体的一项美学特征，莱昂·巴蒂斯塔·阿尔伯蒂（Leone Battista Alberti，1404 – 1472 年）首先提出了这一点。他的《建筑论——阿尔伯蒂建筑十书》*　把"美"定义为"所有部分合理有序地融于一体，没有任何部分能够增加、减少、更改，否则将变差"（Alberti，［1485］，第六书，2，in Rykwert 等，1988，p. 156）。阿尔伯蒂之前大约 100 年，锡耶纳的杜乔·迪·博宁塞尼亚（Duccio di Buoninsegna）和佛罗伦萨的乔托·迪·邦多内（Giotto di Bondone）在绘画中已运用透视法。阿尔伯蒂通过介绍透视法运用于城市设计表明其对美学平衡的坚持，1447 年以后不久，当他成为教皇尼古拉斯五世的建筑顾问时，这一点即变得明显了。教皇委托他为罗马做个规划，阿尔伯蒂并未看到他的计划全部实施（由于 1455 年教皇逝世），但这一规划揭示了阿尔伯蒂的气质：

> 三条笔直宽阔的林荫道起始于一（大型）广场，结束于梵蒂冈山脚下另一开放空间；中央一条林荫道至巴西利卡，右侧一条通至梵蒂冈宫，左侧一条通达面对它的建筑。（Pastor，1899，p. 171 – 176）

阿尔伯蒂在《建筑十书》中明确表达了透视的概念以及消失点，这对许多与他同时代的人产生了影响。在这些理论家中，菲拉雷特（Antonio Averlino Filarete，约 1400 – 1469 年）以永恒的深刻性描述了文艺复兴城市设计。他的论文《论建筑》热情洋溢地说服米兰伯爵弗朗切斯科·斯福尔扎（Francesco Sforza）委任菲拉雷特建造斯福尔宗塔（Sforzinda）这座新城。菲拉雷特把他的理想城市平面描绘为完美的八边形，产生于两个正方形的叠加，并含有要塞与城门的细节（图6.6）。16 条均匀分布的主林荫道，每条道路 24 米宽，连接城门与城市中央（Filarete，1457，第六书，43，Spencer，1965）。

菲拉雷特的理想城市虽然与一些现有的街道布局方式类似，但却主要预示了城市设计原则逐步被运用于文艺复兴时期意大利、法国、德国新城的建设当中：提出了次级广场；街道布置；以及纪念性建筑的安置法（Rosenau，1983）。

与已有的修道院和新城的理想布局相似，理想的和谐社会受到文艺复兴时期社会与宗教思想家的共同重视。也许一开始就有意讽刺当时的英国社会，1516 年

---

* 中文版于 2010 年 1 月由中国建筑工业出版社出版。——编者注

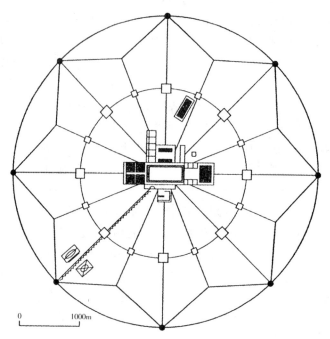

图 6.6　菲拉雷特绘制的斯福尔宗塔（Sforzinda）城平面（根据他的著作《Trattato d'architettura》，约公元 1464 年）

第一次出版的托马斯·莫尔（Thomas More）爵士的《乌托邦》，成为各种理想社会思想的代名词。虽然莫尔对同时代欧洲人在理想社会方面的工作并不清楚，他们的整个文化环境却差不多。在他的理想国中包括 54 座与其首都阿姆路特（Amaurot）几乎相同的城市：

> 面对一座微微倾斜的小山展开，城市几乎是方形。街道布局方便交通并具防风的功效。建筑物决不琐碎，每区不间断的房屋面对街道相对排列，形成良好的景观。街道宽度为 20 英尺。（More，1516，Logan 和 Adams，1989，p. 43 - 47）

和谐也指引了《乌托邦》的城市计划，莫尔简单涉及了一些现代理念，如城市的最佳规模以及农业生产与劳动中的运输问题。

绘画当中对透视法的不断探索使其确立为文艺复兴城市规划的指导原则。也许安德烈亚·帕拉第奥（Andrea Palladio，1508 - 1581 年）《建筑四书》里的一些记录可以作为最好例证：

> 主要街道……也许应该笔直地从城门通向宏伟的主广场；如果地形

允许，则以同样的方式笔直通向另一侧城门。（Palladio，1570，in Placzek，1965）

帕拉第奥同时代的人以及他的同胞把菲拉雷特的著作作为参考，以设计理想城市平面作为环形防御系统及要塞的方案。例如，彼得罗·卡塔尼奥（Pietro Cataneo）的《论建筑》（L'Architettura）（1554）以及文森佐·斯卡莫齐（Vicenzo Scamozzi）的《城市设防》（Della Fortificatione delle città）（1564），或者实际的新城设计，如威尼斯附近文森佐·斯卡莫齐设计的帕尔马新城（Palmanuova）（1593）。

城市采用几何对称的边界归因于其边界是防御性的城墙。当人们从周围的农村地区聚拢，被城墙包围的城市也提供了安全性与相对的宁静感。城市因此很快被充满了，人们仍然可以在城市内发现安宁之地，城墙外部的郊区则变成犯罪与贫困的中心（Blake，1939）。

莫尔《乌托邦》的政治理想，结合了和谐关联的宇宙图景，促使托马索·康帕内拉（Tommaso Campanella）于1595年撰写了《太阳城》（The City of the Sun）（Donno，1981）（1602年首次出版）。当时多梅尼科·丰塔纳（Domenico Fontana）在教皇西克斯图斯（Sixtus）五世（1585－1590年在位）领导下，很好地重新设计了这座城市。而丰塔纳则布置由圣玛利亚·马焦雷教堂辐射出四条林荫道，康帕内拉《太阳城》的图景也许也指罗马的七座山就是：

> 一座山，城市的大部分位于其上……城市分为七大环形部分，以七大行星命名。彼此连接的路径为四条林荫道及四座朝向指北针四个方位的大门组成……整个城市直径 2 英里多，周长 7 英里。（Donno，1981，p. 7－27）

巴洛克城市规划中现代性的种子——均衡

在许多方面，西克斯图斯的设计植根于 15 世纪 50 年代尼古拉斯（Nicholas）五世时期发表的规划平面之中。罗马教皇的设计原则有两个特点：首先，三条街道呈楔形会于一点，轴向排列第四条街道；第二，交织的街道用方尖碑作为地标与方向标。不过，最值得关注的是罗马早期巴洛克城市复兴，也许是城市设计史当中第一次有意识地关注运输、人的活动，特别是朝圣者，纪念物、街道与开放空间的配置（Burroughs，1994）。

遵从尼古拉斯的授意，在教皇尤利乌斯二世（Julius Ⅱ，1503－1513 年在位）与教皇列奥十世（Leo X，1513－1521 年在位）时期已经进行罗马街道布局的改

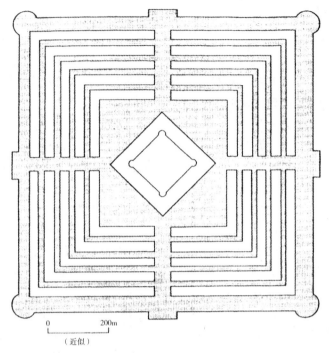

图 6.7　亨里奇·席克哈特的弗罗伊登施塔特（Freudenstadt）城平面，约公元 1599 年

变，西克斯图斯的再设计相对他之前的一个世纪，效果已达到顶峰。罗马再设计的早期改造中最主要的是一项由多纳托·伯拉孟特（Donato Bramante，1444－1514 年）提议或设计的新开放空间的布局，后来由米开朗琪罗（Michelangelo，1475－1564 年）主持，时为尤利乌斯二世时期。1505 年，基于伯拉孟特的规划，巨大的圣彼得教堂开始建设（代替康斯坦丁于 333 年修建的旧巴西利卡），并打算建造一个环绕这座宏伟教堂的巨大开放空间。米开朗琪罗的圣彼得教堂（约1536 年）修正设计的重点在于使教堂在开放空间与入口序列中更为突出。米开朗琪罗重新设计罗马皮托利诺山的坎比多利奥广场（Campidoglio）时采用了相似的视觉平衡尝试，在其最初的不规则景观几何中引入了对秩序的量度（Roth，1993，p. 375－376）。

　　西克斯图斯宏大的罗马空间重组通过一个巨大的新道路网络把主要的宗教场所联系在一起。这些道路由喷泉支撑，喷泉的水由管道从重修的古代输水道输入，这还是自罗马时代以来的第一次。西克斯图斯五世的崇高设想是在圣洛伦佐、圣克罗斯、圣乔瓦尼大巴西利卡以及圣彼得大教堂之间建立联系。这样，大巴西利卡就成为新的不朽的街道网络的节点，在这里竖起方尖碑作为朝圣者最终目的地。平衡的理念在这里进化成新的动态形式，预示了在城市发展机遇条件下对实用需求，尤其是活动需求的现代均衡的关注。

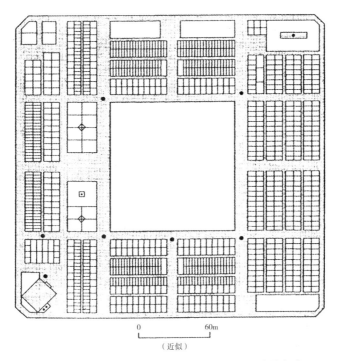

图 6.8　阿尔布雷希特·丢勒绘制的理想城市平面（根据他的书《*Etliche Underricht zu Befestigung der Stett, Schloss und Flecken*》, 1527 年）

　　然而，古典的对称在城市设计当中一直到 18 世纪仍然具有相当的吸引力。17 世纪初，由亨里奇·席克哈特（Heinrich Schickhardt, 1558－1635 年）建造的巴伐利亚城镇弗罗伊登施塔特（Freudenstadt）（图 6.7），依据一幅阿尔布雷希特·丢勒（Albrecht Dürer）在其论文《Etliche Underricht zu Befestigung der Stett, Schloss und Flecken》（1527）中绘制的理想城市平面（图 6.8）。连同康帕内拉的《太阳城》，丢勒的弗罗伊登施塔特城平面所展现的东西激发了德国神学家约翰·瓦伦丁·安德里亚（Johann Valentin Andreae），他在乌托邦社会的图景《基督城》（Christianopolis）（Andreae，约 1619 年，Held, 1914, p.140）中写道：

> 形状为正方形，边长 700 英尺，由四座塔楼及城墙形成良好的防御。因此，它看上去是面对地球的四个方位。另外八座非常坚固的塔楼遍布全城。（《基督城》，第七章，Held, 1914, p.140）

　　《基督城》（图 6.9）或者《太阳城》中虚幻的蓝图所表现出的几何平衡的一致性与现实中弗罗伊登施塔特及其他矫饰主义或巴洛克城市、城市形态的布局相似。几何平衡是亨利四世（Henri IV）建造的巴黎那些大都会场所的标志。昂里

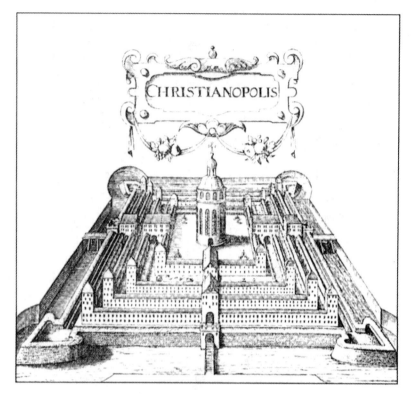

图 6.9　安德里亚的基督城，来自他的 17 世纪晚期的《**Rei publicae Christianopolitanae de-scriptio**》

什蒙（Henrichemont）、沙勒维尔（Charleville）、黎塞留（Richelieu）以及其他一些新城，都是 17 世纪早期，矫饰主义及早期巴洛克城镇规划的代表。然而，众所周知的莫尔的《乌托邦》或者弗朗西斯·培根（Francis Bacon）的《新大西岛》（New Atlantis）（1627）却常常未出现在矫饰主义者的规划中，因为他们很少在意城市中物质结构的细节。

　　法国人亚奎斯·佩雷（Iaques Perret）的理想城市平面（图 6.10）以及后来安德烈·勒诺特（André Le Nôtre）与路易·勒沃（Louis Le Vau）的凡尔赛宫平面，矫饰主义者规划的城市如荷兰的纳尔登（Naarden）（17 世纪晚期），均表现出轴线、对称设计的相似。在文艺复兴城市规划中盛行的完美几何形式却逐渐变得保守，保留名义上的平衡关系以取代细节的明确对称性（Rosenau，1983，p. 58）。

　　通过阿尔伯蒂和菲拉雷特的工作经文艺复兴及风格主义规划过的城市呈现出致力于平衡理念的面貌。而早期的现代城市规划的平衡理念应归功于克里斯托弗·雷恩（Christopher Wren）爵士（1632 – 1723 年）。雷恩在 1666 年的大火后提议的伦敦规划平衡了步行交通与新出现的机动车交通，同时，与维特鲁威的理想平面很相似（图 6.5 和图 6.11）。

图 6.10　佩雷城镇平面（根据他的《Des fortifications et artifices architecture et perspective》，1601 年；这个平面产生了真实的昂里什蒙城的设计）

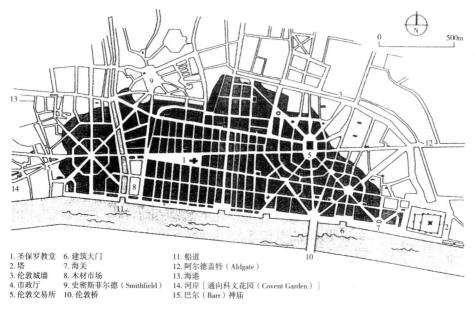

1. 圣保罗教堂	6. 建筑大门	11. 船道
2. 塔	7. 海关	12. 阿尔德盖特（Aldgate）
3. 伦敦城墙	8. 木材市场	13. 海港
4. 市政厅	9. 史密斯菲尔德（Smithfield）	14. 河岸［通向科文花园（Covent Garden）］
5. 伦敦交易所	10. 伦敦桥	15. 巴尔（Barr）神庙

图 6.11　雷恩对伦敦的平面规划，1666 年（原书图中没有序号"4"。——编者注）

雷恩的规划是那场大火之后众多规划当中的一员。值得注意的是其中物理学家罗伯特·虎克（Robert Hooke）的伦敦规划，他在 1678 年发现了弹性定律，而平衡概念是此定律的基本原理。雷恩的 1666 提案之前四年，有一项历史性的事件，另一位著名物理学家罗伯特·波义耳（Robert Boyle）已经揭示了实体弹性的平衡性。雷恩本人于 1661 年提出了弹性碰撞理论，他把机械系统中的碰撞力等同于平衡（Bennett，1972，p. 72）。

早期现代城市设计中的协调与不协调

虽然雷恩的伦敦规划未实现，却预示了理想工业城市这个新的城市设计主题的曙光，这个主题贯穿了 18 世纪及此后的启蒙运动。公平地讲，启蒙运动的城市设计受对立的两方面影响：一方面，18 世纪中期庞贝（Pompeii）和赫库兰尼姆（Herculaneum）的考古发现；另一方面则是浪漫主义作为对早期现代科学的数学理想范式作出的寻求自然本质的回应。

两座罗马城市的街道在公元 79 年维苏威火山的突然喷发中遭到毁灭，它们表现出迷人且深刻的几何特征，支持了普适主义者把数学与理性作为城市设计中永恒标准的主张。克劳德 – 尼古拉斯·勒杜（Claude-Nicolas Ledoux）于 1755 年为法国东部工业城绍村（Chaux）所作规划具有明显的理性标准。这座城市被置于椭圆平面之上，中央是城市管理者的建筑。毗邻的工业建筑将用于处理从附近盐矿挖出的盐水。围绕工业中心的椭圆环形地带布置工人的公寓，整个城镇综合体被绿带环绕，其中包括公共设施、花园和公园。

（欧洲）大陆有许多精确几何性的追随者，但也有相反的例子，英国诸岛乡村花园的设计，例如在斯陶尔黑德（Stourhead）和布莱尼姆（Blenheim），以及伪造的中世纪遗迹，比如哈格利公园（Hagley Park）（Roth，1993）。对新兴工业城市的醒悟最终被让 – 雅克·卢梭（Jean-Jacques Rousseau，1712 – 1778 年）表达出来。这位瑞士出生的法国思想家作了一个具有说服力的论证以抵制那些隐藏在都市社会中的腐化习俗，这些习俗只关注自然人。卢梭的赞助人之一在巴黎城外建立一座风景如画却粗野的郊区公园，运用卢梭的哲学原则挑战启蒙运动的唯理主义。

19 世纪以及 20 世纪的空想规划，例如埃比尼泽·霍华德（Ebenezer Howard）的田园城市（1898 年）或者勒·柯布西耶的《光辉城市》（1933 年），以及如弗里德里希·魏因布伦纳（Friedrich Weinbrenner）所作的卡尔斯鲁厄规划（1804 – 1824 年）和巴龙·乔治 – 欧仁·奥斯曼（Baron Georges-Eugène Haussmann）所作的巴黎规划（1853 – 1870 年）这样的现代城市设计，均试图引入城市平衡以进一步融合艺术与技术。这些现代的尝试作为城市规划理念在多大程度上取得成功仍然值得讨论（Roth，1993 年，p. 442）。

在这些提及的规划中更为实际的奥斯曼的计划是一个很好的案例。巴黎狭窄昏暗、害虫丛生的街道和小巷，与欧洲其他城市几乎一样，是从中世纪开始无计划的建筑布局所导致的。缺少阳光和足够的空气流通也往往成为充斥不满的焦点，这样的城市布局成为反政府革命阴谋聚集的中心。在这里领导了对政府警戒部队及纪念碑的攻击行动，烟雾形成的阴云高悬在城市上空，使人想起维苏威火山的爆发及巴比伦的倒塌（Evenson，1979）。然而，这扭曲的城市环境当中的藏身之地也形成了理想的防御组织以反抗警察或者任何入侵者。表面上忙于由拥挤与城市缺陷引起的公共健康问题，但是首先关注的是威胁拿破仑三世政府的民众叛乱与城市暴动。奥斯曼，这位塞纳河政府的官员，他的办法是把大部分中世纪留下的巴黎城市中心夷为平地。仿效西克斯图斯五世的罗马重建计划大部分穿越巴黎市中心的狭窄、弯曲的街道因此被宽阔的林荫道所代替（Roth，1993）。奥斯曼设计的通风开敞的主干道创造了一项正在兴起的大都市环境的新标准，接近空气与阳光以回应当时发现的导致疾病传播的因素，如肮脏、拥挤、缺少阳光和空气流通（Sutcliffe，1971）。提倡广场、大街、纪念碑之间空间的协调，奥斯曼毫无疑问地加强了一项受到许多规划师、建筑师推崇的城市设计标准（Sutcliffe，1971，p. 29、326）。世纪之交，奥斯曼的模式在其他地方被沿用，从芝加哥（Wrigley，1987）到堪培拉（Fischer，1989）以及新德里（Irving，1981，p. 82 – 87）。

然而，奥斯曼的城市改造既是对公共健康潜在危险及城市衰落的解决方式，又是对暴乱和起义作出的无情回应。对于奥斯曼的评论，只有在把都市看作战场的情况下加宽街道以容下攻击路障的火炮才有意义，城市是一处冲突而非和谐的地点（Cacciari，1993 年，p. 22）。正是这些古老、崎岖、狭窄的街道、小巷，缺少阳光与卫生，充满危险，但却令人惊奇地成为日常生活发生的中心。奥斯曼的新标志性的设计，摧毁了巴黎城市中心，引入宽阔的林荫大道，现在概括为意想的城市理想，适应机器而不是人，寻求平衡而非期望偶然性带来的挑战，追求一致性而非无法预料的冒险机会。

非均衡作为当代城市形态的固有面貌

机械化、自组织的当代城市环境继续确保了相对可预见、目的较明确的环境。毫无疑问，首先也是最重要的是它对于大部分城市居民而言提供了一个相对安全的环境。但是这种做法意想不到的结果是对居民自身人格的威胁。城市，这个最大的时间形成的人工实体，保护了大部分居民。通过固定于平衡意象中的组织与基础设施保护了城市中的肉体生存。然而，这样就把人类个体仅仅转化为都市的组成部分，机械的必需品。因此城市把个体扭曲为他们自身的伪造品。如果说在人类真实性与生存之间存在固有矛盾，那么现代城市看起来集中体现了这点。

只要关注一下陀斯妥也夫斯基（Dostoyevski）［《地下笔记》（Notes from Underground）］、卡夫卡［《审判》（The Trial）］、加缪（Camus）［《局外人》（The Outsider）］、萨特（Sartre）［《恶心》（Nausea）］以及贝克特（Beckett）［《等待戈多》（Waiting for Godot）］的著作以认识他们全体的共同气质：工业城市居民的可怕反思。疏离感，现代存在主义的潜在动机，出现在这些作者当中，并与科学决定论、官僚主义、苍白的行为、工业资产阶级或者无家可归者相关。可以认为，城市发展与城市衰退，均衡与不均衡，可以被认为是科学与技术发展的某些因素。然而，正是个人真实性与城市发展的不可调和导致了城市居民的疏离（Akkerman，1998，p. 154 – 170）。

蔑视城市中机械论的均衡没有谁比萨特在《恶心》中表达得更好。奥斯曼的巴黎重建计划之后大约80年，萨特描绘了虚构城市——布城（Bouville）以及里面的居民：

> 他们日常工作结束时从办公室里出来，满意地欣赏房屋和广场，他们把这看作是自己的城市，一座良好、坚实的中产阶级的城市。他们并不担心，感觉就像在家一样。他们一直看到的是水龙头流出水来；打开开关，灯光充满了整个球形的灯泡；杂交的树木用架子支撑起来。每天他们有一百次可以证明，每件事机械地发生着，世界遵从固定不变的法则：真空当中所有物体以同样的速度下落；公园冬天下午4点关门，夏天6点关门；铅在335℃熔化；最后一班电车晚上11点零5分离开市政厅。他们是安宁的，略带一点忧郁；他们思考明天，也就是说，仅仅是新的一天；在他们的安排当中，城市只是一天，每天早晨又完全一样地重头来过。（Sartre，1964，p. 158）

萨特把城市居民比作物体，他们为这座机械均衡的城市感到快乐，而他们自己是这座城市的一个部分。这快乐也是对机械均衡导致的城市生活所注入的欺骗的一种谴责。实际上，无论何处的理想城市设计原则，从历史上看均依靠在各种各样的均衡思想之上。晚期现代的一些方面已经认识到城市的非均衡：丑陋的真实性，城市的不调和与精神错乱。

20世纪对城市丑陋面的认识，导致开始认识到它就试图消除它。19世纪与20世纪之交，美国爆发了一项市民运动——城市美化运动，在富裕的美国城市中追求魅力、秩序与整洁（Peterson，1987）。然而，最终面对城市的丑陋导致的不仅是对它的接受，而且在后现代城市文化的某些地方是对其庆祝，对不均衡自身的欢呼。西奥多·阿道尔诺（Theodore Adorno，1903 – 1969年，法兰克福学派哲学家、评论家——编者注）把这一现象解释为对古典和谐理念的历史回应，以及美的对立面的历史再现。

> ……据说，丑的事物在一些更高级的感知当中成为美，因为它有助于产生动态的平衡。这与黑格尔美学的一些主题相一致，这里美不是均衡自身的结果，而总是与产生美的张力联系在一起。和谐试图否认其所依靠的这种张力，结果变得错误、混乱、不和谐。（Adorno，1984，p. 68）

城市丑陋的真实性，也出现在后均衡的美学当中，以反对那些寻求城市机械均衡的企图。

城市形态与真实美学

阿道尔诺在后工业化城市环境中的观察比在其他任何地方都充分。为证实这点，不久以前《新闻周刊》杂志报道了两座房屋的转变

> 在底特律东部的一处荒废的地点转变成一种生活艺术的展廊。现在被涂上的 "LOVE" 这个字一直穿过街道。一个空地上的浴缸成为轮胎、挡泥板和路标的聚宝盆，在树枝上摇摆的旧自行车组成了一个半人工的雕塑。（《新闻周刊》，1990，p. 64）

都市的丑陋因而概括为不均衡，但奇怪的是，丑陋的无序以唯一真实的情感超越了强制一致的世界。

都市的疏离，作为丑的表现，它自身成为弗朗茨·卡夫卡在《城堡》和《审判》当中表现出的唯一真实的东西。在卡夫卡的文学作品当中，对都市文脉的提及并没有萨特的《恶心》那么直接。与萨特的小说不同，《审判》和《城堡》发生在强烈儿童化的环境当中，在这两部卡夫卡的杰作当中显示出的空洞和荒谬并未明确谴责现代城市。然而，为了理解卡夫卡的作品，必须钻研他儿童时期的成长环境。这里，又一次，自发产生与机械主义之间，神秘和可预见之间，真实与欺骗之间的张力得以明确显现。在这种张力的上下文关系当中，丑与美失去了其通常的意义。靠近卡夫卡成长的布拉格贫困的约瑟夫区，是一处幽灵般僵死气氛的集中地：

> 这些挤在同一屋顶之下的奇怪的中世纪房屋，屋檐之下阴沉的房

间，更易使参观者想起动物的窝而非住人的房间……在被烟熏黑的房间
里，参观者的耳朵简直要被打击乐器恼人的声音或者被一位又老又瞎，
手指还患了关节炎的竖琴师拨弄着的调整得很差的竖琴搞聋。他们可能
会意识到深深的忧郁，而在马路的对面，在光亮的窗户背后，人们可能
正伴着钢琴的旋律喊叫着起舞。这里，夹杂在大都市的糟粕中，所有容
易挣来的、辛苦挣来的金钱，为了利益健康和青春全部被浪费掉、埋葬
掉。(Frynta，1960，p. 57 – 58)

布拉格居民绵延的惊惶与迷惑，约瑟夫区在世纪之交碰上了一个与巴黎市中
心早些年以前相似的命运。1983 年卫生法颁布，布拉格约瑟夫区大部分拆除重
建，主要街道现在穿过以前荒废的地区，被命名为巴黎大道。这里是约瑟夫区重
建之后卡夫卡对他的一位作家朋友所说的：

"黑暗的角落，神秘的过道，木板封住的窗户，肮脏的院子，喧闹
的啤酒屋，百叶窗遮蔽的小客栈仍然同我们生活在一起。我们走在新建
城镇的宽阔街道上。然而我们的脚步，我们的目光仍然飘浮。我们的内
心仍然像在穷困的旧街道那样颤抖。我们的内心仍然对已经实行的卫生
措施毫不了解。恶心的旧犹太城镇比起现在我们所处的卫生的新城对我
们而言更为真实。"（摘自 Kafka 与 Gustav Janouch 的对话，引自 Frynta，
1960，p. 59 – 60）

卡夫卡青少年时代从未离开过布拉格，正是因为它纯粹的荒谬与真实的非均
衡。同其他地方一样，布拉格旧城的重新规划试图为城市形态引入规范与公共健
康。然而，卫生只是转变了这种错乱：都市存在的荒谬仅仅从卡夫卡的约瑟夫区
变成萨特的布城。

超越现代性：结语

对机械论中人的真实性的担心浸透着欺骗，均衡与非均衡之间的张力以及对
意义的寻求是 20 世纪城市存在的核心。承认这种张力看起来是大多数当代城市反
思的源泉。哈维（1989）号召城市设计师与规划师认识城市居民当中自我多样化
的力量，并提供他称以"城市的后现代主义"的表达机会。这种多样化的极端结
果，例如当代南加利福尼亚无中心的都市形态，被称之为"后现代都市化"
（Dear 和 Flusty，1998）。这些无吸引力的结论使奥尔森（Olsen）（1986）提出了
解答"既不是规划师和'现代'建筑的信徒过分乐观的宣传，也不是强烈拒绝我

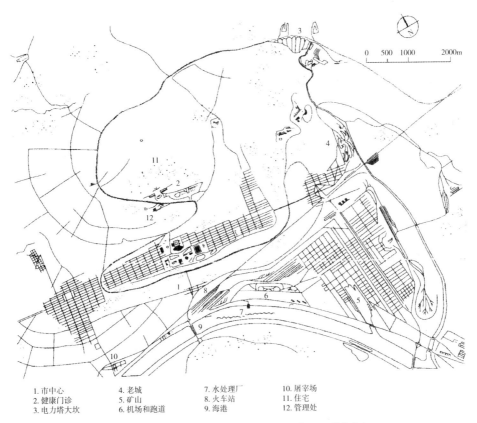

1. 市中心　　　4. 老城　　　　7. 水处理厂　　　10. 屠宰场
2. 健康门诊　　5. 矿山　　　　8. 火车站　　　　11. 住宅
3. 电力塔大坝　6. 机场和跑道　9. 海港　　　　　12. 管理处

图 6.12　托尼·加尼尔，《工业城市》，1917 年。托尼·加尼尔遗产基金/里昂艺术宫

们对那些规划师和信徒所做的加以仔细思考"（Olsen，1986，p. xi），但是应尊重史实与研究本身。后现代城市设计的当代来源，20 世纪理想城市规划理念，例如托尼·加尼尔（Tony Garnier）或者勒·柯布西耶，不应排除而更应当利用新艺术运动当中的一些成果，如安东尼·高迪（Antoní Gaudí）。

托尼·加尼尔（1869 – 1948 年）的机械唯理论，描述了 20 世纪城市规划，最好上溯到他的社会主义理想城市——《工业城市》（图 6.12）。这里社会和谐的佐证是不存在警察局（与霍华德的田园城市非常相似）或法庭。遵守对称以及视觉的协调被这些平衡关系所取代：通往场地的交通，分配住房与工作机会，确认城市中的社会需求。作为一位国际式建筑与城市规划的早期代表，加尼尔对 20 世纪初的城市规划带来了最初的影响。随着 1907 年与勒·柯布西耶的一次会晤，对加尼尔深奥思想的反思导致了勒·柯布西耶提出自己的 300 万人当代城市（或者以"当代城市"作为最初的标题）。

20 世纪关于传统科学中机械论范例的专注，没有比加入勒·柯布西耶的原型住宅——雪铁龙住宅更合适的了。对法国汽车雪铁龙的幽默暗示，指向了勒·柯布西耶的深奥信念，即住宅是一部"居住的机器"（Frampton，1992，p. 153 – 154）。现代城市也是一处遮蔽所，在其承担的效率之下，被迫采用平衡的范例在其限制之下实现人类居住的现代化。然而，不经意间这只是加深了其基础的困局。具有讽刺性的是，从这点上讲，现代大都市应归于 20 世纪存在主义的兴起。存在主义的美学表达与工业革命的结束不仅联系在一起，更是其中的一部分。这一残忍的进程——人满为患的工业城市以及不和谐——成为失望哲学产生的温床。工业城市的机械均衡，不可抗拒地无休止地试图巩固这样一个无处不在的群体，存在主义的作家认为这是人为的欺诈，只是为辨识非均衡的真实背景。机械论城市当中已知的欺骗因此引出了一个新标牌，同非均衡真实性的动态一致。

20 世纪建筑学并未对存在主义者的立场保持沉默。经过深思的非均衡建筑范例是巴塞罗那的圣家族大教堂。20 世纪初由安东尼·高迪（1852 – 1926 年）创作，大教堂并未完工，其纤细的塔楼因故意留在基地上的巨大起重机而引人注目。面对周围机械的城市规划圣家族大教堂以真正的巴塞罗那精神，作为反叛的双关语屹立于城市当中。高迪在这里作为建筑学的哲人以用来反驳自动化，以包容来讽刺对机械论雄辩的赞赏。

高迪也不能更多地预言：对于机械论推理的满足惊声而止，1931 年数学家库尔特·哥德尔（Kurt Gödel，1906 – 1978 年）指出，根据形式逻辑的自动推理原则，任何公理系统包括真命题均不能被证明，也就是任何公理系统势必都是不完整的（Nagel 和 Newman，1993，p. 45 – 97）。从比喻的意义上讲，哥德尔仿效了两项人类 20 世纪初杰出和永未完美的成就：圣家族大教堂和《城堡》。

然而，如果人类行为的自动化显然类似于形式逻辑的机械推理，那么城市的不完美是否不应得到支持，合并而非消去？20 世纪最后的十年见证了建筑学的表达非常接近这一概念，经过设计的不完美和不完整作为对非均衡的欢呼。1984年，伯纳德·屈米（Bernard Tschumi）同彼得·埃森曼（Peter Eisenman）以及哲学家雅克·德里达（Jacques Derrida）合作，在他们的拉维莱特公园项目中展示了解构主义，渴望结构的不可预料性以及运用常规对象；在拉维莱特公园这个案例中，一些奇怪的建筑以规则的间距散布其间与参观者使用者接触，用以向游人解释甚至与之互动（Derrida 与 Eisenman，1997，p. 125 – 160）。弗兰克·盖里（Frank Gehry）的建筑遍布美国，在布拉格或者毕尔巴鄂，乐意拒绝任何传统的直线、曲线和比例都像在确定解构主义风格。随着它在普通建筑环境中引入的经过深思的小错误，解构主义与非传统一样令人愉快。都市环境自身就不能成为类似美学思考的主题吗？

19 世纪晚期，卡米洛·西特欣赏中世纪意大利广场，他评论道："另一方面，我们然后出发，带着丁字尺和指北针向周围快跑，认为可以用笨拙的几何去解决那些纯粹依靠感觉的好点子"（Sitte，1880，in Collins and Collins，1965，p. 20 –

21）。20 世纪城市设计并未认真注意西特的批评。然而，有少数为步行者而不是对他或者她的汽车作的邻里设计出现在世纪的后期，也许预示了对重新重视个体的承诺。凯（Kay）（1990）提出解构主义，作为建筑学对后现代主义的回应，为城市规划关注街道环境中的步行者带来希望。这种认可将最终成长为认识到城市形态不完美与不完整的正确性。作为城市的可爱属性，不完美前景也许仍然是设计我们城市的动力，邻里与街道作为一种方式，将激发他们居民的天才感觉与智慧。

致谢

感谢《城市设计》杂志的两位匿名审稿人，感谢他们富有价值的评论以及对这项研究早期版本的建设性批评。所有插图由加拿大的萨斯喀彻温（Saskatchewan）大学地理系的基思·毕奇洛（Keith Bigelow）准备。

参考文献

Adams, J. (1963) *The Republic of Plato*. Cambridge: Cambridge University Press.
Adorno, T. (1984) *Aesthetic Theory*, trans. C. Lenhardt. London: Routledge & Kegan Paul.
Akkerman, A. (1998) *Place and Thought: The Built Environment in Early European Philosophy*. London: Woodridge.
Apostle, H. G. and Gerson, L. P. (1986) *Aristotle's Politics*. Grinnell, IA: Peripatetic Press.
Barker, E. (1962) Introduction. In R. V. G. Tasker (ed.), *Saint Augustine – The City of God*. London: J. M. Dent & Sons.
Beckett, S. (1989 [1953]) *Waiting for Godot*. Cambridge and New York: Cambridge University Press.
Blake, W. (1939) *Elements of Marxian Economic Theory and Its Criticism*. New York: The Cordon Company.
Bennett, J. A. (1972) *The Mathematical Science of Christopher Wren*. Cambridge: Cambridge University Press.
Buck-Morss, S. (1990) *The Dialectics of Seeing: Walter Benjamin and the Arcades Project*. Cambridge, MA: MIT Press.
Burnet, J. (1964) *Early Greek Philosophy*. Cleveland, OH: Meridian Books.
Burroughs, C. (1994) Streets in the Rome of Sixtus V. In Z. Celik, D. Favro and R. Ingersoll (eds), *Streets: Critical Perspectives on Public Space*. Los Angeles: University of California Press, pp. 189–202.
Cacciari, M. (1993) *Architecture and Nihilism*. New Haven, CT: Yale University Press.
Camus, A. (1961 [1942]) *The Outsider*. Harmondsworth: Penguin.
Chartier, R., Chaussinand-Nogaret, G., Neveux, H. and Ladurie, E. L. (1981) *La Ville classique de la Renaissance aux Révolutions*. Paris: Seuil.
Collins, G. R. and Collins, C. C. (1965) *City Planning According to Artistic Principles by Camillo Sitte*. New York: Random House.
Dear, M. and Flusty, S. (1998) Postmodern urbanism. *Annals of the Association of American Geographers*, 88, 50–72.
Derrida, J. and Eisenman, P. (1997) *Chora L Works*. London: Monacelli Press.
Dickinson, R. E. (1963) *The West European City: A Geographical Interpretation*. London: Routledge & Kegan Paul.

Donno, D. (1981) *The City of the Sun: A Poetical Dialogue by Brother Tommaso Campanella*. Berkeley, CA: University of California Press.

Dostoyevsky, F. (1972 [1864]) *Notes from Underground*. Harmondsworth: Penguin.

Evenson, N. (1979) *Paris: A Century of Change, 1878–1978*. New Haven, CT: Yale University Press.

Fischer, K. F. (1989) Canberra: myths and models. *Town Planning Review*, 60, 155–194.

Frampton, K. (1992) *Modern Architecture*. London: Thames & Hudson.

Friedman, D. (1988) *Florentine New Towns: Urban Design in the Late Middle Ages*. Cambridge, MA: MIT Press.

Friedman, Y. (1962) The ten principles of space town planning, lecture, Essen (June 1962). Reprinted in U. Conrads (ed.), *Programs and Manifestoes on 20th-century Architecture*, trans. M. Bullock. Cambridge, MA: MIT Press.

Frynta, E. (1960) *Kafka and Prague*. London: Batchworth Press.

Harvey, D. (1989) *The Condition of Postmodernity*. Oxford: Basil Blackwell.

Haverfield, F. (1913) *Ancient Town Planning*. Oxford: Clarendon Press.

Hawkes, J. H. (1973) *The First Great Civilizations*. London: Hutchinson.

Held, F. E. (1914) *Johann Valentin Andrea's Christianopolis: An Ideal State of the Seventeenth Century*. Chicago: University of Illinois; New York, Oxford University Press.

Irving, R. G. (1981) *Indian Summer: Lutyens, Baker and Imperial Delhi*. New Haven, CT: Yale University Press.

Jameson, M. (1991) Private space and the Greek city. In O. Murray and S. Price (eds), *The Greek City: From Homer to Alexander*. Oxford: Clarendon Press.

Kafka, F. (1964 [1925]) *The Trial*. New York: Modern Library.

Kafka, F. (1992 [1919]) *The Castle*, trans. W. Muir and E. Muir. London: Minerva.

Kay, J. H. (1990) Architecture. *The Nation*, 250, 27–8.

Lang, S. (1952) The ideal city from Plato to Howard. *Architectural Review*, 112, 91–101.

Logan, G. M. and Adams R. M. (1989) *Thomas More: Utopia*. Cambridge: Cambridge University Press.

Nagel, E. and Newman, J. R. (1993) *Gödel's Proof*. London: Routledge.

Newsweek (1990) Come on: art is my house. 6 August, 64.

Olsen, D. J. (1986) *The City as a Work of Art*. New Haven, CT: Yale University Press.

Owens, E. J. (1991) *The City in the Greek and Roman World*. London: Routledge.

Pastor, L. (1899) *The History of the Popes, volume II*. London: Kegan Paul, Trench, Truebner.

Peterson, J. A. (1987) The City Beautiful movement: forgotten origins and lost meanings. In D. A. Krueckeberg (ed.), *Introduction to Planning History in the United States*. New Brunswick, NJ: Rutgers University Center for Urban Policy Research, pp. 40–57.

Placzek, A. K. (ed.) (1965) *Andrea Palladio – The Four Books of Architecture*. A reprint of translation by Isaac Ware (first published 1570; first English translation, London, 1738). New York: Dover.

Rosenau, H. (1983) *The Ideal City: Its Architectural Evolution in Europe*. London: Methuen.

Roth, L. M. (1993) *Understanding Architecture: Its Elements, History and Meaning*. London: Herbert Press.

Rykwert, J. Leach, N. and Tavernor, R. (1988) *Leone Battista Alberti: On the Art of Building in Ten Books (De re aedificatoria 1485)*. Cambridge, MA: MIT Press.

Sartre, J.-P. (1964) *Nausea*, trans. L. Alexander. New York: New Directions.

Saunders, T. J. (1970) *The Laws of Plato*. Harmondsworth: Penguin.

Schofield, M. (1991) *The Stoic Idea of the City*. Cambridge: Cambridge University Press.

Slater, T. R. (1990) English medieval new towns with composite plans: evidence from the Midlands. In T. R. Slater (Ed.) *The Built Form of Western Cities*. Leicester: Leicester University Press.

Spencer, J. R. (1965) *Filarete's Treatise on Architecture [Trattato d'architettura, 1457]*. New Haven, CT: Yale University Press.

Sutcliffe, A. (1971) *The Autumn of Central Paris: The Defeat of Town Planning 1850–1970*.

Montreal: McGill–Queen's University Press.

Tasker, R. V. G. (ed.) (1945) *Saint Augustine – The City God*. London: J. M. Dent & Sons.

Von Gerkan, A. (1924) *Griechische Städteanlagen*. Berlin: Walter de Gruyter.

Wilson, W. H. (1983) Moles and skylarks – coming of age: urban American 1914–1945. In D. A. Krueckeberg (ed.), *Introduction to the Planning History in the United States*. New Brunswick, NJ: Rutgers University Center for Urban Policy Research, pp. 82–121.

Wrigley, R. L. (1987) The plan of Chicago. In D. A. Krueckeberg (ed.), *Introduction to Planning History in the United States*. New Brunswick, NJ: Rutgers University Center for Urban Policy Research, pp. 58–72.

第三部分

哲学

第7章

社会公正、后现代主义与城市

戴维·哈维（David Harvey）

　　这篇论文的题目源自我写的两部前后相隔二十年的书的名称的拼合，这两本书是《社会公正与城市》和《后现代性的状况》。现在我试图思考在这两者之间的联系，一方面可借此反映二十年来知识界和政治领域是如何试图把握城市问题，另一方面，也可以反思我们对城市问题的思考，并借助于此从而可以更好地摆正我们自身在处理城市问题时的位置。我想指出，姿态的问题是讨论如何为 21世纪的城市生活和工作创造组织结构和环境的基础。

公正与后现代状况

　　我从约翰·基夫纳（John Kifner）在"国际使者论坛"（1989 年 8 月 1 日）中的一篇报告开始，他的报告是有关纽约城汤普金斯广场公园这个被热烈争论的空间，自从 1988 年 8 月的"警察暴动"以来，这里已经被不断地争斗，时常还很激烈。围绕这个公园和周边邻里社区乃是凯夫勒注意的首要焦点。这里不仅有将近 300 名无家可归者，而且还有：

> 　　玩滑板的人、玩篮球的人、带着幼儿的母亲、看起来像是 20 世纪60 年代退伍的激进主义者、穿破烂衣服发型奇异的摇滚乐者、等着与激进分子和"朋克"较量的穿沉重的劳动靴的不良少年、有"骇人"长发绺（牙买加）塔法里教徒、重金属摇滚乐队、下棋的人和遛狗者，都在这个公园里占据着他们的空间，与此同时，专业工作者却在执行其清扫程序，更新的现代化建筑更在改变着这个邻里社区的特色。

基夫纳注意到，到了晚上，公园变得更加奇异：

> 新手摩托车俱乐部正在第 12 大街和 B 大道的俱乐部里举行街区年

会，街道上排列着烙黄突出的摩托车把手、结实的壮汉和穿着黑色皮衣的粗壮妇人。北面一个街区一个摇滚音乐会从一个"窝"里传出来——一座废弃的市里拥有却被非法的改建者（多数是年轻艺术家）占用的建筑物。——街上满是年轻人，他们紫色的头发如针刺般直立。在休斯敦大街出口处邻近 C 大道的世界俱乐部，黑人青年在深受未成年狂想者喜爱的吉普式车辆中停下来，数量极大的讲演者正在鼓吹着。在 B 大道与第三大街的转角口，曾被认为是纽约最糟糕之一的海洛因街区，另一场音乐会正在一个被称之为"停车场"的一个艺术空间中上演，这里曾是一个煤气站，如今满墙都是塑料瓶和其他可找寻得到的东西。这墙体形成一个围合的花园，向上仍可见烧毁的废弃建筑，恐怖之景好似置身于贝鲁特。身着时装的白人拥挤着。警官们被派往这里来控制局面，在挥之不去的喧闹声中直摇头抱怨道"这就是雅皮士"。

诚然，正是这样的情景使得纽约成为如此迷人的地方，这样的场所令所有城市都变成刺激的，令人兴奋的文化冲突和变迁的巨大漩涡。这也正是许多城市亚文化学者陶醉并揭示的场景，正如伊恩·钱伯斯（Iain Chambers）（1987）等人所做的，如今我们把这种特征化的场景的根由称之为"后现代"。

> 无论其采取何种知识形态，后现代主义已经在近 20 年来的都市文化中抢得先机：在电影电视录像中的电子影像，在录播工作室或业余者当中，在时装和青春风尚中，所有这些声音、图像中，现实的或历史的情景在那巨大的屏幕上相互混合、互逆和拼贴，这就是当代的城市。

有了这样的领悟，我们就可以掌握整套后现代论证和技术并力图在城市这个巨大屏幕上"解构"表面上不同的图像。我们可以解剖和认可这种分裂，即多种文本的并存——有关音乐的、街道和肢体语言的服装和技术装备的（如哈里、戴维森摩托）——而且，也许借助多样和对立的编码我们可以形成错综的共感，有了这些共感，大不相同的社会人群可以彼此表现自己也向世界展现自己，并度过他们的日常生活。我们可以肯定甚至庆贺文化之河的离隙。在一个不再同一的世界中，保护与全新而另类的创造同时并存。

在某一个晴好日子里，我们可以置身公园陶醉于这番情景，它能成为城市包容力的一个典例，也就是崔斯·马里恩·杨（Iris Marion Young）所谓的"对不同事物的开放性"。她指出，在一个正直且文明的社会中，城市生活的标准理想正是在于：

> 多元事物之间无阻碍的即时的社会联系。城市中不同的组群相互由此

及彼，在城市空间中必然互动。假如城市政治是民主的而不被某一个组群
的观点所统治，那么，它就必须是承认并为不同的人群提供声音，它们在
城市中居住在一起，但并不构成一个社区。（Young，1990，p. 227）

　　既然城市生活的自由"指向不同的组群"，指向基夫纳在汤普金斯广场公园
所认同的那种"足具亲和力的组群的形成"（如上，p. 238），那么我们关于社会
公正的概念就"无须消融差异，而是要成为不带偏见的尊重不同组群并促进其再
生的装置"（如上，p. 47）。我们必须反对"体现在理性启蒙运动的共和版本上的
普遍性概念"。这主要是因为它将"抑制城市的大众化和语言的多样性"
（p. 108）。杨指出："在开放且可接近的公共空间的场所中，人们该期待相遇并听
到不同的声音，他们的社会观点、经验和联盟派别各不相同。"随之而来的杨认
为包容政治"应当促进多元组群公众的理想，置身其中的人们的差异要得到承认
和尊重，尽管这可能不被其他人所完全理解"（p. 119）。
　　美国的批判的律法研究运动的哲学大师罗伯托·昂格尔（Roberto Unger）以
类似的心绪把这个公园视作社区新理想的象征，它被理解为"抚慰精神脆弱的领
地，在这里人们得到增强自我确认的机会。他们需要接触、需要参与到群体生活
之中，他们惧怕抑制和非个人化"（Unger，1987，p. 562）。汤普金斯广场公园似
乎是这样的一个地方："结构保护的常规与结构变迁的冲突之间的对比以自由社
会的方式软化了，不仅仅从文本上，而且使我们更多了解自己的本源的相互有效
性，而非是作为组群差异系统的守护者"。这个广场甚至可以被当做这样的场所，
不断加剧的"文化革命的抗争与不调和的微观层面"上升为"律法革命的宏观层
面"（如上，p. 564）。然而，昂格尔也意识到："把文化革命的各种表现都当做无
休止的自我满足和自我确认的一种借口"，这种企图将导致"律法进程的改革与
标志着人群关联的文化革命之间的联系"的失败。
　　面对这样的责难，城市政策的制定者该如何作为呢？最好的办法就是摘录
简·雅各布斯那本畅销书（1961），并且坚持在政策和规划的制定中尊重并提倡
"城市人群自发的自我多样性"。如此，我们就能避免她针对城市设计师的那种指
责，这些设计师"看起来既不承认自我多样性的力量，也不被实现它的美学问题所
吸引"。这样的策略将帮助我们实现杨（Young）和昂格尔（Unger）所表达的那种
期望。总之，我们不应该致力于在公园里消除差异，不应按照布尔乔亚的一些概念
或是所谓社会秩序而将其同质化。我们应当以能够包容甚至刺激雅各布斯所说的
"自发或自我差异性"的那种美学方式去强化。当然表现这样的倡议还有一个问题：
例如，以怎么样的方式，无家可归的现象能够被理解为自发的多样性？进而，这是
否意味着我们应当以设计风格的纸盒去表现更加愉快而轻松的无家可归者的住所呢？
尽管雅各布斯有一个观点，而且，过去的几年里，许多城市学者已经吸收了其中的
一些，显然，存在的问题要多于她的论述所已经包含的问题。

在公园中的倒霉日子里，困难便凸显出来。所谓法律的力量和驱逐无家可归者的有序争战在冲突人群中形成隔离。公园随之成为剥削和压迫的场所，一个从五种压迫脸孔流血的裸露的伤口，这五种脸孔杨称之为剥削、排斥、无权、文化帝国主义和暴力。"异类群组开放性"的潜力爆发着，同样，世界主义者和20世纪50年代极力文明化的贝鲁特顷刻之间陷入到一个组群争斗和冲突的城市动乱之中，如此，我们看到社会各阶层卷入暴动之中（见Smith，1989，1992）。这种情况并非独属纽约，而是我们许多大都市的城市生活状况——在巴黎、里昂的郊区，在布鲁塞尔、利物浦、伦敦，乃至近来的牛津，皆有见证。

在这样的环境里，杨所追求的断言差异而不强化压迫形式的公正前景被撕得粉碎，而昂格尔对刺激进步而非镇压性的法律创造的文化实践中的微型革命的梦想也只能是梦想而已。正如勒菲弗（Lefebvre）（1991）所言，我们能给这番情景所施加的最好的形式就是承认这就是阶级、人种、种族和性别斗争在空间中的描写。规划师该如何作为呢？这里有一篇《纽约时报》反映那种两难境地的连载文章：

> 有一些邻近的社区联盟吵闹着为了城市应当关闭这个公园，而另一些人则坚持应当为了城市的弱势阶层而保留这种庇护所。Steven Sanders是当地的召集人，他昨天呼吁一项宵禁令，这将有效地使百余名无家可归者的露宿帐篷迁出公园。而女议员Miriam Friedlander却坚持认为应当为这些生活在帐篷城里的人提供医疗措施和药物供给等社会服务。副市长Barbara J. Fife说："我们发现公园正在被不恰当地使用，但我们要认可各种不同的利益。"他们继续说道，有一件事情是共同肯定的，首先，除了那些会招致更多的动乱和暴力的新规划之外，关于应当做些什么并无定论。

1991年6月8日，在至少20名警务人员的持续值勤中，公园中的所有人均被驱逐出去并完全关闭以作为"再居住"，问题算是解决。于戴维斯（Davis）（1990，p. 224）所谓的"后现代性的恶劣边缘"处境的纽约当局征服而不是解决了它的公共空间。如此，权力被用于支持中产阶级试图从"不良"人群、个体，甚至只是一般的拥挤人群中隔离出来的居住、消费和休闲环境之企图。公共空间真的被分离、警戒或者是半私有化了。公共空间的共同架构下的开放民主的差异性、阶层的混合，种族、宗教及不同文化趣味随着中产阶层社区整洁一律的展开而消失。

面对这些情形，政策的制定者和规划师该做些什么？要放弃规划并加入到那些正在萌发的文化研究计划之中吗？这些研究沉醉于汤普金斯广场公园一类的混乱情景之中，同时却又不准备有任何与此相关的允诺。动用所有重要的解构和符号学力量，以求新的有吸引力的涂鸦解释，"见鬼去吧，雅皮士坏小子"？我们应当参与革命组织和无政府组织并为穷人和文化上受到排斥者的权利而奋斗以便表达他们的权利抑或有必要在公园中为他们自己创造一个家园吗？抑或我该抛弃简·雅各布斯的陈旧翻版而联合法律和法令的力量以便达成对这些问题的某种权威性解决？

正如城市基础设施的任何其他方面一样，必须作出某些决定并采取行动。当我们原则上都赞同城市公园是一个好东西时，而其使用事实上却是如此的冲突，我们将做些什么？这个空间的目的何在？如何能够在不同的竞争性派系之间行之有效地管理？在某些连贯的框架内享有合乎需要和期望的政治诚然是一个令人欣慰的目标，但实际上要充分满足他们的期望是极困难的。甚至连最周到的折中方案（更不要说强加的专制办法了）也只偏袒这个或那个派别的利益。而且那样就引发出最大的一个问题——什么是包含在公共空间建设中的"公众"概念呢？

要回答这些问题需要对实质上在公园中形成冲突的诸动因有较深刻的理解。凯夫勒认定毒品和房地产是"当今纽约两种最强大的力量"。这两者与有组织的犯罪相关联，并且是当代资本主义政治经济的主要支柱。如果没有与现在出现在城市生活中的政治经济转变的背景比对，我们便无法理解发生在公园内部及其周边的事件，也无法掌握其未来所采取的策略。总之，必须基于社会状况来观察汤普金斯广场公园的问题，正是社会的进程带来了家园失落，刺激了多种罪恶行为（从房地产欺诈和毒品交易到街上抢劫），产生了上层人士与无家者之间的权力梯级。助长了主要社会阶层、性别、种族、宗教、生活方式以及地区间的高度紧张关系的出现（参见 Smith，1992）。

社会公正与现代性

我现在暂且不论这当前的状况及其相关的难解之结，而去回顾一件过去的事情。我从自己的文件中发现一则正在变黄的手稿，它写于 20 世纪 70 年代早期，大约是在我完成《社会公正与城市》之后的不久。那篇文稿剖析了一个案例——关于将一条东西向延续的州际高速公路的一部分穿越巴尔的摩中心的提议，这项提议在 20 世纪 40 年代早期第一次提出且至今仍未完全解决。我在此重提旧事，部分是想说我们如今经常描述为本质上是现代主义的问题，甚至在那个时代就多方面论述过了，这些方面如果没有涵盖后现代主义的本质的话，那也包含了现在许多人认为是后现代主义论证的显著形式的大部分起因。

那时，我对已引起许多讨论的那个案例的兴趣，使得我参与听证并阅读了许多文件，它们代表了十分不同的观点，由各种不同的组织提出，关注着全部工程的得失对错。我发现有七种论点被提出：

　　1. 效率论，其主要讨论是缓解交通拥挤并旨在让整个地区及市内的人流和物流变得更通畅。

　　2. 经济增长论，它旨在通过改善交通系统而使城市增加（或防止减少）投资和就业机会。

　　3. 美学及历史遗产论，它指责这条高速公路将毁坏或者消减优美的具有历史价值的城市环境。

　　4. 社会以及道德秩序论，它认为优先投资高速公路并使小汽车拥有者获益，而不是为诸如住房和医疗事业投资，这是十分错误的。

　　5. 环境/生态论，它指出计划中的高速公路对空气质量的负面作用、噪声污染以及对某些有价值的环境（如河谷公园）的破坏。

　　6. 公正论，它认为此工程将使得商务界和居住在郊区中的白领受益，而使低收入者和居住在内城的非洲裔美国人受损。

　　7. 邻里社区论，它认为有着紧密内在结构却又脆弱的社区通道会被高速公路的建设分离、阻断甚至毁灭。

　　当然，这些观点并非是彼此孤立的，其中一些被高速公路的建议者吸收合并进一个共同的线索之中。例如，交通系统的效率将刺激增长并减少由拥挤而导致的污染，因此对内城居民是有利的。也可能把每个论点再分成更具体的部分——对有孩子的妇女和对男性工作者造成的影响会大不相同。

　　在这些令人恼火的后现代日子里，我们很容易把这些不同的观点作为"思想"来描述，各自有其自身的逻辑和感染力。我们也不必过于拘泥于具体的"专业团体"，它们秉持一个具体的观点，似乎唯其有道理。这些组织所提出的观点在修正高速公路线型的过程中都是有效的，但并没有阻止它作为一个整体的存在。有一个组织试图在这些不同的要素之外成立一个联盟（反破坏运动，也叫MAD）并为反对高速公路提供庇护伞，这在整体上被证明是最低效的组织力和连续性，尽管它的观点十分明确。

　　我个人所要探寻的目的是想要观察那些支持和反对高速公路计划的论点（或讲演）是如何起作用的，大体上，在这些看起来相互独立并时常高度抵触然而由高度有序化论点所建立的专业组织之间是否能够形成联盟，尽管不得不组织各种观点和力量以反对高速公路的建设和停止。然而在巴尔的摩，以其执行的巧妙方式，我们终于以该高速公路的一部分而告终结，这个段落被称之为林荫大道，这条6车道2英里长的巨怪刺穿了低收入社区的心脏，更要紧的是非洲裔美国人聚居的西巴尔的摩已失去其真实的内涵。另一条线路则以一种完全不同的线性环绕城市核心，这一方式某种程度上缓解了受影响的社区的政治恐惧。

　　那么，是否存在某种较高层次的讨论，凭着它人人都能确定修建那条公路是否合理？20世纪60年代文献中的主流议题就曾经有可能确认这种高层次的讨论。描述这类认识中最经常使用的术语就是：社会理性。那种理念看起来并非难以置信，因为七种表面上各不相同的论点，每一种都提出某种合理的立场，而且常常援引某种更高级原理以支持其案例。那些谈及效率和经济增长话题的人，常常提出实用主义的论点，"大众利益"和最大多数人的最大利益的观念，同时也承认（尽力地）个人牺牲不可避免给拆迁者提供适当补偿合理合法。生态学家和社区论者诉求更高层面的论点——前者旨在自然传承的价值，而后者则对社区价值更敏感。基于这些原因，要超越社会理性而考虑更高层面的理论并不是没有道理的。

达尔（Dahl）和林德布洛姆（Lindblom）在 1953 年出版的《政治、经济与福利》（Politics，economics and welfare）顺着这些线索提供了一个经典的阐述。他们认为不仅社会主义死了（如今许多人都有共识），资本主义也同样死亡。他们以此表达的是一种知识传统，它产生于广大市场和大萧条及二战时期资本主义失败的经历，因而它得出结论，必须在完全无约束的极端主义市场。经济同有组织的高度集中的共产主义色彩的经济之间找出某种中间地带。他们的理论集中讨论了理性社会行为的问题，并指出这需要一个"理性计划和有效控制的程序"（p. 21）。就他们来说，合理预估和控制取决于通过市场价格垄断、等级（自上而下的决策）、多头政治（领导体制的民主掌控）和洽谈（协商）的合理预估的实施，而且这样的方式应当被用于实现"自由、理性、民主、个人平等、安全、进步和适当的包容"的目标。达尔和林德布洛姆的分析很有趣，而且，经历了市场至上主义（特别是在英国和美国）充满问题的状况之后，很难想象还会出现重新恢复他们所提出的计划公式的研究。不过，这倒是有益于我们回味 20 世纪 60 年代和 70 年代间被平息的严重危机，而不是其对未来理性社会的普遍景观的追寻。

例如，古德利尔（Godelier）在其关于经济领域中的理性与非理性论题的著作中猛烈攻击了奥斯卡·朗格（Oscar Lange）社会主义思想，这是针对其理性的唯目标论及其社会主义应当也能够成为理性生活的终极成果的观点而展开的。古德利尔并非从权力角度，而是从马克思主义及其历史唯物论角度反驳了这一观点。他认为基于社会组织形态存在着不同的理性内涵，封建主义背景卜的理性与资本主义背景下的理性是不同的。它与社会主义背景下的理性大概更加不同。基于集团资本立场的理性与基于劳动阶层立场的理性有很大不同。这种工作加剧了非目的论和利润论者对达尔和林德布洛姆的思想不断高涨的尖锐批评。这一批评指出，他们的社会理性概念与资本主义经济制度持续理性管理直接相连，而不是选择性的探究。那时左翼派别以为攻击（即我们现在所指的解构）其社会理性的概念实质上是挑战占统治地位的集团资本主义的意识形态权力。女权主义者、被歧视的族群、殖民化人群、种族和宗教团体回应了那种他们工作中的压抑，同时加进了他们自己关于谁是接受挑战的敌对面以及什么是理性的主导形态之类的概念。这些结果强烈地表明了不存在我们所期待的压倒性的放之四海而皆准的社会理性的定义。而根据社会和物质环境、组群特性和社会目标有着无数不同的理性，理性是由社会团体和其事业的性质确定的，而非事业是由社会理性规定的。

否定统一论的人声称：社会理性是 20 世纪 60 年代和 70 年代展开热烈批评的主要成果之一，它也将继续成为那个年代的主要遗产。

然而，这样的结论只不过略胜于无，还是回到高速公路案例上来吧，并没有任何一点能致力于更高层面认识的结果，因为这些观点完全没有有助于制定决策的政治进程的价值。问题的确很突出：力图提出如此全面论点的那个群体 MAD 就是那个实际上对付反对力量最不成功的群体。那些寻求改变公路线性的人的割裂说法比更统一的说法更有效，正是因为前者基于具体独特的个人置身其中的地区环境，但这些割裂的说法绝不可能超越挑战公路线性的范围。的确需要一次更为统一的提案，类似于 MAD 所诉求的那种，以便在一般意义上挑战高速公路的概念。

这样就形成了一种进退两难的困境。如果我们认为那些相互割裂观点就是真正的论点，而且不可能有统一的认识，那样就无法挑战一个社会制度的整体品质。为了达成更具普遍性的质疑，我们需要某种观念整合。正因为如此，我在这个陈旧变黄的手稿里，选择更为密切关注社会公正这一特殊问题，把它当做一个也许具有普遍吸引力的基本理念。

社会公正

社会公正只是我研究的 7 个课题之一，显然我期望通过对其的细致研究能使研究结论摆脱无形的相对论和无限变化的论辩以及利益群体的深渊。然而这种探寻被证明也是极其困难的。事实上，有多少种不同的社会理性观念，就会有多少种不同的社会公正理论。每个理论都有其自身的优势和缺陷。例如，平等论马上会陷入这样的问题："没有什么会比以平等的手段处理不同等的事物更不平等"（例如，通过断然行动对美国的机会均等学说的修正，认识到问题的重要性）。那时，我全面地梳理了法理公正论、实用主义观（最大多数的最大利益）、曾对卢梭有过历史贡献并被约翰·罗尔斯（John Rawls）在 20 世纪 70 年代早期《正义论》（Theory of justice）一书中有力复兴的社会合约观。各种知觉论观、相对剥夺论及其他各种公正诠释，我不禁疑惑哪一种公正理论是最公正的。某种意义上讲，这些理论可以彼此形成一个相互关联的梯级。以为公正由法律所规定的法理观可以被功利观所质疑，因为功利论使我们可以以某种更大利益去辨别好的与坏的律法。而社会合约论和自然权力论则认为没有哪一种最大多数的最大利益能否定任何不可剥夺的权力。另一方面，直觉论和相对剥夺论却存在于一个完全不同的维度内。

但是，基本问题仍然存在。讨论社会公正意味着设定一些基本的标准来定义哪种社会公正的理论是合适的或者比另外一种更恰当。无数高级标准的回复立刻浮现出来，同时另一方面则出现了较容易的完全否定的公正理念以至于它除了人们在某个特定时刻确定它要表示的东西外，它什么也不表示。相对立的公正论说不可能脱离相对立的社会地位的论说。

似乎有两种方法来进行这个讨论。第一个是，观察公正的概念如何深嵌在语言中的，这引导我想起维特根斯坦（Wittgenstein）关于这类事物的意义的讨论：

> 有多少种句子？……有无数种：我们所谓的"符号"、"字词"、"句子"有无数种的用法。这种多义性不是固定一成不变、一劳永逸的：它们是新的语言类型，新的语言游戏，或者可以说是一些不断出现的语言，而其他的却被遗忘和荒废……这里"语言游戏"意味着一个突出的现实，即语言的表述也是活动的一个部分，或者是生活的一种形式……我们如何知道某个词（例如"好"）的意义？出自何种案例？在哪种语言游戏中研究？然后，我们可以更容易地看到这个词一定有许多的意义。（Wittgenstein, 1967）

从这个视角看，公正的概念必须在它植根的特定的语言游戏内才能被理解。每种语言游戏与特定的讲话者的社会性、经验性和感知性的世界直接相关。公正没有一个统一的意义，但是有一个整体的意义"族群"。这个发现是绝对一致的，当然，人类学的研究显示，在努尔人（苏丹境内和埃塞俄比亚边界上的尼罗特人移民）中，关于公正的意义与资本主义的关于公正的概念完全不同。我们回到了文化相对主义，语言相对主义或者思想相对主义。

第二种方法是承认关于公正的思想的相对主义，但是坚持认定思想是社会权力的表达。在这种情况下，关于公正的概念必须与一定的占支配性地位的思想对照，这些支配性的思想源自统治阶级的权力。这个概念可以回溯到柏拉图，他在《理想国》中说道：

> 每个统治阶级按照自己的利益来制定法律，民主的阶级制定民主的法律，专制的阶级制定专制的法律，等等；在制定这些法律的时候，他们从自身（统治者）的利益出发给他们的臣民规定"权利"，如果有人冒犯了他们的法律，就会被当做"违法犯罪者"受到惩罚。这就是我说的"权利"在所有国家是一样的含义，也就是统治阶级的利益。（Plato, 1965）

对这两种方法的思考使我接受以下这种由恩格斯非常清晰地表达的观点：

> 用来衡量什么是对，什么是错的标尺是权利的最抽象的表达，也就

是公正……法理学家眼中的权力的发展……按照他们的法律术语来说，充其量是努力把人类带到更加接近理想的公正，永恒的公正。而且这种公正总是仅仅是现有的经济关系的理想化的、美化了的表达，一会是从保守的角度，一会是从革命性的角度。古希腊和古罗马把奴隶制看作是公正的；1789 年的资产阶级要求废除不公正的封建主义。因此，关于永恒的公正的概念，不仅仅随时间和地点，而且随相关的人而改变……虽然在日常生活中……类似正确、错误、公正的表达，以及对权利意识，即使是参照社会性事务也没有任何的误解……他们在任何即将被创造的经济关联的科学性研究中，创造了一种……相同的希望渺茫的混淆，例如，在现代化学中，如果关于燃素（phlogiston）理论的术语学被保留的话。（Marx 和 Engels，1951，p. 562 – 564）

从这个概念到马克思对蒲鲁东（Proudhon）的批判仅一步之遥，马克思（1967，p. 88 – 89）认为，蒲鲁东"从与商品生产的相关的司法关联中"得出关于公正的理想定义，这样的定义可以把商品生产表现为"一种与公正同样持久的产品形式"。同时存在的还有，古德利尔对朗格（以及扩展到 Dahl 和 Lindblom）的关于理性观点的批判。提取出资本主义关于社会理性或者公正的概念，并且把它们当做普遍的真理运用在社会主义环境下，将仅仅会意味着资本主义价值通过社会主义元素的更深的物化。

现代主义向后现代主义的思想转变

现在，我想从以上讨论中得出两个基本观点。第一，把社会理性和社会公正之类的概念评价为一种政策工具发源于"左派"（包括马克思主义者），同时也是"左派"在 1960 年无情追逐的目标，那时开始对整个文明社会产生激烈的怀疑，也对任何普遍正确的声明产生怀疑。从这点看，尽管稍后我会认为是不必要的，就如现今许多后现代主义者所做的那样，它差一点就得出结论：各种形式的超理论要么不合时宜，要么不合逻辑。在这个过程中出现的两个步骤被所谓的"新"社会运动——和平运动和妇女运动、生态主义者、反对殖民和种族主义的运动——进一步强化了，这些运动每个都试图清晰表达自己对社会公正和社会理性的定义。那么就如恩格斯所说的，似乎没有一种哲学的、语言的或者逻辑的方法来解决在理性和公正这两个概念之间的分歧，因此要寻找一种方法来和解或者公断非常不同的主张和思想。其结果是破坏了国家政策的合理性，也攻击了所有的官僚政治理性的概念，最好的情况是把社会性政策形式置于进退两难的困境，最坏的情况是导致其无用性，除了表达有一定权力的思想体系和价值规则的时候有用。一些参加了 1970 年和 1980 年的革命运动的人认为，把猜想的普遍性声明的权力和阶级基础表现为透明的，是大型革命运动必需的前奏。

但是，我认为有第二个更加微妙的问题。如果恩格斯坚持认为公正的概念"不仅仅随时间和地点改变，而且随着不同的人而改变"是正确的话，那么比较重要的是要考察特定的社会以什么方法在概念上产生这些变化。沿着这个思路，顺着维特根斯坦和马克思这样差异很大的作者，来观察差异产生的物质基础，特别是那些差异巨大的经验性世界的产物，这些不同的经验世界中不同的语言规则可以产生不同的关于社会理性和社会公正的概念。这就必须引入历史地理性唯物主义者的方法和原则，来理解那些不同的权力的产物，这些不同的权力继而又产生关于公正的不同概念，并且卷入了与阶级、种族和政治派别以及性别划分之间的思想霸权所作的斗争之中。关于像公正和社会理性这样的普遍性命题的哲学、语言学和逻辑方面的评价，可以在不危及超理论的本体论或者认识论的地位的情况下，被看作是非常正确的。只有通过这种方法，我们才能够理解为什么像公正这样的在抽象层面上"极端令人混淆"的概念，会在日常生活中成为如此强大的动力，再次引用恩格斯的话，"像正确、错误、公正和权利意识的词语即使参照了社会性事务的情况下也可以毫无误解地被接受"。

从这个观点看，我们可以很清楚地看到最近这几年，公正和理性的概念没有从我们的社会和政治性世界中消失。但是，它们的定义和用途改变了。20 世纪 60 年代晚期，阶级之间妥协关系的瓦解以及社会主义、共产主义和激进的左派运动等的出现，与过度积累的资本的剧烈危机一样，对资本主义政治经济系统的稳定性产生了严重的威胁。在思想体系层面，对公正和理性的不同定义也是这个攻击的一部分，我早期的著作《社会公正和城市》正是对于这个问题进行讨论。但是 1973 - 1975 年间的经济衰退（萧条），不仅显示了资本股份的剧烈贬值（通过世界资本主义经济较弱部门和地区遭受的第一波工业减产）而且经由蔓延的失业、计划紧缩、改组和最终在某些实例中（如英国）的机构改革，表现出开始对有组织的劳动力的打击。

正是在这样的环境下，攻击那些被诠释为福利国家（核心的是其关于社会理性的概念和平均分配原则）中的资本主义权力的左派倾向，与正在形成中右派的削弱福利性资本主义国家的权力联系在一起，以能够去除在资本和工人之间的任何社会性契约的概念，并且为了考虑市场理性而摒弃了政治性的社会理性。关于这种转变的关键点经过了许多年才形成，虽然在不同的国家之中形成的步骤很不同（例如，现在正发生在瑞典），这种转变的重点在于，使国家不再必须定义理性和公正，因为市场被假定成可以很好地为我们定义理性和公正。下述理念：通过市场行为公正的报偿并以最好地实现；合理的分配正是市场所规定的；社会生活、城市投资和资源配置（包括那些常和环境相关的）的合法组织通过市场圆满形成，这些理念当然是比较老练的、实效良好的。它暗示了某种公正和理性的概念，而不是完全放弃。实际上，市场是取得最公正和最合理的社会组织形式的理念，已经是过去 20 年里在美国和英国的占支配性地位的思想。在全球多数地区中央计划经济的崩溃进一步提高了市场经济的必胜信念，这种信念认为，在这一转变过程中，通过市场实施的原始公正不但对社会讲是公正的，而且也是高度合理的。当然，这种解决方法的优点是它不需要外在的理论性、政治性和社会性的关于什么是或什么不是社会理性的争论，因为可以假设，如果市场运作良好，那么其结果几乎总是公正和合理的。关于理性和公正的普遍性定义决不会变小。它们只会像以前支持资本主义福利国家一样，经常坚持私有化和市场行为的正确性。

过分依赖市场导致的与生俱来的困境是众所周知的，即没有一定限制的话，无人会坚持市场。市场崩溃、外在影响、公共商品和基础设施的分配、明显地对全局的投资决定的调和渴求等造成的问题，所有这些都需要一定的政府干预。玛格丽特·撒切尔因此废除了大伦敦政府，但是商业团体却希望能有一些替代性组织（虽然非选举性的更加适宜），因为没有这种组织，城市的服务性机构被肢解，伦敦也就失去了它的竞争力。但是很多人的要求超越了最小限度的需求，因为自由市场资本主义已经造成了广泛的失业和剧烈的资本重组和贬值，低增长率，环境退化和大量的金融丑闻，以及许多其他棘手的困难，更不用说许多国家中日益加大的收入差距和社会压力。正是在这样的条件下，国家制度、福利资本主义国家、工业发展的国家管制、环境品质的国家规划、土地使用的国家规划、公共交通系统和物质性以及社会性基础设施的国家规划、国家收入和纳税政策，这些政策不管在种类（通过住房、医疗、教育等等）还是通过收入转让等等这些从未解决过的问题又一次提到重要位置上。关于社会理性和社会公正超越通过市场进行管制的政治性问题，已经从原来隐藏在后面的状态，移到了许多发达资本主义国家的政治日程的前端。当然，恰恰在这种模式下，达尔和林德布洛姆在 1953 年再度复出。

在这里，我们必须面对昂格尔所称的最近几百年的政治历史"在思想上的困窘"：只在原地重复的打圈圈，在自由发展和国家干预之间来回摆动，无法突破这种两元的对立，从而把静止的滚轮改变成螺旋形的人类发展。似乎没有任何迹象暗示，在发达资本主义国家中有类似的思想和体制改革的倾向，这些资本主义国家看起来被引向了深嵌在达尔和林德布洛姆式的普遍政治中的资本主义的官僚管理，最坏的情况是继续盲目的思想轨迹，即认为市场永远可以调节一切。正是在这个政治转变的关头，我们应该提醒自己什么才是关于公正和理性的普遍性评论的所有内容，而不再陷入后现代主义者反对任何关于公正或者理性的正确性的诡计中，他们把这当做一场唤起政治动力的战争（甚至利奥塔这位后现代哲学的鼻祖，也呼吁能重新确立一些"质朴的和非普遍接受的公正概念"，以能够作为一种途径来发掘出新的政治类型）。

对我来说，我认为恩格斯是对的。公正和理性在不同的时间、空间和人那里有不同的意义。但是，那些人们认为非常重要且毫无问题的日常存在的意义，却给予这个词一种政治的和动态的不可否认的能量。正确和错误是推动革命变革的词语，对这样的词汇的任何负面解构都不能否认这一点。那么总的说来，新的社会运动和激进左派连同他们自己的理念发展到了何种地步？而这种理念又是如何挑战市场和全民福利资本主义的？

杨在她的《公正和差异的政治》（Justice and the politics of difference，1990）中提出了最近以来最好的观点之一。她脱离了纯粹的资本主义福利国家的再分配模式，而是集中关注她称作的压迫的"五副面孔"来重新定义公正这个问题，我认为只要我们努力创造一个 21 世纪舒适宜居的城市和工作环境的话，她说的每一点都值得思考。

压迫的第一副面孔结合了典范的工厂剥削的概念和最近对可居住场所中的劳力剥削（当然，主要的是妇女只在家庭范围内工作）。马克思描述的典范的剥削形式现在仍然无所不在，虽然有了很多的转变，例如，对工作天数的控制已经转化成提高劳动强度，或者在更危险和有害健康的环境下工作，不仅仅蓝领这样，白领也这样。对剥削的极端状态的缓解，在一定程度上通过纯粹的阶级权利和工会融入资本主义福利国家的逻辑之中。但是，仍然有许多情况下能够看到延续下来的剥削，而这些问题只能按积极的斗争提出的问题的情况得到解决。而失业、无家可归、人口中一部分无力购买基本物资的人（移民者、女人、孩子）等这些问题一定要解决。所有这些导致我得出第一个主张：*公正的规划和政策实施，必须直接应对社会和政治组织的创造形式和生产与消费系统的问题，从而把工厂和家庭内的工人权利的剥削降到最小。*

压迫的第二副面孔产生于杨所说的边缘化。她写道："边缘者是劳动系统不愿或者不能使用的人们。"这在那些不同的种族、信仰、区域、性别、移民状态、年龄等的个人中特别典型。结果是"一整类人群被从有效的社会生活参与中排除出去，因此也潜在地受到严厉的物质剥夺甚至是根绝性的威胁"。资本主义福利国家的典型回应，要么是对这些边缘性的群体进行严格的监视，或者充其量创造一种依靠的环境，在这个环境下政府支持提供一种能够"延缓或者搁置所有的隐私、尊重和个人选择权利"的借口。边缘群体对这种政策的回应有时是暴力和愤怒的叫喊，有的时候把他们的边缘位置转变为英雄式的反对国家和反对任何形式的压迫性的监视和贬低身份的屈从。边缘性是 21 世纪城市生活要面对的主要问题之一，对它的思考导致了第二个主张：*公正的规划和政策实施，必须以一种非家长作风来应对边缘化的现象，并且寻找方法，以使得迷惑的群体从不同的压迫形式之中获得解放的方式在边缘化的政治中产生作用和影响。*

无权是在某些方面比边缘性更加广泛存在的问题。我们讨论的表达政治权力的能力，以及参加特定政治的自我表达的能力，正是我们在汤普金斯广场公园中遇到的问题。在这方面，比起大多数其他群体来职业群体有优势，为此把他们摆在一个完全不同的类别里，并且对于甚至是被极端政治化的我们来说，仍然总是有诱惑来支持他人，而不听职业群体的声音。如果有的话，政治包容被工联主义、政治党派和传统机构等的衰微而减少，但同时也被新的社会运动的组织复兴。但是，国际化的国家之间的依赖和相互依赖的规模不断加大，一般使得抗拒无权变得越来越难。就如反对巴尔的摩高速公路的斗争中，存在于社会被压迫者中的政治权力的动员，越来越成为一个地方性的事务，并不能够解决市场或者资本主义福利国家的结构特性问题。这导出我的第三个主张：公正的规划和政策实施，必须加强而不是剥夺被压迫人们参与政治权力和参与自我表现的能力。

杨所谓的文化帝国主义涉及方法，在这个方法下，"社会的主导性的意义导致了某个群体的特定视角，同时在他们老套的群体中却又不可见，而被标志为他者"。这类言论被男女平等主义者和黑人解放理论家清晰地表述过，但是它们也含蓄地存在于神学解放运动和许多其他文化理论之中。从某个角度说，这是最难定义清楚的压迫，但毫无疑问的是，在我们社会中有许多社会团体发掘或者感觉到他们"被从外部定义了，被来自其他领域的体验产生的主导的意义网络所定位"。在许多西欧和北美城市（不用说整个东欧重新出现的）中的疏远和社会动荡局面，含有对文化帝国主义的反抗的所有标志，在这里资本主义福利国家再次被证明是既没有同情心，也冷酷。从这点，我得出了第四个主张：公正的规划和政策实施，必须对文化帝国主义的问题特别敏感，并且通过各种方法，试图来消除城市项目的设计和人口咨询模式中的帝国主义态度。

第五是关于暴乱的问题。如果不解决实际暴乱的萌发级别这个问题，很难思考21世纪的城市和居住环境问题。对危害人身和财产安全的暴力的恐惧，尽管常常被夸大，在市场资本主义的社会环境里是有着物质基础的，而且要求采取某种有组织的应对措施。而且，还有错综复杂的有组织犯罪的动乱问题，以及它们与资本主义企业和国家行为的互相交叉的关系。这个问题在第一个层面来说，如同戴维斯在他考察洛杉矶时指出的，最典型的回应是寻找可防卫的城市空间，使城市空间军事化，并且创造更加排外性的居住环境。第二个层面的困难是，在许多城市中的相当的黑手党成员（例如，与前苏联同期出现的问题）在城市政府中的权力越来越大，是他们，而不是被选举的官员和官僚掌握实质权力。没有一个社会能够在没有一定社会控制制度下运作，我们必须以福柯式的主张来思考这些社会制度的形式，不管其暴乱的级别有多高，他认为所有的社会控制形式都是压迫性的。这里仍然有无数困难需要解决，但是已经可以确信第五个主张：公正的规划和政策实施，必须搜寻出非排外性和非军事化的社会控制形式，以用来包容个人和制度化的不同层级的动乱，而不破坏自我表达的能力。

最后，我要为杨提倡的五个原则加上第六个原则。这源自所有的社会项目都是生态性的项目，反之亦然。虽然我反对"自然有它的权力"，或者自然能被"压迫"的观点，留给下一代和其他生物种类的判断权，需要对所有社会项目的详细审查，依此来评价其生态性后果。人类在创造自身的历史中必须适当地转变他们周围的世界。但是他们不必作出一些不计后果的放弃，如危害其他时空下人类的命运的事。最后的主张是：公正的规划和政策实施将会清晰地注意到，所有社会项目必然的生态后果已经影响了后代，同时也影响了远处的人，必须采取措施以保证缓解负面的影响。

我不认为这六个原则可以或者应该被统一，更不要说可以变成一些方便和刻板的组合策略。实际上，这里概括出的公正的六个维度，当被用在个人身上时，相互之间总是有矛盾的——一个被剥削的男性工人可能在种族和性别问题上是个文化帝国主义者，同时这个被压迫的人可能是社会不公正和暴乱的承受者。另外，我也不认为这六个原则可以互相单独的使用。如利奥塔（1984）一样，简单地把事情停在"非共识性"的公正概念层面上，也不能面对社会过程的中心性问题，这种社会进程产生了如此不同的关于公正的概念。这也就暗示社会性政策和规划必须在两个层面上运作。压迫的不同面孔必须根据他们的内容和他们在日常生活中的表现来应对，但是同时从长远来看，不同的资本主义政治经济核心内隐藏的不同压迫形式的源泉也要被解决，不是把它当做是罪恶的源泉，而是基于资本主义的革命动力，这些动力转变、瓦解、解构和重构了生活工作的方式，相互之间同时与环境也有关联。从这个观点看，这个问题并非和是否应该改变什么相关，而是我们应该预期在未来年月有哪一类的改变。

我希望对公正的不同的思考，以及像这样深刻的问题思考，可以为现在的考虑定下基调。利用它们，我们也许找到方法，来打破政治性的、想象性的和制度性的约束，这些约束长期以来一直伴随着资本主义的发展之路。不管它是否是植根在市场或者资本主义福利国家，对公正和理性普遍性观念的评论仍然成立。但是考察在过去 20 年新的社会运动中出现的不同的公正和理性的概念，既有价值也有潜在的自由性。并且，虽然它最终会是正确的，就如马克思和柏拉图认为的，"平等权利中，强力起决定作用"，过去几年里对许多我们的城市病的独裁主义式的强迫接受的解决方法，以及无力倾听公正和理性的不同概念，是问题的主要所在。我概括的这些概念谈了很多当下的边缘性、被压迫和被剥削问题。对很多人来说，公式也许可以清晰毫无问题的和仅仅是简明常识。许多采用了家长式作风和市场化花言巧语的福利国家正是因为接受了广泛存在的关于公正的概念才招致失败。也正是由于同样的原因，从这个概念中也可以产生一种真正自由和具有改革性的政治。人们将会围绕着汤普金斯广场公园说"抓紧时间和场所"，并且这确实会产生一种适合的时间和场所。

致谢

非常感谢尼尔·史密斯（Neil Smith）提供关于汤普金斯广场公园斗争的信息和想法。

参考文献

Chambers, I. (1987) Maps for the metropolis: a possible guide to the present. *Cultural Studies*, 1, 1–22.

Dahl, R. and Lindblom, C. (1953) *Politics, Economics and Welfare*. New York: Harper.

Davis, M. (1990) *City of Quartz: Excavating the Future in Los Angeles*. London: Verso.

Godelier, M. (1972) *Rationality and Irrationality in Economics*. London: New Left Books.

Harvey, D. (1973) *Social Justice and the City*. London: Edward Arnold.

Harvey, D. (1989) *The Condition of Postmodernity*. Oxford: Blackwell.

Jacobs, J. (1961) *The Death and Life of Great American Cities*. New York: Vintage.

Kifney, J. (1989) No miracles in the park: homeless New Yorkers amid drug lords and slumlords. *International Herald Tribune*, 1 August, 6.

Lefebvre, H. (1991) *The Production of Space*. Oxford: Blackwell.

Lyotard, J. (1984) *The Postmodern Condition*. Manchester: Manchester University Press.

Marx, K. (1967) *Capital, volume 1*. New York: International Publishers.

Marx, K. and Engels, F. (1951) *Selected Works, volume 1*. Moscow: Progress Publishers.

Plato (1965) *The Republic*. Harmondsworth: Penguin.

Rawls, J. (1971) *A Theory of Justice*. Cambridge, MA: Harvard University Press.

Smith, N. (1989) Tompkins Square: riots, rents and redskins. *Portable Lower East Side*, 6, 1–36.

Smith, N. (1992) New city, new frontier: the Lower East Side as wild, wild west. In M. Sorkin (ed.), *Variations on a Theme Park: The New American City and the End of Public Space*. New York: Noonday.

Unger, R. (1987) *False Necessity: Anti-necessitarian Social Theory in the Service of Radical Democracy*. Cambridge: Cambridge University Press.

Wittgenstein, I. (1967) *Philosophical Investigations*. Oxford: Blackwell.

Young, I. M. (1990) *Justice and the Politics of Difference*. Princeton, NJ: Princeton University Press.

第 8 章

场所现象

克里斯蒂安·诺伯格 – 舒尔茨（Christian Norberg-Schulz）

　　我们日常生活的世界是由具体的"现象"构成的。它是由人、动物、花草、树木和森林、石头、泥土、木材和水、城镇、街道和房屋、门窗以及家具组成，由太阳、月亮和星辰、浮云、白昼和黑夜以及四季变化所构成。然而，世界也包含了更多无形的现象，比如情感。这正是所"给定的"一切，是我们存在的"内容"。因此里尔克（Rilke）说："我们也许可以在这里说：房屋、桥梁、喷泉、大门、水壶、果树、窗户——最多还有：柱子、塔……"（Rilke，1972；Elegy XI）其他一切事物，例如原子和分子，数字和各种"数据"，是建立起来服务于日常生活之外的其他用途的抽象概念和工具。现在把这些工具误解为现实的情况普遍存在。

　　构成我们这个特定世界的具体事物，是以复杂也许还是矛盾的方式相互关联的。例如有些现象包含了其他的现象。森林由树木构成，城镇由房屋组成。"风景"就是如此一种综合现象。通常我们可以说一些现象构成了另一些想象的"环境"。用来指代环境的具体术语是场所。通常的一种用法是说行为和事件发生了。而实际上没有涉及地点来想象任何事件是没有意义的。场所显然是存在的一个主要组成部分。那么我们用"场所"这个术语表达什么意思呢？显然我们不只是指抽象的地点。我们是指由具有材料物质、形状、纹理和色彩的具体事物所构成的整体。这些事物共同决定了"环境品质"，这是场所的本质。一般而言，场所设定为品质或者"氛围"。因此此场所是一个性质上的"总体的"现象，我们不可能把它简化成任何一个它的属性，如空间关系，而不损失其具体性质。

　　此外，日常体验告诉我们，不同行为需要不同的环境以使其以令人满意的方式发生。结果是城镇和房屋由大量的特殊场所构成。现在的规划和建筑理论当然也考虑到这个事实，但是，迄今为止对待这个问题的方式还是很抽象。"发生"（taking place）通常是在量化、"功能"的意义上来理解，并暗示着空间配置和尺度等。但是难道"功能"是发生在人与人之间并且到处都一样的吗？显然不是。"相同"的功能，即使是最基本的，如睡觉和吃饭，也是以非常不同的方式发生的，并且根据不同的文化传统和不同的环境条件，需要属性不同的场所。因此功能的方法没有把场所当做具有特定性质的一个具体的"这里"来考虑。

场所作为复杂的大自然的一个具有一定性质的整体，不能够以分析性的、"科学"性概念的方式来描述。作为一种原则，科学从既定事实中"抽象"以获得中性的、"客观"的知识。然而，所失去的是日常生活的世界，而这才应该是一般人特别是规划师和建筑师真正关注的问题。[1] 幸好有一种避免绝境的通途，即现象学方法。现象学被认为是"回归事物本身"，与抽象和心理解释相对立。目前为止现象学家主要在关注本体论、心理学、伦理学以及在一定程度上还有美学，相对而言对日常环境的现象学很少关心。有一些开拓性的研究，但是对建筑而言几乎没有直接的影响。[2] 因此，急需建筑的现象学。

一些研究我们生存世界问题的哲学家采用语言和文字作为"信息"的原始资料。实际上，诗能够使得那些科学所不能解释的整体具体化，因而可以暗示我们如何获得所必需的理解。[3] 海德格尔用来解释语言本质的一首诗是格奥尔格·特拉克尔（Georg Trakl）的杰作《冬天的薄暮》（A Winter Evening）（Heidegger，1971）。特拉克尔的言辞与我们的意图非常吻合，因为这些言辞表现了一个整体的生活情形，在其中，场所的面貌能够强烈地感知到：

冬天的薄暮

飘落的雪花纷飞窗上，
晚祷的钟声久久回荡，
舒适的室内令人陶醉，
聚餐的饭桌也已收拾停当。

一群游子，
在黑暗中来到门前，
金光闪烁的恩赐之树，
还带着清凉的露珠。

游子们静静地步入室内，
辛劳已将门槛变为石头，
清澈透明的光线，
照亮了桌上的面包和美酒。

我们不会重复海德格尔对该诗所作的深入分析，倒是要指出一些说明我们的问题的几个特性。大体上，特拉克尔使用了我们从日常生活的世界里都知道的具体形象。他说到"雪"、"窗户"、"房屋"、"餐桌"、"门"、"树"、"门槛"、"面包和美酒"、"黑暗"和"光亮",他把人特写成"游子"。而这些形象也暗示了更加普通的结构。首先,这首诗区分了室内和室外。第一节的前两行表现了室外,包括了自然和人为的要素。自然的场所在暗示着冬天的飞雪中,通过夜晚得到表现。正是诗的标题把一切"置于"(places)这个自然背景中。一个冬日的夜晚远不止是日历上的一个点。作为一个具体的存在,它是被当做形成行为和事件背景的一组特定属性,或者一种情绪(Stimmung)或品质来体验的。在这首诗中,飘落在窗户上的飞雪赋予了这种品质,冰冷、柔软和无声无息的飞雪,掩盖了那些在黑暗降临之时仍能够辨识的物体轮廓。此外"飘落"(falling)一词制造了一种空间感,或者说暗示了地面和天空的存在。特拉克尔运用极少的文字,把整个自然环境带到了生活当中。然而室外也有一些人为的属性。随处可以听到的晚祷的钟声提示了这一点,并使得"私有"的室内成为广泛的"公共"整体的一部分。晚祷的钟声不仅是一个实际的人造物。它是一个象征,提醒我们基于整体基础之上的普遍价值。用海德格尔的话说:"晚钟的鸣声把作为凡人的人,带到了神的面前。"(Heidegger,1971,p. 199)

　　诗中接下来的两句表现了室内,描述了提供人们落脚和防护的房屋,四周封闭且"收拾整齐"。而房屋有扇窗,一个使我们体验到室内是室外的一个补充的开口。作为屋内最终的焦点,我们看到了"为很多人布置"的餐桌。人们聚集于餐桌旁,这超出其他任何事物构成室内的中心。室内的属性难以描述,但是无论如何确实存在。它是光亮温暖的,与寒冷黑暗的室外形成对照,其沉寂孕育在潜在的声响中。总体而言,室内是一个可以理解的实物世界,"许多人"的生活可以在此展开。

　　接下来的两节视角更加深入。场所和事物的意义涌现出来,人以在"幽暗路线"上的游子身份展示出来。并非安全地置身于为自己打造的房屋里,他是从外面而来,从"生活的道路"而来,这也表达了人在给定的未知环境中给自己"定位"的意图。但是自然还有另外一面:它表现了生长和开花的优美。在"金色"大树的意象中,地面和天空统一起来成为一个世界。通过人的劳作,这个世界作为面包和美酒被带到室内,室内"被照亮",也就是说变得有意义了。如果没有天空和大地"神圣"的果实,那么室内将仍然是"空虚"的。房屋和餐桌起到接待、聚集的作用,使世界"紧密"起来。因此居住在房屋里就意味着居住在这个世界里。然而居住并不容易;必须沿着黑暗的通路方能到达,一个门槛把室外与室外分离开来。通过描述"他者"和明白的含义之间的"裂隙",门槛成了痛苦的具体体现,并"变成了石头"。因而在门槛处,居住的问题浮现出来(Heidegger,1971,p. 204)。

　　特拉克尔的诗阐明了我们的生活世界的一些本质现象,尤其是场所的一些基本属性。首先它告诉我们每一种情形都既是地方性的又是普遍性的。所描述的冬日之夜显然是一个地方性的、北欧的现象,但是其暗含的室内和室外概念是普遍性的，与室内外的区分相关的意义也是普遍性的。由此这首诗使得存在的属性具体化了。此处"具体化"意思是使通常的"可见"成为一个具体的、地方性的情景。在这过程中，这首诗沿着与科学思维相反的方向展开。与科学远离"既定世界"相反，诗歌把我们带回到具体的事物面前，揭开了生活世界中本来的意义（Norberg-Schulz, 1963, chapter on "symbolization"）。

　　进而，特拉克尔的诗区分了自然要素和人工要素，以此提出了"环境现象学"的起点。自然要素很显然是既定世界中的基本要素，而场所实际上通常以地理术语来定义。然而我们必须再次重申，"场所"远不只是指地点。当前关于"风景"的文献进行了种种尝试对自然场所进行描述，然而我们再一次发觉通常的方式过于抽象，因为它是基于"功能"考虑或者"视觉"考虑的（例如，参见Appleton, 1975）。我们必须再次求助于哲学。作为一个最初的、基本的区分，海德格尔介绍了"天空"和"大地"的概念，他说："大地是服务承载者，是开花和结果，是在岩石和水中迸发，成长为动植物……天空是太阳的圆形轨迹，是阴晴圆缺的月亮的路线，是闪烁的星辰，是一年的四季，是一天的清晨黄昏，是夜晚的阴暗和光亮，是严酷和温和的气候，是浮云和蓝色深邃的苍天……"（Heidegger, 1971, p. 149）这种区分就像许多基本的见识一样，也许显得微不足道。然而当我们把海德格尔关于"居住"（dwelling）的概念："我和你存在的方式，我们人类在大地上存在的方式，就是居住"，加进去时，其价值展现出来了。而"在大地上"已经意味着"在天空下"（Heidegger, 1971, p. 147, 149）。他还把天空和大地之间的部分称为"世界"，并说"世界是人类居住的房屋"（Heidegger, 157, p. 13）。换句话说，当人能够居住时，世界就变成"室内"的了。

　　总而言之，自然形成了广阔而综合的总体，一个"场所"，其根据当地的情况而具有独特的品质。这种品质，或者"精神"，可以通过海德格尔用来刻画天空和大地的品质的这种具体、"定性"的术语方式进行描述，并且必须用这种基本区分作为其起点。以这种方式我们也许能够根据经验相应地理解风景，其应该主要是指自然场所。而在风景中还有次一级的场所，以及自然"事物"，如特拉克尔所描述的"树木"。自然环境的含义"浓缩"在这些事物当中。

　　环境的人工部分首先是不同规模的"居所"，从房屋农场到村庄和城镇，其次是联系这些居所的"道路"，以及把自然变成"人文风景"的种种要素。如果这些居所与环境有机联系在一起，那就意味着它们是环境品质得到浓缩和"解释"的焦点。因此海德格尔说："单个的房屋、村庄、城镇是建造的成果，在其内部和四周集中了各式各样的中间物。建筑物使得大地成为接近人类居住的风景，同时将紧密相邻的住所置于辽阔的天空之下。"（Heidegger, 1957, p. 13）因此人工场所的基本特征是集中和围合。其在全部意义上是"室内的"，意味着它们"集中"所知的一切。为了实现这个功能，它们有开口以联系室外。（实际上只有室内才有开口。）房屋通过置留于地面之上并向天空升起进一步与其环境相联系。最后，人工环境包含了人工制品或"事物"，其可能成为内部的焦点，强调出居所的聚集功能。用海德格尔的话说："事物集中成就了世界"（The thing things world），此处"集中"（thinging）用作"聚集"（gathering）的原始含义，更进一步："只有将自身与外部世界联系在一起才成为事物。"（Heidegger，1971，p. 181 – 182）

我们的开场白提出了关于场所结构的一些暗示。其中一些已经被现象学方面的哲学家解决了，为更加完善的现象学提供了一个好的起点。第一步已经跨出，区分了自然现象和人工现象。第二步再现为大地－天空（水平－竖直）和室外－室内的归类。这些归类具有特殊的含义，"空间"因此再次引入，主要不是作为一个数学概念，而是作为一种存在的维度（Norberg-Schulz，1971，where the concept "existential space" is used）。最后特别重要的一步是"品质"概念。品质取决于事物是如何存在的，并且在我们日常的生活世界的具体现象中为我们的研究提供了基础。只有如此，我们才能完全抓住地方特色；"场所精神"，即古人认为人为了能够居住而必须与之妥协的"对立面"。[4]地方特色的概念表达了场所的本质。

场所的结构

我们关于场所现象的初步讨论导致这样的结论，即场所的结构应该用"风景"和"居所"这样的术语来描述，并以"空间"和"品质"的类别方式来分析。"空间"表示构成场所要素的三维组织方式，而"品质"表示了总体"氛围"，即任何场所最全面的品质。不对空间和品质进行区分，当然也可以使用一个广泛的概念，如"生活空间"。[5]但是为了我们的目的，对空间和品质进行区分更实用。相似的空间组织方式根据空间限定要素（边界）的具体处理方式，可能具有不同的品质。基本空间形态的历史已经被赋予了新的品质诠释。[6]另一方面，必须指出的是空间组织方式对特征起到了一定的限制，这两个概念是相互依存的。

"空间"当然不是建筑理论中的新术语。但是空间可以意指很多东西。在当前的文献中我们可以区分两种用法：作为三维几何的空间，以及作为知觉场的空间（Norberg-Schulz，1971，参见 p. 12）。然而这两者都不能令人满意，都是被我们称之为"具体空间"的日常经验的直觉性的三维总体的抽象物。实际上具体的人类活动并不是发生在均质同性的空间里，而是发生于由性质差异所区别的空间中，如"上"和"下"。建筑理论中已经有一些尝试以具体、定性的术语来定义空间。吉迪恩（Giedion）以"室外"和"室内"的区分作为宏大的建筑历史观的基础（Giedion，1964）。凯文·林奇更加深入具体空间结构中，引进了"节点"

（"地标"）、"路径"、"边界"和"区域"的概念来表示形成人在空间中的定位的基础要素（Lynch，1960）。保罗·波托盖希（Paolo Portoghesi）最终把空间定义为"场所系统"，暗示空间的概念源于具体场所，尽管它可以通过数学方式来描述（Portoghesi，1975，参见 p. 88）。后面的观点与海德格尔所云"空间不是从'空间'而是从地点获得生命"相吻合（Heidegger，1971，p. 154）。室外－室内关系是具体空间的一个主要方面，暗示空间具有不同的延伸度和围合度。而风景的辨识是通过种种不同的、然而基本上连续的伸展达到的，居所却是围合的实体。因此居所和景观形成了图底关系。通常，任何围合相对于风景延续的地面而言显然成了"图形"。如果这种关系被打破，居所就丧失了个性，风景也同样失去了作为全体延伸的个性。在一个更大的背景下，任何围合都成了中心，作为周边环境的"焦点"。空间从中心沿各个方向以不同的连续度（节奏）向外延伸。显然主要的方向是水平和竖直方向，也就是说，为大地和天空的方向。因此集聚、方向和节奏是具体空间的另一些重要属性。最后必须提及的是自然要素（如山丘）和居所可能会以不同的密集度成组成群。

　　所有提及的空间属性都是"拓扑"类型的，对应于著名的格式塔理论的"组织原理"。皮亚杰（Piaget）对儿童的空间概念的研究证实了这些原理的基本存在价值（Norberg-Schulz，1971，p. 18）。几何的组织模式是后来才在生活中发展起来以服务于特定的目的，并通常被理解为基本拓扑结构的一种更加"精确"的限定。拓扑围合关系因而变成了一个圆，自由曲线成了直线，群组成了网格。在建筑方面，几何被用来使复杂综合的系统清晰化，好比一种推想的"宇宙秩序"。

　　任何围合都是以边界来限定的。海德格尔说："边界并不是使事物停止的地方，而是如希腊人所认识到的那样，是事物开始的地方。"（Heidegger，1971，p. 154：Presence is the old word for being）建成空间的边界被认为是地面、墙体和顶棚。风景的边界在结构上也很相似，包括地面、地平线和天空。这种简单的结构相似性对自然场所和人工场所之间的关系而言具有基本的重要性。边界的围合品质取决于它的开口，正如特拉克尔采用窗户、门和入口的形象时诗意地直觉到的那样。通常，边界特别是墙，使得空间结构呈现为连续的和/或间断的延伸、方向和节奏。

　　同时，"品质"是一个比"空间"更普通更具体的概念。一方面它表达了一种总体氛围，另一方面，它表达了空间限定要素的具体物质和形态。任何真实的存在都与某种品质紧密相关（Bollnow，1956）。关于品质的现象学不得不包含对明显品质的探究，以及对具体决定因素的调查。我们已经指出不同的行为需要具有不同品质的场所。住处必须是"防护性的"，办公室必须是"实用的"，舞厅必须是"喜庆的"，教堂必须是"庄严的"。当我们在国外城市游览时，我们常常震惊于其特殊的品质，这成为经历的一个重要部分。风景也有品质，有些是独特的"自然"风景。由此我们谈论"贫瘠"和"肥沃"，"美好"和"可怕"的风景。

一般而言，我们必须强调的是，所有场所都具有品质，品质是世界被"赋予"的基本模式。某种程度上说，场所的品质是时间的一种功能；随季节，随时日和气候的进程，随决定不同光线条件的因素而变化。

品质决定于场所的材料和形态构成。因此我们会问：我们行走于其上的地面是怎么样的，我们头顶上的天空是怎么样的，或者总而言之：限定场所的边界是怎么样的。边界是如何依赖于其形式的表达，这又与其"建造"的方式相关。从这个观点看建筑的话，我们不得不考虑它是如何搁置在地面上，又如何向天空升起的。必须特别注意建筑的边线，或者墙体，其毫无疑问对城市环境的品质也有决定性的影响。我们感谢罗伯特·文丘里已经认识到这个事实，在很多年来谈论"正立面"被认为是"不道德的"以后（Venturi，1967，p. 88）。通常构成一个场所的建筑"家族"在表示其品质的主题上是"提炼"过的，如特定类型的门、窗和屋面。这样的主题可能成为"传统要素"，把某种品质从一个地方转移到另一个地方。如此，在边界处，品质和空间碰到了一起，我们也许会同意文丘里把建筑定义为"室内和室外之间的墙体"（Venturi，1967，p. 89）。

除了文丘里的直觉之外，品质的问题在当代建筑理论中鲜有考虑。结果，在很大程度上理论失去了与具体生活世界的接触。尤其是技术方面的情况，技术在当今被认为只是满足实际需求的途径。而品质依赖于事物如何形成，因此取决于技术的实现（"建造"）。海德格尔指出，希腊语中 *techne* 的意思是真相的创造性"揭示"（re-vealing）（*Entbergen*），属于产生（*poiesis*），即"制作"（Heidegger，1954，p. 12）。因此场所的现象学必须包括基本建造模式及其与形式表达的关系。只有这样，建筑理论才能获得真正坚实的基础。

场所结构很显然就是包括空间和品质两方面的环境总体。这种场所被认为是"国家"、"地区"、"风景"、"居所"和"建筑"。我们再回到我们日常的生活世界的具体"事物"，那是我们的起点，想起特拉克尔的话："我们或许在这儿说……"，当场所进行分类，我们因此会用一些术语，如"岛屿"、"海角"、"海湾"、"森林"、"小树林"，或者"广场"、"街道"、"庭院"，和"地板"、"墙"、"屋面"、"顶棚"、"窗户"和"门"。

从此场所被名词所指代。这意味着场所被当做真实的"存在的事物"，即"实体"这个词的最初的含义来考虑。空间替代作为关联系统，由介词来表明。在日常生活中，我们几乎不谈论"空间"，但是谈论彼此间"在上"（over）或"在下"（under）、"在前"（before）或"在后"（behind）的事物，或者我们用介词，如"在旁"（at）、"在里"（in）、"在其中"（within）、"在上"（on）、"在近"（upon）、"向"（to）、"从"（from）、"沿"（along）、"紧靠"（next）。所有这些介词表明了前面提到的这种拓扑关系。最后，品质由形容词所表明，上文已经暗示了这一点。品质是个复杂的整体，而单个形容词显然不能涵盖这个整体一个以上的方面。而品质常常又是如此独特以至于一个词似乎足以抓住其本质。由此我们看到，正是日常语言的结构证实了我们对场所的分析。

国家、地区、风景、居所、建筑物（及其下一级场所）形成了一个规模不断减小的系列。这个系列的每一梯级可以叫做"环境等级"（Norberg-Schulz，1971，p. 27）。在这个系列的"顶端"我们发现了更加广泛的、"包含"了"低"级人工场所的自然场所。后者具有前面提到的"集中"和"向心"的功能。换句话说，人"接受"了环境并使其集中于建筑物和事物上。因此这些事物"解释"了环境并使其本质明显。因此这些事物本身也变得有意义了。这就是我们周围环境中细节的基本功能（Norberg-Schulz，1971，p. 32）。然而这并不意味着不同等级必须具有同样的结构。实际上建筑史表明几乎没有这种情况。民间居所通常具有拓扑组织关系，尽管单个房子是严格几何的。在大城市中我们经常发现在一个大范围的几何结构中以拓扑关系组织的社区，等等。后面我们将会回到结构对应问题上来，但是必须在环境层级的尺度上谈谈主要的"梯级"：自然场所和人工场所之间的关系。

人工场所在三个基本方面与自然有关。首先，人类想要使自然结构更加精确，即想要把对自然的"理解"形象化，"表达"其获得存在的立足点。为了实现这个目标，人类建造了所见的一切。人类在自然暗示界定空间的地方建造围合；在自然显示出"集中"的地方竖起一个 *Mal*（Frey，1949）；在自然暗示了方向的地方修起了路。其次，人类必须象征其对自然的理解（包括自身）。象征意味着体验过的意义"转化"成另一种媒介。例如某种自然品质转化成一个建筑物，此建筑物的性质以某种方式使得这种品质显而易见（Norberg-Schulz，1963）。象征的目的是把意义从直接情形中释放出来，由此成为"文化物体"，其可能成为更加复杂的情形的一部分，或者被移到另一处。最后一点，人类需要把体验过的意义搜集起来为自己创造世界形象或者"微观世界"来使他们的世界具体化。搜集显然要靠象征，而且意味着把意义转移到一个场所，这个场所由此成为一个存在的"中心"。

形象化、象征和搜集是定居的一般过程的几个方面；而居住，在这个词的存在主义意义上依靠这些功能。海德格尔用桥来描述这个问题：一个形象化、象征和搜集，并使环境成为一个统一的整体的"建筑物"。他这么说：

> 桥在河流上空摇曳，悠闲而有力。它不仅仅是联系了已有的两岸，两岸只有当桥跨过河流时才作为河岸出现。桥故意令它们躺在彼此对面。两边被桥各自分开。河岸也不是作为陆地中立的边界沿着河流延伸。桥通过河岸带给河流两岸分别向两边延展的风景。它使河流和河岸和陆地进入各自的领域。桥把大地集合起来成为河流周边的风景。（Heidegger，1971，p. 152）

海德格尔也描述了桥所聚集的东西并由此揭示了它作为象征的价值。我们在此不能深入这些细节，但是想要强调风景就这样通过桥获得了自身价值。在这之前，风景的意义是"隐藏的"，桥这个建筑物却使它展现出来。

> 桥把物体聚集到一个我们可以称之为"场所"的某个地方。而这个"场所"在有桥（尽管一直有许多沿河岸的"地点"桥可以跨过）之前并不作为一个实体而存在，而是随着桥并作为桥一起获得存在。（Richardson，1974，p. 585）

因此建筑物（建筑）存在的意图是使一个地点变成一个场所，也就是说，揭示可能存在于给定环境中的意义。

场所结构不是一个固定、永恒的状态。作为一条规则，场所在变化，有时很快。然而这并不是说"场所精神"或"地方特征"（*genius loci*）必定要改变或者丧失。后面我们将会显示发生（*taking place*）预示了场所在一段时间后还保持了自身的特征。"地方稳定性"（*Stabilitas loci*）对人类生活而言是必须的条件。那么稳定性是如何与变化的动态协调起来的呢？首先我们可以指出自然是在一定的限度内，任何场所应该都有接受不同"内容"的"容量"。[7]一个只适合一种特殊目的的场所很快就会变得没有用。其次，很明显场所可以以不同的方式来"解释"。保护和保存"场所精神"（*genius loci*）实际上意味着在新的历史背景中使它的本质具体化。我们也可以说场所的历史应该是它的"自我实现"。在开始作为可能性的东西通过人的活动被揭示出来，被显示和"保持"在"新的和旧的"同时存在的建筑作品中（Venturi，1967）。因此场所包含了具有不同程度恒定性的属性。

总体上我们可以得出结论，场所既是我们结构性研究的出发点，也是目标；开始，场所呈现为一种给定的、自发地体验到的整体，最终，场所呈现为一个结构性的世界，通过分析空间品质和特征而得到阐释。

场所精神

"场所精神"或"地方特征"（*genius loci*）是罗马人的概念。根据古罗马的信仰，每一个"独立的"存在物都具有它的特征，它的守护神灵。这种神灵赋予人和场所以生命，陪着他们从生到死，并决定它们的品质或者本质。即使是众神也有他们的精神或特征（*genius*），一种阐明了这个概念的基本特性的实情（Paulys，n. d.）。由此，"精神"表明了事物是什么，或者用路易斯·康的话来说，它"想要成为什么"。我们不必深入探讨"精神"这个概念的历史及其与希腊人的"*daimon*"的关系。这足以说明古人认为他们的环境包括了明确的特征。尤其是他们认识到与其生命发生地的"精神"达成妥协具有重要的存在价值。过去，生存依赖于从物质和精神意义上与场所之间的"良好"关系。例如在古埃及，并不仅仅是根据尼罗河的洪水进行耕作，还要根据作为"公共"建筑规划模型的地形结构，这些建筑通过象征永恒的环境秩序，将会给人安全感。（Norberg-Schulz，1975，参见 p. 10）

在历史进程中，尽管也许没有被这样称谓，"场所精神"一直保持着一种鲜活的现实。艺术家和作家已经在地方的品质中找到了灵感并"解释"了日常生活或者艺术的现象，这也涉及风景和城市环境。因此歌德（Goethe）说："显然，眼睛受到了从孩提时代就看到的事物的教育，因此威尼斯画家看每一个事物肯定都比其他人看得清楚并更加快活。"（Goethe，1786）还是在 1960 年，劳伦斯·达雷尔（Lawrence Durrell）写道："当你慢慢地品尝不同国家的美酒、乳酪和特征，开始了解欧洲时，你开始认识到任何文化的重要决定因素最终是——场所精神。"（Durrell，1969，p. 156）现代旅游业证实了不同地方的体验是人的主要兴趣，尽管这种价值在当今有丧失的倾向。实际上现代人很长时间以来相信科学技术把他们从对场所的直接依赖中解放出来。[8]这种信仰已经证实是一种幻想；污染和环境混乱突然出现像一个令人恐惧的复仇女神，这导致场所问题恢复其真正的价值。

我们用"居住"（dwelling）一词表示人和场所之间的全部关系。回到"空间"和"品质"之间的区别这个问题上有助于更加充分地理解这个词的含义。当人居住下来，他同时也就在空间中定位，出现于特定的环境特征之中。这两种交织的心理功能可以称之为"定位"和"辨识"。[9]为了获得存在的立足之处，人必须能够给自己定位；他必须知道自己身处何地。他也必须在环境中辨识自己，即知道自己怎样处于一个特定的场所中。

定位问题在近来关于规划和建筑的理论文献中已引起相当的注意。我们再次引用凯文·林奇的研究，他提出的"节点"、"路径"、"区域"表明了基本的空间结构，这是人定位的对象。所觉察到的这些要素之间的相互关系构成了一种"环境的意象"，林奇断言："好的环境意象给其所有者带来安全的情绪感受。"（Lynch，1960，p. 4）因此所有文化都发展了"定位系统"，即空间结构，其有助于好的环境意象的发展。"世界可能是围绕一套焦点来组织的，或者被切分成命名的地域或者是通过记住的线路联系起来的。"（Lynch，1960，p. 7）通常这些定位系统基于或者源于一个既定的自然结构。系统薄弱之处形成意象就比较困难，人就会"迷失"。"迷失的恐惧感来自移动的生物体在环境中定位的必要性。"（Lynch，1960，p. 125）迷失显然就与居住的安全感相对立。林奇把保护人不至于迷失的环境质量称为"意象能力"（imageability），即"有助于环境的鲜明的识别性、强有力的结构、非常有用的精神意象形成的形状、颜色或布局"（Lynch，1960，p. 9）。林奇在这里暗示了构成空间结构的要素是具有"特征"和"意义"的具体"事物"。而他却限制自己来讨论这些要素的空间功能，并由此留给我们一个对居住的不完整的理解。

然而，林奇的研究对场所理论作出了极重要的贡献。其重要性也存在于这样一个事实，即他对具体城市结构的经验性研究确认了格式塔心理学和皮亚杰的儿童心理研究所限定的一般"组织原理"。[10]

我们必须强调居住首先预示了环境的辨识，而不削弱定位的重要性。尽管定位和辨识是一个总体关系的不同方面，但是它们在总体中具有一定的独立性。人们很好地适应环境却并未真正意识到显然可能，即人们生活用不着感到"舒适自如"。人们不必很熟悉场所的空间结构也能感到舒适自如是可能的，也就是说只要场所作为一种令人满意的整体特性被体验就行。真正的归属感预示了两种心理功能都充分发展。在原始社会我们发现即使是最小的环境细节都是大家都知道的且有意义的，这些细节构成了复杂的空间结构（Rapoport，1975）。而在现代社会，注意力几乎只集中于定位这个"实用"功能，而辨识只能碰运气了。结果是心理学意义上的真正的居住被疏远所取代。因此急需更加充分理解"辨识"和"品质"。

在上下文中，"辨识"意指成为特定环境的"朋友"。北欧人必须和雾、冰和寒风交朋友；当他外出时他必须欣赏在他脚下的雪发出的吱吱的声响，他必须体验陷于雾中的这种诗意的价值，就像赫尔曼·赫西（Hermann Hesse）所描写的那样："在雾中行走真奇怪！每一个树丛和石头都是孤独的，没有一棵树能看到另一棵，每个事物都是孤独的……"[11] 相反，阿拉伯人必须成为无限延伸的沙漠和炽烈的阳光的朋友。这并不是说他的居所不必保护他免遭自然"力量"的侵害；实际上沙漠居所的主要目标就是排除沙和阳光的影响。但是，这暗示了环境被当做有意义的东西来体验。博尔诺（Bollnow）恰如其分地说："每种情绪都是一致的"（Fede Stimmung ist Übereinstimmung），即每一种特征都构成外部世界和内部世界之间及肉体和精神之间的对应关系（Bollnow，1956，p. 39）。对现代都市人而言，与自然环境的友善关系降为不完整的联系。取而代之的是，他必须和人工事物相协调，如道路和房屋。德裔美国建筑师格哈德·卡尔曼（Gerhard Kall-mann）曾经讲过一个故事，描述了这种意思。离开很多年后，他在第二次世界大战末重访故乡柏林，他想要看看他长大的那幢房子。在柏林就像肯定预料到了的那样，房子已经没有了，卡尔曼觉得有些失落。然后他忽然认出了人行道的典型铺地：他孩提时在上面玩耍的地面！他有了强烈的回家的感觉。

这个故事告诉我们辨识的对象是具体的环境属性，人与环境属性之间的关系通常是在孩提时代建立起来的。小孩在绿色、褐色或白色的空间里长大；在阴沉或平静的天空下，他们在沙、泥土、石头或苔藓上玩耍或行走；他们抓住或举起坚硬或者柔软的东西；他们听到吵闹声，如风吹着某种树木的树叶；他们感觉到冷和热。这样，小孩便熟悉了环境，建立了决定将来所有感觉的"感知图式"（Norberg-Schulz，1963，参见 p. 41）。感知图式包括了普遍的结构，人与人之间，以及地方决定了的和以文化为条件的结构。显然每个人都必须具有定位图式和识别图式的能力。

形成的图式限定了个人的特性，因为图式决定了可达的"世界"。共同的语言用法证实了这个事实。当一个人想要告诉别人他是谁，实际上通常会说"我是纽约人"，或者"我是罗马人"。这比说"我是建筑师"，或者"我是乐天派"表达的东西更具体。我们理解人的身份很大程度上是场所和事物的作用。因此海德格尔说："我们是有条件的/受限制的"（Wir sind die Be-Dingten）（Heidegger，1971，p. 181)[12]。因此，重要的不单是我们的环境具有有助于定位的空间结构，还在于它是由具体的辨识对象所组成。"人的身份预示了场所的个性。"

辨识和定位是人存在于世界的基本方面。尽管辨识是人的归属感的基础，定位却具有使人能成为"旅者"的作用（这是人的本性的一部分）。现代人的典型特征是很长时间以来他充当了一个傲慢的流浪者角色。他想要"自由"并征服世界。现在我们开始意识到真正的自由预示着归属，"居住"意味着属于一个具体的场所。

"居住"这个词具有好几个证实和阐释我们的论题的含义。首先要指出的是"居住"（dwell）来源于古斯堪的纳维亚语"dvelja"，其意思是逗留。同样，海德格尔把德文"居住"（wohnen）和"停留/保持"（bleiben）和"逗留"（sich aufhalten）联系起来（Heidegger，1971，参见 p. 146）。不仅如此，他指出哥特语"wunian"意思是"平静"、"保持平静"。德文表示"平静"的词 *Friede* 意在获得自由，即保护并免受伤害和危险。这种保护是通过"*Umfriedung*"或者围合的方式而实现的。"*Friede*"（满意）还与"*zufrieden*"（内容）、"*Freund*"（朋友）以及哥特语"*frijön*"（爱）有关。海德格尔用这些语言上的关联来显示居住意思是平静地处于一个受到保护的场所。我们还必须指出德文中表示居住的词"住宅"（*Wohnung*）来源于"*das Gewohnte*"，其意思是"知道的"或者"熟悉的"。"习惯"（habit）和"栖息地"（habitat）显示出类似的关系。换句话说，人通过居住而知道什么对他来说是可达的。这里我们回到一致/协调/相符（*Übereinstimmung*）或者人与环境之间的对应关系，到达"聚集"这个问题的根源。聚集的意思是日常生活世界变成了"gewohnt"或者"习惯的"。但是聚集是一个具体现象，且由此把我们引导到"居住"最终的含义上来。正是海德格尔再次揭示了一个基本的关系。由此，他指出古英语和高地德语表示"建筑物"的词 buan，意思是居住，并与动词存在（to be）有密切的关系。"那么我是（*ich bin*）意思是什么呢？*bin* 所从属的古语 bauen，回答说：*ich bin*，*du bist*，意思是：我居住，你居住。你存在和我存在的方式，我们人类存在与地球之上的方式，是 buan，居住（Heidegger，1971，p. 147）。我们可以断定居住意思是把世界集中成具体的建筑物或者"事物"，建筑物的原型行为是围起来的场地/圈地（*Umfriedung*）或者围合。特拉克尔对于室内室外关系的诗意的直觉因此获得证实，我们懂得了我们的具体化概念表达了居住的本质（Norberg-Schulz，1963，参见 p. 61，p. 68）。

当人类能够把世界具体化到建筑物和事物中时，人类居住下来。正如我们前面提到的，"具体化"是艺术作品的功能，对立于科学的"抽象"功能（Norberg-Schulz，1963，参见 p. 168）。艺术作品把留存于科学的纯粹物体"之间"的东西具体化。我们日常生活世界由这样的"中间"物体所组成，并且我们懂得艺术的基本功能是生活世界中的矛盾和复杂性。艺术作品是世界形象，有助于人类的居住。荷尔德林（Holderlin）是对的，他说：

> 人类业绩盈满而诗意地居住于大地上。

这意味着：如果人类不能诗意地居住，即在真正意义上居住，其功绩就无足轻重。由此海德格尔说："诗歌并没有高高在上或者超越大地，为了逃离或者在其上空盘旋。诗歌首先是把人类带回大地的东西，使人归属大地，因此使人类开始居住。"（Heidegger，1971，p. 218）正是所有形式的诗歌（也是"生活的艺术"）使得人类的存在具有意义，而意义是人类的基本需求。

建筑属于诗歌，其目的是帮助人类居住。但是，建筑是一种困难的艺术。建造实用的城镇和建筑物还不够。引用苏珊·朗格（Susanne Langer）（1953）的话来说，当"总体环境显露出来"时，建筑产生了。一般而言，其意思是把地方特征具体化。我们已经了解，这是通过建筑物的方式把场所的属性聚集起来并使它们接近人类。因此建筑的基本行动是理解场所的"召唤"。我们以这种方式保护了大地，并且把我们自己变成了全部总体的一部分。这里提倡的不是某种"环境决定论"。我们只是认识到这样一个事实，人是环境不可分割的组成部分，如果他忘记了这一点，那只会导致人类的疏远和环境的破坏。属于一个场所，在具体的日常意义上来说，意思是拥有存在的立足点。当上帝对亚当说"你将会成为大地上的流浪者和逃亡者"时[13]，他把人放到了其最基本的问题面前：跨过门槛，重获失去的场所。

注释

1 The concept "everyday life-world" was introduced by Husserl (1936)
2 Heidegger, "Bauen Wohnen Denken"; Bollnow, "Mensch und Raum"; Merleau-Ponty, "Phenomenology of Perception"; Bachelard, "Poetics of Space"; also Krause (1974).
3 Ein Winterabend

Wenn der Schnee ans Fenster fällt,
Lang die Abendglocke läuter,
Vielen ist der Tisch bereitet
Und das Haus ist wohlbestellt.

Mancher auf der Wanderschaft
Kommt ans Tor auf dunklen Pfaden.
Golden blüht der Baum der Gnaden

Aus der Erde külem Saft.
  Wanderer tritt still herein;
Schmerz versteinerte die Schwelle.
Da erglänzt in reiner Helle
Auf dem Tische Brot und Wein.

4 Heidegger points out the relationship between the words *gegen* (against, opposite) and *Gegend* (environment, locality).

5 This has been done by some writers, such as K. Graf von Dürckheim, E. Straus and O. F. Bollnow.

6 We may compare with Alberti's distinction between "beauty" and "ornament".

7 For the concept of "capacity" see Norberg-Schulz (1963).

8 See Webber (1963), who talks about "non-place urban realm".

9 Cf Norberg-Schulz (1963), where the concepts "cognitive orientation" and "cathetic orientation" are used.

10 For a detailed discussion, see Norberg-Schulz (1971).

11 Seltsam, im Nebel zu wandern! Einsam ist jeder Busch und Stein, kein Baum sieht den anderen, jeder ist allein.

12 "We are the be-thinged", the conditioned ones.

13 *Genesis*, chapter 4, verse 12.

参考文献

Appleton, J. (1975) *The Experience of Landscape*. London.

Bollnow, O. F. (1956) *Das Wesen der Stimmungen*. Frankfurt am Main.

Durrell, L. (1969) *Spirit of Place*. London.

Frey, D. (1949) *Grundlegung zu einer vergleichenden Kunstwissenschaft*. Vienna and Innsbruck.

Giedion, S. (1964) *The Eternal Present: The Beginnings of Architecture*. London.

Goethe, J. W. von (1786) *Italienische Reise*, 8, October.

Heidegger, M. (1954) Die Frage nach der Technik. In *Vorträge und Aufsätze*. Pfullingen.

Heidegger, M. (1957) *Hebel der Hausfreund*. Pfullingen.

Heidegger, M. (1971) *Poetry, Language, Thought*, ed. A. Hofstadter. New York.

Husserl, E. (1936) *The Crisis of European Sciences and Transcendental Phenomenology*. Evanston, IL.

Lynch, K. (1960) *The Image of the City*. Cambridge, MA.

Norberg-Schulz, C. (1963) *Intentions in Architecture*. Oslo and London.

Norberg-Schulz, C. (1971) *Existence, Space and Architecture*. London and New York.

Norberg-Schulz, C. (1975) *Meaning in Western Architecture*. London and New York.

Paulys (n.d.) *Realencyclopedie der Klassischen Altertumwissenschaft*, VII.

Portoghesi, P. (1975) *Le inibizioni dell'architettura moderna*. Bari.

Rapoport, A. (1975) Australian Aborigines and the definition of place. In P. Oliver (ed.), *Shelter, Sign and Symbol*. London.

Richardson, W. J. (1974) *Heidegger: Through Phenomenology to Thought*. The Hague.

Rilke, R. M. (1972) *The Duino Elegies*. New York.

Venturi, A. (1967) *Complexity and Contradiction in Architecture*. New York.

Webber, M. M. (1963) *Explorations into Urban Structure*. Philadelphia.

第 9 章

重建中心：购物中心的符号分析

马克·戈特迪纳（Mark Gottdiener）

　　发生在美国的购物中心现象必须置于过去三十年中影响城市环境的社会空间组织最根本变化的大环境中来理解（Gottdiener，1983，1985）。用一个概念来解释，那就是"分散"，也就是多年集聚在巨大的城市中心中的人口和活动在所有的大都市区都开始总平衡。毫无疑问，分散最重要的一个特征就是人口统计中显示出来的人口逆向移动。大城市曾经对外来移民是强大吸引力的磁体，但现今它却有了相反的极性变成了大多数人最少好感的住宅区。自从 20 世纪 50 年代以来，美国的大量人口，特别是中产阶级，向城市边缘的移动也同时伴随有普遍的商业、政治、金融和娱乐业的疏散。这些都以一种根本的方式改变了晚期资本主义居住空间的形态。

　　根据巴特（1970 - 1971）的说法，古典城市形态是围绕着一个中心而组织的，这个中心拥有与社会组织中主要成分相对应的物质性表现形式。因此，古典城市有一种语义学上的统一性，这种统一性由这个中心所呈现，在这个中心之中，具体的政治、宗教和商业以及文化的相互作用的社会实践都有其物质性关联。这种历史性的城市空间形态包容了城镇的步行大广场和邻近一些建筑物，如一座教堂或大教堂、市政建筑，也可能包含法庭、银行或经纪所以及最重要的市场。古典的城市中心以一种纯净的组合明确地在一个具体的地理环境中标示出社会组织的权力。在美国许多旧城镇和城市中仍然能够看到这种聚集形式的遗存。

　　现在，以层级模式为标志的现代社会组织不再强调重要的社会功能集聚在任何一种单一的空间之中，这种现代社会的特征是不可见的，但却强调了城市空间作为社会关系的深层结构。当前，晚期资本主义阶段的由分散而产生的主要社会空间变动就是中心城市的功能统一性的解散，以及更大的大都市区的多核心区域的城市活动的疏散。当前，大都市的景观也已经发生转变以适应不断增长的许多不同的功能中心，这些中心分散在一个四处蔓延的多核心区域的网络之中。就拿政治管理来说，政治管理的实现通过以州为单元的分散网络为媒介：地方司法链、市政中心、县管理办公室、警察局等。所有这些都通过电子化交流模式和电脑记录方法而连接在一起，且伴随着正式的专门知识管理。举另外一个例子来说，经济结构越来越形成专门化和分散的单元，这些单元从其区位选择上来说也越来越独立，不需要集聚和中心化。因此连锁商店、工厂、银行支行和大量的文化设施已经全部分散在更大的城市空间之中。简言之，虽然老城市中心仍然保留着，它的功能已经发生转变，并且日益转变成一个更专门化的角色，而其余功能分散在城市外围的分散的小型中心的网络之中。

在大都市生活的绝大多数区域之中，私有化的消费模式开始盛行。在这种通常被叫做"郊区"的新空间形成中，几乎没有专门用于社会交流的公共场所。日常生活由许多分离的社会活动所架构：家庭和工作分离；学校和当地社区分离；社交和娱乐活动与邻近社团分离。在这种环境中的居民只能在缺乏社会交往的公共场所中消耗一天的时间；而这种公共场所在老的城镇广场或者中心曾经提供过。相反，社会交往的场所现在越来越趋向于在封闭的，不受气候影响的商业区，即"大型购物中心之中"。首座全封闭的购物中心是 1956 年建在明尼苏达州的明尼阿波利斯市的郊区。据一位开发商讲，

> "建一座完全封闭的购物中心的理念不只是出于天气的考虑。人们在其中消磨时光——他们同样对吃饭和浏览感兴趣。因此，现在我们仅仅建造封闭的购物中心。"（Kowinski，1978，p. 35）

巨大的、完全封闭的购物中心已经成为美国居住在中心城市外围的大都市人群的"主要街道"（Jacobs，1984）。正如考文斯基（Kowinski）所了解的，在美国南部和西南地区的新区，如加利福尼亚、得克萨斯和佛罗里达，"大型购物中心从一开始就是商业区"（1978，p. 46）。

大型购物中心的商业力量几乎不可抵抗。它在当代的居住空间中已成为最成功的环境设计形式。1977 年，大型购物中心在美国零售商业中心占了一半，其每平方英尺的总销售额的回报 100 – 300 美元（Stephens，1978）。在许多大都市区郊区的大型购物中心使得中心城区相竞争的零售店消失，这部分地导致了城市中心自身的衰落以及对零售区位的政治争斗。最近，大型购物中心的形式被一些开发商重新引进回到城市中，这些开发商热衷于把中心城区中房地产贬值转变为可产生利益的资产。有许多案例，例如旧金山的吉拉尔代利（Ghirardelli）广场和波士顿的法纳尔厅（Faneuil Hall），废弃的工业地区变成了引用郊区购物中心概念的零售区。正如彼得罗斯·马丁尼迪斯（Petros Martinidis）所认为的，这种开发已经"把工人的悲剧转变为零售者的福音。"一句话，大型购物中心是一种与众不同的建筑形式——通过设计元素而整合在一起的独立商店的封闭区域，这些设计元素根据专业的大型购物中心建造专家的经验而架构。这种形式已经把城市中心从生产置换成最重要的消费场所。因为整个大都市区的居住空间已经被晚期资本主义深层结构的改变所重构（Gottdiener，1985），大型购物中心的形式已经成功

地扎根于许多区域，包括昔日中心化的城市本身。

对建成环境的任何方面的符号化分析是从考察一些具体的与空间表述紧密相连的设计开始的。以购物中心为例，它们可以被极好地理解成是由两条清晰的结构性原则交叉形成的场所。一方面，购物中心是零售商们希望在当今生产和销售的新型关系之下以一种大体量进行销售活动的愿望。因此，它使许多由符号组成的特定的象征具体化了，这些符号被机械式地用来促销。另一方面，购物中心是一个物质性的空间，在此空间中，个人来这儿参与某种形式的城市活动，与此同时，他们希望作为消费者，他们的走动有益于零售商。这就迫使产生第二种模式的设计实践，且这种实践与第一种模式相互借鉴从而产生购物中心。那么，生产向消费的转换实际上全发生在一个空间之内，这个空间架构由获取利益的思想和消费的思想体系交叉形成。这个综合两套独立思想体系和空间设计的表述产生了购物中心的符号系统。下面对购物中心的符号分析是以对洛杉矶－南加利福尼亚奥兰治县区域的封闭式商业区域的实地调研为基础的。在可能的情况下，关于其他地方的购物中心的书籍和信息也用来补充我们的第一手考察（例如，Jacobs，1984）。对出现在购物中心中的符号系统的解读是由对重大意义的发掘而组织的，这个重大意义的产生和两套独立的意义秩序相关——一套是范式的，另一套是组合体的。前者考虑了购物中心自身的设计主题，或者是购物中心的联合性主轴，后者由分析方法组成，在这套方法中，购物中心的独立元素已被工程化地组合进一个隐喻式的和谐体之中。我将分别地考察这些内容，只要这些理解能很清楚地揭示出后者绝对以前者为基础发展而来。

范式：购物中心主题

购物中心的目的是向消费者销售商品，因此，购物中心设计的功能是要掩饰生产者与消费者之间的交换关系，这种关系在资本主义社会内总是更有利于前者，另外的功能是以实际经验为基础，表现一个整合的立面，通过激发消费者的幻想来服务于这个程式化的目的。因此，把购物中心当做一个整体来说，它是自身的一个符号，因为它包含有除了它自身主要功能之外的一些东西，这些东西通过使用虚假的主题来实现。购物中心的主题可被看作是一种密码，它整合了特定消费者的幻想，这个幻想被设计师选择用来作为主要的联合性意向，通过这个意向，他们希望能够隐藏其真正的本质。从这层意义来说，购物中心的主题是个符号，但是它是一个特殊类型的符号，这个类型是资本主义典型的广告化形式。用叶尔姆斯列夫（Hjelmslev）术语（图9.1），这个符号的组成部分都由获取利润这个原始的欲望决定。这是意义重大的实践的前提条件；并且是购物中心所代表的外部符号性的语境过程。那么，说到符号本身，"内容的实质成分"是消费主义的思想体系。这个思想体系对决定符号的其他方面施加了控制，这个符号决定了它的元素，因此"表现的本质"最终是对那套思想体系的宣传。简短地说，设计的形式化元素在内容层面上贯穿于购物中心，并且在表达层面上也因为购物中心自身的固定功能而被限定在它们各自的可能性上。过于难以捉摸的购物中心的固有密码在消费主义的幻想及其另外的设计元素的物质性之间产生了一种短路。与符号相联合的这些组成成分的密码是购物中心的主题。

$$\frac{S_d}{S_r} = \frac{\dfrac{物质（实质）}{形式}}{\dfrac{形式}{物质（实质）}} = \frac{\dfrac{优先的思想目的}{概念设计/语段（语境）}}{\dfrac{建筑设计/范例}{材料形式/对象}} = \frac{内容}{表现}$$

图 9.1   建成环境的符号分解

购物中心的主题由设计师和建筑师选择，他们把多年积累的零售经验应用在主题选择上。商业杂志、政府报告、教育机构，以及诸如此类的部门对购物中心的设计都有帮助。当某个具体的元素在一个地方取得了特殊的成功之后，他们常常会在其他地方试用。因此，购物中心的主题会试图在一段时间内假设一种图像式的模拟或是"标准化"。这种主题选择的一致性是与市场研究相似的建筑类似物，该市场研究寻找存在于消费品和产品商标中的标准形式，这些产品商标已经被证明可以激发消费。以购物中心为例来说，开发商重新复制其他地方已经成功的设计主题，他们相信在其他地方相同的消费幻想同样能够吸引和稳定购物者。

因其在波士顿的法纳尔厅等地的成功，最近克罗普金（Kropkind）称为"Ye Olde Kitsch"的主题开始流行，加利福尼亚的奥兰治县有个购物中心重复了其形式，叫做"Olde Towne"。当人走近时，一个巨大的"Olde Towne"标志符号出现在入口附近。这个购物中心既不旧，也不是一个城镇，如鲍德里亚（1968）所认为的，这些飘浮的符号脱离了它们的所指，即一个广告形式具有的基本特征。飘浮的符号代表了购物中心的密码；它的怀旧性。它们主要是为仅仅从停车场进入的消费者们提供更深入的与广告形式相脱离的符号接受性。在这种特定的购物中心的每个商店之前，包括安全工作人员的办公室，购物中心保安，都仿制了19世纪美国城镇的"好莱坞"风格，并且通过建筑实践得以想象其样子。商店借由古式的街道联系，这些街道每隔几码装有仿汽灯柱。整个系统是对迪斯尼"主街"的怀旧，这种风格是一种微缩版的城镇类型，很久之前，这种类型一直是遭反对的（Francaviglia，1974）。事实上，如 Olde Towne 一样，有统一主题的购物中心，都可以从理解迪斯尼的成功的角度来理解（Gottdiener，1982）。它们与周边的环境产生了文脉性的比较。怀旧性的渴望实现小城镇生活的理想化概念，在一个大都市的环境下实现，而在大都市中，真正的小城镇和它的独特的社会关系已经消失了。对这种精致的木头和拉毛灰泥结构的渴求可以理解成是从以下这种生活方式之中而来，即那种借由大范围蔓延的低密度区域的开发而形成的疏远人之间关系的生活方式和环境。总的说，我认为这种特定的购物中心主题以及其他为购物中心而设的设计幻想的成功，主要依靠的是它能有效地与其周围的日常生活环境的体验产生对比。诱发这种对比的元素继而通过建筑师和开发商的职业实践而转变成物质实体。

这个结论可以通过第二种当前很流行的同样成功的设计主题得到强调。那就是"高技城市"（Hi-Fech Urban），因为它通过叠加二到三间商店在一个巨大的开敞的空间周围而创造了中心城市的密度，这个空间继而用高技风格的钢、塑料和玻璃来展示商店的名字。这种高密度的购物中心的原型是意大利的米兰大拱廊。这个大拱廊形式以及它的名字已经在休斯敦、怀特普莱恩斯（White Plains）、谢尔曼奥克斯（Sherman Oaks）和格伦代尔（Glendale）等地复制。不太明显的是，"高技城市"的密码也形成了多层购物中心的特征，这些购物中心在南加利福尼亚的其他地方取得了巨大成功，如洛杉矶县的福克斯朗（Fox Run）和比弗利山上的比弗利中心（Beverly Center in Beverly Hills）。"高技城市"是第二种怀旧形式。在洛杉矶和阳光地带的新城中，分散的发展模式已使得人口密度平均化，不像过去的城市所拥有的人口那样。因此，第二种主题的购物中心，重新创造了一种聚集的城市空间，并且在临时环境之中重新创造了城市尺度的人口密度和城市作为荒唐的中心的"潜在的性欲主义"，用巴特的概念说（1970－1971）。在这种购物中心之中，一种鸟瞰的视角可出现在高楼层的人那儿，他们经常停住脚步来看下层步行者的活动。这种多层高密度的购物中心建成空间短暂地超越了中心之外的大都市的分散区域中，导致许多生活分离的苦恼。因为这种购物中心充满了其他功能，因此它也有其他的原因能产生一定的主题，而对昔日城市环境的一种怀旧是当前流行主题的一贯特征。

总之，购物中心设计最重要的方面是它贯穿整体的主题。要想成功地设计一座购物中心，应该要能识别出存在于购物中心自身建成空间和其周边环境之间的文脉关联。"Ye Olde Kitsch"和"高技城市"是不同形式的对过去的城市社会空间体验的怀旧，过去的空间与今天的大都市区域的分散设计模式形成鲜明的对比。

组合体：购物中心内的设计元素的表达

设计的第二种维度包括了在购物中心内部的空间和为商店主立面而设计的可变化的片断组合呈现的外观。购物中心内部设计的目标只是单纯的程式化——控制人流以方便消费。如上所述，这种功能作用在空间内实现的时候是必须被掩饰的。[1]再次引用叶尔姆斯列夫的术语来说，这里购物中心极其重要的规范"实质内容呈现的形态"，规定了组成"表达形态"的所有设计元素，所以这个掩饰（也就是购物中心）能在它所有的部分之间很好地协调。几种明显的技术被用来促进这种相互关联的和谐。首先，购物中心有丑陋、空白的墙体包围在四周，所以所有的活动转变到内部。实际上，从停车场上看，多数购物中心像个混凝土的地堡，上面偶尔出现一种百货商店的标志，作为巨大的砖和钢模中唯一的缺口。这样设计的目标是为了防止在购物中心之外过多地消磨时间，从而购物者能更快地离开他们的汽车。依据斯蒂芬斯（Stephens）（1978）的观点，这种否定外部街道的做法可以叫做"内向性"，因为购物中心的设计紧紧抓住的是自我封闭，像中世纪城堡那样的保护主义者的氛围。因此，虽然外部世界也许充满了各种城市生活的奇想，这种城市生活又处于一个充满了斗争和社会分层的社会之中，而在购物中心内部的体验被堡垒似的墙遮盖了，也被购物中心管理者，那些封建式的所有者的支持而遮盖了。

建设购物中心的第二个特征是经常在消费者进入主要区域的时候欢迎他们。设计者们已经把城市的符号功能转为购物中心内部的戏谑式的中心。许多案例中的主入口是一个巨大的开敞空间，就像一个城镇广场，它包括一些特殊的吸引人的形式，但不直接和购物本身发生联系。例如"Olde Towne Mall"（见上）有一个足尺比例的旋转装置在它的中心，配以录制的 Calliope 音乐。只花一点钱，孩子们就可以骑在上面，而父母们在一旁看他们开心的笑脸。第二个案例，就在洛杉矶"Del Amo"购物中心（世界上最大的）主入口内站着一个巨大的，两层高的钟楼，钟塔四周有一套特殊的编钟。购物者可以在固定的间隔时间参与享用。在它的基础部分，启示性的符号解释了钟塔"独特的"特征，因此购物者被它的像一种特殊的节目一样的表演所吸引。这个钟塔以及它四周的开放空间也引用了旧的城镇广场的重要元素。在这个案例中，这个复杂的钟塔让人想起了西欧文艺复兴式城市的中心。

最后，购物中心被当做奢侈中心的案例是使用空中喷泉，这些喷泉被许多长凳子和地中海风格的城镇广场中的路边咖啡店所包围。这种空间可以在圣莫尼卡（Santa Monica）购物中心中看到，中心有个巨大的区域充满了从三层楼高以上的天光射下来的光线，这些光线控制了喷泉和座位区，这些座位是为那些疲倦的购物者准备的。整个效果抓住了一种城市氛围，这种氛围使得购物者停留，观看和被观看。这种单一的奢侈的中心常常配有一小块地方能够提供许多种食物，从快餐到很好的食物都有。实际上，提供吸引人的零食是每个购物中心的重要特征。就如一个著名的购物中心开发者指出的"他们来购物，但他们因为食物而驻足"（Stephens，1978）。

这种对传统的奢侈中心的重新确立的许多方面都创造了一种城市文明的幻象。生活在只有很少公共空间和人口密度很低的环境中的人会发现当他们进入购物中心后，能找到一种他们极缺乏而又极渴望的东西——秩序严整的，社会化交流的开敞空间。但这些地方只不过是公共生活的一种幻想而已。他们掩盖了购物中心空间的机械化和高度控制的本质。与那些异质混合以及"展示潜力"（Lefeb-vre，1970）的城市的公共中心所不同的是，购物中心是私人所有的空间。管理者有合法的权力去规划其中的人群和活动的类型。更精确地说，购物中心可以去除政治和联邦的成分。包括美国规定的合法权力来防止工人占有商店。此外，消费者们在购物中心内部除了在设定的场所，其他的地方是不允许闲逛的。例如，如果没有管理者的允许是不允许拍照的，保安会悄悄地通知那些带相机的游客。因此，购物中心内部的通过设计实践而引用的城镇广场的形态，只能被认作仅仅是提供了一种文明化的幻象，因为城市化的气氛是被利用来获取利润的。

购物中心的第三个特征是其中有用的符号系统。在这些空间之内，指称性的甚至是索引式的符号功能更多的是种含蓄的功能，以指引人行交通的流动。这种含蓄的功能只是用来指示分层化社会系统中的特殊地位，这种社会由个体所组成，而个体则有不同的家庭财政预算。因此，例如商店的标志是由高度提炼的市场化科学而产生的符号。它们试图指代一种特定的社会地位或是生活方式，这种生活方式借由通过不断发展的广告工业本身而和符号体发生关联。

在购物中心内部，对商店的需求主要取决于一种普通的为商业利益而聚集在一起的买卖行为，这种买卖围绕着当前时尚的惯例和强制性。然而，商店是根据它们产品的大概价格范围而分层的。消费者在这些种类中挑选和选择，然后又到他们认为可以接受的价格内的商店中去选择，即使在不同的商店中同样的产品以不同的价格出售，但商店仍然看起来很类似，因为这种由于整体的活动而产生的外观可变性的聚集使得消费活动被虚构成为一种时尚。商店标志以及符号广告的消费，如为出售而设的广告，暗含了一种预算上的外表包装，在其中消费者希望能够发现许多不同的品种，而这些品种是在一定的消费范围内的。总的说，购物中心的符号系统，绝大部分是消费的单一化的索引。当含蓄的元素变成现实的话，它们仅仅是社会地位的符号，它们被定义得太过于粗糙，以至于不能提供不同的信息，不能完善消费主义的梦想。因此，购物中心的符号系统只是其他地方到处可见的广告体的延伸。如杂志、电视、报纸和诸如此类的媒介，以及那些由标识术（logo-techniques）和时尚的互动过程而媒体化的广告。

购物中心内的符号系统还有第二种途径来调和消费活动。在任何购物中心内的商店群之间，它们在个性和重要性上有一种层级的关系，购物中心的运作主要是因为其中有一些巨大的百货商店能够吸引顾客。他们的位置限定了整个地面层布局，同时在巨型商店之间填充了一些特别的小店铺。事实上，购物中心的分类是根据它们所能容纳的巨型百货商店的数量而定的，通常至少包括两个，因为至少两个百货商店才能使得设计者可以安置店铺并组织路径。因为，两个百货商店在端头，顾客们不得不要从一头走到另一头，因此要穿越其间不太知名的小店铺。非常巨型的购物中心包括了三个或者更多的巨型百货商店，因此其地面层可能是交叉轴线式的。"Del Amo"购物中心是个容纳了九个主要百货商店的最大的购物中心。在当代城市史上，还从没一个中心式的城市有这么多的主要商店处于同一个区域。

第四个也是最后一个组合性的设计元素是每个主导商店内的人流组织。每个较小的商店实体主要借助的是一种舒适性，也由于这种舒适性，地面层平面能够提供人们浏览的机会从而刺激购买。这个路径会被一些障碍物打断，如巨大的混凝土植入体和垃圾筒、长凳、商店的曲折形的布局，仅仅通到机动交通的闷墙，等等。这些处理全部用来改变顾客的行踪。从而迫使他们会多花点时间选择从一个地点移到另外一个地点。零售店的正面沿着这些路径展开，它们必须努力吸引这些购买者进入店内。这里的商店名称和外观虽然必须符合购物中心的中心主题，但它们自身却有次一级的方法来在自身的立面橱窗中展示其布局。诸如光线、窗的外观和商品展示这些元素对这些商店来说非常重要。在这个层面上，商品就是符号本身。商店立面利用了许多广告信号，这些信号被制造商加工到消费品上。例如：服装设计师标志，录音带和皮书套，以及家用电器的设计主题。如"高技风格"的立体音响或真空吸尘器。这些做法形成了第二种方法，借助它，购物中心的符号系统为全面扩大社会大众市场营销广告业而起作用。事实上，购物中心内的商店正是生产过程转化为消费的场合，这种转化借助的是广告和消费主义思想意识的产物。

然而，在购物中心内的消费活动和它与消费主义者思想意识的景象形式间的联系经常被依据收入高低的不同而分层化，这种收入高低组成了消费者市场本身。任何一个购物中心内的专业化的商店使得购物中心能够迎合不同的收入级别的消费。在有些案例中，购物中心之间的差别是有的购物中心迎合更富裕的阶层，因此购物中心也可以被认为是根据其服务的收入阶层的不同而分类。例如，有些购物中心因为其高端服务而闻名，因为它们汇集了高档的时装制造商和特别的商店以迎合富裕和高层次的人群。在这样的场所，商家的名单目录和百货商店的标志一样重要。在时尚岛购物中心内（在洛杉矶附近的奥兰治县），人们能够在 Yves St. Laurent 的展示店内购物。而这个店的雇员可以讲法语。总的说，购物中心混合了地位和商品的符号。这是某一特定类型的符号。它们是这样的一些指示体，即暗示了什么是时尚的，什么象征了特定的社会经济地位，什么属于商品系列，或者最终也是最简单的，什么使得特定的消费者在这个购物中心而不是别的购物中心内消费。总的说，在购物中心立面和人的行为之间的互动层面上，广告和时尚的商标技艺培育了消费主义。因此，购物中心空间的设计要尽可能的在内向性的城堡似的城市元素内提供自由的领域，以使得其广告化的信号能事先对顾客的心理产生影响。

结论

购物中心代表一种使得产品向消费转变的消费性机制，因为对许多大都市居民来说，他是在非结构化的但是疏远的交际活动中唯一的安全场所与别人相遇。人们因为试图寻找一个共同的社交场所而来到购物中心，同时也被在人们心中已经形成多年的个人自由的期待支配。然而正如雅各布斯（Jacobs，1984）说的，购物中心永远不能满足人们试图在那寻找的需求。事实上，购物中心使得消费为向导的生活变得更糟糕。因此，购物中心之所以存在，是因为它使得对空间的机械化的控制与现代社会产生的欲望相匹配。

这个发现的重要性在于，在大都市的许多区域之内，日常生活和其核心的社交部分已被晚期资本主义的机械式空间和当代社会的病态所篡夺，这些病态特征如高犯罪率，包括任意的街道暴力。公共领域已经蒸发，对日常生活必需的社会化的互动已经让位于产品市场的技术化以及购物中心管理的商业化控制。诸如购物中心一样的机械式空间可以和城市环境比较；后者的公共空间看起来是历史的残余物，因为城市被机械式的空间所侵入（如法纳尔厅）。在过去的城市中，联合化的权利被宪法所保证，即使它被国家所控制。公共空间意味着言论、法规和集合的自由。因为这样的场所少了，且被限制了，所以同样的，这些基本权利也被限制和减少了。

参考文献

Barthes, R. (1970–1) Sémiologie et urbanisme. *L'Architecture d'Aujourd'hui*, 153, 11–13.

Baudrillard, J. (1968) *Système des objets*. Paris: Gallimard.

Francaviglia, R. (1974) Main Street revisited. *Places*, October, 7–11.

Gottdiener, M. (1982) Disneyland: a utopian urban space. *Urban Life*, 11(2), 139–62.

Gottdiener, M. (1983) Understanding metropolitan deconcentration. *Social Science Quarterly*, 64(2), 227–46.

Gottdiener, M. (1985) *The Social Production of Urban Space*. Austin: University of Texas Press.

Jacobs, J. (1984) *The Mall*. Prospect Heights, IL: Waveland Press.

Kowinski, W. (1978) The malling of America. *New Times*, 10(9), 30–56.

Lefebvre, H. (1970) *La révolution urbaine*. Paris: Gallimard.

Stephens, S. (1978) Introversion and the urban context. *Progressive Architecture*, December, 49–53.

第四部分

政治

第 10 章

城市公共空间的设计和开发
为什么很重要？

阿里·迈达尼普尔（A. Madanipour）

    最近，大量的城市设计兴趣集中在城市公共空间的创造与管理上。多年来，城市公共空间一直是争论的主题，从关注空间的私有化（Loukaitou-Sideris，1993；Punter，1990）到有争议的公共空间的本质（Zukin，1995）以及设计和发展公共空间的多种途径（Carr 等，1992；Tibbalds，1992）。同时，城市主管部门也开始着手改善城市公共空间，如从巴塞罗那到伯明翰和柏林以及其他城市。什么导致了大家对公共空间的兴趣呢？大家关注于公共空间设计和发展的原因是什么呢？为什么公共空间在城市生活中如此重要呢？我准备在这篇文章中，通过观察设计者是如何处理城市公共空间，它随时间改变的本质内涵和重要性及其在现代城市社会中多种多样的和有争议的意义以及承担的角色，来回答这些问题。

社会性的空间建构

    我们四周的空间，从我们在其中居留到捷足走过和旅行穿越的空间，都是我们日常社会生活的一部分。我们的空间行为是我们自身社会存在的一个有机组成部分，这些行为被空间限定，同时又限定了空间。与理解社会生活的其他组成部分相类似，我们用同样的方法理解空间和空间关系。瑟尔（Searle）（1995）认为世界的事实可以分成两类。第一类他称作"制度性事实"，人类之间达成的共识是这类事实存在的前提，因为它是我们在内心认为有它才存在的。另一类事实是天然事实，即不依赖人类社会的制度而存在的事实。社会性世界的绝大多数元素属于第一类事实，从钱到婚姻、财产和政府。例如，一张纸价值 5 英镑是个社会性事实。如果没有我们的制度性的共识，那它就仅仅是一张纸而已。因此，关于我们城市空间的天然性的事实，是地球表面的物体和人的总和。但是，关于城市的社会性事实则是人类创造的这些物体之间的关系，并且对人类有着特别的重要性和意义。道路、学校和住宅仅仅是些物质性的事实，不具备任何意义。人类的集体意识，人类赋予物体功能的能力，使物体符号化并且超越物体的物质性，这才使得它们成为社会性事实的一部分。

然而，符号论在社会性事实的建构中的重要性，显示了社会性事实如何具有不止一种的诠释。作为我们社会世界中最重要的一个维度，空间有不同的诠释和意义。不同的人群赋予空间不同的意义，空间成为一个多重含义的场所，它也反映了场所的社会性建构的方式（Knox，1995）。

这些各种各样看待空间的视角可以被归类成从内部，也就是当事人的主观角度，还有从外部观看，也就是第三者的外部视角。一个人的家在另外一个人的眼中只是一个物体。一个接触大自然而感到心旷神怡的人，对另一群体来说只是一个从公园中经过的人而已。对于一个人来说，对城镇里某个场所有非常丰富的情感，而在另外一个人眼中只是一系列步行行为的统计数据而已。这些在日常生活中随处可见的经验也能够在对空间进行的学术研究和专业式的理解中找到轨迹。问题到最后总是关于如何理解空间的多重性。对于空间和场所有没有一个简单且正确的定义？或者，这种多样的视角是否意味着我们应该屈从于一种相对主义，即所有的解释都是正确的，因为它们都代表了一种特定且正确的视角？

城市中的公共空间

在世界上任何城市和历史上任何时期，它们的社会和政治组织的主要特征是公共和私有生活领域的区别。城市中那些个人能去或不能去的地方是取决于空间的组织和管理的条件，这些条件一般决定了空间行为和社会生活等的主要模式。一个重要的组织空间的方法是确定出私密和公共空间。通过一个复杂的含义系统，一些场所被从其余的场所中保护且独立了出来。这个系统包括一些空间性的方法如，符号、边界、栅栏、墙体和门；或者通过一些暂时性的方法，如规定使用时间。这个借由物质实体和社会规定来表达复杂的法规系统，强调了那些陌生人未经允许或协商不能进入的私密场所。而公共空间却期待着对每个人开放，陌生人和市民都可以自由进出，较少限制。

这套符号表达和区分系统，始终反映在一种具体的社会背景中，而且对陌生人可能看不懂，他们不熟悉系统的符号的意义。而且，在城市中有许多模糊的角落，它们也许能或不能清晰地被划分为公共或者私有。不过，城市空间看上去被人人可以进入的大道与一些被严格控制的居住区分割成公共和私密领域。解读这种公共与私有的区别是解码和诠释城市的社会和空间组织的一种方法。

城市的公共空间总有着政治意义，它标志了一个国家的权利，如行进的队列或者精英的雕像，或者是反对者发生革命的地方（Madanipour，1998）。因此公共空间的控制对一个特定社会的权利平衡是至关重要的。就如意大利的法西斯分子所知，谁控制了街道，就控制了城市（Atkinson，1998）。

　　字典上对公共的定义是作为与私密对应的概念。牛津字典中对公共的定义包括："属于或者是整个人群的；属于、影响或者关于社区的"；"由整个社区实施或者制造或者代表整个社区有益的；社区认可的或者代表了社区；对每个社区成员开放或者可用的，或者为所有社区成员使用和共享的；不限于私人用途的"；"由当地或者中央政府为社区所提供的场所，并且由税收支持其运转"。以此为基础，公共空间由把人群看作一个整体的公共权利提供，并对这个人群开放或者被所有的社区人群所使用和共享。

　　和其他任何定义一样，这是一种概括的说法，它的每个部分都可以代表一种广泛的可能性。公共当局可能或不可能合法地代表一个社区或者为一个社区服务。空间的有效性是基于一套多样和复杂的规则和条件之上的；一个社区的所有成员也许由于功能性，象征性或者其他可能的原因，愿意或不愿意，能够或不能够使用某个特定的空间。这样，这种概括性的定义成为一个理想的类型，它提供了一个标准的衡量价值，而不必对每处的公共空间进行描述。然而，一种对公共空间更加精确的定义基于这样一种观察，几乎历史上任何时候和地点的城市公共空间是在一些为个人或小群体控制的范围之外的，是私人空间之间的一种媒介，并且有许多并列的功能性或者标志性的目的。因此，城市和公共空间是些不同于私密性的区域，且成为这些区域媒介的具有多重目的的空间。

　　本和高斯（Benn and Gaus，1983）提及了实际活动的多样性，并把这些活动分为公共和私有，例如，从图书馆中公共性的图书使用到政府拥有的公共权威。但是，他们分出了三种组成公共和私有的宽泛的类型。这是社会组织的三个维度：可进入性、代理机构和利益。大多数关于公共空间的定义强调了可进入性的必要性，这包含了进入场地和进入场地中的活动。即使一个场地为一个私人代理机构拥有，法律仍可以保证公共的进入权（Vernez Moudon，1991）。本和高斯（1983）又将可进入细分成四个更小的维度：进入物质性空间；进入活动；进入信息和进入资源。因此，公共性的场所和空间之所以是公共的，因为每个人能实际进入其中。然而，进入一个场所的目的是进入场地中的活动。当然，也可能是进入一个场地之中而不参加其中的活动，例如进入公共场地中的一群聚会的朋友。信息的进入是关于私密性争论的焦点，这种私密性涉及控制我们自身的信息或者控制自身的公共形象。资源的进入可能会对公共的事务产生影响，这也是为什么关于代理机构的问题变得重要。在有代理机构的地方，不管是代表私人或者代表社区的利益，都将对行动的本质和后果产生影响。处理城市空间的公共机构的运作模式和目标与私人性的机构非常不同。同样，利益问题在决定公共与私有的区别时也非常重要。谁将会是活动的直接受惠者：个人还是公共体的一部分？然而，在这三个维度中存在重叠和模糊，如在对财产所有权的分析中，会发现潜在的多样和复杂的所有权和控制权。但是，可进入性、代理机构和利益这三个维度对于公共空间进行经验性的分析还是有用的。机构和利益的维度能够直接引导我们进入城市空间的多维视角。

公共空间作为空间的围合

大部分私人居住领域之外的地方可视为公共空间。这些空间可能有不同的功能和形状，从让行人赶快穿过的黑暗狭窄的街道到吸引人们驻足观赏的公共广场。它们一起构成了城市的公共空间。一个世纪前，卡米洛·西特曾经抱怨他那个时代的广场（或者叫公共广场）可能是四条街道包围一块土地而形成的空间。在研究过许多欧洲古城的空间组织之后，他形成了一些关于应如何组织城市公共空间的清晰概念。他认为，如同一个房间一样，公共广场最需要的是封闭的特点。这使得在广场内部任何角度能够产生围合的景象。广场的中心应该保持空旷，也应该加强公共空间与其四周建筑的联系（Sitte，1986）。

然而，现代主义的那些在 20 世纪占主导地位且已经形成了的许多当代城市的设计，却总是反对这种对待城市空间的方法。现代主义主要是把运动结合到它的世界观之中去（Giedion，1967）。因此现代主义者的功能主义优先选择了汽车和一些快速穿越城市空间的运动，这个观念破坏了开敞空间与其周围建筑物之间紧密的联系。现在的那些封闭景象的城市围合物，如街道和广场为了大量的能够提供建筑自由放置的开敞空间已经被毁坏了（Corbusier，1971）。不管他们对城市公共利益的首要性的强调，正如雅典宪章中所提倡的（Sert，1944），但现代主义者对于历史上形成的城市公共空间并不关心。他们所追求的是对公共与私有空间之间关系的重新定义，这将重新塑造城市空间，且因为卫生和美学的原因创造大量的开敞空间。这样的后果是大量与城市其他空间没有联系和弃而不用的空间，只能从高层楼的顶上观看，或是从汽车窗户观看。

对于那些不相信这种强加于已存的城市环境和日常生活的抽象概念的人来说（Lefebvre，1991），不可避免地要回归到历史性的对公共空间的定义上。创造空间的围合再一次成为城市设计的一个主要先决条件（County Council of Essex，1973；Cullen，1971）。作为节点和标志物的公共空间成为认识城市的一种方法（Lynch，1960）。街道和广场成为对城市空间进行阅读、设计的字母表（Krier，1979）。为这些空间创造生动和有活力的边界被认为是成功的重要条件。小型的混合使用土地以在公共空间和其周围建筑之间创造一种很强的联系的做法得到大力提倡（Bentley 等，1985）。对于城市设计来说，创造"积极的城市空间"变得十分重要，也就是说有建筑物围合的空间，而不是建筑建造之后所剩余的空间（Alexander 等，1987）。一个反映这些变化的，且常常是矛盾的，对公共空间进行诠释的案例是伯明翰的城市中心。这个中心被高速公路网络所主宰。它一开始是这样进行转换的，即分解一半的快速道路网络，然后补充大量的（用公共艺术修饰成的，步行化的）的公共空间（Tibbalds / Colbourne / Karski / Williams，1990）。

城市设计师因此总是试图在聚集了各种活动的城市空间节点中创造生动的围合。这些人造环境节点，通过它们的政治和经济重要性，以及美学价值，这些人类环境节点期待着成为社会生活的基础设施。但是为何这样的举措对城市很重要呢？

从整合的城市到功能性的碎片

一些空间一直在城市历史和市民的社会生活中扮演了很显著的节点角色。随着城市环境的改变，另一些空间已经失去了原有的重要性或者已被遗忘，或者根本找不到一点意义了。和许多过去的历史时期相比，今日城市中公共空间的重要性已经消失了。部分原因是城市的分散和公共领域的非空间化所造成的。从社会空间的高度集聚赋予中心公共空间以重要意义的时期到城市中的场所和活动找到了一种更加分散的空间模式的时期之间存在一个清晰的过渡。因此公共空间丧失了许多它曾经在城市的社会生活中行使过的功能。

最闻名的公共空间可能是古希腊的市场，即城镇中主要的集会用的公共广场，它首先，而且最重要的是市场，就如亚里士多德提醒我们的："对于每个城市来说，购买者和出售者必须互相满足各自的需求；因为男人几乎已经聚集成一个社区，所以这也许是舒适生活中最有效的。"（在 Glotz 中引用，1929，p. 21 – 22）但是集会市场又不止是一个市场：它被设计成城镇居民在其中举行典礼和展览等活动的场所。因此，集会市场是一个整合了经济、政治和文化活动的场所。本来它只是在城镇中心附近的一块开放空间。在其中，有许多专业活动和空间；各种公共建筑围绕它兴起；如市参议会的会议场所，地方行政官的办公室、庙宇和祭坛，喷泉房；法院以及为市民和商人所用的有顶的大厅。虽然随着城市的发展以及对更大的聚集场所的需求，一些活动可能最终在城镇的其他地方落脚。但是市场仍然是城市和市民活动的中心（Ward-Perkins，1974）。因此，在民主社会和公民没有任何权利的城市中，集会市场都被当成城市生活中必不可少的条件。事实上，古希腊人蔑视那些城镇中没有这种仪式性场所的文化（Glotz，1929，p. 23）。

但是我们清楚，集会市场和在其中的机构不是社会整合的唯一手段。支撑城邦的诸多活动远远超过了正式议会的民主机构，诸如，那些在集会市场之内和周围的，且深深吸引了学者们的法院和地方行政机构。城市中的一些崇拜者联盟，朋友团体，同龄集团和许多其他类型的团体的集体活动为城邦中的社会磨合的促进起到了中介作用。为社交活动提供场所，为政治生活和城市价值提供学徒式的训练，以及能表达社会秩序的场所（Schmitt-Pantel，1990）。不仅仅是集会市场，这些团体发生的这些公共的活动也会发生在圣殿、体育馆甚至是住宅的私密领域，即那些为家庭首领开会的房间（Jameson，1990）。（通过这些机构和集体活动）在这些活动场所中再造的社会性整合是排他性的，分层级的。在其中，妇女、奴隶和外国人只能处于最底层。然而，集会市场曾经是那些组成城市体的公共场所和集体活动的主要节点，即使是随着马其顿帝国的崛起之后，城邦和其民主机构的重要性随之下降。

历史上宗教和世俗的合二为一在中世纪并不存在，在中世纪，这两者之间的区别可从城市的公共空间中看出。例如，在意大利的城市之中，就有二个或者三个主要广场，每个广场有特定的活动用途。教堂前广场和主要的世俗广场（西格诺拉广场）、集市广场（蒙卡多广场）是分离的（Sitte，1986）。尽管这种空间和功能的专业分化，公共空间对于公共生活来说有深入的用处。城市广场装饰以喷泉、纪念物和雕像以及其他艺术品，并且被用作公共庆典、国家活动和商品、服务等的交换。但是在现代时期，所有这一切开始改变，这时的城市公共广场被用作停车场，它们之间的关系和围绕它们的建筑物几乎完全消失了（Sitte，1986，p. 151－154）。

在现代时期，古代城市的功能性整合几乎完全不见了。城市规模的不断扩大导致了城市空间的专门化，使公共领域和私密领域的象征性和功能性的整合解体了。当工作和生活在工业化的过程之中分离之后，私密领域的生活完全改变了。一种新的交通技术使得在城市之外工作和生活变得可能，大量的市民可以避免进入城市中心空间。此外，高速穿越城市空间的能力破坏了城镇居民与他们周围环境之间身体上的密切联系，而这种联系的存在贯穿了整个历史（Sennett，1994）。

运动的速度推动了人的活动的非空间化，这种非空间化和新的交通和通信技术紧密联系。继可出版的文字之后，通信和交流网络已经创造了一种非空间化的公共领域，严重破坏了城市公共空间的政治经济和文化的重要性。公共领域由大量的在时间或空间上不能重复的活动场所组成。和政治争论一样，货物和服务交换，参加宗教仪式和庆典能够通过除了面对面交流之外的许多种方法在不同的场地上发生。曾经能够容纳所有这些活动的功能性的公共空间在城市中不再是中心性的。城市公共空间已经成为剩余的空间，只是供停车之用，或者至多是同有特别的，有限功能的空间，如旅游或零售有关而已。许多公共或者半公共的场所，从古时的教堂到现代时期的公共图书馆和博物馆因为这些变化而受到压力。因此，现代城市经历了一个功能在时间和空间上的分散，内部活动的非空间化。这造成了多重非集中化的网络以抵抗整合的节点性质的城市公共空间。

此外，城市中的许多场所对公众开放，且被看成公共性的，但是却有着特殊的功能限定和定义。餐馆、博物馆、图书馆和剧院处在城市公共场所之列，然而，这些场所有着特定的功能重要性。同样的，购物中心侧重交易，餐馆有限定的功能和时间表，这都是它们有自身要遵循的限定规则。具有很大容纳性和功能复合的模糊性的城市公共空间正受到现代城市的功能拆解和专业化的压力。

社会性空间碎片的重组

城市的分散有着严重的社会后果。19 世纪兴起的工业化城市使大量的人口离开村庄聚集在城市。但是从一开始，这导致了中产阶级和工人阶级之间的分离。正如恩格斯在 1840 年自曼彻斯特所报导的，可以居住在城市中或每日访问它；而无须和工人阶级区域发生任何联系（Engels，1993）。然而一开始，这种分离是爆炸性的，并在政治和文化精英中产生了恐慌。社会性空间的分离是至今为止仍然是现代城市的一个特征。居民仍然可能居住和工作在郊区而不用到令人厌烦的内城，美国城市中的种族和社会分离是闻名的，而欧洲城市也同样为日益加剧的社会极化和分离而头痛（Madanipour 等，1998）。曾经被工业化所改变的城市现在又被非工业化和向服务性经济的过渡而改变着。如同以前一样，这种改变造成了恐慌和焦虑，因为一些已形成的社会空间模式又被动摇。

提倡公共空间的建设被当成对抗这种裂变和治愈焦虑的手段之一。通过对公共空间的多种定义可以促进许多形式的聚集。例如：公共空间被看成是"人们进行功能和礼仪性活动的公共场地"（Carr 等，1992；p. xi），或者"与陌生人共享的空间……和平共处的空间和非个人性的相遇的空间。"（Walzer，1986，p. 470）通过创造混合使用的区域，有望不同的人能够走到一起，并且，提倡一定程度的互相宽容。这在福利国家遭受结构重组的创伤，以及社会分裂越来越强的时期显得尤为关键。

从这个角度说，对公共空间的提倡能够和许多社会和政治哲学中争论的主题联系起来。主题之一是个人主义和整体主义之间的关系，或者如一些政治争论中的，自由主义者和集体主义者的关系：是否应该追求个人主义的自立，还是把社区的幸福当成一个整体。把公共空间当成个人的聚会点强调了聚集的重要性。另一个主题是公共和私人领域的分离，这是自由主义的政治理论的中心主题之一，也为其他公共领域理论家所提倡。如阿伦特（Arendt）（1958）和哈贝马斯（Habermas）（1989）。一个强大的公共领域，（公共生活在其中发生，且和私密领域清晰地分开）对于社会的健康非常重要。然而，这种思路被马克思主义者批评，他们把这种差别看作产生于财产的私有制，因此导致隔阂，而对女权主义者来说则把这种差别看作是私有领域同妇女关联的结果，因而，损害了她们在社会生活中的地位。这一思路也受到后现代主义者的批评，他们抵制普遍趋势，把退出公共领域看作是自我保护和通过发展新型社区的社会动力的象征。

公共和私人领域的分离是自由政治理论的一个中心主题。所以许多激进的运动质疑它也就不奇怪了，这其中有马克思主义者和男女平等主义批评者。马克思主义者批判公共、私人两分离导致了疏远。对生产方式的私人控制以及劳动分工导致了工人和他们工作以及产品和伙伴的疏远，对于马克思来说，私密和公共之间的矛盾，或者更大范围来说的个人和社会间的矛盾是资产阶级社会特有的。一方面，马克思及其信徒不相信社会之外有任何私密性的东西。另一方面，他们相信随着合理的自我管理的社区的建立，国家的公共权利也会消失。通过私人财产的废除和劳动分工，这种疏远会被克服，公共私密的区分也会消失（Kamenka，1983）。

对公共和私密两分法的质疑是男女平等主义政治斗争的中心话题。如帕特曼（Pateman）（1983，p. 281）所说的，"最终，它是男女平等主义运动所关心的终极内容"。男人和公共领域发生联系，妇女和私密领域发生联系。据称，妇女隶属于男性的关系被公共和私密之间的两分法，以及它的明显的普遍的、平等主义者和个人主义者的秩序模糊了。这里所提出的问题是公共性的世界，或是民众社会，在概念上或者被认定为和私密的家庭领域相分离，而这在理论讨论时又被遗忘。然而，事实是，这里所有的领域是相互联系的，并且工作领域不能理解成与家庭生活相分离，实际上家庭生活是文明社会的心脏，而不是与它相分离（Pateman，1983，p. 29）。

一些对公共和私有领域分离的评论回到了工业化资本主义的诞生的时候，那时工作和家庭领域是互相分离的。工业革命之前，家庭是生产和再生产的单位，社会生活未被分裂成独立的自治领域。家庭和工作的分离创造了男性统治的公共性工作领域，而私密的领域以妇女为特征，但也套住了她们。因此，社会约束的取消，以及社会生活分裂成公共和私密领域；不是千千万万的家庭所自愿实现的变化。世界划分成公共和私有领域，或是"私有化"只是"工业化的一个意外的后果"；并且可以解释社区消退的原因（Brittan，1977，p. 56 – 58）。

别为大集体价值观的告终和自我的回复而忧伤。我们应当把新的小群体和存在的网络系统看作是积极的前进的一步。它是一种新型的机体在其中基于感情交流表达情感的社群正在兴起，即礼俗社会或新的部族的新版本（Maffesoli，1996）。

然而，另一些人认为脱离公共领域，并不一定是消极的发展。它是社会活力和自我保护与疏远作斗争以及坚持思想、教化，甚至是要求统治和解放的信号（Maffesoli，1996，p. 46）。

公共空间作为私密空间之间的媒介，弥补了城市之间的膨胀，并且抵制了社会性空间裂变的扩张。没有它，城市中的空间运动变得有限且妥协。就如地中海城市中世纪宗派活动，社区被墙或者门所分隔，或者是在今天的分散的社区，穿越城市空间的旅行是局限且被分隔的（导致了社会生活交流的分隔和局限）。

对服务性经济需求的回应

　　最近对城市公共空间兴趣的增加可以被解释为对城市碎片的重组。它也可以被当成是为一种解决市场营销场所的办法。因为这些地区在世界经济中竞争以吸引流动性越来越大的资本，它们需要为投资者创造安全和有吸引力的环境（Hall，1995）。美学向城市规划的回归可被看作资本向城市回归的一个标志（Boyer，1990）。新的服务行业和高科技工业与地点的联系程度比过去的重工业要弱得多。从制造业到服务业这种经济基础的改变，标志着城市的作用正处于重新定义的过程之中。服务性城市里积聚着许多拥有不同的需求和期望的白领工人，而不是工业城市中大量集聚的蓝领工人。这种改变破坏了大部分的劳动力，特别是不熟练的男性工人，并且导致了收入差别的扩大和社会空间分隔和排外性的加深。这也同时意味着部分城市可能拥有更多的资源，并且由那些通过城市更新和中产阶级向破败市区的迁移而改造城市的高收入者所产生的新的兴趣点。

　　除了吸引投资者及其创造就业机会或者是他们带来的雇工之外，一些地方政府正在改进他们的环境质量以吸引游客。城市曾经一开始被当成工业化的，然后是衰落之地，现在则提升自己成为旅游者的最终目的地。然而，在一个城市，并没有足够数量的给人印象深刻的建筑和娱乐活动。而在游客做决定时，联系建筑物和这些活动的公共空间是很重要的。因此，创造新的公共空间是在城市中创造壮观场景的大过程中的一个部分。例如，滨水区的发展是抹去日渐退化的制造业记忆的过程中的一个部分。因此，城市中新的公共空间是改变竞争日益激烈的全球市场中的城市形象的手段之一，并且是使有限的商品和土地重新回到地方市场的动力。它们也是地方权力机构的一种合法工具，标志了他们在城市更新中的任务和效用。有些人也认为公共空间是解决城市中的犯罪问题的潜在办法，因为那些被指责要对城市许多恶行负责的改过自新的年轻人可以找到一个进行社交和娱乐的场所。

　　这个世纪的大部分时间里，特别是继苏联革命和大萧条之后，西方社会普遍加强了对社会生活的干预，这个趋势在第二次世界大战后达到顶点，并且强调了凯恩斯经济以及福利国家的发展。从 20 世纪 60 年代中期以来，这种系统出现了危机，一种对国家干预程度的质疑出现了。其结果是国家在经济和社会事务中作用的收缩。这和工业化之后产生的改变是相平行的。在从工业化城市向服务性城市转化的过程之中，公共部门及其作用也发生了改变。大规模的私有部门的卷入使得城市的发展和管理变得不平衡，这在空间的私密化上表现得很清晰。对公共空间的提倡试图解决这种不平衡。在城市中发展休闲设施的需要是向服务型经济转变的部分内容，在这种服务型经济中更关注年轻专业者的需要，他们的可支配的收入是经济发展的重点所在。包括了关于 24 小时城市的理念，在城市更新中使用文化性的产业，在英国城市中提倡使用欧洲风格的餐馆文化。这些可以从这种转变中分析，把它当做城市从制造业化的过去向服务型为基础的未来转变的必要元素。

然而，在公共空间这诸多作用之间有着明显的紧张关系。柏林是一个发展公共空间以抵制社会空间分化的案例，在柏林，这种空间分化超过了一代人的时间。现在，通过新的运输和通信等基础设施，以及对公共空间的创造和提倡和对东西柏林之间的分割线的新机构的创造和提倡，柏林已被重新整合了起来。通过去除分离性标志，并创造进行交流和相互作用的可能性，希望能够弥补自 20 世纪下半叶以来形成的城市中的空间和思想意识形态的分化。然而，柏林城的重组，以及把它当做联邦德国的首都，已经形成了新的分割形式。在东柏林中引入市场经济，以及西柏林取消一些特殊津贴，从周边城市以及世界各地来的移民浪潮已经创造了新的机遇和分化。而新的公共空间并未针对正在出现的经济和种族分化。因此，公共空间并未解决标志了城市特征的社会群体的分化问题。柏林创造了一种新的社会群体的等级，而那些较低层次群体的行为在公共空间中被仔细监控着。

重新整合社会空间碎裂的城市，可能不能只靠把城市变成政治性的焦点或者是经济资产。现在所知的这种紧张关系的最主要的形式是空间的私有化。

空间的私有化

空间私有化的原因可以追溯至城市发展过程中的几次变动。贯穿了整个 20 世纪，开发企业的规模和复杂性一直在扩大。与地方政府联系密切的小规模的，地方性的发展商已经让位给那些不是本地的，且常常拥有大量生产力的大发展商了。这种变化，伴随着建造技术的改变，已经对城市形态产生了重大影响（Whitehand，1992）。此外，开发项目的融资和财产所有制经历了很大的变动，因为银行和财政机构越来越在国家和国际之间进行运转，而不是地方性的小尺度上。由于开发企业和更广阔范围的资本市场发生联系，在开发的进程与地点之间出现越来越大的分裂。如果说在过去一些特别的开发项目对开发者来说有特别的价值的话，现在市场中的交换价值才最终决定他们的利益。因为空间失去了只有通过人的长时间使用之后才具有的情感和文化价值，现在它仅仅被当做为一种商品（Madanipour，1996）。投资者所关心的只是他们的投资能够安全地回笼。

同时对犯罪的恐惧是人们不愿去公共领域的主要原因（Miethe，1995）。随着福利国家的衰败，城市中公共权力机关的作用受到损害。附加在城市空间上的成分大多是被私有投资者所操控，因为公共机构发现他们自己不能或不愿承担发展和维护公共场所的费用。对投资的安全回笼以及安全的公共环境两者结合导致了对空间进行全面管理的要求，因此也破坏了它的公共性这一属性。从大超市到分割的社区和受保护的行人道，新的城市空间越来越被私有机构所操控，这些私有机构是顾及个别人群利益的。提倡公共领域的发展正是为了回应这种私有化的趋势。而不是通过制造更多排他的飞地和节点，加剧社会性空间的分化，大力发展单纯的公共空间也许可以促进社会的融洽。

公共空间和私有空间之间的紧张关系不是一个新话题。恐怕在中世纪的城市中这个关系表现得最清晰。中世纪的城市就是一个贸易场所。例如，大部分的英国城镇坐落在主要交通道口的交叉和会聚之处。这不仅仅决定了城镇的位置而且还有它们街道和市场的组织方式（Platt，1976）。在中世纪的城市中，一个或者更多市场用于进行贸易，成为城市中主要的公共空间。然而，正如萨曼（Saalman）提醒的，"整个中世纪城市都是一个市场"（1968，p. 28）。这意味着城市中所有的部分，在开敞和封闭的空间之中，不管是公共或者私有的，贸易以及贸易产品的生产在不断进行。但在这种贸易空间中，公共和私有利益之间的斗争不断地在进行，这很大程度上决定了中世纪城市的形状。个人和家庭需要空间以进行生产、贸易和生存。因为在封闭墙之间的空间的用途很有限，不断存在要求私用空间的压力。另外，对货物和人之间的自由流动和交换以及对集会场所的需求也存在，这也能够容纳来城市进行访问的贸易者，所有这些意味着城市也需要公共空间。随着公共权利以及与之相联的公共机构发展壮大，公共空间和建筑也增加了。因为在"无限膨胀的公共空间与永久的私人建筑物之间"存在着一个"动态的平衡"（Saalman，1968，p. 35）。对一些现代的评论员来说是一种无政府状态下形成的迷宫似的中世纪城市中的街道，反映了驮驴而不是人类的行为（Le Corbusier，1971）。这些街道是在公共与私有利益之间不断的斗争之下形成的。

界定城市公共空间的分界线往往也是公共和私有财产之间的分界线。公共和私有空间之间的关系在历史上一直控制了城市形态，也一直是它们社会组织的中心所在。然而，继亚里士多德对柏拉图的批判之后，城市中私有财产的角色一直是争论的话题。柏拉图认为，在理想的城市中，私有财产应被共享以促进市民尤其是主导的精英阶层和管理者的团结（Plato，1993）。亚里士多德（1992）则相反地认为不需要追求过度的统一，而是强调了需要私有财产，以及承认市民之间的差异。他建议道，"拥有者的数量越多，对公共财产的关注越少"（p. 108）。好像是描述一个 20 世纪后半叶的一处公共房产一样，亚里士多德写道："人们对自己私人的财物更关注而不是那些公共的财产；……别人正为他们照看着公共财产的想法使他们对公共财产不在意。"因此他坚持拥护财产的私有制，但是他说财产可以被公共性地使用（p. 113f）。

在现代背景下，对私有财产的讨论始于洛克，他坚持认为人对财产所有权有天生的权利，这种权利超出社会契约范围，且毋庸置疑。对私人财产的保护是现代自由思想的核心，也是启蒙运动时代标志性的个人主义的基础。马克思及其追随者在反对资本主义的斗争之中，企图废弃财产私有权。黑格尔基于私有机构改革是个人的自我表达也进行了评论。马克思批评这导致了疏离，而不是个人意识觉醒（Scruton，1996，p. 434 – 435）。

遵循马克思路线建立的社会组织，把这个对私有财产的批评当成中心教条之一。社会主义城市将继续有公共和私有空间，但是它们的所有权、管理和使用却和以前大不相同。近年的改革，私有财产的回归走过了一段麻烦的道路。这种公共与私有权之间的改变在西方经济发展之中有相同的经历，并且在世界范围之内被接受。公共财产的私有化已经也将会对城市的形态有重大影响。在西方背景之下，空间的私有化已经改变了城市的社会空间的组织。就如在中世纪城市之中，城市的轮廓线清晰表达了公共和私有关系之间的张力。城市设计师们在详尽设计公共领域时可能发挥重大作用，这些公共领域作为媒介促进私有利益及其空间表现与私有领域之间关系的平民化。

结论

城市受到社会分化和隔离的威胁，表现在城市郊区化和内城衰败上。在过去30年里，国家一直进行管理，作为整个社会趋势和社会变动的一个部分，控制的平衡与城市空间等都对私有利益有利。空间私有化的影响与社会裂变的威胁共同作用，它们对未来的城市有更严重的威胁。而城市设计对这一问题的贡献就是把公共空间当成社会整合的重点。这和经济基础从工业化向服务型转变也相当适应，因为在服务经济中需要新的生产和消费的形式和空间。

纵观历史，城市公共空间在城市社会生活中总是扮演中心角色。但是，它们已经失去原有的重要性，并且不再是社会关系的主要节点。技术的改变，更多的人口以及活动的专门化已经导致了功能断裂和公共领域的非空间化。把空间当成商品和社会分层，已经导致了社会性空间的分离和空间的私有化。把城市设计仅仅当做是提供一种美学体验，符合城市市场化以及资本市场给城市带来的新动向。在这种背景之下，公共空间可以再一次在城市生活中起到积极的作用。城市设计提倡空间性的围合，这种围合积极地定义并且容纳了不同的人群及其活动。创造这些包容性的节点可以是一种积极的进步以减少源于对城市空间的不同的定义和期望产生的潜在冲突，并且可以促进形成一个拥有宽容与和谐社会的城市。

参考文献

Alexander, C., Neis, H., Anninou, A. and King, I. (1987) *A New Theory of Urban Design*. New York: Oxford University Press.

Arendt, H. (1958) *The Human Condition*. Chicago: University of Chicago Press.

Aristotle (1992) *The Politics*. Harmondsworth: Penguin.

Atkinson, D. (1998) Totalitarianism and the street in Fascist Rome. In N. Fyfe (ed.), *Images of the Street*. Sevenoaks: Butterworth.

Benn, S. and Gaus, G. (eds) (1983) *Public and Private in Social Life*. London: Croom Helm.

Bentley, I., Alcock, A., Murrain, P., McGlynn, S. and Smith G. (1985) *Responsive Environments: A Manual*. Sevenoaks: Butterworth.

Boyer, M. (1990) The return of aesthetics to city planning. In D. Crow (ed.), *Philosophical Streets: New Approaches to Urbanism*. Washington, DC: Maisonneuve Press.

Brittan, A. (1977) *The Privatised World*. London: Routledge & Kegan Paul.

Carr, S., Francis, M., Rivlin, L. and Stone, A. (1992) *Public Space*. Cambridge: Cambridge University Press.

County Council of Essex (1973) *A Design Guide for Residential Areas*. Colchester: County Council of Essex.

Cullen, G. (1971) *The Concise Townscape*. Sevenoaks: Butterworth.

Engels, F. (1993) *The Condition of the Working Class in England*, ed. D. McLellan, first published in 1845. Oxford: Oxford University Press.

Giedion, S. (1967) *Space, Time and Architecture: The Growth of a New Tradition*, 5th edn. Cambridge, MA: Harvard University Press.

Glotz, G. (1929) *The Greek City and Its Institutions*. London: Routledge & Kegan Paul.

Habermas, J. (1989) *The Structural Transformation of the Public Sphere*. Cambridge: Polity Press.

Hall, P. (1995) Towards a general urban theory. In J. Brotchie, M. Batty, E. Blakely, P. Hall and P. Newman (eds), *Cities in Competition*. Melbourne: Longman Australia.

Jameson, M. (1990) Private space and the Greek city. In O. Murray and S. Price (eds), *The Greek City: From Homer to Alexander*. Oxford: Clarendon Press.

Kamenka, E. (1983) Public/private in Marxist theory and Marxist practice. In S. I. Benn and G. F. Gaus (eds), *Public and Private in Social Life*. London: Croom Helm.

Knox, P. (1995) *Urban Social Geography: An Introduction*. Harlow: Longman.

Krier, R. (1979) *Urban Space*. London: Academy Editions.

Le Corbusier (1971) *The City of To-morrow, and Its Planning*. London: The Architectural Press.

Lefebvre, H. (1991) *the Production of Space*. Oxford: Blackwell.

Loukaitou-Sideris, A. (1993) Privitization of public open space. *Town Planning Review*, 64(2), 139–67.

Lynch, K. (1960) *The Image of the City*. Cambridge, MA: MIT Press.

Madanipour, A. (1996) *Design of Urban Space*. Chichester: John Wiley.

Madanipour, A. (1998) *Tehran: The Making of a Metropolis*. Chichester: John Wiley.

Madanipour, A., Cars, G. and Allen, J. (1996) *Social Exclusion in European Cities*. London: Jessica Kingsley.

Maffesoli, M. (1996) *The Time of the Tribes: The Decline of Individuality in Mass Society*. London: Sage.

Miethe, T. (1995) Fear and withdrawal from urban life. *Annals of the American Academy of Political and Social Science*, 539, 14–27.

Pateman, C. (1983) Feminist critiques of the public/private dichotomy. In S. E. Benn and G. F. Gaus (eds), *Public and Private in Social Life*. London: Croom Helm, 281–303.

Plato (1976) *Republic*. Oxford: Oxford University Press.

Platt, C. (1976) *The English Medieval Town*. London: Secker and Warburg.

Punter, J. (1990) Privatization of the public realm. *Planning Practice and Research*, 5(3), 9–16.

Saalman, H. (1968) *Medieval Cities*. London: Studio Vista.

Schmitt-Pantel, P. (1990) Collective activities and the political in the Greek city. In O. Murray and S. Price (eds), *The Greek City: From Homer to Alexander*. Oxford: Clarendon Press, pp. 199–213.

Scruton, R. (1996) *Modern Philosophy*. London: Mandarin.

Searle, J. (1995) *The Construction of Social Reality*. London: Penguin.

Sennett, R. (1994) *Flesh and Stone*. London: Faber and Faber.

Sert, J. L. (1944) *Can Our Cities Survive? An ABC of Urban Problems, Their Analysis, Their Solution*. Cambridge, MA: Harvard University Press.

Sitte, C. (1986) City planning according to artistic principles. In G. Collins and C. Collins (eds), *Camillo, Sitte: The Birth of Modern City Planning*. New York: Rizzoli, pp. 129–332.

Tibbalds, F. (1992) *Making People-friendly Towns: Improving the Public Environment in Towns and Cities*. Harlow: Longman.

Tibbalds/Colbourne/Karski/Williams (1990) *City Centre Design Strategy. Birmingham Urban Design Studies, Stage 1*. Birmingham: Birmingham City Council.

Vernez Moudon, A. (ed.) (1991) *Public Streets for Public Use*. New York: Columbia University Press.

Walzer, M. (1986) Pleasures and costs of urbanity. *Dissent*, Fall, 470–5.

Ward-Perkins, J. B. (1974) *Cities of Ancient Greece and Italy: Planning in Classical Antiquity*. New York: George Braziller.

Whitehand, J. W. R. (1992) *The Making of the Urban Landscape*. Oxford: Blackwell.

Zukin, S. (1995) *The Cultures of Cities*. Oxford: Blackwell.

第 11 章

柏林反思：建设的意义与意义的建设

彼得·马库塞（Peter Marcuse）

"欧洲最大的建设工地"是对当今正在柏林所发生的事件的一种自我描述，但是，正被建造的不仅仅是一系列的建筑物，也是一种意象。其中可以看见的大型项目包括：

- 一整套新的政府建筑，最显要的政府中心（德语词更形象，即 "Regierungsviertel"，一个 "统治的区域"），花费数十亿元，以使德国成为欧盟中的重要国家。

- 波茨坦广场（Potsdamer Platz），索尼在欧洲的总部，ABB 科技的一栋主体建筑，以及戴姆勒·奔驰信息产品和服务公司的中心楼，旨在利用这个新开放的东部市场，所有这些实际构成了第二或是第三个城市中心。

- 弗里德里希大街（Friedrichstraβe），在战前是柏林主要的商业轴线，而战后只是德意志民主共和国反市场化中的另一条街道而已，现在却努力想成为德国豪华的商业街——柏林的 "第五大街"。

- 巨大的基础设施，一条联系政府中心与全欧洲的中心铁路站，一条新的位于中心区下面的机车隧道，大量的文化设施，包括一座新建的犹太人博物馆，以及大量的私人投机性的办公楼。

- 一个计划中的 "被屠杀的欧洲犹太人纪念馆"，经常被称作是大屠杀纪念馆（德文词是 "Mahnmal"，指一个 "警示的纪念碑"，而不仅仅是 "纪念碑"，也就是德文中的 "Denkmal" 一词）。

如此多的建设本身，到处可见建设用的起重机和脚手架，现在它们被宣传为城市新的特征了（图 11.1）。

建造什么呢？当然是有意的象征符号和意义了。值得炫耀的是，发达国家中最好的建筑师被邀请来参与主要场地的竞赛，首先是概念性的，然后是实际建造的。讨论在大众之中展开，国内和国际的发言人，他们被邀请来在公共的讲座中发表评论，评委会的评委，大众杂志和专业杂志的特别版，全身心投入到结果中，由负责城市发展的参议员成立的一个全新机构，城市论坛，对提议的计划的意义和内涵进行阐释。每幢建筑物，每种风格，每个立面，建造材料，以及在每

图 11.1   柏林大屠杀纪念馆和建设场地。（1）大屠杀纪念馆的选址；（2）和（3）在 **Tiergarten** 的另一块可选场地；（5）和（6）在政府区域内的可选场地；（10）恐怖的地形；（A）新的汽车地道；（T）新的火车地道；围绕政府中心和波茨坦广场新建区的点画线

个历史时期的选址和重要性（如帝国时期，第一次世界大战时期，魏玛共和时期，法西斯时期，第二次世界大战之后，柏林城市分开和重新联合的时期等）的意义都被详细解释，并且是以一种占主导的哲学思想来解释，也就是对 1914 年之前历史格外重视的"关键的重建"的哲学。[1]

最头痛的问题可能是德国历史中关于犹太人的大屠杀。对这个问题的讨论通常导致很难明确作出决定。当然，政治领袖定夺，作出了决定，而且是最终的决定。建设的决定与市场（它已经于 1993 年崩溃了）和国家及地方政府的财政预算的关系是很紧密的。并且这种密切关系中的许多细节（到一种已知的程度）总是服从于公众的讨论。在这所有的过程之中，总伴随着我们优秀传统之中的建筑和符号的分析，以能获得更深层的意义。

但是，在这个过程之中，一些事情丢失了。柏林正在建设的当然是一种称为意义的东西；但是它也可以以一种更短的名称来称呼：权力（先不管犹太人大屠杀纪念馆）。虽然形式场所和象征是为了支持目的的，但在柏林政府中心中的超大建筑规模，对安全性的接近偏执的关心，[2] 以及壮丽景象和对国家领导人对舒适和高效的以及代表性的时尚愿望的促进，这些本身都是对国家权力的一种表达。在柏林墙倒塌之后的讨论中，例如政府是否应该从波恩城的穷乡僻壤移到"传统"的首都柏林，骄傲自大的意象，帝国主义，以及已经和德国历史联系起来的对世界进行统治的任务都是一股强大的潜流——左派人士惧怕它，而右派人士把它含蓄地称作一种不加掩饰的沙文主义。

现在柏林当局称这些问题是"冷咖啡"，不相关的，不值得深入讨论——已经作出了决定：政府正在柏林进行建设，仅仅是建造形式对讨论开放（且仅仅是很简要的），不是建造的事实。同样，私人市场想在波茨坦广场或是弗里德里希大街做什么：当然私人市场在要建造什么的问题上是决定性的，只有那些建筑物的形式是可以公开讨论的。但是事情就发生在建造本身之中而不是它的形式之中。难道历史还没有对强大的中央集权国家混合强大的中心化私人经济的危险性有过教训吗？当然，不只是在德国？要是在一个失业率超过 15%，[3] 反移民的愤怒情绪根植于经济不安全之中，福利完全被解除的城市建造另一个政府中心（政府一切设施在波恩都有，甚至有些还在建造），一条充满奢侈商店的街道，一个昂贵且具有迷惑力的新的服务于繁荣商业的办公中心，什么才是重点呢？这实际上最终是权力的景观——不是因为它的形式，而是因为建造本身这一事实。

这些发展也不是无意识的，参与者也不是消隐的，目的也不是隐藏的。参议员施特奈德（Streider）是市政府的一名领导，期望能够吸引大量的人群来市中心；专业咨询者，像 Dietrich Hoffman-Axthelm 论证这样的政策是符合人民的品味和爱好的。什么样的人民？豪华的办公建筑中 20% 的奢华的房屋是一些投机商的（或者是"市场分析家的"）观点，即什么是热点的观点，但是这些不仅仅是一些私人的房产开发商把自己的私人利益放在公共利益之上；这些是政治领袖对公共利益的定义。他们对东部的旧居住区的现代化而感到高兴，但是它已经导致了租金上涨70%，以及一种典型的现存租地的贵族化置换（gentrification-cum-displacement）。[4]

波茨坦广场的开发特别尖锐，在两次世界大战之中的主要的德国经济和政治权力控制者戴姆勒·奔驰；它最受关注也最受欢迎，柏林城中的公有房产已被出售，不管建筑最终采用何种形式，这个事实本身已说明了一种力量。波茨坦广场中的新建筑物是经济权力的中心，就如政府中心是政治权力的中心一样。它们的功能是强化那种权力，它们的建筑化形式是那种结局的一种方式，但却不是最重要的；他们可以很舒服坐落在柏林的心脏位置，而柏林已成为经济扩展和膨胀的德国的一个假定的心脏，更加促进了那种功能。建筑的形式也许甚至可能被解释成含蓄而不是张扬的功能；展示玻璃以及它的透明性的含蓄意义来封闭一座建筑，在这些建筑的室内作出各种操纵和决策，但是对外部世界的透明更多的是一种错误的再现。而且，奢侈地运用大理石和昂贵的材料，以及巨大的中庭和门厅，夸张的入口和装饰等，都暗示钱在这里不是目的。艺术和动人的气质，而不是效率主导原则。但是在弗里德里希大街中，事实而非特别的风格才是关键——对奢华的、过分花哨的展示令人厌恶，那些包裹在高级风格之中的建筑仅仅强调了隐藏的罪恶。

以建筑或是具象的方式表达这些议题是在球类游戏开始之前已经承认失败。[5]这些话题是权力及其用途，财富及其用途；把争论表达为形式问题乃是忽视这些问题忽视历史，起着分散（也许是故意的？）对基本决断的注意力。事实上，后现代主义也许符合这里的权力目的，但可能是另外一些风格；对风格的关注可能导致对真正发生了什么的关心，但是更多可能是对真正发生了什么的一种分心。当然，这不是说风格不重要，或者说设计的决策没有直接联系起政治和社会决策，也不是说诸如高度限制或者文脉主义或者对历史的诚实的决策不重要。而只是说，有一种危险性，即把这些讨论的话题的重要性埋葬了。一些看穿人世的人甚至相信，一些柏林当局层的成员听取建筑形式和城市设计的讨论明显的意愿是这样一种欲望的结果，即试图把讨论聚集在他们认为不重要的问题之上，以此来确信那些真正重要的决策能顺利实施。也许政府中心可以实行建筑竞赛，但是这样的一些事实却不能只留给建筑评审团去定夺，即"政治自由区"指定在主要建筑物的四周，在这些建筑物之内示威能被有效的禁止，以及建造的项目期望有地下通道连接议会成员的办公楼。"不让选出的官员直接和过路人联系"（Strom and Mayer，1997，p. 21）。

对德意志民主共和国的遗产的处理再现了形式和事实之间关系这个话题的类似讨论：这里建成形式被当成需要注意的事实，但是对这些形式意义的官方再现之中却在简单的事实上是错误的，是那些现有结构存在的事实，而不是其形式导致国家采取了行动。共和国宫殿建在原来帝国城堡的地址上，这个城堡在战争中被损坏，并且被社会主义联合政党在加强其在德意志民主共和国中的权力时而推倒。对新宫殿的拆毁计划现在官方说是基于墙上存在的石棉，但就如何最大地减少那种危险，专家的看法却大不相同。

关于犹太人大屠杀纪念馆建设的讨论反映了另一种事实与形式结构和意义之间的关系。一座纪念物毕竟不是为了只代表自身，而更多的是种符号——也就是一种单纯的意义。这个计划由科尔总理批准，政府出资，是为了给所有在屠杀中遇难的犹太遇难者建造一座纪念碑。通过这件事本身，亦即科尔本人批准这项建设，他希望能恰当地表达他反对反犹太主义以及纳粹分子，使人能和德国历史上这段历史划清界限。但是为这个纪念物所做的计划败坏了这样一个目的。它将会成为一个有纪念意味的结构物，就像许多其他的战争纪念物一样。它将会为遇难者默哀，也许是列上长长的名单和地点，但是不会说明原因和犯罪者：因此是一些没有反面人物的遇难者，只是一场自然的大灾难，而不是人类的所作所为，不是事件和行为。并且它的选址也将反映德国式的对法西斯遇难者作纪念的长期模式：虽然从地理上看它是处于中心的，靠近柏林墙的位置——它不会阻挡任何人的路；它仅仅只是柏林城中另一处居民和游客想去就去的场所而已——或者他们愿意忽视的话，就不去。它是提醒人们德国政府对犹太人的种族灭绝的一个场所,[6]而其他所有的场所没有这样的责任。

如果这个纪念物直接在国会大厦前，或者是总理在新政府中心中的办公室前竖起来会如何不同呢！例如，两位生活在法兰克福的德国犹太人建筑师萨洛蒙·科恩（Salomon Korn），被任命在犹太人纪念物上再现犹太人社区的观点，他在一篇卓越的文章[7]中呼吁关注早期的提交的方案，这些提交的方案能在竞赛中真正承担起"纪念大屠杀"的功能，但是在评审委员会却几乎不屑一顾。其中一个最简单的做法就是在去国会大厦的主入口前加一个很深的壕沟，这象征了存在于德国历史之中的断裂，而这历史也是（新国会大厦）试图再现的，但是如果这个壕沟存在的话，它将强迫每个德国立法机构每次开会时，每天会围绕这个提醒人们在断裂口的另一边曾发生什么的壕沟下行走。[8]科恩拒绝采用这样的理念，即只简单拆毁勃兰登堡（Brandenburg）门，并且将它的灰尘点缀在纪念物场地上，将它代替成另一个拆建物。他建议可以移除一些支撑性的石头代替以一些现代的木头。[9]或者是在新建的在战争和暴力中遇难而建的纪念物前加一个玻璃墙——从第一次世界大战中倒下的德国士兵开始——并且在玻璃上刻下集中营的名字，因此每个想观看第一个也就是玻璃墙的人不会忽略第二个即纪念物本身，并且会思考它们之间的联系。无论如何，纪念物能对权力的思考和实践产生影响。科恩说，在这里，首位的问题不是艺术的/美学的，而是政治的/道德的。他说得对；在这里最重要的问题不是说继承奥斯威辛（Auschwitz）之后艺术的可能性，而是今天的德国人想对德国和大屠杀表达一些什么。[10]艺术性建筑形式必须首先关注这样的主题，而这需要一个直截了当的、开放的、且诚实的讨论，这种讨论却是权力所不愿看到的。

　　或者，甚至更糟糕的是，他们希望看到的是，以他们的主张概括的高智力水准的，由"专家/权威（Sachverständige）"主导的，专家的（事实上是"那些理解这些事的人"），并且是聚焦在一些代表性/象征性的问题上，而不是政治或者道德问题上。专家评审团（三位博物馆馆长，一位建筑师和一位美国历史学家）甚至表达了一种疑惑，也就是通过艺术的方法是否能够再现大屠杀。[11] 这是一个以前没有讨论过的很好的问题。但是它应该引导到以下这些问题上，不是说重新聚焦到对一个"不可能"的纪念物的竞争上，而更多的是国家实际上可以采取哪些办法来纪念大屠杀的遇难者，并阻止导致屠杀的连锁发展的可能性：例如对少数民族和移民者的待遇的讨论，或者是民主的意义，或者是新国会大厦/议会大厦，议会的作用（甚至可能是它们实体的合并）。

　　最后一个较小尺度的例子也显示了当前进程的危险性。在法兰克福，人们经常争论在波恩广场的一个建设项目，基地是前犹太居民区，并且靠近旧的犹太人墓地。这个项目是为城市公共管理（包括燃气工作）而造的办公楼。最终的解决方案是建造了一个小博物馆，地址就在旧犹太街几所有玻璃保护的旧房子处，它们蜷缩在新行政大楼的拐角上，并且在靠近作为"纪念"之地的公墓建筑后再修一个小型纪念公园。[12] 反对者称它不是一个纪念性的公园，而是一个"耻辱/羞耻公园（Geschichtsentsorgungspark）"即"清除历史的公园"。柏林的纪念性犹太人大屠杀纪念馆也是一种清除的纪念碑，或者至少是分隔了历史，或是一种历史循环论的历史。

　　如果今天柏林正在建造的是意义的话，如果这些不同的建设项目被赋予了意义的话，并且它们一起暗示了那些意义的可能性，那么，政府区的建设代表了德国的权力和财富，而波茨坦广场反映了德国商业的权力和财富。而在设计上，弗里德里希大街至少反映了在消费主义中的对新鲜的权力和财富的享受。而大屠杀纪念馆，如果指的是它对今天的观众展现的所有内容的话，它必须明确地警示人们反对由傲慢和自私的政府和商业团体所操控的权力和财富所产生的后果，反对那些享乐的建筑物，这些享乐来自由一些人以对开发和支配且最终是对其他人的灭绝的代价而操纵的财富和权力的利益中而来。一块基地上的纪念物不能承载这样一种信息的负担——不管它是如何设计的。权力和谋杀在历史上是和纳粹德国紧密联结在一起的。我们不能在现在颂扬前者，同时别人却在为后者悲伤。只要权力和财富一直还和它紧密相连，不管人们如何设计大屠杀纪念馆，在新的政府中心、波茨坦广场和弗里德里希大街的影响之下，纪念馆的意义变得与其初衷相反了，也就是变得沉默而不是一种生动的对观众的激励。

　　因此，对这些单独建设的意义的争论，在美学上它们试图取消、压抑或是掩盖更深刻的关于责任或当前政策的话题。政治领袖很愿意把他们的所作所为称作为是一些纪念性的事情，任何有纪念性的事情，这是对以下一种需要的回应，也即是需要达到现代人类历史上最可怕的行动根源，并且要适应那些对财富施加规则且产生财富的事情。

　　真实的交流通常来说是有益的，并且当然还有很多内容可以讨论。困难的政治话题和道德判断与在柏林进行的对建成环境的建设是相关联的，就如在地球上为数不多的其他地方一样。但是围绕它们的争论，对于居民和来访者来说，可能掩盖了这些话题，也可能揭示了它。关于形式，它可能是一个虚幻的，也可能是事情的核心。说出哪个是哪个乃是任何真正理解在今日柏林该看和该听的东西的一个重要部分。

注释

1　The phrase is that of a major figure in Berlin city government, Hans Stimman; for an excellent discussion, see Huyssens (1997).

2　The ruling Christian Democratic Party supported a "politics-free zone", a "*Bannmeile*", in which political gatherings and demonstrations can be prohibited, around the area, and 100 million DM are being spent to build underground passages connecting the Bundestag members' offices and parliament building, in part to insulate the members from unwanted contact with the public. See *Der Spiegel* (1996, 8, p. 72–5).

3　The rate is 17.4% in West Berlin as of this writing. The argument that construction provides jobs is of course true, but specious; they are temporary jobs, and would be provided by construction of quite other buildings for quite other uses as well, and target in fact already skilled and well-paid workers or, as seems increasingly the case, foreign workers imported for the purpose to work at lower than the standard wages, thus depressing wage rates generally in the field. Job losses in the manufacturing sector have been 11% between 1991 and 1995, and that loss is expected to continue – 65,000 more by 2010.

4　From a study of modernization in Prenzlauer Berg and Kreuzberg (Winters, 1965, quoted in Strom and Mayer, 1997).

5　The discussion recalls the comments of Ada Louise Huxtable about the Times Square redevelopment debates: "the abuses of zoning and urban design, the default of planning and policy issues, have been subsumed into a ludicrous debate about a 'suitable style', ... leaving all larger planning problems untouched" (Huxtable, 1989).

6　Although it, in fact, has no historic association with the Holocaust. The site was apparently selected because the land was owned by the Federal government, and thus a larger Federal financial contribution could be expected, and because it was empty, so construction could begin quickly without issues of displacement, etc., and further controversy be avoided (letter to the author from Bruno Flierl, 6 January 1998). That it is in a geographically prominent location, near the Brandenburg Gate, although set off from it, spoke for it, but also raised objections to it, some good (too much traffic noise), some bad (too prominent a "thorn in the flesh" (Meier, 1998, p. 23).

7　Korn (1997). In several pieces Korn has stressed the view that such a monument should not only have a real historical link but should also provoke a living dialog with present German life and actions (see, for example, Korn, 1996).

8　Bruno Flierl, East Germany's leading architectural theorist, similarly suggested two appropriate sites at the Place of the Republic in the open space between the two houses of the German Parliament, without going into the type of memorial to be situated there (Flierl, 1997).

9　A comparison with the impact of the handling of churches damaged in the war comes to mind: the Gedächtniskirche in Berlin, carefully preserved and explained in an adjacent modern new building in the center of Berlin, illustrating how the "new Germany" is able seamlessly to incorporate preservation of the past with a downtown of the future, and the Frauenkirche in Dresden, in the GDR, crumbling, trees growing through its open roof, speaking volumes about destruction still felt and not overcome in the present.

10 I have no ideal solution for the monument; indeed, if the jury had been consistent in its reservations, it should simply have resigned. Perhaps a fitting provisional solution would be to leave the site barren and weed-overgrown, with merely a sign: "This is the location at which a monument to the murdered Jews of Europe was to have been erected. Because an understanding of what led those who murdered them to act as they did has not yet been achieved, the site remains barren". A somewhat similar proposal was in fact seriously submitted in the recent competition by Jög Esefeld and his colleagues (called "Scala").

11 In a "Manifesto" published by Werner Hoffman; see *Frankfurter Allgemeine Zeitung*, 18 November 1997, p. 45.

12 The controversy is clearly and insightfully described in a publication of the museum, *Stationen des Vergessens: Der Börneplatz-Konflikt* [Places of forgetting: the conflict about the Börneplatz], Museum Judengasse, Frankfurt am Main, November 1992. See particularly "Damnatio memoriae – Der Börneplatz als Ort kollektiven Vergessens" [The damnation of memories – the Börneplatz as place of collective forgetting], pp. 18–43.

参考文献

Flierl, B. (1997) Gedenken durch mehr Denken Wachhalten [Preserving memory through more reflection]. *Neues Deutschland*, 10 April, 14.

Huxtable, A. L. (1989) Times Square renewal (Act II), a farce, 1. *New York Times*, 14 October, A25.

Huyssens, A. (1997) The voids of Berlin. *Critical Inquiry*, 24(1), 57–81.

Korn, S. (1996) Der Tragödie letzter Teil – Das Spiel mit der Zeit. Anmerkungen zum Holocaust-Denkmal in Berlin, bevor das Manhmal für die ermordeten Juden Europas entschieden wird [The last part of the tragedy – the game with time. Comments on the Holocaust Memorial in Berlin, before the memorial for the murdered Jews of Europe is decided]. *Frankfurter Allgemeine Zeitung*, 9 December.

Korn, S. (1997) Durch den Reichstag geht ein Riß [Through the Reichstage runs a split]. *Frankfurter Allgemeine Zeitung*, 17 July, 32.

Meier, C. (1998) Stachel im Fleisch. *Der Tagesspiegel*, 23 January, 23.

Strom, E. and Mayer, M. (1997) The new Berlin. Unpublished typescript.

Winters, T. (1965) Stadterneurung in Prenzlauer Berg. *Die Alte Stadt*, 3, 263.

第 12 章

"倾斜的弧"和民主的价值

罗莎琳·多伊奇（Rosalyn Deutsche）

在被许多评论家看作是一次作秀的公审的公众听证发生四年后，美国总务管理局（GSA）把理查德·塞拉（Richard Serra）的倾斜的弧拆除了，这是该机构在十年前安装在纽约城市联邦广场上的一个公共雕塑。政府的这个举动在艺术领域一些部门引起了波动，特别是在一些左翼评论家之中，他们把这个举动看作是新保守主义运动对私有文化，权利约束和艺术批判审查的计谋。简单说，关于"倾斜的弧"事件可以展开成以下几点：

1979：美国总务管理局（GSA）委托塞拉为纽约城市联邦广场构思一个雕塑。

1981：按照认可的艺术家的概念，倾斜的弧被安装于广场上（图 12.1）。

1985：美国总务管理局（GSA）纽约区管理员威廉·戴蒙德（William Diamond），任命自己作为听证会的主席，按照戴蒙德的说法，这个听证会为了决定塞拉的雕塑是否应该被"迁移"以"提高广场的公共性用途"。虽然听证会上的大多数的发言人都支持保留倾斜的弧，但是听证会的陪审团都建议迁移，并且美国总务管理局在华盛顿的执行管理员德怀特·英克（Dwight Ink）妄图为雕塑找一个替代场地。

1986－1989：塞拉进行了几次不成功的法律反抗举动——基于合同的破坏，对宪法赋予的权利的违背，以及艺术家的道德权利的声明等[1]——来阻止倾斜的弧的拆除。

1989：倾斜的弧被拆除。

然后，在 1991 年《倾斜的弧的拆毁：文献记录》（The Destruction of Tilted Arc：Documents）（Weyergraf-Serra 和 Buskirk，1991）出现了，此时就像是一次史迹维护，当然这本书不能保护雕塑本身。但是它确实保存了关于当代公共艺术的政治功能的不断增长的争论中的关键矛盾的文献——互通的信件、政府备忘录、新闻稿、听证会以及法律文件。克拉拉·维耶格拉夫-塞拉（Clara Weyergraf-Serra），马莎·巴斯柯克（Martha Buskirk）仔细地把倾斜的弧拆毁过程中的文件编辑起来，而这个关键材料的出版为将来的艺术史和合法的学术成就提供了坚实的基础。有些读者将会欢迎有机会去权衡比较对立的论点，并在事后确定每件公共

图 12.1 1979 年纽约联邦广场由理查德·塞拉设计的"倾斜的弧"（后来拆除）。© ARS，纽约和 DACS 伦敦，2002 年

艺术品的价值。然而，更重要的是《倾斜的弧的拆毁：文献记录》在关于倾斜的弧事件中有关政治话题的讨论将永远是鲜活且公开的。这个文献及时地提出问题，它的内涵延伸到远远超过私密的艺术世界的事情，是它对于"公共"艺术和"公共"空间的意义。到现在这个程度，美国总务管理局公开拆掉倾斜的弧"以提升广场的公共用途"，文献提出了关于城市空间当前用途的相关问题。

不顾那些不同的声明，主持倾斜的弧的程序的政府官员们在这些问题上很不中立。暗示美国总务管理局实际上已经预先回答了他们并不是像许多塞拉的支持者声称的那样，雕塑的命运已经预先判定了（虽然事实上可能是这样），但是美国总务管理局已经先入为主地接受了关于"使用"、"公共"和"公共用途"的含义，并且从一开始就把这些先例混合进了倾斜的弧的过程之中。正如《倾斜的弧的拆毁》的编辑指出的那样，关于听证会的官方声明包含了一种含蓄的价值判断，把讨论定位成是两种态度的竞争，一种是倾斜的弧继续留在联邦广场上，另一种是"广场的公共用途"的增强（p22）。很清楚，雕塑的存在毁坏了"公共用途"是预先决定的，但是这个判断假设"公共"和"使用"的定义是不证自明的。"公共"被假设为是一群聚集在一起的个人，这些人因为他们与基本的客观的价值关联，或者是他们对基本的需要和兴趣的占有，或者一些类似的事物而被联合在一起。"使用"指的是把空间置于服务基本的乐趣和需要。空间之中的物体和行为是"公共用途"，如果它们一致是有益的，表达相同的价值或者实现相同的需要。

当然，像"公众"这样的类别范畴的概念，只能通过否认构成社会生活的冲突、特殊性、异质和不确定性，才能被解释为本质上或基本上是连贯一致的。但是，当参加讨论公共空间的用途的人把关于公共和使用的定义改为一种不仅仅超出了关于倾斜的弧的讨论之外，而且是超出了所有讨论之外的一种客观的领域之时，他们扬言要抹去公共空间自身。是什么引发了关于社会问题的讨论呢？如果不是绝对的意义本源的缺失，和同时意识到这些问题——包括公共空间的意义的问题——只在公共空间中才有的话。

像"使用"和"公共"这样的词——用来象征普遍的可接近性——压制了矛盾，它将很难对那些已经熟悉占主导地位的关于建成环境的论述的人们产生触动。美国总务管理局的裁定确认了这样一个前提，即倾斜的弧干涉了公共广场的使用，这是与一些其他自 20 世纪 80 年代以来关于公共空间和公共艺术的其他观点一致的。对倾斜的弧的反对并不是对总的公共艺术的反对。相反，这个裁定和一种广泛流行的运动一致，这个运动是由市政府，房产商和企业一起来促进公共艺术的发展，特别是一些所谓的"新公共艺术"，这些艺术恰恰由于它的"有用性"而著称。新公共艺术被定义为那些在城市空间中有功能作用的物体的艺术——管道铺设，公园长凳，野餐桌——或者是一些对城市空间本身的设计有帮助的艺术。官方极力诋毁倾斜的弧和他们试图把另一些公共艺术描述为真正的公共性和有用性有关。而且，对新公共艺术的提倡是发生在一个更大范围的文脉之下，伴随着对城市空间使用的巨大的变形——贯穿 20 世纪 80 年代的城市新发展和城市贵族化，这种变形是作为全球空间经济重组的一个地方性组成部分。整个关于倾斜的弧的过程，是关于公共性和功用性的修辞学的一个部分，这种公共性和功用性围绕城市空间的发展以使利益最大化，并辅助政府控制。而"倾斜的弧"的反对者们都把它描述成是一种高人一等的，无用的，甚至是对公众有危险的东西，倾斜的弧成了一种标准的陪衬，保守的评论者和城市官员按常规来衡量它的可进入性、功用性、人性以及新公共艺术的公共性。[2]

虽然塞拉的最敏锐的支持者们总是不和城市问题扯上关系，有人反驳那些认为倾斜的弧阻塞了公共空间使用的指责，如罗莎琳德·克劳斯（Rosalind Krauss）为倾斜的弧的辩护，它"为这个场地提供了一个重要的组成部分，它的使用我们必须称之为美学。"因为这个使用是美学的，克劳斯暗示，它也是公共性的："这种美学功用对每个进出这个综合体的人是开放的，并且它每天对每个人都是开放的"（p. 81）。

用途是相对的，克劳斯的观点否认空间具有完全特定的，因而也是无可争辩的决定论理念。但是克劳斯也使用了这样一个概念，即美学是一种普遍可被接受的领域——这正好与空间和使用的普遍性相对应，它也是主流的对待公共艺术的标志。这个普遍使用的词汇精确地使得公共艺术如此有效地成为一种把空间使用描述成对所有人有利的方法——实现利益的需要。只是简单地提出众多的广泛的空间使用的问题并没有触及关于使用的非政治化语言的话题，而这正是用来反对倾斜的弧的最强大的武器。

《倾斜的弧的毁灭：文献记录》使我们通过对比来审视语言的使用。因为这本书的题目公开支持塞拉的论点，即"移去"一件像倾斜的弧这样的作品，就是毁坏这件作品，这本书承诺它将不仅仅只是记载，而且会参与到论证斗争中——从对场地特性的意义的斗争开始。采用塞拉的术语，维耶格拉夫－塞拉和巴斯柯克无条件地捍卫了历史上用于场地特有做法的唯物主义美学方法而不同于现时力图让场地特性同唯心主义艺术思想保持一致。美国总务管理局的管理者戴蒙德没有提到拆毁。他把雕塑的拆除叫做"重新安置"。事实上，戴蒙德把他自己描述成是一位真正的城市保护主义者，他遵循传统的保护理念，一直致力于恢复一种基本的、本该受到而未受到保护的社会空间的和谐。戴蒙德坚持声称重新安置倾斜的弧将会"恢复"并"重建"联邦广场的开放性、连贯性和公共使用性。

但是把一个有场地特性的雕塑的拆除叫做重新安置，这本身就模糊了两种美学哲学之间存在的关键差异：一方面，现代主义者认为艺术作品是一些有稳定性和独立意义的自律物体，因而可以在不同的场地之间重新安置，而不受损伤，而另一方面，提出场地特性概念的实践则认为美学意义的形成和一件艺术作品的文脉背景有关，因此意义随着作品所赖以产生和表现出的环境而变化。反对倾斜弧的官员们表面上对存在于这些不同的艺术概念之间的矛盾视而不见，他们不承认存在于场地特性和美国总务管理局的有关联邦建筑的建筑之中的艺术项目清单上描述的"真实的美国公共艺术"之间的不相容性。根据这个清单，公共艺术的目标是和"场地"相"整合"，然后定义为"完整的建筑设计"。最终，清单断定建筑之中的艺术这个项目应该支持艺术为联邦建筑润色，并且为了居住者和大众而"改善且提升建筑环境"（p. 23）。

但是把有场地特性的艺术和创造空间整体和谐的艺术等同起来与历史上推动场地特性的发展动力如此不一致，以至于这几乎成为一种术语学上的滥用。创造一种新的艺术品，那既不是转移人们对展示它的空间的注意，也不只是单纯装饰这些空间，这种创造来自中断而非巩固这些空间表面的连贯和封闭的必要性。场地特性的实践有两个连续出现的目标。场地特性首先试图批评现代主义关于艺术作品是自律的实体的认知，第二则是揭示一件明显的自律作品如何否认了艺术的社会、经济和政治功能。但是当艺术家们接受了关于文脉的中性定义时，体现在对背景的关注上的艺术政治化就被抵消了。例如，学院式的场地特性仅仅是用一种类似的艺术的建筑、空间或城市场地的美学化倾向来代替关于艺术作品的现代主义美学化。另一些艺术家和批评家通过强调艺术的社会文脉的重要性来中立场地特性，但是又把社会定义成是由扩展到基于艺术、政府和固定的美学意义所联合而成的有限定的物体。两种方法在场地这个层面上重新确立了由场地特性帮助形成的有挑战性的意义限定。

忽略这个质疑，许多反对倾斜的弧的人主张把它从广场上移除是为了恢复联邦广场的连贯性。但是支持者却怀疑空间连贯性，不是把它看作是先决条件，其后受到空间冲突的妨碍，而是看作遮盖产生空间矛盾的虚构故事。亨利·勒菲弗（Henri Lefebvre），这位创造了"空间的产品"一词的城市理论家，他把后期资本主义空间描述为"同时也是矛盾的发源地，他们在其中生产，然后自己再破坏，最后是一些容许其压制的机构并取代明显的连贯性（Lefebvre，1974，p. 420），勒菲弗在描述时提到了这个均质的虚构。与这种过程显著不同的是，与美国总务管理局对整合这一概念进行比较，有场地特性的作品成为场地的一个组成部分是通过精心地重组场地结构，培育——我们甚至可以说是恢复——观众们理解存在于可能的空间整体连贯性之中的冲突和不确定性的能力。

当维耶格拉夫－塞拉和巴斯柯克用毁灭这个词来形容倾斜的弧的命运时，他们公开的立场是与隐含在场地特性自身之中对整体视角的放弃相一致的。经过这么多年对客观主义的文化性评论，没有必要指出承认一种偏爱不是放弃对精确事实和公正应有的责任。《倾斜的弧的毁灭》受到仔细的研究，严格的文献脚注，以及事件和文字精心地按照时间顺序重新编排。把倾斜的弧拆除称作毁灭，这本身绝不是一种掩饰的行为，它诚实地标记了编者的一种欲望，即支持把有场地特性作为一种批判性实践。它反对当前认为这样的作品仅仅承认它的场地。有场地特性的艺术被赋予了一种社会责任的光环，使得作品所在的场地的社会关系变得自然并且得到确认，使得空间在它们可能是私人拥有时也对所有人开放，或者完全是一种友好合作或是政府认可的态度，把整个社会群体排除在外。两位编者承认偏爱，这和倾斜的弧最强劲的对手们所采取的立场不同，这些对手们很肯定地说出像"常识"、"真实"和"人的兴趣"这些名称。对这种绝对意义的诉求掩盖了他和政治性质问之间的关系。

两位编者为了支持那些有利于倾斜的弧的言论，按照年代和时间顺序安排文献那部分，并附带有脚注以及概括并解释数据的简明介绍，提供补充信息，或者指出了反对者论述中的不准确和谬误的地方。然而，最公正地宣称这本书的党派性的是塞拉自己写的一篇总体简介，这篇简介详细地反驳了美国总务管理局的言论，以及随之而来的忽略了艺术家呼吁的陪审团的决定。完全放弃对这一选择内含的文件公正性的要求，本可能把编者的塞拉的导言变成一次不仅要维持而且要扩大和转变"倾斜的弧"的辩论的机会。

但是编辑们错过了这次机会。导言部分反复声明塞拉以及他的支持者们在他们自己的文献中所表达的观点。结果，这本书对公共艺术论述的介入只死死停留在它设定的范围内——并且限制——讨论在最激烈的"倾斜的弧"的辩论之中。那时，艺术界无条件支持"倾斜的弧"的自由和左派成员，他们的观点主要基于反对新保守主义的夸张地反对雕塑的基础上，这种反应式的立场是有些严重危机的。因为，如果说打败保守主义的愿望使尽了所有关于公共艺术的意义的政治争论的话，那么，由传统的左派美学政治理念和艺术的公共功能所提出的那些问题将仍然无人过问。但是，批判的思考很难联合起来支撑这些理念，由于那样的原因，左翼人士也不会一致同意来为倾斜的弧辩护。赋予由形成反对保守主义的适当基础的批判观点所组成的自明联合体以影响力（一种与倾斜的弧的敌人的策略很接近的策略），实际上就是暗示不同的批判理念就是分裂的力量，给对手带来机会。因为对当前关于公共艺术的讨论的延伸和重构是很重要的——不是因为本书应该传递一种无兴趣的气氛——没有除塞拉之外的任何一个人的评论文章是令人遗憾的。

这个不足之处，使得这本书在几个重要的话题上显得很狭隘。例如，塞拉的导言中耐心的解释和详细说明的一个主要论题：场地特性。他坚持认为，因为一件有场地特性的作品把作品所处的文脉当做是作品之中一个主要的组成部分，场地特性代表了一种永恒性。这为声明提供了策略性的基础，即声明倾斜的弧的拆除破坏了政府保证雕塑永久性的合同，而且甚至为质疑戴蒙德所创造的一些概念提供了策略基础，这些概念使得场地特性与重新安置或调整相兼容。但是存在于场地特性和永久性之间的关系是复杂的，两者之间简单的平衡在文脉主义者的艺术实践的原则之下有很大的偏离。假设有场地特性的作品的概念基础意义是偶然的，而不是绝对的话，他们实际上暗示了不稳定性和非永久性。

　　这本书未能成功地区分出不同的"永久性"，这重复了塞拉阵营整个贯穿听证会过程之中不断发生的一种滑动，在听证会过程中，对有场地特性的作品的内在固有的永久性的不合格的参考，一方面使得存在于反本质主义者教义与"伟大的艺术"是永恒的这种大量陈词滥调之间的区分模糊了，另外也使得反本质主义者与"伟大的艺术"拥有"永久的品质"之间的区分模糊了。在后一个案例中，永久性被赋予了一种本质的特性。但是对艺术的永恒性的信仰，对艺术由美学本质所决定的信仰，以及对艺术和历史的偶然性是相分离的信仰，这些都是文脉主义者的实践首先质疑的。这没有任何疑惑。使有场地特性的艺术坠入一个超越历史连续性的领域，它抵消了——正如戴蒙德的重新安置建议所做的那样——当代艺术之中的一些变化，这些当代艺术是向历史、政治和日常生活开放的。这个变化使得艺术从优于社会其他方面的地位上解脱出来。因而，努力支持倾斜的弧的无条件的永久性就不奇怪了，并且由此而有的它的美学特权，这个特权与支持倾斜的弧的人所逃避的关于优越感的问题是一致的。

　　艺术世界中的左倾主义分子不恰当地对待杰出人才统治论这个问题，已经是一种传统了，甚至放手不管。这种放任不管与直到最近以来在更广泛的左倾言论中流行的一种趋势相类似，在这左倾言论中，对民主的讨论经常是集中在揭露资产阶级民主的神秘性，却忽略了左倾者自身理论的非民主特性。在艺术家和评论家中，没能严肃地对待民主，部分原因是出于左倾分子感到保护自身不受来自保守评论家的攻击的压力，这些保守的评论家总是按照常规以一种反智力和平民主义的策略来赋予权力主义战争以民主的合法性，从而反对批判的艺术和理论。

　　这些压力在倾斜的弧的听证会之中是很强烈的。一种对民主的夸张弥漫在整个讨论之中，使得对公共艺术的讨论已经成为和民主的意义作斗争的场地。政府官员指责批判艺术打着"反杰出人才统治论"的旗帜，这是一种与新保守主义言论的普遍趋势相一致的姿态，这些保守主义言论指责傲慢的艺术或者是不可接近的艺术，以此来拥护私有化并证明政府以"人民"权利为名义进行的审查制度是正当的。

　　"倾斜的弧"的做法举例说明了这种逆位，它融合了政府对公众报道的说明以及政府的实际行动，在这个实际行动中，政府扮演了类似私有经济者的角色。从一开始，美国总务管理局强调他们有责任保护人民夺回被倾斜的弧对公共空间进行的"私有式"的侵占。在雕塑被拆卸的那天，戴蒙德发表了这种保护主义言论："现在，"他宣布道，"广场合理合法地归还给了人民。"然而，后来当塞拉试图上诉这个决定时，法院把政府当做拥有财产的实体保护了起来。首先，塞拉辩护道，他在公正无偏见的听证过程中被排斥在外，第二，总务管理局的决定违犯了他的第一权利修正案，这个权利修正案根据一种表达媒介物的内容一经公开展示，禁止政府拆除它。法院驳回了两项要求。第二轮审判的美国上诉法庭认定因为政府既拥有雕塑，也拥有联邦广场，塞拉从来不受法律保护要参加听证会。这个案例的程序被称作是"无偿的利益"，而不是权利（p. 253）。在这个决定和保守的法律趋势之间有许多相似之处，正如拥护宪法学者劳伦斯·H·却伯（Laurence H. Tribe）所写的，这种趋势潜在的对自由演说权利的影响是巨大的。存在于"利益"和"权利"两者之间的区别让人想起了法律上存在于"特权"和"权利"之间的区别，却伯说（1985，p. 189），这可被当成是"一种用来切除那些依靠政府，把政府当做是雇主，利益的给予者或是财富占有者的人们自由演说权利的工具。"这种区别的基础是一个教条，即某位发言人的第一修正案权利只有在以下情况下才是被侵犯的，即当她被剥夺了一些单独赋予她的事物的权利时。但是没有谁有权能占有政府的财产——只有"特权"。却伯警告说（1985，p. 203 – 204）如果严格应用的话，那么权利——特权的教条，有可能"保留可能的发言人具有的发言权，但是无处来实现这样的权利。"

其后，塞拉又一次失败地宣称，和私有制的权利相比，他作为一位艺术家有"道德权利"，艺术家的道德权利总是作为与私有财产特权的对立面而提出来的，但是美国总务管理局却绝对地怀疑这种对立，当管理局暗示政府拥有雕塑作品和广场，并不是作为一个私有财产的主人身份，而是作为"人民"："这个空间属于政府和公众，"戴蒙德说。"它不属于艺术家……"如果他把［他的作品］卖给政府，也不……他永远没有权利把他的艺术置于公众之上"（p. 271）。对公众进行说明是通过以下的行动来清楚地表达的，即把政府当做财产拥有者，在控制公共空间中把人民的利益和私有财产的权利联在一起。

倾斜的弧的支持者们也为民主辩护。一些人从自由的艺术表达权利的角度来证实民主，如阿比盖尔·所罗门–戈多（Abigail Solomon-Godeau），他反对隐含在戴蒙德对此案件的武断判断中的对合理进程的否定。本亚明·布赫洛（Benjamin Buchloh）把独立评论的民主必要性强调等同于反对中央集权和集体偏见的一种保证。塞拉警告了呼吁人民的"健康直觉"的极权主义者的危险性。因此拥护倾斜的弧的人们有说服力地宣称，并且我也认为是有理的，即宣称反对政府的干涉，这种干涉可能作为斯图尔特·霍尔（Stuart Hall）所说的"极权化的平民主义（authoritarian populism）"的一种教科书式的例子：对批准权（实际是对先锋者）实行的民主式讨论正朝向国家极权主义转变（Hall, 1988, p. 123 – 149）。塞拉的支持者们一直坚持揭露这种态度，即政府官员们把民主语言和这种既存的民主程序用作公共的听证会和公共请求，以此来连接所谓的公共空间中存有的大众同意和强迫性的政府权力。给这次评论的重要性再高的评价也不过分。和其他城市一样，在纽约极权化的大众主义方法与反犯罪运动一道——反对倾斜的弧的另一种新的策略——赋予伪公共空间或私有化公共空间的无情增殖以一种权威性。

但是，除了以下几点，塞拉的支持者们很少清楚地论述民主、公共艺术或是公共空间。这几点是：质疑公共艺术的极权主义平民化的概念，以及把公共空间降为进行休闲活动和吃午饭的场所。至此，因为《倾斜的弧的拆毁：文献记录》使得这种沉寂变成一种永恒存在，它放弃了把关于公共艺术的讨论当做为对民主的意义进行斗争的场所。实际上，虽然塞拉暗指了"社团"和"公共"之间的关键差异，《倾斜的弧的拆毁》并没有试图给"公共性"下定义。例如，导言部分并没有具体陈述这样一种建议，即由道格拉斯·克瑞普（Douglas Crimp）和乔尔·科沃尔（Joel Kovel）在听证会声明中提出来的：公共空间和政府机构之间的区别对民主来说是至关重要的。他们也没有扩大科沃尔关于公共艺术的言论中的决定性观点所暗示的内容，即民主的公共空间必须被理解为一种领域而不是一种联合体，在这个领域之中却包含了分裂、矛盾和差异，以此来对抗管理者的权力。关于倾斜的弧的论战从没有和当前一些艺术家、评论家和管理者等的努力连接在一起，即努力把公共艺术重新铸造成是在进行政治言论的活动场所下的公共领域中创造公共空间的活动。并且虽然"公共"一词用于塞拉的作品，不都是因为倾斜的弧占据了政府广场，而更多是因为它揭示了一些观者，这些观者不是严格意义上的私密性存在物，而是如何与外部世界发生联系，这本书没有在这个主观性探讨上进行拓展，即谁才是这个民主公共空间的主体。

假设忽略了这个问题的话，那么，塞拉忽略了关于公共空间和民主的讨论的一些关键话题就不是偶然的，并且还伴随着以下的一些失败，即没能从实质上来质疑伟大艺术的神话，或者是它的必然产物，即伟大艺术家的神话。实际上，倾斜的弧的激进的支持者们总是，几乎是错误的，依赖与这些神话的标准的左派对应物——政治美学的先锋主义和典型的政治艺术家。结果，塞拉的支持者们仅仅只提出了一种局限的并且有问题的关于公共艺术的极权主义平民化概念。因为先锋主义暗示的是至高无上的主体存在，这个主体的优越的社会性可能穿透幻象，并且觉察到人民的"真正的"利益，并且这个理念本身充满了极权主义——甚至是试图消除公共空间。根据关于激进民主的最新理论，公共空间的出现伴随着放弃对绝对的社会联合体的基础信仰，这个基础给"人民"一种本质上的个性或是真正的利益。从这个角度看，公共空间是些不确定的社会领域，它没有绝对的基础，人民的意义同时构成并且处于危机之中。先锋性的位置——社会外在的利益点——与民主的公共空间相融合。

《倾斜的弧的拆毁》强有力地维护了公共空间，以此来反对新保守主义、私有化和政府操控，并且有助于记录了当前关于公共艺术言论的状态。但是，如果我们想要拓展而不是缩小公共空间的话，这本书本身已经揭示出我们应当转向关于民主的诸多问题。

注释

1 For a discussion of moral rights, see Buskirk (1991).
2 For an analysis of relationships between discourses of utility and urban redevelopment and a discussion of the "new public art" see "Uneven Development: Public Art in New York City," in R. Deutsche, *Evictions: Art and Spatial Politics*, Cambridge, MA: MIT Press, 1996.

参考文献

Buskirk, M. (1991) Moral rights: first step or false start? *Art in America*, 79(7), 37–45.

Hall, S. (1988) Popular-democratic vs authoritarian populism: two ways of "taking democracy seriously." In *The Hard Road to Renewal: Thatcherism and the Crisis of the Left*. London: Verso.

Lefebvre, H. (1974) *La production de l'espace*. Paris: Anthropos.

Tribe, L. (1985) *Constitutional Choices*. Cambridge, MA: Harvard University Press.

Weyergraf-Serra, C. and Buskirk, M. (1991) *The Destruction of Tilted Arc: Documents*. Cambridge, MA: MIT Press.

第五部分

文化

第 13 章

作为文化环境的城市空间

格温德琳·赖特（Gwendolyn Wright）

　　最近以来，建筑师和建筑史学家对城市历史越来越浓厚的兴趣标志了这两个职业领域中所发生的主要改变。建筑师们接受了奉行绝对主义和反历史态度的现代主义的崩溃，正在寻找一种全新的意义。他们重新从过去的阴影中发现历史，把历史看成现代设计的基础。这为单栋建筑物和建筑与环境发生联系的方法都提供了一个合适的对象。大多数建筑师现在公开从包含了一些令人钦佩的、超越特定地域的先例中（不管是古典的或者是现代的——本身都已经是历史的一部分），当然也有更加地方化的建筑和城市设计的传统中提取资源。现在展示一栋新建筑如何和它周围的文脉——包括城市、城镇或者街区中的街道等发生联系，已经变得很常见了，这也是对原来已经存在的环境表示尊敬的另一种方法。

　　可是，和过去的环境以及更大范围的环境取得融合绝不是一件容易的事。对地方传统作出反应必然需要对一个复杂的文化作严肃的评价，即使是一个很小的场所。然而，少有设计师接受过这样的技能训练。至于在专业上拓宽建筑领域的知识范围到包括宏观的城市空间和建筑群，这还需要新的方法。这些更大规模的环境不能仅仅根据具体的建造日期和一些单独的设计者进行分类。人们应该考虑它们是如何形成的和历经时日如何变化的，承认许多不同的群体和个人积累的影响。

　　与建筑领域内这个变化同步发生的是建筑历史本身的学科边界也发生了改变。至今为止，该学科的特征主要表现在设计者主观的意愿和对一些单体建筑的形式分析的层面上。在最近几年，该领域发生了急剧的扩展。学者们都在仔细考察与建筑相关的问题：保护问题、公共权力与法律规范、场地规划以及社区的社会-政治影响等。建筑物现在很少被孤立研究；实际上，许多历史学家开始像他们以前把研究领域扩展到构造技术一样，开始钻研街道的基础设施、景观、开放空间，甚至公共服务。广义概念上的"乡土"已经成为非常重要的研究领域，覆盖了不被建筑师所设计的所有一切，包括从民间风俗到批量生产的投机建房、休闲娱乐性的公园和工作场所。只要去过一条城市街道，空间和结构所作用的对象不仅仅是它们的设计者，也包括所有那些使得建成环境得以实现的人，那些使用或者居住在里面的人。所有这些趋势已经改变了建筑史的内涵和外延。当然，早期所关注的那些问题仍然是中心问题，但是建筑师和建筑物现在都已成为更大范围的城市环境中的一个部分。

理论上以上两种平行发展能够也应该互相有益。城市史学家可以指教建筑师如何理解城市或者城市设计的复杂性、积累的变化和社会差异性。同样，与建筑师的密切合作能够提醒史学家设计者们喜爱的形式和概念的典范。因为这些学者们使用的方法总是能够包含许多目标和影响，甚至是那些不太容易与社会科学中的分析模型适配的目标和影响。

史学家和建筑师一样，经常会发现他们项目中的这些更加宏观的城市维度的问题是失败的东西，因为它们是被强迫的。这个结论甚至对研究现代早期阶段兴起的城市也一样，虽然在"500 年前，所有事物的轮廓看起来比我们现在认识的要更加清楚。"约翰·赫伊津哈（Johann Huizinga）这么说（Huizinga，1924，p. 1）。许许多多或者和谐或者矛盾的外力共同作用，继而产生然后又持续不断地改变着城市环境。当一个史学家试图分析希腊神庙的位置、阿姆斯特丹街道和渠道的模式，或者波士顿殖民时期住宅的层级时，那么弄清楚以上所说的所有这些影响力将不仅仅是一些奇闻轶事般的背景知识。然而，早些时候城市的尺度和相对清楚的对城市起作用的文化影响力，使得这些城市比当代城市更加容易理解。历史学家和建筑师们比较容易领悟以下这些在任何时期都可能提出的关于城市的问题：一栋新建筑的位置对居民小区发展的影响如何？为了一种新的建筑腾地方，什么被破坏了？一个项目是如何影响当地的经济和社会秩序的？

历史效应的交互作用从 19 世纪早期以来在城市更加明显了，因为其作用因素的数量和多样性更大了，城市的规模、经济以及它们的文化复杂性几乎指数般地增加了。奇怪的是，对于那些把重点放在研究现代时期的职业城市史学家们来说，工业化的城市成为占主导地位的话题，统计分析成为主要的分析方法。某种程度上，由于上述这个原因，史学家介入建筑和城市设计能够开拓重要的新领域，即使他们关注自身领域的一些更加传统的建筑类型——宗教和世俗建筑、民房和商业建筑、剧场建筑等。城市经常会因为这些重要或者令人激动的吸引力引诱着大家，就如城市的经济潜力。当然这两个维度的城市生活是紧密地联系在一起的。就如 E·B·怀特（E. B. White）谈到美国的超级大都市时说，"只有那些想成为幸运者的人才会来到纽约"（White，1949，p. 10）

从这个角度来说，我认为那些研究特定城市中的文化复杂性的史学家，而不是那些本质上的史学家，为我们提供了一种重要的榜样。卡尔·休斯克（Carl Schorske）关于维也纳和巴塞尔的研究显示了一个与其特定城市的环境相对应的一个很大范围的文化和政治人物——包括建筑师奥托·瓦格纳（Otto Wagner）和业余的建筑史学家雅各布·布克哈特（Jacob Burckhardt），甚至在他们在各自独立的职业领域内进行试验（Schorske，1980，1989）。理查德·戈德思韦特（Richard Goldthwaite）的著作《文艺复兴时期的佛罗伦萨建筑》（The Building of Renaissance Florence）（1980）从以下一些方面使得我们能够更加深入地欣赏这个伟大的城市：解释了它在地方经济中的重要性，如何与贵族家庭的变迁相适应，以及他们对城市中居民区和公共空间的影响等。杰罗尔德·西格尔（Jerrold Seigel）（1986）对波希米亚的巴黎艺术家和作家从他们特定的文化而不是脱离这些文化进行的敏锐分析是有创造性的。约翰·梅里曼（John Merriman）（1985）接着复活了法国第一个社会主义城市——里摩日中工人阶级居住地区的生命，他强调了社区机构和传统与现代之间的冲突。托马斯·本德（Thomas Bender）的著作《纽约智能》（New York Intellect）（1987）显示了与城市商业和种族差异有关的几代知识分子，创造了新的学习机制和具有文化生命力的居民区。

一点也不奇怪，文化史在最近的几年里成为历史领域里也许是最有创新力和令人激动的专业。然而，尽管许多文化史学家提及场所和形式符号的重要性，建筑和城市设计与其研究仍然是不相干的，这不应该。

甚至在建筑学院中，城市史也能够展示对城市产生影响的主要的建筑物和纪念物：创造与众不同的风格和城市空间。而且毋庸置疑的是，同时还标志了艺术家职业地位的改变或者是政府政治权力的改变或者地区经济结构的改变。我们因此把许多以前在关键时候影响城市设计和城市生活的选区并置，即使主要的焦点集中在设计者及其业主上。这样的办法能够鼓励大多数将成为建筑师、规划师或者遗产保护师的学生们，不仅仅只关注他们自身领域的历史，而且要关注他们前辈们的目标与他们自身的目标如何不同。能够发现前辈们也必须应对他们所工作的特定城市和社会中的紧急事件，这本身也经常被看成是有启示作用的。早期的建筑师和规划师（当然一个时代错误包括所有那些和政治决策有关的事）是如何从过去寻找参照？他们如何应对来自客户和公共群体的压力？他们如何有意或者无意地影响城市？什么使得他们能够扩展自身的形式和社会眼界以便以新的方式观察问题？从这个角度来看，现代化实践的约束未必见得是种不适当的限制。

当然，城市史必须包含所有一系列关于形式和空间的内容，就像建筑史肯定包括许多里程碑式的建筑一样。但是这些领域必须包含分析技术，而不仅仅是一些可供复制的伟大空间的目录。今天的职业设计者必须把历史不仅仅看成是先例的集合或者是一个进程的编年史。历史是一种复杂和不断进展的事物，不断提出新问题和各种各样的关于现在和过去的新意向。

我们大家都关注过去的和现在的城市，应当同样重视"普通的"和"优秀的"建筑,"令人厌烦的"和宏伟的空间,"混乱的"和优雅的设计。未经规划的环境,而不是经过仔细规划的城市设计补足了许多城市的大部分地方。所以我们必须思考这些领域如何起作用——不管目标是理解它们的过去形式,还是对当代的启示。如果不重视文化领域的知识,那上述想法就决不可能实现。例如,希腊和罗马的殖民者、西班牙的帝国主义者或者美国的调查员们对网格的重要性(如他们使用网格的比例和对象)的认识就相差很多。

圣马可露天市场和华盛顿商业街,历经时日发生了演变,部分是由于美学关注形成的部分是为了起政治仪典的功用,同样,不太宏伟的环境——例如欧洲的犹太居住区,美国的商业带或者任何大城市的民族居民区——也应该作为文化产品以其形式和社会要素加以研究。

没有一个时代规则能描绘出文化与美学是如何在所有环境中相互关联的,即使是在特定的一个时空中考察也不行。但是,这种分析性的两极总是在城市史中共同起作用。实际上,即使是那些"纯粹形式的"的方案,如卡塔尼奥(Cataneo)设计的文艺复兴时期的理想城或者是朗方(L'Enfant)的华盛顿首府,也暗示了特定时间和空间中建筑师和业主间不寻常的权力及其抽象概念。一旦空间开始被使用,文化领域当然会进一步使我们对形式的理解复杂化。

因此城市史学家必须展示某种建筑和空间是如何被建成并且成为经典的,而另外一些则成为失败的项目或者是成为秘密的个人幻觉。这不是偶然的,需要关注哪些形式被建筑师们钟爱,哪些(不管是相同还是不同的)形式为投机的建造者和业主所钟爱。长期以来,我们学习的是建筑师画的建筑史,仿佛这就是城市史必然呈现的样子。我们必须考虑那些比较熟悉的原型和那些不太熟悉的变体,甚至是一些相反的意象是如何发生联系的。毕竟,一个形式和风格的影响决不是简单地从社会结构中而来的,也不是简单的否定复制一些流行的形式。当一些省级城市如波士顿或者爱丁堡引进了伦敦的一些模式时,形式的选择和文化特权变得岌岌可危。当代地域主义也呈现了新的维度。

以上所说的这些方法,并不意味着关注社会应该取代形式分析的作用,倒是两者应该综合考虑。社会和形态两者都不是对方消极的镜像——这种镜像会使我们怀疑过于简单化的静止的建筑理念,对所有观察者来说,要不就是"反映"社会力量,要不就是"代表"一种固定的权力关系。建筑和社会都是有自身模式的,一方有助于形成另一方。这个关系在各种类别的城市建筑中尤其明显。但是没有一个标准的公式适用于这两个领域是如何联系的;有时候建筑主要关注美学方面的问题,而社会却在不影响建筑和城市的前提下朝着新的方向发展。以上两个领域内(形式的和社会的)正在改变的相互影响和相互对应关系是城市历史的本质。

以上这种分析的过程很明显是从几种规律中提取出来的,或者甚至是从几种类型的历史（文化的、社会的、经济的、政治的和知识的以及建筑的）中提取出的。城市史应该完美地从形式、功能或者文化的角度，将城市是如何运作和什么使得一些场所有影响力等问题并列思考。只有通过这样的方法才可能理解卡洛·金茨堡（Carlo Ginzburg）（1980）所说的许多不同的"过滤器"，不同的人群通过这些过滤器理解并使用城市。

今天从事城市历史研究的最大挑战在于研究者能把自己的工作看成是一个综合体，而不仅仅是一些刻板的技术，而且是对场所的身心和视觉的体验。说到综合不是要那种对假想的城市生活或者形态的典型要素的广泛描绘，而是要寻找到一些综合的方法把理解城市的方法和关于城市的事实并置起来。我强调综合是因为常常有人只是简单地罗列事实、故事和图像。这种大量拼凑显然会势不可挡，而且图片事件和数据的杂乱无章——虽然反映了城市生活的一个方面——并没有多大学术价值。

因此城市史学家们必须有明确的目标。从最通常的角度来说，这首先必须确定人们是寻求更加清晰全面地解释形式还是通过这一种方法去理解社会。迈克尔·巴克森德尔（Michael Baxandall, 1985）在论述文艺复兴的绘画作品时，给出了非常引人注目的关于文化史的实例，他强调不能简单地试图把社会和艺术糅合在一起。他继续说道，从古典的角度理解，即把文化看成特定社会的技能、价值、知识和表达方式的话，那么文化可以调节社会和艺术两者间的关系。从这个角度来说，城市史学家必须勇敢涉及文化领域，发掘各种各样的形式和形式给予者的意义。

因此，城市史必须综合的目的是在一定的时间里汇集无数种来自城市场所中的经验、意向和布局，而不产生任何的不协调。就形式说，人们应该考虑历史遗迹和其周围的空间、普通建筑和街道样式及开放空间、昔时这些东西的混合作用以及时间形成的变化。人们还必须提取出建筑师与业主、精英与普通市民的不同呼声。全力关注这些群体的特征，或者甚至是他们之间可能的矛盾，辨别出在一些大众化的对城市和建筑物的反应的大标题下的真实差异。任何单个的一方不可能完全占主导。丹尼尔·伯纳姆（Daniel Burnham）在 1909 年的芝加哥规划中对美学和城市化的强调值得我们关注，但是这个历史性的陈述也必须承认，它是有利于城市的实业家的，而简·亚当斯（Jane Addams）和其他一些改革者却认为丹尼尔·伯纳姆没有在意芝加哥拥挤的移民社区。

这些差异对理解城市是如何形成它们现在的形态以及人们是如何体验的很关键。即使是建筑师和规划师，开发商和政治家也不能被混为一谈，仿佛他们用同样的眼光观察城市一样，因为他们各自都有干预城市的权利。大多数建筑师从单体的角度观察街道，而开发商把它看作一个单位最终基于它的发展潜力，规划师却把相同的一块地看成一幅法规图式或者是社会不平等图式。其他各类群体在更加广泛的领域内认识城市。不同阶级、种族、年龄和性别的人群和公园或百货公司发生联系的方式也不同，或者是与市政厅与城市纪念物。而且，特别是在现代世界，所有人以多重身份体验城市，例如在社区中的居民，某个领域的雇员，某个政治集团的成员或者是宗教人士。这些变化的角色也影响了他们如何使用城市以及与城市发生联系。

对于这些多样性的认识不只是一种平民主义的立场，实际上，它暗示了史学家们的必然责任不仅仅是解释发生过什么，还有这些发生的事在那时候所具有的意义，以及那些遗产对今天的独立的个人或者整个职业领域或一个民族的意义。仅仅通过引证这些革新的主要人物来作出一种解释城市变迁的历史陈述——新的风格、建筑类型、技术和城市形象——已经远远不够了。建筑师和政治领导人都不能保证一些创新能被普遍接受，遍及城市各个层面并且向城市的范围之外传播。

例如，20 世纪在美国出现的简化住宅设计的风气，基本上被解释成是一些关键的建筑革新者所起的作用，特别是弗兰克·劳埃德·赖特（Frank Lloyd Wright）。主要就说芝加哥，赖特那时候在那儿从事实践活动，这样能够更加精确地分析他。不是说赖特的作品没有影响别的建筑师，甚至是建筑工人、木匠和普通大众。但是他们各自有着不同的理由来推广住宅建筑更加简化，更加标准化的居住。城市本身就是个争夺的舞台，各个集团都试图去争夺定义好的住宅应该是什么的权利。仅仅描述形式的变化可能会错过隐藏在这些可见的形式、建造的地点和如何被使用等背后的更加吸引人的复杂矛盾和立场（Wright，1980，1988）。理解过去特定时期的人们是如何改变建筑和城市设计是恢复一个场所的意义的一个方面。人们必须全面考虑设计者的美学目标和业主的意向，而不用管他们的地位如何。在追求创新的时候，必须牢记法律、经济、传统和时尚的约束。公众对设计的各种反馈，以及他们得出的变化和妥协必须严格地限定在他们自身的权限之内，而不是被当成一种平庸而普遍的努力而破坏了设计者的诚信。城市史中的形式分析不应该与这些文化性的问题分开，而且也不应该不重视文化问题，好像它们是随机发生的一样。只有这样，我们才能完全理解城市场所的含义。

城市史既是一个恢复性的活动，更是面向未来的创造性姿态，一种理解场所和文化以及基于此进行建造的方法。建筑设计成为创造和改变场所的复杂过程中的一个元素。它可能是记忆和幻象，问题和解决办法，个人或者集体的表达。其目标部分是能够引导我们（建筑师和规划师，史学家和市民）进入一个通过建筑空间表述出来的权利和意义所交织成的复杂网络。写城市史就是用叙述的形式展示这个过程；把历史牢记在心里进行的设计是承认场所在现代社会和过去所具有的多重文化用途及意义的设计。

参考文献

Baxandall, M. (1985) Art, society, and the Bouguer Principle. *Representations*, 12 (Fall), 32–43.

Bender, T. (1987) *New York Intellect: A History of Intellectual Life in New York City, from 1750 to the Beginnings of Our Own Time*. New York: Alfred A. Knopf.

Ginzburg, C. (1980) *The Cheese and the Worms: The Cosmos of a Sixteenth-century Miller*, trans. J. and A. Tedeschi. Baltimore: Johns Hopkins University Press.

Goldthwaite, R. (1980) *The Building of Renaissance Florence*. Baltimore: Johns Hopkins University Press.

Huizinga, J. (1924) *The Waning of the Middle Ages: A Study of the Forms of Life, Thought and Art in France and the Netherlands in the XIVth and XVth Centuries*. London: Edward Arnold.

Merriman, J. (1985) *The Red City: Limoges and the French Nineteenth Century*. New York: Oxford University Press.

Schorske, C. E. (1980) *Fin-de-siècle Vienna*. New York: Alfred A. Knopf.

Schorske, C. E. (1989) Science as vocation in Burckhardt's Basel. In T. Bender (ed.), *The University and the City from Medieval Origins to the Present*. New York: Oxford University Press.

Seigel, J. (1986) *Bohemian Paris: Culture, Politics, and the Boundaries of Bourgeois Life, 1830–1930*. New York: Viking/Elizabeth Sifton Books.

White, E. B. (1949) *Here Is New York*. New York: Harper & Brothers.

Wright, G. (1980) *Moralism and the Model Home: Domestic Architecture and Cultural Conflict in Chicago, 1873–1913*. Chicago: University of Chicago Press.

Wright, G. (1988) Architectural practice and social vision in Wright's early designs. In V. Scully (ed.), *Nature in the Work of Frank Lloyd Wright*. Chicago: University of Chicago Press.

第 14 章

城市景观

朱克英（Sharon Zukin）

> 昨夜……超过 1200 名来宾聚集在此庆祝古典场所的开张，它是纽约最新的古典中心……塞西尔·日尔卡（Cecile Zhilka）是晚会的主席，晚会资助了大都市歌剧院，并且显示了纽约和巴黎的色彩……"我只是想搞清楚我在何处：在巴黎，在纽约，或者是在一座飘浮在它们之间的一座新城中，"马尔热里（Margerie）大使说。
>
> ——《纽约时报》，11 月 19 日，1987 年

我们把最清晰的建筑变迁文化图不归功于小说家或文学评论家，而归功于建筑师和设计师，他们的产品，他们作为文化生产者的社会作用，以及他们介入其中的消费组织共同创造最有物质意义的不断改变的景观。作为愿望和建筑形式两者的目标，他们的工作架通了时空联系，它也直接通过既遵从又制订以市场为动力的投资生产和消费的规范标准，来调节经济实力。

这种文化调解的主要结果是模糊了存在于我们每天体验的多种空间与时间之间的差别；当家庭休闲生活被精心设计的机器所入侵，城市越来越相似，周六交通堵塞与购物相联系，这比每个工作日早晨的上班高峰时间更坏。总的来说，以前通常是一些孤立的空间——代表了人们心中"纯粹的"自然或者文化——现在混合进了社会和商业的功能，赞助商和符号。那些被认为是与众不同的时间现在被压缩且混合在一起。之所以与众不同，因为与它们相关联的社会经验要么是有限的，要么是"永久性"存在的。虽然戴维·哈维已经试图依据一种始于启蒙运动，在第一次世界大战时加剧，并且在当前全球化经济重组下达到极致比例的现代"时空压缩"来抓住这些经验，他却留下了大量关于未确定经验而没有论述。一个非常开放的问题是景观的视觉化经济是如何调解市场文化的。[1]

这里维克托·特纳（Victor Turner）的阈限概念再次起作用。然而，这里不是社会群体对极限的体验，对市场的极限体验被拓展了，因此形成了新的城市空间，它由极限形成，充满了极限，并且由极限所限定。所有这样的空间存在于各

种制度之间，特别是神圣的文化领域和世俗的商业世界之间。所有处理商务以及交换公共角色的领域，最小空间使得景观之中的市场文化制度化了。

由于受到市场规则的严重影响，最小空间不再为特纳所描述的那种创造性的破坏提供机会。在他所观察的非市场化和前工业化的环境中，阈限使得群体恢复活力并且充满生机，并且重新确立其社会价值。即使是在 W·本亚明（Walter Benjamin）写到的 19 世纪末期的欧洲城市，城市空间有种徘徊在统一与乌托邦之间的潜力，一个充满了商品或是梦想的世界。[2] 今天，城市场所以私人开发项目形成的公共美境和只限私人进入的公共娱乐来应对市场压力。景观之中的阈限因此类似于熊彼特（Schumpeter，1883－1950 年，美国经济学家、社会学家——编者注）描述的创造性毁灭，它反映了文化资助者、生产者和消费者的一种制度性重构。

创造性的破坏对建筑师和设计者既有利也有弊。他们面临一种存在于全新的市场文化之中的环境，其与那些对传统手工制造商的自治性提出挑战的环境非常相似：产品价值的抽象从实体产品到图像和符号，全球市场以及社会意义的主要源泉从生产到消费的改变。他们不仅仅适应这些改变，而且还使他们的产品也适应这样的改变，他们为熊彼特所说的资本主义的创新的"持续的冲动"提供了可见的形式。

建筑师和权力景观

两种最直接描绘景观的文化产品是建筑和城市形态。因为它们不仅仅构成了城市而且构成了关于它们的感知，它们既是实体的，又是象征性的，就如市场经济中所余下的建成环境一样，设计和形式与空间以多种方式发生联系：作为一种地理（或是地形）学的限制，作为一种潜在的冲突或是聚合的场所，和作为一种商品。因此，他们倾向于不断改变和迅速淘汰。为了不忽略建筑和城市形态在场所中的符号性作用，我们必须强调它们如何受到市场的影响。建筑物和区域的外观，谁使用它们，它们的差异和同一性，在拆掉之前它们存在了多久：这些品质都反映了市场文化的时空限定。[3]

今天的建筑师主要是在公司支持下工作，而城市规划师、房地产开发商和城市官员们则在国家机构和地方优惠的框架内工作。两者对于市场的力量以及和场所的关系既不是完全脱离也不是完全受制于它。虽然建筑师最经常地为单个业主而不是为了"投机"而做设计，并且伴随着出售设计理念，大多数任务的主要来源的商业顾客们通过要求更多的可出租空间，而且要求更少的建造时间来把市场规则强加于设计之上。逐渐地，这些顾客成为国家性的和国际性的投资者（特别是加拿大、英国和日本）。因此在建筑和城市形态与"多国资本主义"之间有一种很实际的关联。[4]

　　而且，新的建筑和城市形态和消费产品一样，是在接受同样的社会环境下生产出来的。它越来越遵循相似的标准化模式和市场差异模式。地方性的房产市场和地方性的建成环境又为其加上了多变性。同时在戴维·哈维称之为"弹性积累"的经济过程中（参见 Logan and Molotch，1989；Zukin，1989）对老城形态的"多愁善感"，或是美学原因的介入又鼓励了一种多样性。先不管这些珍贵的人工物，实际上已经不可能把对城市形态的感觉与国际化投资、国际化生产和国际化消费的影响分离开来。

　　1945 年之后，即使在郊区以端位商店控制的环境，室内商业街等方式，使得住宅和大商场迅速地分散，破坏许多中心商业区的商业活力的情况下，郊区化的过程要求对财政和建设实行集中控制。[5]然而，从 1973 年以来，集中的、多国化的投资既支持了商业发展中持续的分散化，同时也支持了一种重新的集中，但是这新的集中里，城市商业区的分层更加明显。同样的产品和格调来自纽约、法国、日本和意大利等国的多国公司。几年之中，产品和格调也可以在上麦迪逊大道或者是罗德奥大道的商店之中看到，也可以在圣奥诺雷郊区大街或者蒙特拿破仑大街中发现。当本地商人被所支付更高的租金的租户所取代时，他们埋怨那些作秀的时装商店，这些时装店的租金由他们的国际合作总公司所资助。在一种微妙的对早期变形的扼要重述中，更多的国际投资把商业区从手工化变成了大批量（麦当劳或是贝纳通）的生产和消费。[6]

　　麦当劳和贝纳通成为以下国际化联系的一种缩影，即在国际化城市形态和国际化生产和消费之间的关联。它们的商店在世界范围内的城市之中普遍存在，为母公司的国际化扩张策略提供了力量支援。一位贝纳通美国总部的行政主管甚至已经确认出这两种合作策略。他说，"我们把自己当做是时尚中的快餐，想要出现在任何地方，就像麦当劳"（Belkin，1986）。这些公司在他们进行世界范围的运作时是确实不同的。当麦当劳出售传统的特权给地方的运营商时，贝纳通既没有向其零售店投资，也没有从中收取特许经营费。所不同的是，贝纳通把经营服装权给了个人所有的贝纳通商店，而且，麦当劳的管理者们从当地购买他们的食品供给。而贝纳通的管理者们必须从贝纳通总公司购买他们全部的东西。

　　两种连锁店都通过一些其他的公司政策来保持统一的标准。包括对商店管理员的严格训练；坚持公司对品质和服务的标准，并且，在贝纳通还包括装饰和橱窗陈列，还有来自公司总部的人对实地生产经常的检查。先不管他们出售的产品类型的差异，贝纳通和麦当劳的发展，部分归功于他们的组织创新。他们大多数的增长集中于生产和分配。麦当劳经过仔细磨合，在快餐烹饪术上达到了"智能化的"操作水准，而贝纳通则发展了一种更加便宜的方法来柔化羊绒和染色服装以及投资于电脑化的生产、设计与机器人对仓库管理的操作。在这个过程中，两者的连锁店都发展了一种整体的"样式"，这个做法融合了产品、生产方法、专门的消费体验以及一种广告风格。由于他们"经典的"大批量生产的毛衣和汉堡包联系了世界范围内的消费者，这些国际化公司在各自国内经济中扮演了越来越重要的角色。麦当劳对牛肉的贪得无厌的需求严重破坏了拉丁美洲国家的饲养牛的生产链。相比之下，贝纳通最新的在北卡罗来纳州的美国工厂为纺织工人提供了就业的机会。[7]

贝纳通和麦当劳在许多地区场景中就是地标，但支撑他们生产的社会过程证实了我们认为很重要的三个结构性转变，抽象、国际化和从生产到消费的转变。重要的是，他们的利润既反映了基本商品生产——服装和食品——又反映了不太具体的地租、经营和组织销售的经济因素。

与大批量生产的消费品营销比较，建筑营销有一种更高级的轮廓。即使单个建筑物变得越来越标准化，它们的设计者却声称为其所有者提供更多的差异。职业建筑师继续把支撑性的美学或者社会组织理论化，尤其是与许多后现代风格相关联的虚伪的民粹主义。这种大众化推动促进了建筑师对公司赞助人的接受。通过建筑资助的方法，公司赢得了大众接受。为公司和地区总部用的新"用户适宜"的建筑风格，使采用它们的公司同住在玻璃盒子里的公司区别开来，后者是20世纪50年代到70年代从现代主义改造过来的商务建筑。[8]

出售办公室空间的开发商少受智力限制。"我的建筑是一种产品"，一位建筑开发商说。"它们是产品就如司高牌录音带是产品一样，或者如 Saran Wrap（商标名称）。产品的包装是人们首先看到的东西。我出售空间和出租空间，它必须有一种足够吸引人的能够在经济上获得成功的包装。仿佛是确认熊彼特对企业家的衰落所做的阴郁的预言，"他接着说，"我负担不起去建造一座纪念性建筑，因为我不是慈善机构"（Drucker，1987）。建筑评论家埃达·路易斯·赫克斯塔布尔（Ada Louise Huxtable）（1987）在他对纪念性尺度的评论时把这个观点倒转过来，如那些在纽约非常普遍的独立的新摩天大楼。"在过去的五年中，"她说："一种新类型的开发商已经以一种叫做'签名建筑'的东西来重塑了城市，这是一种融合了市场和消费主义的后现代主义现象，在某种程度上伯尔尼尼也会感迷惑但现代企业家完全理解"（也见 Forty，1987）。

签名式或者是"纪念性的"建筑物把建筑的文化价值与土地和建筑的经济价值连接起来。近些年，这种关联性已因为一些新的财产投资者的介入而得到推动，特别是外国人，以及财产价值的通货膨胀。经济增长中心位于大洋两岸：纽约、华盛顿、波士顿、旧金山、洛杉矶，这些也是后现代主义建筑所处的场所。纪念性建筑对公司拥有者来说有双重价值。这些建筑是公司的个性化形象，并且它们是可出售的。由于公司改组职工裁员，他们把他们的建筑物卖给外国投资者。因此，花旗把其坡屋顶下总部的空间出租给日本投资商，这些总部的建筑形成了曼哈顿的天际线，并且还把大部分职工转移到了处于皇后街的一幢新建筑物之中。[9]

在大众消费时代里，可以和个体化文化生产者等同的对个体化产品的强调，是和激烈的市场竞争分不开的。20 世纪 20 年代设计的"埃及金字塔"特征的后现代摩天大楼与"玛雅式的"金字塔的办公楼建筑，两者在繁荣的房地产中相互竞争（Stern，1987）。相似的竞争也可见于好莱坞电影制片厂；为了争夺观众对其产品的忠诚，这使得导演们拍摄"签名式电影。"[10]在建筑业中，由于劳动力成本提高，以及手工技艺的退化，社会性差异的重担变成了使用昂贵的材料以及独创性的设计本身。像好莱坞导演一样，建筑师具有甚至成为商业特性。菲利普·约翰逊（Philip Johnson）被选为 AT&T 公司总部的建筑师，或者凯文·林奇被大众食品委员会和大都市艺术博物馆董事会选为建筑师，因为这些建筑师已经是标志性的品牌性名字。就如加尔文·汤姆金斯（Calvin Tomkins）（1977）狡猾地评论了菲利普·约翰逊的市场理解，他们有潜力能使他们的建筑生存得更长久。

建筑师通常是基于他们的名字和作品而被选择的。但是，近来对个体建筑师的主观和客观作用开始被强调。建筑师的选择使建筑的投资者变得合法化，并且为投资者提供一种优势。基于同样的原因，建筑设计变得更加广泛地扩散，它有了经济和文化的双重价值。杂志在它们的时尚封面中加入了新的建筑和设计，博物馆也成立了建筑部门，并且建筑师的草图开始被当做是艺术作品一样高价出售。室内设计也同样按惯例当做是文化性阅读和社会性区别的元素。在这种环境下，许多人是被建筑师的名字而不是其真实的建筑物所打动。[11]

要说建筑师，特别是后现代建筑师，已经接受了修辞性风格差异，因为他们对于现代主义美学很不满意，这只说明问题的一部分。他们也越来越面临公司业务的强烈竞争。主流建筑师坚持准合作性办公楼，就像那些大型的主流法律公司。因此，他们依靠公司顾客来支撑他们的业务。在建筑职业道路和市场差异之间没有一种自动的关联性。人们常常注意到，菲利普·约翰逊经过了 40 年作为现代主义拥护者的光辉生涯后，在 20 世纪 70 年代间转向了后现代主义，而现在，在每个项目中都改变他的设计风格。迈克尔·格雷夫斯（Michael Graves）因为转向后现代主义在 20 世纪 80 年代早期遭到建筑同行的严厉谴责之后，开始接受那些引人注目的合作的和公共的任务。同样，他在电视秀"Miami Vice"片头字画后面的他个人特有的晚期现代风格的建筑，帮助迈阿密公司形成了建筑风格。就像 20 世纪 80 年代一样，20 世纪 20 年代的投机性地产繁荣，暗示了建筑师的风格差异支撑了他们的商业扩张。到了 20 世纪 20 年代，建筑师指导越来越大的公司和人员。获得土地以及建设费用使他们"成为巨大商务的一个部分并更像是一个工程师、法律顾问和出资者"（Brock，1930，引用于 Stern 等.1987，p.515，出见于 Kieran，1987）。

矛盾的是，当建筑和设计变得越来越职业化，伴随着专门的从业限制的教育资质和注册程序，他们所关心的问题集中于客户身上。一方面，建筑师、设计师与富有且著名的社会名流相混合。另一方面，对文化的强调加强了产品的商业价值以及财产市场，从而把建筑师和设计师并入权力景观之中。

因为城市都试图去引诱新的资本投资，特别是从高端的商业服务之中，他们通过进行新的建筑和城市规划来重造他们的商业区域。传统的市中心区由于工业资金抽离以及衰败和来自郊区的新的商业中心的竞争而大批死亡。试图恢复——或是创造——一种地方性乡土色彩的光荣，地方性利益集团雇用"闻名"的建筑师，他们的声誉将使金融风险降到最小。但是这些建筑师却在双重的市场束缚下工作：即他们的客户以及他们的公司，两者都要求一种杰出的可出售的产品。结果，建筑师在景观之上留下了自己的签名，并在他们受雇用之处复制这种签名。

巨星式的建筑师创造了一种标准形式，他们在各地不断使用这种形式。他们也会创造一些从远处看起来很惊人的建筑——从城市的天际轮廓线中看——但是却和当地"文脉"并不适合。这使得一座建筑对投资者来说更少风险，但却无法唤起场所感。[12]一位波士顿建筑师抱怨出现的扇形码头，一个滨水新项目，"突然对著名建筑师的需求，在其他地方也过于盛行了，这使得这些建筑师及其产品一个挨着一个。"历史性的滨水区变得看起来和其他城市一样了。[13]因为他们的文化商品，超级明星建筑师通过跨国经济投资使地方和区域一级的差别变得融合了。

超级明星现象可以被解释成是现代版本的文艺复兴时期对于天才的崇拜。在15 世纪早期，伯鲁乃列斯基（Brunelleschi）为佛罗伦萨、比萨和曼图亚的贵族设计宫殿和公共作品，其成就远远超过了地方建筑师的成就。他变得"如此闻名"，瓦萨里（Vasari，1965，p. 169）写道，"那些需要委托重要建筑的人会从遥远的地方请他提供无与伦比的设计和模型；人们会通过朋友或是通过强大的关系来获取他的服务。"但是今天出现的超级巨星建筑师反映的是市场竞争。这表明了一些主要公司的欲望，即从那些长时期，大规模的投资产品——他的建筑中重新获得价值。超级巨星建筑师产生的市场条件与超级摇滚巨星和电台主持相同。[14]

大约从 1880 年至 1930 年，现代建筑也受到了来自房地产发展的刺激，这种发展要求城市景观不停的创新。在 1905 年，当亨利·詹姆斯回到纽约，他悲叹他所认识的城市的毁灭。他指责三圣教堂被急迫地转让——由教堂的教区委员出售给房地产开发——他说"想要转移的一种普遍的愿望——移动、移动、移动，最终结果是不惜一切代价"（James，1968，p. 83 – 84）。在这个时期，纽约一幢办公楼的平均寿命缩短到只有 20 年。到了 20 世纪 20 年代，商业建筑产品依靠投机商，这些投机商的资金使项目得以进行，还依靠那些建筑师，这些建筑师能够"画出……一幅迷人的高层建筑图像；如果它比伍尔沃斯（Woolworth）塔楼高几层的话，那会更好"，还依靠急于出版"高层建筑图片，不管是真实还是虚构的……因为读者对它们情有独钟"的报社（builder William A. Starrett［1928］，quoted in Stern 等，1987，p. 19，513 – 514）。[15]

商业和文化

和在建筑中一样，由设计者创造的视觉图像已经融合进权力景观之中。服务性经济的增长使得设计从物质产品系统中脱离出来，并且使之成为关于权力的一种符号。因为设计与一件产品的成功有很大的关系，设计者也成为超级巨星。他们的价值在于他们能够联系商业和文化。[16] 当法国室内设计师安德烈·皮特曼（Andrée Putman）在 1987 年的洛杉矶家具设计工业年会上吸引了上千观众时，她谈到了最近设计工业不同寻常的增长。"我不认为 15 年前能够与如此多的人交谈，"她说。"现在有一种对新理念的国际化的迷恋和热情，并且还有一种奇怪的对签名的渴望。设计师是当今的权威，一种受到过度尊重的动物"（Giovannini，1987）。他们也是公众人物以及媒体名人。当法国的 haute couture 时装设计师克利斯蒂安·拉克鲁克（Christian Lacroix）出现在一家纽约服装商店来介绍他的首次"大众市场"现成服装系列时，成群的人围着他索要亲笔签名（Schiro，1988）。

设计者的最新的文化价值一定程度上反映了对高层次服务性经济重要性的重新评估的上升。然而，历史上建筑中设计的角色早在 17 世纪时已经开始比建造显得更重要了（Zerner，1977，p.158）。在 20 世纪早期，建筑师从勒·柯布西耶到弗兰克·劳埃德·赖特也设计家具以及其他物体来深化他们的建筑设计。然而，只是在最近建筑师在设计上的天赋由于大量的其他领域的商业任务而被发掘。建筑师在小的消费产品市场中的地位是显著的，包括鸟笼子、手表、咖啡壶以及晚餐碟。建筑师设计的家具的增长代表了一种新兴的市场。对 20 世纪早期设计者作品的摹仿甚至也使安德烈·皮特曼受益，他制造并推销了艾琳·格雷（Eileen Gray）的作品。[17]

在商业上最成功的建筑师是那些最受欢迎的消费品设计师。但是这种盘旋式的成功阻碍了建筑设计者们能够更多地满足市场准则。时装设计师霍尔斯顿（Halston）被解雇一事暗示了把美学和商业判断勉强结合的危险，当他失去了在 J. C. Penney 给大众出售时装的特权时，他也"失去了声誉"。另外一方面，"著名"设计师的价值反映了他或她的商业伙伴的敏锐，至少和其设计的品质是相当的（Anon，1987；Gross，1987；Colacello，1987）。[18]

室内设计师、家具设计师和时装设计师也通过百货商店的促销而获得了好处。商店介绍一种新产品时，总是会整理出一整套的设计"样式"，并且使之商品化，因此，这种促销在设计师、大量消费者以及文化素质的富有客户之间创立了一种新的联系。在紧要关头，就如德波拉·西尔弗曼（Debora Silverman）（1986）观察得出的结论一样，一座如布卢明代尔百货公司一样的百货商店筹划促销，推销在纽约设计的进口商品，这些商品在海外廉价工资的工厂中生产，但是陈列在旗舰店的中心位置上就如在博物馆一样。实际上，在 20 世纪 80 年代初，由布卢明代尔百货公司组织的促销活动，也就是罗纳德·里根（Ronald Reagan）首次当选总统时，这种活动就和大都市艺术博物馆服装研究所的主题展览相联系。布卢明代尔百货公司和 Met 因此在古代中国长袍和当代中国进口商品中共享一种利益。法国 haute couture 由伊夫·圣洛朗（Yves Saint Laurent）设计的骑士服装，如同由拉尔夫·洛朗（Ralph Lauren）推向市场一样。西尔弗曼（1986，p. 11）相信"贵族"品味的重新流行，既由于百货商店，也由于博物馆推销那些支持保守的里根总统的富有贵族，"一个消费主义的权力贵族"（也见 Ferretti，1985；McGuigan，1986）。但是这混合的赞助人的身份，包括了富有者、名人以及百货商店消费者，这种身份由高级文化机构和商业部门构成框架，它暗示了一种更加广泛的众多的设计价值取向。设计把占绝大多数的公众和平民精英通过对消费的视觉化组织而联系起来。

百货商店过去总是用设计来推销他们出售的产品。但是自从 20 世纪 80 年代以来，对产品差异的竞争需求已经形成了一种依赖设计来塑造整个消费空间的习惯。百货商店已经经历了多层次的重组而变成了主题时装商店或者是设计师时装店，近乎浪费地安排许多促销活动，以此来庆祝一种从历史、当前电影或是世界其他地区中得到的设计主题。一旦重点从产品转到了设计，时尚和艺术的社会角色发现百货商店成了一种接受它们的特殊事件的接受性文脉环境。百货商店赞助慈善盛会，成为非营利性的文化机构，以及推销由设计者设计的产品——所有的只是一件事，为了同一种人群。通过降低存在于商业和文化，以及私人投资者和大量消费之间的隔离，百货商店创造了一种最小的权限城市空间。

在单个商店的四片墙之外，新的滨水商业中心基于视觉消费而扩张成了一种极限的城市商业区。通常建在老城中衰落的港口废弃码头上，它们把购物表现成了一种享受城市文化的方式。这种类型的项目包括有波士顿的法纳尔厅、巴尔的摩内港以及纽约城南街海港的重建，所有这些项目都用历史保护的法律来补助商业性的建设。从 20 世纪 70 年代到 1987 年，联邦税率法支持历史保护，通过使它在 1986 年的税务规则的改变减少了这些优惠，并且使得他们更有利于小规模的投资人。然而，从美学上来说，历史保护经常推动商业中心区为了消费用途的商业性再开发，尤其是在那些以前反对城市更新，高速公路建设以及大规模拆毁的人群之中。在 20 世纪 50 年代和 60 年代，与利用现代建筑形成对比，原则上反对破坏老城形态的主张声称商业区的多样性。那些年，发展商和城市政府部门把历史性的低租金的结构替换成了标准化的"国际化的"办公楼。在 1965 年的感伤气氛之后，这种高层建筑产生了疏离感。小尺度的、尊重环境的以及混合使用的空间被提出来，以作为恢复场所视觉感受的一种方法。

购物中心已经取代了政治会议和群众集会而成为公共生活的场所。先不管其是为私人拥有并且只为顾客提供有偿服务，它们被认为是一种比较民主的发展形式。而且，人们相信这些商业中心会通过创造一种场所感，而"打开"商业中心区。商业中心区的开发者从过去的经济用途中获得一种主题——港口、市场、工厂——并且为消费者提供这样一种机会，即把购物和分解城市历史的旅游结合起来。真实的环境气氛对于吸引大量的消费者很重要，这些消费者使得零售竞争充满活力。在有些商业区里，一种高密度的商业服务创造了一种提高消费的场所要求，甚至是一种提供高消费场所的人工感觉。然而，在其他城市，商业中心区仍然由于和工业用途结合太紧而不能发挥消费空间的极小用途。

在重新振兴滨水区的过程之中，老码头和主要街道都被转变成大众商业中心。在这些项目的地域性形象之下，它们实际是一些非本地制造的商品销售市场。"美食"和羊角面包商店至少在一开始是进口的，并且充斥了这些城市商业中心的零售连锁服装店，主要卖的是进口衣服。旅游产品几乎总是在国外制造的。甚至是像塞缪尔·亚当斯啤酒这样的产品，它和波士顿有关，以及佛蒙特黄油要么是在国外生产（啤酒在匹兹堡生产）或者就是国外的原材料（黄油用的牛奶是从佛蒙特之外的牛奶公司来的）。像法纳尔厅这样的项目由国家公司开发，并且由纽约中心银行提供资助。和其他高层次的商业街一样，这些购物中心综合了国际化投资、产品和销售。[19]

私人消费和公共空间

博物馆、百货公司和滨水购物中心通过对私人消费开放公共空间而创造了极限。一个更有吸引力的关于这种极限的案例是国家伊利诺伊中心，由建筑师赫尔穆特·扬（Helmut Jahn）在 1986 年设计。在他以前为私人和公共业主设计的大量不同的大型建筑中，折中地使用各时期的建筑元素——所谓的后现代主义式的历史参考。但是，新的芝加哥政府办公楼更少关心风格，更多地关心它使用空间的方法。在它的中庭之下，这座 18 层的公共建筑在顶上覆盖了 3 层高的商业中心，且有公共性空间点缀在商店之中。这种公共和私人用途的混合在评论家看来是将公共场所浸没进了私人化市场之中去了。这将开始于 19 世纪的存在于公共和私有城市空间之中的极限发挥到了极致。

从 19 世纪 80 年代开始，对新机器发明用于交通和通信的增长，已经形成了一种混合的公-私交叉的文化形式，电话为男人和女人们提供聚合和分散。报纸得以大量发行，既作为一种亲密的方法，也是一种信息。铁路以钢铁和玻璃建成的巨大火车站的极限透明的地道弥合了旅程规模和到达城市之间的距离（Kem，1983；Schievelbusch，1979）。从这时开始，城市形态越来越为私有空间的公共用途所限定。与市民社会的公共空间的衰落相比，这种场所感与市场消费手段共同成长。

现代城市中的社会生活总是依赖于将曾经是唯一的市场消费的手段扩展到公共领域。从 19 世纪 60 年代开始，咖啡屋、茶社以及餐馆成为人们交往和娱乐的场所，而这些开始时只是作为中产阶级的戒酒者们的避难所。百货商店扩展进了大众集市，而开始时只是那些无人陪伴的妇女们的购物天堂。至于旅馆，开始时是有钱的上层阶级进行交际的市场，现在是高尚的"社交礼仪的标志"，这些就是亨利·詹姆斯发现的典型的美国式状态（Thorne，1980；Barth，1980；Williams，1982；Benson，1986）。

成群乱转的人群，喝茶时嗡嗡交谈的妇女，提供丰富的进口商品的商店，整个与欧洲的见闻大不一样。詹姆斯对豪华旅馆的观察对应了弗雷德里克·詹姆逊所描述的洛杉矶博纳文图尔旅馆，这是由建筑师兼开发商约翰·波特曼（John Portman）在 20 世纪 70 年代所建造的一座中庭旅馆。像詹姆斯一样，詹姆逊也被这旅馆室内的连贯性和"公共性"打动。然而，与詹姆斯不同，詹姆逊叫它为后现代，"Bonaventure 旅馆追求一个完整的空间，一种微缩城市……［而且］符合一种新型的集体实践，这种实践是虚拟人群的新的且是历史性原创的实践。"对于詹姆逊来说，尽管容易理解波特曼选择的建筑元素标志了现代主义的巨大尺度的创造性破坏。讽刺的是，詹姆逊忽略了比较波特曼旅馆的有自然采光以及非常高的室内中心空间和 19 世纪晚期百货公司建筑，如 the Bon Marché（1876）。从这个角度来说，波特曼的中庭把体量扩大到了人类无法体验的程度；垂直升降梯和自动扶梯扩展并加速，而且也限定了人类的运动，使之超出了"旧式的我们不再能够接受的散步式的运动"（Jameson，1984，p. 81，82）。

然而，亨利·詹姆斯已经在"通用的 Waldorf-Astoria 酒店"中，通过有着"巨大光辉和成本的商队客站"体验了"巨大的综合性和可塑的公共空间"。不比詹姆逊在中庭中思考的少，詹姆斯看见了（1968，p. 440 – 441）"整个房屋中的人缓缓地移动，并且认可了他们被俘获和被统治的状态，他们必须认可一种无节制的融合状态，而其代价是那些看起来让人愉悦的东西都被当做是一种无节制的奢侈。"

亨利·詹姆斯在 1905 年纽约的 Waldorf-Astoria 到弗里德里克·詹姆逊在洛杉矶的 Bonaventure 之间有一条直接的视觉消费的线索。但是对于旅馆内部的私密空间的公共性用途仅仅标志了周围城市的改变。城市形态在最近几年特别脆弱，由于权力不对称地偏向了私有部门，自从 20 世纪 70 年代起，由于联邦资金的撤退，以及地方性"财政危机"的后果，城市政府部门越来越依赖于讨好私有投资者，包括市政债券持有者，地产开发者以及大银行和公司领导。在一小部分城市里——纽约、克利夫兰、扬克斯（Yonkers）——从大财政机构的领导者组成的非选举性委员会从 1975 年以来一直对城市财政有否决权。（克利夫兰财产规划和指导委员会在 1987 年被取消了；纽约市的市政助理公司已经策划了新的财政义务，并且要求对交通运输和教育系统进行重组。）甚至在新的有平民主义基础或者有少数民族和种族主义少数团体支持的市长上台时，城市管理的公共工作也和私人开发者相一致。如在芝加哥和丹佛（Judd，1986；Bennett，1986；Hartman，1984）。

城市受到机构组织和思想意识的双重束缚，它面对着"可能领域的缩小以及公共领域的缩小。"（Henig，1986，p. 243）。由投机的开发者、选举的政府官员以及财政机构和建筑设计者共同努力而创造的物质景观通过合并公共场所与私有市场来回应这些条件，常常是在类似于公共的城市开发公司的管理之下。有重要意义的公共生活从街道移到了室内。

正如熊彼特所说的，经济中的创造性破坏改变了需求的本质，并且沿着新的路线培育了资本的部署和差异。建筑设计和城市形态暗示了在文化中的破坏也是类似的过程。20 世纪的视觉消费的突出作用培育了图像制造者的社会产品，这些图像制造者的想象力受到公共和私密展示的经济价值所约束。文化庇护人以及产品和消费的社会文脉减弱了制造者的自立性。它还驱使了以前固定的机构的改变——百货公司、博物馆、旅馆——而成为了一种无方向性的为市场化以及非市场化的文化消费的极限空间。

由于这些原因，艺术博物馆不可能成为"从道德上表达限制明显的消费地"；博物馆事实上"成为百货公司以及其他的展示幻觉制造的大型商业的案例延伸"（Silverman，1986，p. 19）——但是它之所以这样，是因为它自身的"文化"目标。当这些过程加强了文化在社会差异中的角色时，它们同样均衡了"服务市场"和"服务于艺术"的文化产品的认知。这是后现代文化之谜。

由于同样的原因，城市景观为存在于市场和场所间的对立提供了物质性和符号性的形式。市场不停制造差异的压力否认了场所不断制造稳定性的压力。然而大多数人真的希望能够享受美好的建筑、好的商店以及美丽的城市空间带来的愉悦，而创造这些东西的过程使得城市更加抽象，更加依赖国际资本流通，并且更多地与消费的组织有关，而不是生产的组织。

注释

1　See Harvey (1989a, pp. 210–307). Harvey's apparent willingness to incorporate culture into Marxist analysis brings to a head the question of *how* to integrate aesthetics and political economy, culture and capital.

2　In Victor Turner's view, liminality does not exist outside of preindustrial, and certainly precapitalist, society, where social categories are stable. Men and women in an advanced market economy may *choose* a sort of political, professional, or artistic liminality, or marginality; this Turner calls a *liminoid* state. On Walter Benjamin, see Buck-Morss (1989).

3　See Clark (1985, chapter 1), Harvey (1985), Gottdiener (1985), and Logan and Molotch (1987). On the other hand, Herbert Gans (e.g. 1984) argues strenuously against economic reductionism in attempts to explain socio-spatial structures.

4　See Jameson (1984); these issues are less schematically rendered in Logan and Moloch (1987).

5　See Kowinski (1985). "Only financial institutions were in a position to understand the implications of suburbanization, even partially, and to coordinate and plan, however imperfectly," write Mintz and Schwartz

(1985, p. 43).

6　"According to fashion experts, Italian companies have consolidated their design, textile and production resources in Milan over the past decade, and though each Italian boutique may be relatively small, it is part of a much larger organization operating on a world scale," writes Giovannini (1986); see also Meislin (1987).

7　Benetton recently expanded by diversifying into financial services, building on its network of outlets – but this basis has turned out to be problematic. On Benetton's history, see Lee (1986) and "Why Some Shopkeepers Are Losing Their Shirts," *Business Week*, March 14, 1988; on McDonald's, see "McWorld?" *Business Week*, October 13, 1986, and Skinner (1985).

8　The extreme "populist" statements are Venturi (1977) and Venturi et al. (1977). On the search for corporate distinction by means of architecture, see Kieran (1987).

9　Besides the Japanese, major foreign investors in trophy buildings include British, Dutch and West German pension funds ("Real estate trophy hunt," *New York Times*, August 23, 1987). Citicorp in *Business Week*, April 3, 1989; General Foods building in *New York Times*, August 19, 1987.

10　Just as Ada Louise Huxtable recognizes the developer's role in producing the signature building, so major film producers, and specific studios, are recognized as much as directors for having created signature films of the 1930s and 1940s. In the 1950s and 1960s, the attempt by noncommercial critics to theorize the director's role and/or deemphasize the commercialism of Hollywood production led to writing about the director as the film's *auteur*.

11　See McGill (1987), and any issue from 1988 of such fashion magazines as *Vogue* and *Elle*. Despite the commercial success of such accounts of architectural history as Rybcynski (1986) and Wolfe (1981), however, there may still be an apparent abysmal ignorance about architectural facts ("Cultural blindspot," *Progressive Architecture*, July 1987, p. 7).

12　"What we hadn't foreseen [in redeveloping downtown San Francisco] was that there would be a tendency to seek out

national firms, and not to take any risk with architecture," the city's director of planning says (*New York Times*, December 5, 1987). See also Goldenberg (1989).

13　The architect continues: "The identity of Boston, Back Bay, and Newbury Street does not reside in the overscaled developer-driven buildings by superstars. We are very guarded (very Yankee) in Boston. We are concerned by what superstars have built here ... by what is being built ... and the commitments the all-stars have made for parallel design time for projects in other cities and countries. We are wary of additional watered down, trendy, inflated 'Boston' buildings that will never really become Bostonian" (Marsh, 1987). In general, however, city planning agencies in Boston (and San Francisco) have reacted more strongly than in other cities against speculative overbuilding.

14　"They say that at CBS the most prized assets are the highly celebrated, hard-to-replace television personalities responsible for the network's news coverage" (Cowan, 1987). "'The superstar is the giant bonanza,' said Al Teller, the president of CBS Records. 'The big hit is to develop superstar careers. That is the biggest win you can have'" (Fabrikant, 1987). Conversely, as profits have fallen, many Wall Street financial firms have eliminated their superstars, or highest revenue-producers, and restored power to traditional managers ("The decline of the superstar," *Business Week*, 17 August, 90–8.

15　Andrew Saint (1983, p. 84) suggests that the constant cycles of rebuilding initiated in Chicago from the 1870s by business cycles and by fire resulted in an aggressive construction industry and a commercially oriented group of architects who, "a French observer said, 'brazenly accepted the conditions imposed by the speculator'." American-style market competition among architects could be expected to shock a visitor from France, where commissions were mainly sewed up by a civil service–Ecole des Beaux Arts network.

16　The Japanese language, for example, has imported *deezainah* without attempting to translate it, along with such terms as "advertising copywriter" and "project coordinator," which have no indigenous equivalent (*Business Week*, 13 July 1987, p. 51). Industrial designers become more important when competition among manufacturers turns from sheer cost to product quality – a point much appreciated in current US – Japanese competition (*Business Week*, 11 April 1988, pp. 102–17).

17   Compare Ewen (1988). The posthumous transfer from design sketch or prototype to mass market product reaches ludicrous extremes, as reported in Giovannini (1988).

18   At lower levels of the design professions,

however, employees may chafe at the limits on their professional autonomy (see Slavin, 1983).

19   Money center banks guaranteed $20 million in long-term loans and $10 million in short-term loans for Faneuil Hall before construction began, but the loans were all made contingent on a $3 million participation by Boston financial institutions (*Fortune*, 10 April 1978, cited in Mintz and Schwartz, 1985, p. 61). For a discussion of historic preservation as both an aesthetic paradigm and a redevelopment strategy, see Zukin (1989, pp. 75–8).

参考文献

Barth, G. (1980) *City People: The Rise of Modern Culture in Nineteenth-century America*. New York: Oxford University Press.

Belkin, L. (1986) Benetton's cluster strategy. *New York Times*, January 16.

Bennett, L. (1986) Beyond urban renewal: Chicago's North Loop redevelopment project. *Urban Affairs Quarterly*, 22, 242–60.

Benson, S. P. (1986) *Counter Culture: Saleswomen, Managers and Customers in American Department Stores, 1890–1940*. Urbana: University of Illinois Press.

Brock, H. I. (1931) From flat roofs to towers and slats. *New York Times Magazine*, 19 April, 6–7, 16.

Buck-Morss, S. (1989) *The Dialectics of Seeing: Walter Benjamin and the Arcades Project*. Cambridge, MA: MIT Press.

Clark, T. J. (1985) *The Painting of Modern Life*. New York: Knopf.

Colacello, B. (1987) The power of Pierre. *Vanity Fair*, September.

Cowan, A. L. (1987) Tisch is holding a hot potato. *New York Times*, 14 March.

Drucker, R. (1987) Speaking at a seminar in Boston, Was Postmodernism the Heir to the Preservation Movement? What Will Come Next?, quoted in Preservation and postmodernism: a common cause? (editorial). *Architectural Record*, June, 9.

Ewen, S. (1988) *All Consuming Images: The Politics of Style in Contemporary Culture*. New York: Basic Books.

Fabrikant, G. (1987) A long and winding road: band's quest for stardom. *New York Times*, 31 July.

Ferretti, F. (1985) "The LA spirit" makes a splash in Brooklyn. *New York Times*, 19 April.

Forty, A. (1987) *Objects of Desire: Design and Society from Wedgwood to IBM*. New York: Pantheon Books.

Gans, H. (1984) American urban theory and urban areas. In I. Szelenyi (ed.), *Cities in Recession*. Beverly Hills, CA: Sage, pp. 278–307.

Giovannini, J. (1986) The "new" Madison Avenue: a European street of fashion. *New York Times*, June 26.

Giovannini, J. (1987) Westweek, star-studded Los Angeles design event. *New York Times*, 2 April.

Giovannini, J. (1988) Marketing Frank Lloyd Wright. *New York Times*, 24 March.

Goldberger, P. (1989) Architecture view: a short skyscraper with a tall assignment. *New York Times*, 26 March.

Gottdiener, M. (1985) *The Social Production of Urban Space*. Austin: University of Texas Press.

Gross, M. (1987) In search of the perfect angel. *New York Times*, 30 August.

Hartman, C. (1984) *The Transformation of San Francisco*. Totowa, NJ: Rowman & Allenheld.

Harvey, D. (1985) *Consciousness and the Urban Experience*. Baltimore: Johns Hopkins University Press.

Harvey, D. (1989a) *The Condition of Postmodernity*. Oxford: Blackwell.

Harvey, D. (1989b) Flexible accumulation through urbanization: reflections on "post-modernism" in the American city. In *The Urban Experience*. Oxford: Blackwell.

Henig, J. R. (1986) Collective responses to the urban crisis: ideology and mobilization. In M. Gottdiener (ed.), *Cities in Stress: A New Look at the Urban Crisis, Urban Affairs Annual Reviews*, 30.

Huxtable, A. L. (1987) Creeping gigantism in Manhattan. *New York Times*, 22 March.

James, H. (1968) *The American Scene*. Bloomington: Indiana University Press (first published 1907).

Jameson, F. (1984) Postmodernism, or the cultural logic of late capitalism. *New Left Review*, no. 146, 53–93.

Judd, D. R. (1986) Electoral coalitions, minority mayors, and the contradictions in the municipal policy agenda. In M. Gottdiener (ed.), *Cities in Stress: A New Look at the Urban Crisis, Urban Affairs Annual Reviews*, 30.

Kern, S. (1983) *The Culture of Time and Space, 1880–1918*. Cambridge, MA: Harvard University Press.

Kieran, S. (1987) The architecture of plenty: theory and design in the marketing age. *Harvard Architecture Review*, 6, 103–13.

Kowinski, W. S. (1985) *The Malling of America*. New York: William Morrow.

Lee, A. (1986) Profiles: being everywhere (Luciano Benetton). *New Yorker*, November 10.

Logan, J. R. and Molotch, H. (1987) *Urban Fortunes: The Political Economy of Place*. Berkeley and Los Angeles: University of California Press.

Marsh, G. E. Jr (1987) Letters. *Architectural Review*, May, 4.

McGill, D. C. (1987) Taking a close look at the art of post-modernist architects. *New York Times*, 31 August.

McGuigan, C. (1986) The avant-garde courts corporations. *New York Times Magazine*, 2 November.

Meislin, R. J. (1987) Quiche gets the boot on Columbus Avenue. *New York Times*, July 25.

Mintz, B. and Schwartz, M. (1985) *The Power Structure of American Business*. Chicago: University of Chicago Press.

Rybcynski, W. (1986) *Home: A Short History of an Idea*. New York: Viking.

Saint, A. (1983) *The Image of the Architect*. New Haven, CT: Yale University Press.

Schievelbusch, W. (1979) *The Railway Journey*, trans. A. Hollo. New York: Urizen.

Schiro, A.-M. (1988) Lacroix: meteor or constant star? *New York Times*, 22 April.

Silverman, D. (1986) *Selling Culture: Bloomingdale's, Diana Vreeland, and the New Aristocracy of Taste in Reagan's America*. New York: Pantheon Books.

Skinner, J. K. (1985) Big Mac and the tropical forests. *Monthly Review*, 37(7), 25–32.

Slavin, M. (1983) Interiors business: jobs are not what they used to be. *Interiors*, September, 130–1.

Stern, R. A. M. et al. (1987) *New York 1930: Architecture and Urbanism between the Two World Wars*. New York: Rizzoli.

Thorne, R. (1980) Places of refreshment in the nineteenth-century city. In A. D. King (ed.), *Buildings and Society*. London: Routledge & Kegan Paul, pp. 228–53.

Tomkins, C. (1977) Forms under light. *New Yorker*, 23 May, 43–80.

Vasari, G. (1965) *Lives of the Artists*. London: Penguin (first published 1550, 1568).

Venturi, R. (1977) *Complexity and Contradiction in Architecture*, rev. edn. New York: Museum of Modern Art.

Venturi, R. et al. (1977) *Learning from Las Vegas*, rev. edn. Cambridge, MA: MIT Press.

Williams, R. H. (1982) *Dream Worlds: Mass Consumption in Late Nineteenth-century France*. Berkeley and Los Angeles: University of California Press.

Wolfe, T. (1981) *From Bauhaus to Our House*. New York: Farrar, Straus & Giroux.

Zerner, C. W. (1977) The new professionalism in the Renaissance. In S. Kostof (ed.), *The Architect*. New York: Oxford University Press.

Zukin, S. (1989) Postscript: more market forces. In *Loft Living: Culture and Capital in Urban Change*, 2nd edn. New Brunswick, NJ: Rutgers University Press.

第六部分

性

第 15 章

性和城市空间：一种分析性的框架

劳伦斯·诺普（Lawrence Knopp）

城市和性既决定人类社会生活动力又被它所决定。它们反映了社会生活是如何被组织起来，如何被描述、感知和理解的，以及各种群体如何对这些条件进行处理和反应。许多城市中以性别为基础的空间划分特征既形成了人们之间的性特征，同时又被性特征所确定（尤其是西方的[1]工业化社会）。例如，异性恋仍然常被提倡作为胶粘剂一样把这些空间的劳动分工连接在一起（确实，两方社会就如此）。但另一方面，这些劳动分工也形成了单性别的环境，在这种环境中同性恋可能有滋生的空间，并且有活跃扩大的可能（Knopp，1992）。

同时，城市的密度以及文化的复杂性已经使得性多样化和性自由成为一种独特的城市现象。因此，少数性亚文化和社区以及一些相关的社会运动已经在城市里面更加有组织地发展起来了。[2]另外，这些运动和亚文化在城市空间中的集中性，使得我们更加容易去控制和恶化它们（同时使得主流文化和主要空间更加纯净）。因此，如旧金山的 Castro 区作为改造过的同性恋社区被描述成了享乐和自我放纵的中心，其他一些同性恋的娱乐区（如旧金山的南部市场区）被描述成危险的虐待性的地狱，红灯区被描述成"家庭价值观"的威胁，非白人社区被描述成暴力的中心地[3]，或者相反，郊区被描述成幸福的，异性间的一夫一妻场所。

这些矛盾以及很多其他矛盾都反映在城市空间结构和城市的性模式中，也反映在城市生活的个人与集体经验中……揭示上述这些联系对于地理学来说仍然是敏感的（McNee，1984）。这样的坚持无视了现在其他领域内正在扩展的、和性特征与空间之间的关系发生联系的一些工作，这包括关于城市主义的讨论（Wilson，1991；Grosz，1992；Bech，1993；Duyves，1992），民族主义的讨论（Mosse，1985；Parker 等，1992），殖民主义的讨论（Lake，1994），以及建筑与设计（Wigley，1992；Ingram，1993）。

在这个领域内所做的少量工作试图反映一些从事这项工作的特别关注以及社会环境。这意味着对城市男性同性恋和女性同性恋者的身份研究（Levine，1979；Ketteringham，1979，1983；McNee，1984；Castells 和 Murphy，1982；Castells，1983；Lauria 和 Knopp，1985；Adler 和 Brenner，1992；Valentine，1993；Rothenberg 和 Almgren，1992；Rothenberg，1995）。而关于以下这些方面的问题却很少关注：异性恋、双性恋和围绕着只是偶然与性别有关的行为组织的性（如施虐受虐狂和某些偶像崇拜），和（特别有问题的）激进的，自觉的反对任何类似"身份"和"社区"流动性的性（Bell，1995；Binnie，1992，1993）。还有一些被忽视的小城镇和郊区特殊的性与空间的联系，性、空间与其他社会关系之间的联系（如种族，Rose，1993，p. 125 - 127 和 Elder，1995），以及一些关于特定社会系统中的性和空间动态的问题（如封建主义、家长式的资本主义等）（Knopp，1992）。

　　这一章提出了一些这样的隔阂。尤其是我发展并且描述了审视某些性特征与现代西方社会城市化之间关系的框架。然而，这样做，我含蓄地把"性"以及"城市"和"西方"当成是一些自明的没有问题的经验性"事实"。这使人们关注来自这些分类中的多样性，来自他们的约束性和压抑性的影响，以及来自复杂的社会过程和产生其权利关系问题发生的偏转。但是，因为人们总是谈到这些类型的事，就好像它们是自明的和没问题的经验性的事实。它们有一种社会性的权利，即它们和许多所谓的"现实的"的问题（如工作、家庭、养老金等）一样重要。这种对"性"和"城市"的有疑问且强大的本质认识导致了以下分析。

城市化和性

　　传统理解城市化的方法通常可分为唯物主义、唯心主义和人文主义（Saunders，1986）。简单说：唯物主义者把人类生活中的实际生产和再生产看作形成城市的动力；唯心主义者把伟大思想之间的相互作用看作是形成城市的动力（尤其是哲学和政策制定者的决策）；而人文主义者把城市看成是主观的体验，人们把各种意义归因于这种体验。在 20 世纪 70 和 80 年代，许多分析家注意到，当代这三个阵营所讨论的实际的、政治的或即使是文化的过程很少与被称为城市的地理单元有什么不同（Saunders，1986；Paris，1983）。一些学者基于此总结道"空间问题……能够而且必须和特定的社会过程分开考虑（Saunders，1986，p. 278）。[4]

　　但是几乎在同时，更多的社会理论家重新强调了传统地理学家的主张：空间和场地问题在人类社会生活中都很重要（Giddens，1979；Thrift，1983；Sayer，1989；Lefebvre，1991；Gottdiener，1985）。它们的论点特别强调了一种人文主义的主张，对场地的经验有很强大的社会意义。现在许多城市学家不管他们的哲学观点，也倾向于承认这个观点。例如，许多唯物主义学者（包括许多马克思主义者），把城市的"意象"和"经验"看作为城市化过程中重要的物质因素（Harvey，1989，1993；Logan 和 Molotch，1987；Cox 和 Mair，1988）。城市的意象和经验现在被看成是以一种方法操作、斗争并且重新用形式表示，这种方法对由不同群体的社会权利的积累（或者丧失）而言的确和一些传统的物质考虑（如产品过程的控制）同样重要。

因此，城市与一些组成它的社会过程是很值得思考的，就像是一个社会产品，在这个社会产品中物质力量，精神力量与人类赋予意义的欲望是紧密结合的。在城市中的许多更小的区域也同样道理。我将举例简短地来说明，这种方法怎么在当代西方社会进化这样的文脉中运作。然而，首先，我将分辨出一些特定的在西方社会中的城市或者城市的特定领域发生关联的不同类型的性。

一种非常细致且普遍的从人文主义的视角发展出来的对西方社会的性的描述，是亨宁·贝克（Henning Bech）的（1993）。[5]吸取洛夫兰德（Lofland）的观点（1973），他把现代西方社会描述成了"有着自身逻辑或者性"特征的"陌生者的世界"和特别的"生命体的空间"。城市中的性被描述成了现代城市生活的许多典型体验中的色情成分：匿名、偷窥癖、表现癖、消费主义、权威（反权威）、触觉、运动、危险、权利、控制与不稳定。[6]贝克认为这种类型的性"只可能在城市中有"，因为它依靠"大量的高密度和永久的不断流动的异性人类群体"，这就是现代城市。同时，正是现代医药和心理分析，贝克把这些特殊的体验性征化归因于它。讽刺的是，在弄清现代的性特征的过程中，这两个方面的知识互相补充了各自领域的知识组成成分，特别是以性特征增强的物体和表面（特别是身体的部分）为媒介而形成的。继而，这也成为现代科学对 19 和 20 世纪以来由于各种社会关系（特别是性别之间的关系）改变而突然出现的焦虑所作回应中的一个组成部分。因此，城市作为一个陌生人的世界，变成了一种现代性状态的原型空间，人们生活其中，彼此关联就如物体和外观一样。

这个表述还存在大量的问题。[7]但它是非常有用的，贝克曾经描述过，在现代西方社会的部分城市中的一些地方至少已经开始以一种特别的方式被赋予了性特征。他还开了对此进行解释的先河，他的概括性描述，如果不是他的解释，将在许多方面体现出公平。（虽然，他可能更加适用于欧洲大陆而不是美国或者其他的英语城市）。[8]然而，也有许多其他的描述和解释。例如，伊丽莎白·威尔逊（Elizabeth Wilson，1991），把人口密度很高的城市空间看成是对妇女的潜在的解放和赋权。基于这个原因，这样的空间在思想层面上总是和妇女的性联系在一起，而妇女的性在思想意识上又被认为是无理性的、不能控制的和危险的。因此，伊丽莎白·威尔逊认为对城市的"无秩序"的控制主要是对妇女的控制，而且特别是妇女的性进行控制。我自己和另外一些人的工作，强调了城市里一些更新过的区域里的同性化，主要是同性恋者（大部分是中产阶级白人）寻求政治权利和性自由（Lauria 和 Knopp，1985；Knopp，1987，1990a；Castells and Murphy，1982；Castells，1983；Ketteringham，1979，1983；Winters，1979）。另外一些人讨论了像女性同性恋和女性异性恋等空间类型的代码（Rose，1984；Adler 和 Brenner，1992；Bondi，1992；Rothenberg，1995）。M·迪维斯（Mattias Duyves）

（1992），J·宾列（Jon Binnie）（1992，1993），D·比尔（David Bell）（1995），彼得·基奥（Peter Keogh）（1992）和 G·沃瑟斯庞（Garry Wotherspoon）（1991），同时强调了一些男同性恋者的公共空间，特别是用于性目的（Cottaging，Cruising等）的空间的代码。戴维斯（1991，1992），盖尔特麦克（Geltmaker，1992）和我（Knopp，1992）强调了占主要地位的异性化的城市空间，如大型购物中心、体育吧和郊区。

城市的性代码、城市内的空间以及和它们联系在一起的人群是非常不同且复杂的。然而做一些概括还是可能的：（1）许多当代社会的矛盾和斗争表现在这些代码中；（2）这些代码以特定的区域与相关人群为基础，强调了关于性的色情和功能化的概念；（3）代表了主要秩序的失败和危机的区域与人群（如贫民窟、更新改造区）趋向于形成主要的或者可能的色情化的文化环境（如既危险同时又潜在地释放），而那些现在看起来没问题的地区则趋向于或者非性化，或者给性附加更多功能性的方法；（4）这些代码和权利关系发生联系；（5）它们互相残忍地竞争。

贝克心理分析的社会学阐述，以及威尔逊的城市设计和规划，暗示了一种性和权利关系的链接：性别关系的改变。贝克通过把它们投射到早期的意识发展过程和物体间关系的方法，强调现代医药学和心理分析学回应了 19 和 20 世纪的性别关系的革命，包括那些人们借以发展不同性别和性身份的关系。这些和贝克认为的非常客观化的城市体验取得了联系。他说，人们体验城市，就像一些在迅速、密集和非个人化的流线上的物体和表面，而不是人。以同样的语调，威尔逊说现代城市的建筑师把关于性别关系的焦虑投射到城市地图和基础设施上。某些地区变得女性化和魔鬼化，基础设施被设计得能够容纳和控制妇女。这些都是有用的视角，但是需要深入地发展并且和其他一些正在发生的社会关系的变化取得联系（如工业化、市郊化、种族隔离）。

哈维（1992）和我（Knopp，1992）最近的一些工作暗示在更为当代的文脉中这些深入的链接将如何发生。我们都强调了文化（我强调了性特征）和阶级利益之间的联系，指出文化的（性的）代码现在可能是城市或者社区意象和经验的重要元素。这继而成为适应资本积累和阶级关系重新生成的中心力量。格伦·埃尔德（Glen Elder，1995）通过研究南非不同种族化政治和经济政权内可能或不可能的性设想和性实践，强调了种族为基础的权利关系的重要性。必须强调的是，很实际的性利益在这里是危险的，那些从一定性模式中获益的人是因为他们的性实践和爱好在那些模式中有某种特权。与其单独地发展这些模式，我希望能够综合地发展和展示它们，把它们发展过程中的联系看得一样重要。因为我想强调与城市发生联系的性模式是有多重斗争和矛盾的地点，并且是制造、再造和转变各种社会关系和空间自身的手段。

矛盾和斗争：城市化的性动力与空间动力

在当代西方城市中，权利和商品的生产和消费与白人、非工人阶级、男异性恋者紧密结合。但是，通过某种机制的运作使得一些人群在某个方面受到压抑（如工人阶级或者非白人）而在另外的方面受益。（比如作为男人）是适当和可行的。这些复杂且矛盾的模式在西方社会的空间结构里已经被制造、重造且互相竞争。这里包括重要的城市建成环境、空间意识和生活经验。

为了理解这个过程，最好是思考一下当代城市赖以发展进化的 19 世纪的工业化背景。在 19 世纪，城市很严格地按照阶级、人种和种族划分，典型的非常传统的以性别为基础的空间劳动分工，异性恋的模式占主导地位，主要基于公共和私密的生存领域而实现体验和设想。[9]社区、家庭和工作场所、商业与休闲空间的设计全都反映了以上特点。它们和其他事物一起，认定和再现在家庭和种族等级中一种生理、情绪和物质价值的异性恋化的交换，在这一等级中白人家庭和社团最充分地享受部分由非白人（包括西方社会内外）的利益转给白人而支付的社会工资福利。

这种安排存在很多矛盾。一个非常重要的矛盾是城市空间结构（包括以场所为基础的社区社会结构和性结构）中许多方面的固有本性之间的紧张关系，以及不同特权阶级在旧结构的投入还未还清之前创造新的和更加有经济效益的空间结构之间的竞争（Harvey，1985）。[10]另外一种与以上矛盾紧密关联的紧张关系是对特定阶级、种族、性别和性结构的依赖与这些结构潜在的具有创造破坏性的、集体的和个人的意识趋势之间的紧张关系。贝克对现代的性对表层、匿名等的崇拜心理学分析解释，可以看成是后一种矛盾的具体表现。但是，他认为因为性关系的改变所造成的集体焦虑更可能是从 19 世纪至 20 世纪早期的工业化城市中典型的公共与私人体验的强烈差别所造成的。对"私密"领域存在的意识的增长推动了广泛范围内主观性的增长和对个人和集体的成长和实现的期望（Zaretsky，1976）。这意味着人们能够研究这些特征和基于非因循守旧和非商品化作用和实践的可能性的社区。但是，随着财富的权力继续集中到越来越少的人手里，这些机会同时也破坏了 19 世纪至 20 世纪初的以性别劳动分工为基础的城市。他们根据人们的性别、种族、阶级和性分布的不同而不同。因此，主要矛盾便呈现在城市化的过程中。

城市的公共生活同样充满了矛盾。许多以前非商品化的公共体验（例如许多剧院和运动会）以商品的形式被生产和消费，特别是对男人而言。讽刺的是这也是这些人发展其个性与个人潜力的方法。但是，正如我曾经说过的，对新体验的需求包括了许多以前曾经是潜在的分裂性的体验。特别是性体验越来越被分割、归类和商品化（例如贝克所描述的那样），新的性体验被商业化制造的可能性提高了（但是，是社会性断裂的）。例如，同性体验的商业化的增殖导致了在一些人群中的同性意识。这对以异性关系为基础的工业城市是个威胁。

这些不同的体验和矛盾依据人们的社会和空间位置的不同而不同。例如，白种的中产阶级妇女和男人很可能在很多方面把通过家庭内外的体验和商品的消费当成是个人满足的一种机会。在20世纪男女平等主义和同性意识中的白人、中产阶级（例如同性恋政治和群体）和男性化倾向完全反映了这一点。工人阶级的白人妇女却不同，她们多半把个人生活的体验当成是一种在男人们外出挣钱的时候的有限制的无报酬工作和消费。因此，在这种环境下的另外一些可能的性关系就特别有限制性了（因为这些妇女经常发展与其他妇女的合作关系）。其间，对于非白人的工人阶级妇女来说，私人生活更加不同，它是作为有工资与无工资，家里与家外劳动之间的一种平衡。这些可能的性特征在某些方面是最受约束的，而在其他一些方面它们却可能是有重大价值的了（例如当她们在家庭之外的有偿劳动中，在空间上她们与非白人妇女一起）。同时，对于所有阶级和肤色的男人来说，私生活倾向于变为（虽然程度不同）一种权威的演习，在家中是价值的消费，而家外是商品的消费。因此，总体上来说男性比女性有更大的可能发掘性特征的自由（虽然，致命的同性恋憎恶和异性主义思想回应了这种自由并且渗透进了许多的男性模式的空间和体验的文化之中）。

所有这些造成的一个后果是引发复杂的种族阶级和性别层次的各种社会运动以及围绕性问题形成的日常争斗。“同性恋”风波以及之后的男同性恋和女性同性恋运动遍布于19世纪末20世纪的西方社会的历史（Steakley，1975；Weeks，1977；Altman，1982；D'Emilio，1983；Katz，1976；Duberman等；1989）。其中的大部分在城市中发展特好。但是，这些也被交叉和复杂的内部斗争所控制。各种不同的城市空间的文化代码反映了这些斗争，如各种社会和政治改革以及经济重组的浪潮。

开始通过对所有非中产阶级、非白种人、非男性和非异性恋者在城市中的空间和体验，或者是一些堕落且无法控制的性加上一定的规则，资本的重心和社会权力、白种人、男人和异性恋者们就可以被看作已经聚集一起以此抗击这些或其他社会运动和斗争（虽然以不同的方式）。伴随着19世纪工人阶级社区的诸多社会问题（贫穷、疾病等等），一直被（且继续是）指责为对其中居民的性不关心（Kearns and Withers，1991）。同样，在西方城市中被定义成“黑人”的区域却有一种危险的特征（特别是对白种妇女），这是伴随着黑人男子和黑人妇女的所谓的不可控制的性。妇女和妇女空间，同样也常因为她们的特殊存在而被认为是易受性袭击。而同性恋者及其空间却一直伴随着各种各样的堕落疾病，特别是在当代，不仅仅是艾滋病。例如，最近在苏格兰的一次围绕着“从同性恋到错乱的公正”的争论中，同性恋空间（如酒吧）一直被小报描绘成是堕落和令人恶心的

（Knopp，1994）。[11]

　　但是，甚至这些代码从一开始就被一些存在于这些各种各样的团体以及那些阶级之间的关系和其他政治和经济条件内部的斗争所质疑。在最近苏格兰的案例中，一些同性恋者事实上在同性恋者们的周围利用文化恐吓，以此来加强他们个人的利益或者去报复其他他们认为是有特权的伪君子们（Campbell，1993a，b）。特别普遍的是，相对有特权的一些非正常性的人（如白种男性同性恋者）已经组成了一些网络和机构，以此来为他们的特殊的性需求，或是其他压抑结构的永恒性提供设施帮助。这些错综复杂的网络和机构，伴随着最近的工业化和职业重组（中层管理者的扩张，其他的白领和某些其文化背景为社会所宽容的服务工作）已经发展到了大到城市根基的物质基础之上，这个城市根基主要是白种人，以及男性主导的同性恋社会和政治运动（Lauria 和 Knopp，1985）。这些运动有它们自身的空间代码，"走出密室"走向公共领域，但这些运动一般都在种族主义者、性主义者和前资本家的论谈之中（如 Knopp 的讨论之中，1990b[12]）。它们已经影响了很大范围以异性恋为主导的区域，如邻里社区、学校、政府官僚机构、法院、私人公司、商业区、公园和郊区。最明显的影响是同性恋的居住休闲空间激增（但是却不相称地只是白人，男性和中产阶级）。例如，不稳定的同性交易和娱乐场面，以及如阿姆斯特丹、伦敦、旧金山和悉尼的"色情经济"，以及许多同性恋者向日趋破败的市区移居等，已经在过去的十年之中吸引了大量媒体的关注（Binnie，1995）。但是这些主要都是由白种中产阶级男性阶级发起，并且是为他们服务的，并且已经由"进步的"资本家（经常是同性恋者）提供资助，以此来殖民化新的体验领域，并且破坏那些对其权利的潜在威胁（Knopp，1990a，b）。

结论：权力，空间和差异

　　以上分析描述了一种途径，以此途径，城市空间作为社会产品的概念是可行的，在城市空间中物质力量、思想力量和人类想要赋予事物意义的欲望不可分离。沿着这个途径，它强调了城市化过程之中各种特殊形式的种族、阶级、性别和性关系的偶然性，但又是极端的重要性。因为在这些特别的社会系统中的矛盾开始要动摇那些系统，各种不同的利益开始忙乱地形成新的联盟和"新的政体聚集"（Harvey，1985），这就加强了他们的权力。要不然，那些高度细化分层的少数性的亚文化的性利益也不例外。

　　但是，"权力"在这个语境之中是个非常难以捉摸的概念，它似乎基本上就是关于生产、再生产的能力，关于适当的人类生活和其相关的由社会形成的价值观，某种程度上和人们自身的利益是一致的，它也似乎是关于对这些过程的控制。因此权力是通过社会关系实现的。

社会关系，同样也总是围绕着一些差异组成的。虽然差异是人类经验的最基本特征，它却没有固定的形式和本质。最终，构成它的是不同的经验。为使这些差异能够互相理解，并且具有社会生产性（或是破坏性的），我们把我们自身的不同经验和特殊的标志物相连，并且把这些整体构建为我们的差异的本质。这些特殊的标志物可以是实践，可以是物体（如我们身体的特征），或者他们是抽象的符号和语言。因为人类生存在空间中，这些差异和人类构成的社会关系（通过这些关系他们自身又被建构了）自然也是空间性的。性的关系也不例外。

但是权力是个奇怪的矛盾体。它似乎总是包含颠覆自身的种子。因为差异的（空间上）建构是为了权力的积累，所以（空间化的）差异也是被赋权的。这在哪怕是最不对称的权力关系中也如此。这在看上去无止境的斗争和社会运动中是很明显的，这些运动围绕着差异而构成，同时在它们的空间性表述中也一样。

因而，在一个空间和性是最基本的经验世界中，性、种族、阶级和性别已经成为重要差异的轴心，那么在城市化过程之中的以围绕这些差异而组织起来的斗争成为主要特征就不奇怪了。它们偶然的相互联系，它们对衰弱的抵抗（一个对另一个）和它们的空间动力对权利自身的不安定性、偶然性和空间不稳定性的测试。只要人类继续生存于空间之中，同时只要我们的身体和经验还包含差异和共性，这样的矛盾环境也将会继续。

注释

1　By "Western" I mean strongly associated, materially and ideologically, with Western economic, social, political, cultural and intellectual conditions and traditions. I acknowledge the extremely problematic nature of this term (its erasure of the roles of non-Europeans in making "European" traditions, for example), but defend its use here as a way simply of suggesting some of the historical and geographical contingencies of my argument. See my discussion in the second section on "strategic essentialism".

2　This is not always true, however. Lesbian cultures and communities in the US, for example, are sometimes more closely associated with areas not seen as particularly "urban" (Beyer, 1992; Grebinoski, 1993).

3　I do not mean to suggest here that "non-white" cultures constitute sexual subcultures, that rape is a sexuality, or that rape's association with certain "non-white" people (i.e. black men) is anything but ideological. At the same time, I would argue that to its perpetrators rape is a sexualisation of male social dominance, and that white cultures in the West code black men in particular as potential rapists.

4　In almost the same breath, however, he acknowledges that "all social processes occur within a spatial and temporal context" (p. 278).

5　Actually Bech does not explicitly specify his description as "Western". But he does describe it as "modern", which he in turn defines (implicitly) as Western.

6　Against the charge that what he describes is profoundly "masculinist" (meaning male-oriented and oppressive to women), Bech invokes the argument of some feminists, including Elizabeth Wilson (1991), that such an objection desexualises women and denies them power, leaving them in need of (male) protection and control.

7　Among these is the fact that Bech attempts (albeit with appropriate caveats) to bracket off power relations from his analysis (except, interestingly, in his most gender-based sociological interpretation of the role of psychoanalysis in the production of urban sexuality). But in addition, his claim that the city as a life-space has a "logic of its own" is at best an overstatement. Whatever the "logic" of the urban "life-space", it is unlikely that it is completely disconnected from the (non-city-specific) hierarchically organised social relations which constitute it, or other relations of power which emerge in the context of it. Bech's own acknowledgement that public space is "restricted and perhaps becoming even more restricted by the interventions of commercial or political agents" (p. 6) would seem to bear this out. Along these same lines, the claim that the sexuality he describes is "only possible in the city" is clearly a tautology, since he defines it in terms of the city in the first place. In fact, all of the sexual experiences he describes can and do take place outside cities as well. Admittedly, many of them usually require a good deal more effort to make things happen outside cities (e.g. anonymous encounters), but this does not link them *necessarily* to such environments. Anonymity, voyeurism, tactility, motion, etc. are all human experiences that can be, and arguably have been, sexualised and desexualised in a variety of places and fashions (and for a variety of reasons), throughout history. Thus they bear no *necessary* relationship to the city. The issue is not, therefore, whether or not a particular sexuality (or sexualities) attaches *necessarily* to the city, but rather how and why urban space has been sexualised in the particular ways that it has.

8　In the American case in particular, the process of nation-building through private profit-oriented land-development (and the associated contradictory ideologies of frontier individualism and utopian communitarianism) has led to a sexualisation of the city which is (arguably) less romantic, less erotic and more masculine than in continental Europe.

9　I wish to emphasise that this distinction between public and private is one which is profoundly ideological, but which functions as one of those powerful essentialisms (Fuss, 1989) which has profound material consequences.

10　See Knopp (1992) for a fuller presentation of this aspect of my argument.

11　One headline read "Two Judges Visited Gay Disco – But One Stormed Out in Disgust!" (*Daily Record*, Edinburgh, 1990).

12　Unfortunately, I privileged class enormously in that particular piece.

参考文献

Adler, S. and Brenner, J. (1992) Gender and space: lesbians and gay men in the city. *International Journal of Urban and Regional Research*, 16, 24–34.

Altman, D. (1982) *The Homosexualization of America, the Americanization of the Homosexual*. Boston: Beacon Press.

Bech, H. (1993) Citysex: representing lust in public. Paper presented at Geographies of Desire Conference, Netherlands' Universities Institute for Co-ordination of Research in Social Sciences, Amsterdam.

Bech, H. (1995) Pleasure and danger: the paradoxical spaces of sexual citizenship. *Political Geography*.

Bell, D. (1995) Perverse dynamics, sexual citizenship and the transformation of intimacy. In D. Bell and G. Valentine (eds), *Mapping Desire: Geographies of Sexualities*. London and New York: Rouledge.

Beyer, J. (1992) Sexual minorities and geography. Paper presented at 27th International Geographical Congress, Washington, DC.

Binnie, J. (1992) Fucking among the ruins: postmodern sex in postindustrial places. Paper presented at Sexuality and Space Network Conference on Lesbian and Gay Geographies, University College London.

Binnie, J. (1993) Invisible cities/hidden geographies: sexuality and the city. Paper presented at Social Policy and the City Conference, University of Liverpool, July.

Binnie, J. (1995) Trading places: consumption, sexuality and the production of queer space. In D. Bell and G. Valentine (eds), *Mapping Desire: Geographies of Sexualities*. London and New York: Rouledge.

Bondi, L. (1992) Sexing the city. Paper presented at annual meeting of the Association of American Geographers, San Diego.

Campbell, D. (1993a) Gay myths, criminal realities (part 1). *Gay Scotland*, 71, 9-10, 20.

Campbell, D. (1993a) Gay myths, criminal realities (part 2). *Gay Scotland*, 72, 9-10, 12, 25.

Castells, M. (1983) *The City and the Grassroots*. Berkeley: University of California Press.

Castells, M. and Murphy, K. (1982) Cultural identity and urban structure: the spatial organization of San Francisco's gay community. In N. Fainstein and S. Fainstein (eds), *Urban Policy under Capitalism*. Beverly Hills, CA: Sage.

Cox, K. and Mair, A. (1988) Locality and community in the politics of local economic development. *Annals of the Association of American Geographers*, 78, 307-25.

Davis, T. (1991) "Success" and the gay community: reconceptualizations of space and urban social movements. Paper presented at the First Annual Graduate Student Conference on Lesbian and Gay Studies, Milwaukee.

Davis, T. (1992) Where should we go from here? Towards an understanding of gay and lesbian communities. Paper presented at the 27th International Geographical Congress, Washington, DC, August.

D'Emilio, J. (1983) *Sexual Politics, Sexual Communities: The Making of a Homosexual Minority in the United States, 1940–1970*. Chicago: University of Chicago Press.

Duberman, M., Vicinus, M. and Chauncey, G. (1989) *Hidden from History: Reclaiming the Gay and Lesbian Past*. New York: NAL Books.

Duyves, M. (1992) The inner-city of Amsterdam: gay show-place of Europe? Paper presented at Forum on Sexuality Conference, Sexual Cultures in Europe, Amsterdam, June.

Elder, G. (1995) Of moffies, kaffirs and perverts: male homosexuality and the discourse of moral order in the apartheid state. In.D. Bell and G. Valentine (eds), *Mapping Desire: Geographies of Sexualities*. London and New York: Rouledge.

Geltmaker, T. (1992) The queer nation acts up: health care, politics, and sexual diversity in the country of Angels. *Environment and Planning D: Society and Space*, 10, 609-50.

Giddens, A. (1979) *Central Problems in Social Theory*. Berkeley: University of California Press.

Gottdiener, M. (1985) *The Social Production of Urban Space*. Austin: University of Texas Press.

Grebinoski, J. (1993) Out north: gays and lesbians in the Duluth, Minnesota–Superior, Wisconsin area. Paper presented at annual meeting of the Association of American Geographers, Atlanta, April.

Grosz, E. (1992) Bodies-cities. In B. Colomina (ed.), *Sexuality and Space*. New York: Princeton Architectural Press.

Harvey, D. (1989) *The Condition of Postmodernity*. Baltimore: Johns Hopkins University Press.

Harvey, D. (1992) Social Justice, postmodernism and the city. *International Journal of Urban and Regional Research*, 16, 588-601.

Harvey, D. (1993) From space to place and back again: reflections on the condition of postmodernity. In J. Bird, B. Curtis, T. Putnam, G. Robertson and L. Tickner (eds), *Mapping the Futures: Local Cultures, Global Change*. London: Routledge.

Ingram, G. (1993) Queers in space: towards a theory of landscape, gender and sexual orientation. Paper presented at Queer Sites Conference, University of Toronto.

Katz, J. (1976) *Gay American History*. New York: Thomas Crowell.

Kearns, G. and Withers, C. (1991) *Urbanising Britain*. Cambridge: Cambridge University Press.

Keogh, P. (1992) Public sex: spaces, acts, identities. Paper presented at Lesbian and Gay Geographies Conference, University College London.

Ketteringham, W. (1979) Gay public space and the urban landscape: a preliminary assessment. Paper presented at annual meeting of the Association of American Geographers.

Knopp, L. (1978) Social theory, social movements and public policy: recent accomplishments of the gay and lesbian movements in Minneapolis, Minnesota. *International Journal of Urban and*

Regional Research, 11, 243–61.

Knopp, L. (1990a) Some theoretical implications of gay involvement in an urban land market. *Political Geography Quarterly*, 9, 337–52.

Knopp, L. (1990b) Exploiting the rent-gap: the theoretical significance of using illegal appraisal scemes to encourage gentrification in New Orleans. *Urban Geography*, 11, 48–64.

Knopp, L. (1992) Sexuality and the spatial dynamics of capitalism. *Environment and Planning D: Society and Space*, 10, 651–69.

Knopp, L. (1994) Rings, circles and perverted justice: gay judges and moral panic in contemporary Scotland. Paper presented at annual meeting of the Association of American Geographers, San Francisco, April.

Lake, M. (1994) Between old world "barbarism" and stone age "primitivism": the double difference of the white Australian feminist. In N. Greive and A. Burns (eds), *Feminist Questions for the Nineties*. Oxford: Oxford University Press.

Lauria, M. and Knopp, L. (1985) Toward an analysis of the role of gay communities in the urban renaissance. *Urban Geography*, 6, 152–69.

Lefebvre, H. (1991) *The Production of Space*. Oxford: Blackwell.

Levine, M. (1979) Gay ghetto. *Journal of Homosexuality*, 4, 363–77.

Lofland, L. (1973) *A World of Strangers*. New York: Basic Books.

Logan, J. and Molotch, H. (1987) *Urban Fortunes: The Political Economy of Place*. Berkeley: University of California Press.

McNee, B. (1984) If you are squeamish . . . *East Lakes Geographer*, 19, 16–27.

Mosse, G. (1985) *Nationalism and Sexuality*. New York: Fertig.

Paris, C. (1983) The myth of urban politics. *Environment and Planning D: Society and Space*, 1, 89–108.

Parker, A., Russo, M., Sommer, D. and Yaeger, P. (eds) (1992) *Nationalisms and Sexualities*. New York: Routledge.

Rose, D. (1984) Rethinking gentrification: beyond the uneven development of Marxist urban theory. *Environment and Planning D: Society and Space*, 1, 47–74.

Rose, G. (1993) *Feminism and Geography: The Limits to Geographical Knowledge*. Cambridge: Polity Press.

Rothenberg, T. (1995) "And she told two friends": lesbians creating urban social space. In D. Bell and G. Valentine (eds), *Mapping Desire: Geographies of Sexualities*. London and New York: Rouledge.

Rothenberg, T. and Almgren, H. (1992) Social politics of space and place in New York City's lesbian and gay communities. Paper presented at 27th International Geographical Congress, Washington, DC.

Saunders, P. (1986) *Social Theory and the Urban Question*. London: Hutchinson.

Sayer, A. (1989) The "new" regional geography and problems of narrative. *Environment and Planning D: Society and Space*, 7, 253–76.

Steakley, J. (1975) *The Homosexual Emancipation Movement in Germany*. New York: Arno.

Thrift, N. (1983) On the determination of social action in space and time. *Environment and Planning D: Society and Space*, 1, 23–57.

Valentine, G. (1993) Deperately seeking Susan: a geography of lesbian friendships. *Area*, 25, 109–16.

Weeks, J. (1977) *Coming Out: Homosexual Politics in Britain from the Nineteenth Century to the Present*. London: Quartet.

Wigley, M. (1992) Untitled: the housing of gender. In B. Colomina (ed.), *Sexuality and Space*. Princeton, NJ: Princeton Architectural Press.

Wilson, E. (1991) *The Sphinx in the City*. London: Virago.

Winters, C. (1979) The social identity of evolving neighborhoods. *Landscape*, 23, 8–14.

Wotherspoon, G. (1991) *City of the Plain*. Sydney: Hale and Iremonger.

Zaretsky, E. (1976) *Capitalism, the Family and Personal Life*. New York: HarperColophon.

第 16 章

性符号与城市景观

利斯·邦迪（Liz Bondi）

导言

城市、城镇以及它们中的许多元素是社会组织的永恒特征。性别的区分也是如此。但是以上两者也同样有很大的流动性。城市环境是不停变化的，同样，我们对于女性特质和男性特质的概念和体验也以不同的方式而发生改变。这篇文章的写作动机来自不断变化的性别特征与不断变化的城市景观之间明显的相互作用。具体说，是否可能为了叙述而"读懂"城市景观，以及女性气质和男性气质的形成，如果可能，在现代城市变迁形式中又表达出什么样式的女性和男性气质，我对这些问题很感兴趣。我用中产阶级向日趋破败的市区的移居作为这种变迁的一个主要例子，既因为它在许多西方城市中相当普遍，又因为它至少局部地表达了不断变化的性别分野（Smith，1987；Rose，1989；Warde，1991，Bondi，1991）。在这种前提下，我试图通过思考物质性文化符号的重要性来拓展女权主义者对城市变迁的分析。

不久我会回到对景观"解读"这个问题上来，但首先注意存在于女性特质和男性特质中的这种对立是社会性思考中的一个非常普遍但又未经仔细审视的二元性。作为一个未审视过的著述，它承担了不同切入点之间非常复杂而又微妙的变化，特别是涉及了作为不同社会团体和符号种类的女人和男人的社会学种类之间的变动。尤其是指代表了文化性的男人、女人，或是作为女人和男人的一些规则（Moore，1988；Poovey，1988）。塞耶（Sayer）（1989）已经提出过忠告，不要用平行的两分法来分析，他认为"现实"中很少有这种直接的两元对立。同样，我也想强调对于性别区分与城市变迁之间关系的分析一定要弄清性别的符号性和社会学方面的特征，而不是假设它们之间直接的一致性。另外，我还想通过对后现代建筑风格以及更宽泛的后现代文化的分析来探究性别政治和贵族化倾向之间的关联。在这种语境下，我暗示了试图去了解性别的符号性和社会学方面的特质有着重要的但不一定是进步的政治内涵。

为了展开论述，我从讨论建筑形式评价中的性别分类开始，以展示专业的和业余的对性别的符号性解读方式，这暗含并认可了一种被女权主义者所挑战的本质主义者和生物学的对性别差异的解说。然而，当转到对女权主义者对建成环境的解释的讨论时，我认为对女性和男性的社会生活的内容的偏见有时会导致一种相反的变动，即把性别的符号简化成了一种毫无疑惑的家长式利益上来。最后，讨论女性特质和男性特质的意象与贵族化倾向一同应该被理解为一种对性别的层级关系的再现而不是改变。

建成环境中的性别密码

建筑学的含义

虽然"建成环境中的意义是无法逃离的"（Jencks，1980，p. 8），但是对建成环境的解读所用的不同方法的有效性还是被广泛讨论。符号学作为一种分析性框架已经形成了广泛的兴趣：符号系统的概念既承认存在非言语模式交流的（Rapoport，1982）又承认类似言语与其他符号系统相似的模式存在（Preziosi，1979；Broadbent等，1980；Gottdiener 和 Lagopoulus，1986）。然而，语言学的类比是容易引起争议的。对一些人来说，"语言学和建筑的建构形态相互吻合，相互完善和补充"（Preziosi，1979，p. 89）。对另一些人来说，试图把结构语言学的分析概念用到对建成环境的解读上来是有极大缺陷的。因为"建筑并不包含有任何句子；建筑物也并不会为了创造某种表述的或者是相关联的主张来组织它们的各个部分"（Kolb，1990，p. 108，根据 Scruton，1979）。但是，正如拉斯廷（Rustin，1985）指出的，像"词汇"和"语言"这样的术语，一直存在于语言学类比的批评家的文章之中，并且也是存在于不同交流模式之间的一种不可避免的内在关联性的症状。虽然，在建筑之中没有与正式的语言学中的将词组织成句子的语法规则，建筑能够更合理地和文章进行比较。这种文章是建立在一种更加有弹性和开放式的惯例和实践基础之上（Kolb，1990，p，108 – 109）。将建成环境看成文章，它有更加多变的解释，并且正是在这种语境之下，我关心可能的"解读"（Duncan & Duncan，1988）。

符号学的方法也因为它对建筑设计内部词汇的偏爱而不顾产生建筑生产和消费的社会环境因而被批判（Dickens，1980；Duncan，1987；Knox，1987）。因此，虽然普雷齐奥西（Preziosi）（1979）和艾柯（Eco）（1980a，b），大量提及了"文脉"，前者把文脉过度简化成一种进化式发展的人类社会的概念，而后者承认在建成环境的意义之中有着不同的文化变体，但是把这种文化变体看成了一种"破坏的成分"而不是他分析中的有机组成部分。与此不同，我对狄更斯（1980，p. 356）所描述的一种对部分设计所创造和支撑的主要被大众信仰所共享的系统审视感兴趣"，并且在这篇文章之中，我观察了与建成环境相关联的性别异同的"大众信仰"。

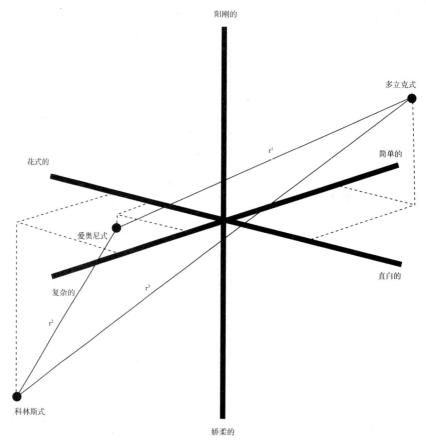

图 16.1　建筑风格的描述（**Jencks，1978，p. 73**）

性别代码

　　虽然没有一种"权威语言"能够把所有可能的建筑形式进行分类（Kolb，1990，p. 109－112），但在对建成环境的各种诠释中，仍然有着一些杰出的论文和著名的未提及的说法。在论述建筑的学术著作中，性的问题很少被提及，但它若被提及，这些活跃的假想就会暗示出一种"自然"而又对立的差异的概念流行起来。詹克斯（1978）的建筑风格讨论为我们提供了有用的例子。他根据三个明显的无争论的分法来描述和联系几种主要的风格，一种是性别的二分法（图 16.1）。他认为男性特征是可见与巨大、坚固和有能量的事物，同时也存在于直线和垂直的事物之中。巴洛克建筑是前者的好例子，巴黎歌剧院也是，詹克斯（1978，p. 70）评论道，"雕塑到处采取一种夸张的表演式姿态，弯曲的肌肉——甚至妇女看起来也很恐怖。"相反，那些柔弱的精致的，最重要的是那些曲线被看作是女性特征，詹克斯（p. 73）对布莱顿的乔治四世国王的宫殿皇家楼的穹顶的描述，把它当成"衰弱的乳房"正好体现了现实中的一种身体上的类比。在这种框架之中，一种特定的风格可能有不止一种的解释。例如，科林斯柱子显出是女性特征的，当重点放在它的柔软上。显示为男性的，当重点是它的直线性，特别是象征地位和权力的时候。一个简单的例子也许是不清楚的，多伦多的国家电视塔综合了柔软和直线性，因此同时包含了女性和男性的内涵。

当然，柱子承载了许多其他的内涵（Eco，1980b）。在有些例子中，它们自身充满了性别的暗示，例如，作为神圣的符号，柱子联系了天和地，因此在这种统一之中，柱子有时被解释成表达了"男性"和"女性"原则之间的补充成分（Eliade，1959）。但是，所有这些资料的共同特点是依赖原始的、本质上是生物学的对男性和女性的定义。虽然对建筑风格的评价会改变，而性别的规则则一直被视作是对立的，并且为了能有女人和男人的身体之间的假想的"自然"比较，性别的差异被视作永恒和普遍的。在这种思路之下，这些规则反映并且加强了一种意识形态的思想，在这种意识形态的思想之中，性别的社会关联是深深扎根在原始的生物学或是"天然的"性别差异之中（Connell，1987；Brittan，1989）。这种层级式的社会和生物学的秩序的结果是，这些解释不能解读存在于阶级、地位、种族和性别之间的相互作用，例如，巴洛克建筑反映了处于崩溃边缘的过度炫耀的财富、腐败和权力的现象。男性特征不是一种孤立的在这种含义边缘之外起作用的外部参考，而是与它紧密关联的一种特殊的男性特征。

建筑的意义不一定局限于那些由专业人所使用的规则，同时地理学家们正越来越关心城市景观如何表达客户、担保人和消费者的利益和思想（Harvey，1987；Ley，1987；Cosgrove and Daniels，1988；Mills，1988；Domosh，1989）。这些研究对性别作为人类经验的一个方面或是一种符号建构也依然广泛地未能再现出来。但是，世俗的景象之中充满了对性别的思考。例如，在其许多含义之中，摩天大楼通过其垂直向上代表权力。虽然建筑物高度很显然是由城市土地和房地产市场所决定的一种经济决策，而用垂直性去表达权力是一种更加广泛传播的文化选择。垂直向上也具有宗教内涵，比如"宇宙之柱"从地升到天。它被挪用到摩天大楼上的这种内涵可以从世俗的作为商品化的"神庙"或"圣地"之中看到。但是，不顾经由复杂的历史进程而建立和在多种文化中延续下来的权力和垂直性之间的联系，另一种流行的同男性生殖器的联想也广为传播：不论是表示宗教还是商业权力，垂直性都是通过一种关键的男性符号来运作的。虽然大多数学术评论家不提这个问题，似乎它太粗俗，不值得认真对待，它只是开玩笑似的以图形的方式来表达，类似"勃起"这种词汇。摩天楼很强烈地代表了资本的男性特征。

在对郊区居住建筑的流行观点之中也有一种很相似的把解剖学角度和社会学角度联系在一起的考虑。这里，女性特征的规则主要通过抚养和家庭生活等联想来运作，但是又一次出现这样的事，即相信女性与众不同的身体是通过使用曲线和角角落落起作用的。更深刻的是，近郊居民自身与如下假设相呼应，即核心式家庭生活的善行假设，"补充"性的性别角色的假设以及异性恋的假设。就像上面讨论的学术性的建筑词典，这些规则把性别差异解释成是"天然的"，因此也使一种特别的性别差异和一种特殊的性形式变得普遍化和合法化。

存在于社会环境之中的符号

这样的象征主义表达了意义是如何通过一连串的符号而发生的：在这些例子中，建筑物就像是性别符号再现中的诸多符号而已，专业和非专业的解释都不能揭示出这些再现之间以及在这些环境中居住、工作或到处移动的男人和女人之间的一种关系，并且不能成功地质疑占主导地位的性别再现，从而实际上暗自认可和支持了一种家长式的性别关系。

存在于符号和社会背景之间的相互作用在最近成为文化地理学中的一个主要话题（Cosgrove 和 Jackson，1987；Rowntree，1988；Jackson，1989）。新的文化地理学，拒绝从伯克利学派所概括成的文化性产品中"读出"社会文脉，同样拒绝上面所讨论的性别角度的隐含意义，他们将绍雷（Sauer）从人类学那借用的概念升级，认为在符号与社会环境之间不存在一种能假设的直接对应的关联（Jackson，1989；也见 Goss，1988）。确切地说，文化产品成为一种其意义受到质疑和不稳定的符号。把当代的城市景观当做文化产品这样的解释涉及了符号与社会环境之间关系的诸多理论，包括马克思主义的文化唯物主义和后现代美学（Jager，1986；Ley，1987；Mills，1988；Caulfield，1989）。

其他地方，在某些方面与这种存在于符号与社会环境关系之中的当代文化地理学相平行的行动中，女权主义者一直坚持认为，妇女的所作所为和妇女的定义与媒体、学术界和通俗文化中所再现的是不直接对应的；在反对性别歧视上已经付出了大量的努力。相反的，亨丽埃塔·穆尔（Henrietta Moore）（1988，p. 29）在讨论女性主义和人类学时，他认为文化上"'妇女'所代表的意义是不能直接从妇女在社会上的所作所为读出来的"。因此，女权主义者们的理论为我们在揭示城市景观的意义时提供了一个有用的出发点。

女权主义的观点

存在于男人制造的环境之中的妇女

那么女权主义者对当代城市环境的分析是如何解释符号与社会环境之间的关系呢？早期的女权主义者对城市地理的贡献主要是将存在于以男性准则和男性视野中妇女们的活动和生活可视化（Monk and Hanson，1982）。关于妇女的空间经验以及妇女在城市和郊区的生活经验的一些文献显示了地理学程度上的不平等的性别关系（例如 Zelinsky 等，1982；Lewis 和 Foord，1984；Pickup，1984；Tivers，1985）。它们的注意力放在妇女现实生活的不平等上，特别是很盛行把双重角色：挣钱者和家务劳动者，还有建成环境的形态，特别是从空间上将不同功能的土地分开。建成环境被看作是性别歧视的集中地，它现实地表现了将妇女和男人放置于家庭和工作以及公共和私密两分法的两个极化观点（Siltanen and Stanworth，1985）。这些陈规陋习在建成环境中的体现既被解释为一种父权制的产物，通过男性主宰的职业实践，被烙印在城市景观上，又被解释为一种实施妇女从属制度的手段，因此妇女经历的种种困难适从了一种基于不准确假想的建成环境，这些困难有利于"让妇女安分守己"（Tivers，1978；Bowlby，等，1982；Lewis 和 Foord，1984）。建成环境实际上是男性制造的，因此对妇女的需要是敌视的，或至少是不关心妇女需求这样的概念在女权主义对建筑的讨论之中同样很明显（Matrix，1984；Roberts，1991）。

这些论述对揭示多种形式的对男性的偏见是重要的。首先，在包括学术界、规划和建筑这些职业之中非常糟糕的很少再现妇女的问题受到了关注（McDowell，1979；Matrix，1984）。其次，用以引导这些行业实践的盛行的假设已经被展示出来，以具体表现出对妇女错误的和陈旧的观点。再次，这些对男性的偏袒不能仅仅被看作是独立的象征，而是代表了更大范围内的一种父权制的秩序。这个秩序从各个方面保护了妇女的从属地位。然而，这些干预并非没有缺陷。特别是先不管存在于习俗与社会实践之间的不同，这些干预倾向于接受对建成环境和妇女特征的过分简化的观点。

首先，虽然反对这样的观点，即建成环境反映了其中居民的劳动分工，但是它倾向于只是简单地把这种对应变换成一种思想层面的东西：城市规划被解释成对主导思想的直接和毫无疑问的反映。建成环境看上去与其中的居民行为和思想没关系，只是很忠实地再现了那些规则以及设计和建造者的兴趣。这种解释去除了建成环境中被居住在其中的居民所赋予的意义，以及他们对这些环境所产生的转变。这种很激烈地存在于制造者和使用者以及实干家和接受者之间的对立，可以解释为职业者（规划师和建筑师）与普通人之间的对立，但是当重点转到女权主义者以性别为基础的分析上时，却产生了一系列的职业男性代理人，受害者则是妇女，因为男性居民成为了受益人，或许通过父权制的思想，成为间接的代理人。在理论和实践上角色偶尔会发生一些倒转：妇女们能够规划和设计她们自己的环境，妇女们的需要被认为充分地展示出来了（Hayden，1982，Wekerle 和 Novac，1989）。

这种转换强调了另外一种过分简化。虽然这些研究有力地反对了对妇女的世俗观点。但是它们片面地认为妇女们的所作所为实际上就暗示了妇女们的体验为女性特征的精确再现提供了源泉，这是太过纯粹的男性视角。这个视角在女权主义内是被怀疑的，我赞成这些说法：反对妇女的经验揭示了主要的女性特征的概念，并且坚持认为在父权制的论述之外没有任何其他的女性特质（Weedon，1987；Alcoff，1988）。我们可以质疑并反对对妇女的轻视和（错误）表现等的各个方面，但是我们不可避免地只能在父权制统治的范围之内来进行：女权主义如此依靠"妇女"这个标识符，本身就是父权制的建构。另外，关于建成环境的问题不仅仅是它具体体现了植根于家长式思想之中的对男人和妇女的错误的再现，而是它为存在于妇女之中的一种假想的联合统一所支承，以期望被那些女权主义评论者所赞同而不是反对。

性别变化与城市变化

另外一些女权主义者的作品更多关注性别区分的建构和动态。例如，麦肯齐（Mackenzie）（1988）基于性别斗争中短暂和不安的办法来解释城市结构的发展进化。她认为家庭和工作的分隔是由 19 世纪后半期大规模的工业化造成的，并产生了一系列问题，从那些贫民窟住宅到争取妇女选举权，这些都破坏了存在于工人和中产阶级之中关于家庭生活的概念。她认为这个发生在家庭里的危机，被通过扩大支撑它的空间化的隔离所解决了，这也表现为把城市景观重组成"各个分离的区域所组成的城市"，其中，新郊区社区提供了一种框架模式，在这个框架中工人阶级和中产阶级的家庭生活得以持续（Mackenzie，1988，p.20）。

这种特殊的解决方法不是不可避免的，它只是阶级和性别利益之间复杂斗争和妥协的结果（Davidoff 和 Hall，1987；Phillips，1987）。这不仅表达了而且也有助于实现一种与私密和家庭式相联合的女性特质的概念，但是同等的，它将国家对家庭生活的作用神圣化了——国家通过规划、公共教育、公共住宅等等来建构家庭生活。这种含蓄的法律成文既不是稳定的又不是统一的。例如，虽然郊区居民和女性的家庭生活很相似，但它同时也反映了男性的家庭生活；当代的父亲意象可见于那些男性的意象之中，这些男性专注于通过修剪草坪或是"自身参与"等获得对郊区生活的家庭式喜好（Segal，1988；也见 Marsh，1988）。并且，那些把女性特质和家庭生活等同起来的郊外居民形象取决于再解释。例如，在讨论发生在英国城市空间中不断变化的性别区分时，麦克道尔（McDowell）（1983）关注了郊区妇女是如何在许多 20 世纪 60 年代的工业扩张之中被当做优质劳力资源的（她们不加入工会，便宜，有自主性）；60 年代的那些工业对劳力价格和劳力关系更关注而不是关注其来源。

陈旧的解决办法已经产生了许多新的问题，如城市结构和妇女生活所展示的不平等。当代发生在城市景观和性别分解中的变化也许再现了对这些紧张关系的回应。有几项调查已经显示高收入职业中的妇女是城市贵族化的重要代表，不管是两口职业家庭的成员，单身的妇女还是单身父母（Mills，1988；Rose，1989；Warde，1991）。对于这些妇女来说，市中心地区比郊区提供了更适当的环境，在此能把职业工作和非传统的家庭安排相结合，也因此能够产生出一种新的对女性特质的定义。并且，如果富裕的中产阶级妇女试图依据这些全新的女性特质的定义去改变城市环境的话，则另外一些妇女会很容易被接着发生的取代所伤害。这些妇女包括许多单身父母（没有职业工作享有的利益）以及年老的寡妇，她们因为贫困虽然也在体验现存的对她们并不合适的城市模式，但是已经不能享受郊区居住环境的好处了（Winchester 和 White，1988；Winchester，1990；见 Madigan 等，1990）。

这些论述试图掌握性别同环境之间的不断变化的相互作用以及性别特征和性别分工的争夺性。然而，他们只局限于他们对建成环境的符号主义理解之上；他们假设建筑和城市设计表达了不断变化的和对立的女性和男性的概念，而不是揭示了关于性别的概念是如何被铭刻在城市景观之中。因此，虽然这些研究打开了一种研究存在于建成环境之中的性别再现与男人和妇女的社会实践之间的紧张关系的可能性，但是这种可能性没有得到发展。在下面的文章之中我将基于这些贵族化倾向的相互关系提出一些思索性的评论。

性别、贵族化和后现代主义，是超越两分法的吗？

贵族化的符号主义

对于贵族化的符号主义的讨论一直集中在阶级符号的重新法律成文上，强调了存在于被恢复和消亡事物之间的张力关系（Jager，1986；Williams，1986；也见 Goss，1988）。例如，19 世纪的工人阶级住宅的升级被雅格（Jager）（1986）描述为抹去了与以前居住者的低级社会地位的联系，同时加强了与新贵地位和 19 世纪上层社会的精英主义者们的联系，这些上层社会的精英被那些优越的工业资本家所霸占。更普遍的是，对于这些贵族化住宅的室内外的关注，不管新或旧的，且充满了阶级意义的，意味着通过把当地历史变成遗产而加强了阶级的分化（Ley，1987；Mills，1988）。所忽略的是对旧建筑的历史性共鸣，与后现代式的新乡土的历史暗喻一起为贵族化提供了材料，它承载了以前的性别独特性，也就是阶级独特性的印象。和它的阶级意义一样，住房的性别内涵和其装饰的性别内涵也是不稳定的。因此，对性别的符号主义的再审视（与阶级相关的符号主义）也是值得注意的。虽然，贵族化看起来拒绝了维多利亚式的丰富的性别差异，那么是否说以前关于男性和女性的概念；也就是以前绅士们的文化都城在对维多利亚式的住房和室内装饰的强忍痛苦的修复之中被有选择地恢复过来了呢？

对文化和文化资本的求助，部分形成了中产阶级城市迁移经济学，作为运作手段，投机者、开发商、房地产中介、地主和个人住房拥有者试图通过它增加他们的资产。但是成功的"生活模式"的营销取决于潜在的顾客愿意认可的吸引力。贵族化产生作用的一个办法是给出一个反对郊区生活的信号，不管贵族们自身是否在郊区之中（Smith，1987；Mills，1988），更加具体地，贵族化是既反对对城市和郊区这样生硬的区分，又反对郊区自身的单调均质的不规则的扩张。不管经济学基本原理如何反对郊区，反对妇女与男人的区域分离，贵族化提供了一种没有两极分化的、更多样的场景。而且，伴随着贵族化的文化设施，标志了妇女和男人的世界性综合，这和其他团体之中的分离形成对比。至少在某些方面，贵族化也接受非异性恋和核心式家庭生活（Lauria 和 Knopp，1985；Rose，1989）。在英国的环境之下，阶级特征和性在不同酒吧含义之间的对比中得到很好的描述；前者是大城市、中产阶级，在性别上也是相互融合的，并且对于其他种类的"性"的表现是容忍的，或至少是不敌视的"可选择的"性表现；后者，则更可能是地方性的，工人阶级的，并且明显在性问题上是隔离的，并且是性别主义者和异性恋主义者。这样，性别和性问题的"自由"再现是构成贵族化的阶级符号所必需的，同时也是文化沙文主义以及与它相连的阶级为基础的殖民化所必需的组成部分。

一些观察者把这些性别差异的减少，以及性的相互容忍的迹象解释为家长式权力关系的消失（Markusen，1981；Smith，1987；Mills，1988）。贵族化同时也和罗兰·巴特关于城市是各种社会和色情的可能舞台的论述相联系起来，"它是和其他人相遇的场所"（Barthes，1988，p.199，Caulfield 陈述，1989，625）再次暗示了对性的容忍和多样性。然而，我将继续说明这样的解释过分简化了性别再现和性别关系再现之间的关联。

后现代式的再现

对于考尔菲尔德（Caulfield）（1989，p.625）来说，贵族成员是"那些不是因为外生的风格原因，而是因为自身的欲望，发觉郊区和现代主义者的空间不能居住"；贵族化是与后现代文化和建筑的可选择性相联系的。贵族化的后现代特征在这里显得重要主要有两个原因；首先，后现代主义具有新的再现模式，因此，为符号获得意义的方法提供了改变的可能；其次，后现代主义受到许多哲学著作的影响，在这些著作中，性别或是更具体的"妇女"的形象很突出。这两个问题需要一些详细的说明。

很大程度上，后现代文化和具体的后现代建筑很清楚地与现代主义的失败有关。但是，在这之外，后现代的意义和范围并未很好的界定。科尔布（Kolb）（1990，p.4-5）把"后现代"这个词追溯到20世纪40年代："它标示了旧的统一体的崩溃以及对由现代主义建立的禁令的一种逃逸和违反"。建筑中主要的禁令是对历史的引用，而后现代主义有时是和承认历史事物发生关系的（这种历史实际上会包括所有的贵族化景观）。然而，现代主义也回避装饰、冗余和模棱两可导致一些评论家去区分直截了当的反现代传统和乡土风格同故意以玩笑讽刺或模仿的方式运用历史典故的后现风格（Jencks，1978；也见 Kolb，1990），但是，后者强调了不可能简单地回到先前的风格：在当代语境下，复原主义者不可避免地反对现代主义，并且含蓄地带有一种对它认为值得恢复的风格的评价。过去不能被再造，它只能被再现。

　　福斯特（Foster）（1985）对反动的后现代主义和抵抗的后现代主义之间的辨别也许更恰当些，并且可能和贵族化景观有关，这种景观从抵制现代主义非人性影响和恢复当地历史和人类尺度的种种努力（Ley，1987；Caulfield，1989）到那些与机会市场有关的高回报的冒险行为和根据由消费主义所提供的商业机会而运作的"生活方式"（Harvey，1987；Mills，1988）。然而，尽管这是后现代建筑的多种不同的表现形式，它们有重要的共性特征。特别是对历史风格的使用，不管是试图"真实的"再次表达；还是折中的，都包含了对符号的再使用，这些符号不可避免地破裂了符号和所指之间的简单对应；例如，乔治式或维多利亚式特征的更新和修复为熟悉的建筑规则打开了一种新的不同的意义。这种从固定参照点而来的符号自由在后现代文化中被广泛认可，例如在流行时尚和音乐之中，"旧"的风格；或是它们的元素是合适的，并且或多或少地大胆重新起作用。后现代文化经常是在城市的街道之中才显示出来，是以贵族化为前提的（Wilson，1989）。因此提供一种环境，在这环境之中，建筑的意义比以前任何时候都应该不仅仅由建筑师赋予，而是由使用这些建成环境的人积极参与并再造。

　　在这种解释的基础上，后现代主义在致力于开拓"解放"现有的性别表述的可能性；性别意象和陈规旧俗越来越少地与特定意义相联系，男人和妇女看起来可以和他们自己所选择的任何意义联系在一起。因此，后现代的表现形式会有利于促成现有规则的颠覆，有利于现有女性和男性概念的增殖，这样，维多利亚式的对性别的僵化区分，潜在地可能被一种破坏性的方法拙劣地模仿。这种做法也可以更加有效地表达男性和女性之间的差异。

　　后现代主义也包含一些具体的性别含义。就如哈琴（Hutcheon）已经指出过的（1989，p.20-21）"女权主义者的观点已经对我们思考文化、知识和艺术学的方法带来了许多重大的改变，［并且］意味着再现不再能够被当做政治上中立的、理论上单纯的活动"。女权主义因此已经成为破坏现代主义者形式确定性和权威性的决定性力量（Owens，1985；Huyssen，1986）。贾丁（Jardine）（1985）已经尝试性地提出了女权主义的突出表现在政治和文化性上可以在一些与后现代主义相联合的哲学著作之中构成一种趋势，这种趋势和弗洛伊德把"妇女"隐喻成存在于主导知识形态之中的不可知的和受抑制的、破坏性的元素相一致。当然，在突出这些元素的作用中，后现代主义得到了女性的内涵（Bondi，1990）。

　　然而，问题在于这种意象是如何与产生意义的社会环境发生关联的。简短地说，尽管它的权威希望后现代对自由符号的坚持，对意义的不稳定性的坚持却似乎有相反的效果。具体地说，在阶级这个大环境之内，虽然后现代主义被一些评论家根据后现代对高层次文化与大众文化之间的层级式分离的破坏性而定下特性，但是后现代最好还是可以被理解成是被城市及城市中产阶级所形成的文化差别所重组（这些中产阶级许多人是靠文化产业过活的），这种重组巩固了他们的文化资本（Dickens，1989；cf Bourdieu，1984）。因此，这种明显的文化"反分化"与后现代主义一道（Lash，1988）隐瞒了各阶级的利益"反分化"。我将在此引申一个和性别有关的与之相平行的论点：不是暗示一种对性别联系的"趋同化"，我要提出后现代式的对女性特质和男性特质的描述促使了不同性别利益的"反分化"。这种情况的出现是因为存在于后现代主义之内的符号和社会学之间的激烈分离，这种分离能够否定性别意象的解释之中的权力关系的重要性。但是，实践上，虽然后现代的形式可以"挽回""女性特质"，并且重新激活性别陈规，它们却远不是因为性别中立才这样做的。对于几个女权主义评论家来说，从女权主义影响到以上提及的女性特质的内涵是至关重要的，他们认为，不管后现代式的对符号和社会学的潜能的解放，在一种性别不平等以及女性从属地位的框架之内，以男性为中心的女性特质和男性特质的建构仍然占统治地位（Hartsock，1987；Moore，1988；Bondi 和 Domosh，1992），因此，这里对于女性特质和男性特质再现与性别的社会联系之间存在一种直接的联系假设又是不适当的。

时尚的性别

以下论述反对后现代主义消解了性别的层级式的两分法，它认为后现代主义仅仅是宽泛的家长式文化之中对女性和男性意象的重新时尚化。只是，这如何发生在当代城市景观之中还需要详细的说明：在这篇文章之中，我只是试图简单地提出关于如何解读这些景观的问题。总的来说，我开始用我对"（再）时尚"这个词的应用暗示一些可能性。

虽然对后现代建成形式的性别符号主义的分析是缺乏的，但当代文化其他方面受到了更多注意。提及贵族化，最相关的证据是由女权主义者对时尚的解释中所提供的（Coward，1984；Wilson，1985；Williamson，1987；McRobbie，1989）。这里，性别编码在双性别的服装中化解了，或存在两性通用服装中和显得隐匿传统女性生理特征的服装中被明显地颠倒了。不管这些所能提供的实际自由如何，在这种异性恋占支配地位的环境之中，不试图从时尚之中阅读它们的用途是困难的，就如说"我能够穿着一些男性式样且不雅的东西，却依然迷人"（Coward，1984，p. 34）。因此，性差异不是被擦除了，而是被这种反转强化了，此外，可能的雌雄同体的时尚使女性接受男性的服装，但是相反地，异装狂仍然被视作堕落。这种不对称性显示了与男性特质和女性特质相关联的一种权力的不平等。事实上，那些声称颠倒或是省略掉传统的性别对立的图像能够有效地强调现有的层级式的性别关系，只要它们不试图挑战那些支撑这些关系的权力结构。在讨论和"新男人"相关联的男性意象时，罗伊娜·查普曼（Rowena Chapman）强有力地提出这个论点：

　　　　每件事都发生变化，但仍然相同。男人仍然是正常状态的标准。他们对女性气质的接受反而证实了他们的个性，使得他们更加理性，更加稳健，至少是这样。他们由于他们的性别而更加稳定，在他们选择的任何举动的过程中得到肯定。他们的行为不断改变，但是他们的主张仍然一样——男人仍然书写着所有规则。（Chapman，1988，p.247）

贵族化产生了许多时尚的城市景观，在这景观之中，有众多的"新男人"或"新女人"。对装饰和设计的大量关注显示了与服装相似的一种意识类型（一些恰当的例子，可见 Wilson，1989）。此外，时尚和贵族化一道在城市的街道中起作用，这些街道由那些居住其中的居民们赋予其独特性。服装风格也许比流行的建筑物更加短暂，但是从城市文化的角度来看，它们也许可以被理解为是在同样的系统内运作的。城市景观是否可以与时尚相似的方法去解读还需要从隐藏在特定环境之中的性别的参照物以及居民们的性别实践的角度去审视。但是，作为一个初步的解释，我要提出，贵族化为女性和男性意象的重整提供了一种视野，这包含了多种多样的且是非传传统的形式，但是它并不能破坏现存的性别关系。

致谢

这篇文章的早期版本在 1990 年 5 月的多伦多 AAG 年会上发表。感谢莫娜·多莫希（Mona Domosh）、彼得·杰克逊（Peter Jackson）、苏珊·J·史密斯（Susan J. Smith），还有一位匿名评审，感谢他们对多种版本的评论，也感谢许多论坛的参与者，在论坛上有机会讨论我的观点。我还不能说清所有提及的问题，但是，我希望这篇文章能够为持续的讨论提供一种积极的贡献。

参考文献

Alcoff, L. (1988) Cultural feminism versus poststructuralism: the identity crisis in feminist theory. *Signs: Journal of Women in Culture and Society*, 13, 405–36.

Barthes, R. (1988) *The Semiotic Challenge*. New York: Hill and Wang.

Bondi, L. (1990) Feminism, postmodernism and geography: space for women? *Antipode*, 22, 156–67.

Bondi, L. (1991) Gender divisions and gentrification. *Transactions, Institute of British Geographers*, 16, 190–8.

Bondi, L. and Domosh, M. (1992) Other figures in other places: on feminism postmodernism and geography. *Environment and Planning D: Society and Space*.

Bourdieu, P. (1984) *Distinction*. London: Routledge.

Bowlby, S., Foord, J. and McDowlell, L. (1982) Feminism and geography. *Area*, 14, 19–25.

Brittan, A. (1989) *Masculinity and Power*. Oxford: Basil Blackwell.

Broadbent, G., Bunt, R. and Jencks, C. (1980) *Signs, Symbols and Architecture*. Chichester: John Wiley & Sons Ltd.

Caulfield, J. (1989) "Gentrification" and desire. *Canadian Review of Sociology and Anthropology*, 26, 617–32.

Chapman, R. (1988) The great pretender: variations on the new man theme. In R. Chapman and J. Rutherford (eds), *Male Order*. London: Lawrence and Wishart, pp. 225–48.

Connell, R. W. (1987) *Gender and Power*. Cambridge: Polity Press.

Cosgrove, D. E. and Daniels, S. J. (eds) (1988) *The Iconography of Landscape*. Cambridge: Cambridge University Press.

Cosgrove, D. E. and Jackson, P. (1987) New directions in cultural geography. *Area*, 19, 95–101.

Coward, R. (1984) *Female Desire*. London: Granada.

Davidoff, L. and Hall, J. (1987) *Family Fortunes*. London: Hutchinson.

Dickens, P. (1980) Social science and design theory. *Environment and Planning B*, 7, 353–60.

Dickens, P. (1989) Postmodernism, locality and the middle classes. Paper presented at the Seventh Urban Change and Conflict Conference, Bristol, September.

Domosh, M. (1989) A method for interpreting landscape: a case study of the New York World Building. *Area*, 21, 347–53.

Duncan, J. S. (1987) Review of urban imagery: urban semiotics. *Urban Geography*, 8, 473–83.

Duncan, J. and Duncan, N. (1988) (Re)reading the landscape. *Environment and Planning D: Society and Space*, 6, 117–26.

Eco, U. (1980a) Function and sign: the semiotics of architecture. In G. Broadbent, R. Bunt and C. Jencks (eds), *Signs, Symbols and Architecture*. Chichester: John Wiley & Sons Ltd, pp. 11–69.

Eco, U. (1980b) A componential analysis of the architectural sign /column/. In G. Broadbent, R. Bunt and C. Jencks (eds), *Signs, Symbols and Architecture*. Chichester: John Wiley & Sons Ltd, pp. 213–32.

Eliade, M. (1959) *The Sacred and the Profane*. San Diego: Harcourt Brace Jovanovich.

Foster, H. (1985) Postmodernism: a preface. In H. Foster (ed.), *Postmodern Culture*. London: Pluto, pp. ix–xvi.

Goss, J. (1988) The built environment and social theory: towards an architectural geography. *Professional Geographer*, 40, 392–403.

Gottdiener, M. and Lagopoulus, A. Ph. (eds) (1986) *The City and the Sign*. New York: Columbia University Press.

Hartsock, N. (1987) Rethinking modernism: minority vs majority theories. *Cultural Critique*, 7, 187–206.

Harvey, D. (1987) Flexible accumulation through urbanisation: reflections on "post-modernism" in the American city. *Antipode*, 19, 260–86.

Hayden, D. (1982) *The Grand Domestic Revolution*. Cambridge, MA: MIT Press.

Hutcheon, L. (1989) *The Politics of Postmodernism*. London: Routledge.

Huyssen, A. (1986) *After the Great Divide: Modernism, Mass Culture, Postmodernism*. Bloomington: Indiana University Press.

Jackson, P. (1989) *Maps of Meaning*. London: Unwin Hyman.

Jager, M. (1986) Class definition and the esthetics of gentrification: Victoriana in Melbourne. In N. Smith and P. Williams (eds), *Gentrification of the City*. Boston: Allen and Unwin, pp. 78–91.

Jardine, A. (1985) *Gynesis Configurations of Women and Modernity*. Ithaca, NY: Cornell University Press.

Jencks, C. A. (1978) *The Language of Post-modern Architecture*. London: Academy Editions.

Jencks, C. A. (1980) The architectural sign. In G. Broadbent, R. Bunt and C. Jencks (eds), *Signs, Symbols and Architecture*. Chichester: John Wiley & Sons Ltd, pp. 71–118.

Knox, P. (1987) The social production of the built environment: architects, architecture and the postmodern city. *Progress in Human Geography*, 11, 354–78.

Kolb, D. (1990) *Postmodern Sophistications*. Chicago: University of Chicago Press.

Lash, S. (1988) Discourse or figure? Postmodernism as a "regime of signification". *Theory Culture and Society*, 5, 311–36.

Lauria, M. and Knopp, L. (1985) Toward an analysis of the role of gay communities in the urban renaisance. *Urban Geography*, 6, 152–69.

Lewis, J. and Foord, J. (1984) New towns and new gender relations in old industrial regions: women's employment in Peterlee and East Kilbride. *Built Environment*, 10, 42–52.

Ley, D. (1987) Styles of the times: liberal and neo-conservative landscapes in inner Vancouver,

1968–1986. *Journal of Historical Geography*, 13, 40–56.

McDowell, L. (1979) Women in British geography. *Area*, 11, 151–4.

McDowell, L. (1983) Towards an understanding of the gender division of urban space. *Environment and Planning D: Society and Space*, 1, 59–72.

McDowell, L. (1991) The baby and the bathwater: diversity, difference and feminist theory in geography. *Geoforum*, 22, 123–33.

Mackenzie, S. (1988) Building women, building cities: toward gender sensitive theory in the environmental disciplines. In C. Andrew and B. M. Milroy (eds), *Life Spaces*. Vancouver: University of British Columbia Press, pp. 13–30.

McRobbie, A. (1989) Second-hand dresses and the role of the ragmarket. In A. McRobbie (ed.), *Zoot Suits and Second-hand Dresses*. London: Macmillan, pp. 23–49.

Madigan, R., Munro, M. and Smith, S. (1990) Gender and the meaning of the home. *International Journal of Urban and Regional Research*, 14, 625–47.

Markusen, A. (1981) City spatial structure, women's household work, and national urban policy. In C. R. Stimpson, E. Dixler, M. J. Nelson and K. B. Yatrakis (eds), *Women and the American City*. Chicago: University of Chicago Press, pp. 20–41.

Marsh, M. (1988) Suburban men and masculine domesticity 1870–1915. *American Quarterly*, 40, 165–86.

Matrix (1984) *Making Space*. London: Pluto.

Mills, C. (1988) "Life on the upslope": the postmodern landscape of gentrification. *Environment and Planning D: Society and Space*, 6, 169–89.

Monk, J. and Hanson, S. (1982) On not excluding half the human in geography. *Professional Geographer*, 34, 11–23.

Moore, H. (1988) *Feminism and Anthropology*. Cambridge: Polity Press.

Owens, C. (1985) The discourse of others: feminists and postmodernism. In H. Foster (ed.), *Postmodern Culture*. London: Pluto, pp. 57–82.

Phillips, A. (1987) *Divided Loyalties. Dilemmas of Sex and Class*. London: Virago.

Pickup, L. (1984) Women's gender role and its influence on their travel behaviour. *Built Environment*, 10, 61–8.

Poovey, M. (1988) Feminism and deconstruction. *Feminist Studies*, 14, 51–65.

Preziosi, D. (1979) *The Semiotics of the Built Environment*. Bloomington: Indiana University Press.

Rapoport, A. (1982) *The Meaning of the Built Environment*. Beverley Hills, CA: Sage.

Roberts, M. (1991) *Living in a Man-made World*. London: Routledge.

Rose, D. (1989) A feminist perspective on employment restructuring and gentrification: the case of Montreal. In J. Wolch and M. Dear (eds), *The Power of Geography*. Boston: Unwin Hyman, pp. 118–38.

Rowntree, L. B. (1988) Orthodoxy and new directions: cultural/humanistic geography. *Progress in Human Geography*, 12, 575–83.

Rustin, M. (1985) English conservatism and the aesthetics of architecture. *Radical Philosophy*, 40, 20–8.

Sayer, A. (1989) Dualistic thinking and rhetoric in geography. *Area*, 21, 301–5.

Scruton, R. (1979) *The Aesthetics of Architecture*. London: Methuen.

Segal, L. (1988) Look back in anger: men in the 50s. In R. Chapman and J. Rutherford (eds), *Male Order*. London: Lawrence and Wishart, pp. 68–96.

Siltanen, J. and Stanworth, M. (eds) (1985) *Women and the Public Sphere*. London: Hutchinson.

Smith, N. (1987) Of yuppies and housing: gentrification, social restructuring, and the urban dream. *Environment and Planning D: Society and Space*, 5, 151–72.

Tivers, J. (1978) How the other half lives: the geographical study of women. *Area*, 10, 302–6.

Tivers, J. (1985) *Women Attached*. Beckenham: Croom Helm.

Warde, A. (1991) Gentrification as consumption: issues of class and gender. *Environment and Planning D: Society and Space*, 9, 223–32.

Weedon, C. (1987) *Feminist Practice and Poststructuralist Theory*. Oxford: Basil Blackwell.

Wekerle, G. R. and Novac, S. (1989) Developing two women's housing co-operatives. In K. Franck and S. Ahrentzen (eds), *New Households, New Housing*. New York: Van Nostrand Reinhold, pp. 223–42.

Williams, P. (1986) Class constitution through spatial reconstruction? A re-evaluation of gentrifi-cation in Australia, Britain and the United States. In N. Smith and P. Williams (eds), *Gentrifica-tion of the City*. Boston: Allen and Unwin, pp. 56–77.

Williamson, J. (1987) *Consuming Passions*. London: Marion Boyars.

Wilson, E. (1985) *Adorned in Dreams*. London: Virago.

Wilson, E. (1989) *Hallucinations. Life in the Postmodern City*. London: Radius.

Winchester, H. P. M. (1990) Women and children last: the poverty and marginalization of one-parent families. *Transactions, Institute of British Geographers*, 15, 70–86.

Winchester, H. P. M. and White, P. E. (1988) The location of marginalised groups in the inner city. *Environment and Planning D: Society and Space*, 6, 37–54.

Zelinsky, W., Monk, J. and Hanson, S. (1982) Women and geography: a review and prospectus. *Progress in Human Geography*, 6, 317–66.

第 17 章

一个无性城市将会怎样？关于住区、城市设计及人类劳作的思考

多洛蕾丝·海登（Dolores Hayden）

"妇女的岗位在家中"曾经是 20 世纪美国建筑设计和城市规划最重要的原则之一。对保守而又是男性主宰的设计行业来说，一条含蓄而不明确的原则，在大量字体陈述的土地使用教科书中是找不到的。在垄断资本主义时代的现代美国城市，它比其他组织原则引发少得多的争论，这些原则包括私人土地开发、盲目依赖亿万私人汽车和能源浪费的破坏性压力。[1]但是，妇女们已经开始反对这个教条，并且有越来越多的妇女进入有偿劳动之中。那些为居家型妇女所设计的居住区、社区和城市从身体、社会和经济上束缚了妇女。当妇女为了进行全天或部分时间的有偿劳动而公然反抗这些束缚时，尖锐的矛盾发生了。我认为对付这种状况唯一的方法是发展出一种新的家庭、社区和城市的组织范式，开始着手从身体、社会、经济角度上描绘一种支持而不是限制受雇妇女及其家庭活动的人类聚居模式。意识到这种新的需求很重要，不管是对已存的住房进行整顿，或是建造新的住房以满足这个新兴城镇不断壮大的美国人——工作妇女及其家庭的需求。

"城市布局"的发展

当谈到 20 世纪最后 25 年的美国城市时，在"城市"和"郊区"之间的错误划分一定要避开。被规划好以分隔家庭和工作地点的城区应被看成一个整体。这样的城市区域之中，超过一半的人居住在散漫的郊区，或叫做"卧室社区"。在美国建成环境中最大的部分是由"郊区漫延"所形成；独户住宅在靠近阶级隔离的区域中集聚，被变速公路杂乱无章地穿过，中间有超级市场和商业提供服务性设施。超过五千万的小家庭是建在地面上的。大约 2/3 的美国家庭以长期抵押的方式"拥有"他们的房子。这里包括超过 77% 的 AFL-CIO（美国劳动联盟 – 工业化组织议会）成员（AFL-CIO，1975，p.16）。[2]熟练的男性白种工人比少数群体和

妇女更容易成为房主，后者长期否认对房屋平等的信誉和拥有权。工人往返于市中心或者郊区的某个地方上班。对 1975－1976 年间大城市区域中乘公共交通和私人汽车去工作的旅程研究显示，两种方法平均大概 9 英里。超过 1 亿私人汽车，每辆车占 2－3 个汽车库（在许多发展中国家中这也可以被当做是大量的住房）占世界人口 13% 的美国使用了世界客车量的 41% 以支持提到的住房和交通模式（美国公共运输联盟，1978.9.29；机动车制造联盟，1977）。

住区与工作

　　美国的这种居住形式根源在于以前的环境和经济政策。在 19 世纪末期，数以百万计的移民家庭生活在拥挤污秽的美国工业化城市的贫民窟中，并且对拥有合理居住条件而深感绝望。但是，在 19 世纪 90 年代和 20 世纪 20 年代之间，许多战斗性的罢工和游行使得许多雇主在对新的工业秩序的研究中重新审视工厂的区位和住房问题。[3] "好住房造就心满意足的工人"是 1919 年工业住房联盟的口号。为了消除工业摩擦，这些顾问以及其他许多人帮助一些主要公司规划更好的住房给白种男性熟练工人及其家庭。"快乐的工人必然意味着更大的利润，而不幸的工人永远不是个好的投资"，他们不断地重复叫着这样的口号（工业化住房联盟，1919 年，也可见于 Ehrenreich 和 English，1975，p. 16），男人接受"家庭薪水"，并成为家的"拥有者"，负责偿还定期抵押款，而他们的妻子成为家庭的"管理者"，照顾配偶和孩子。男性工人白天在工厂或公司，晚上回到私人家庭环境之中，与充斥着环境污染、社会退化和人情冷落的工业化城市的紧张工作中隔离出来。他将回到一个安详的居家中，其中身体和精神的呵护都是他妻子的职责。因此，私有的郊区住房是劳动进行有效性别划分的平台。它是最好的商品，刺激男性投身于有偿劳动中，也是进行无偿女性劳动的容器。它使得性别成为一种比阶级更加重要的"自明概念"，且消费比生产占更大比重。在一场卓越的有关"家长制是报酬的奴隶"的讨论中，斯图尔特·尤恩（Stuart Ewen）显示了资本主义和反女性主义是如何融合在对家庭所有制和大众商品消费的斗争之中的：家长，其家庭就是其"城堡"，是年复一年的工作，以提供薪水能维持这种私有环境（Ewen，1976）。

　　虽然这种策略一开始时只为那些对易管教的劳力感兴趣的公司所推崇，但是马上就受到了其他公司的欢迎，他们期望从第一次世界大战的国防工业转到和平时期对大量家用电器产品的供应。按埃文宁（Ewenin）记述，广告业的发展也正是支持了这种大众消费的理念，并且促进了私人郊区住宅，这也使得家电购买得以最大化（Walker，1977）。独立的家庭占有者是易受影响的。他们购买房子、汽车、炉子、冰箱、吸尘器、洗衣机、地毯。克里斯蒂娜·弗里德里克（Christine

Frederick）在 1929 年把它解释成"出售的消费夫人"，提倡家庭所有制以及简易的消费者信誉以及建议市场管理者去如何对付美国妇女（Frederick，1929）。到 1931 年，吸尘器委员会在家庭所有制，以及家庭建筑物上把成立私有的、单独的家庭住屋当成全美国性目标。但是，十五年的经济萧条和战争延迟了它的成就。建筑师们为 1935 年的通用电气公司主办的"夫妇天堂"设计竞赛设计住宅，获胜者在他们的设计方案中配置了许多电器而对涉及的能源消耗不作评论。[4]在 20 世纪 40 年代末，独户住宅因美国联邦住房管理局（FHA）和美国退伍军人管理局（VA）的抵押贷款而兴隆起来，建造独立的、过度私有化和耗能的住房已司空见惯，"我要购买梦寐以求的住房"成为战后的风靡时尚（Finlene，1974，p. 189）。

而"消费者夫人"又使得经济在 50 年代到达了新的高度。待在家中的妇女体验了贝蒂·弗里丹（Betty Friedan）所说的"女性的神秘性"，彼得·法林（Peter Filene）重命名为"家庭神秘性"（Friedan，1963，p. 307）。虽然家庭占有私人物质性空间，而大众媒介和社会科学专家却比以前任何时候更有效地影响了他们的心理空间。[5]对私密性空间需求的增长也出现了对消费一致性的需求。消费是昂贵的，越来越多的已婚妇女加入有偿劳动的行列之中，因为易受影响的家庭主妇需要既成为疯狂的消费者，又成为一个能维持家庭开支的工人。因为许多白种男性工人已经在郊区获得了"梦想住房"，在那里家长制的权威以及消费的幻想能被实现，他们的配偶也进入有偿雇用的世界之中。到 1975 年，双职工家庭占了美国家庭的 39%。另外，13% 是单亲家庭，通常由妇女主导。7/10 的受雇妇女由于财政需要而工作。在 1 – 17 岁孩子中，超过 50% 多的人的母亲被雇（Baxandall, et al, 1976）。[6]

被雇的妇女

一个传统的家庭怎样满足受雇妇女和她的家庭？很糟糕。不管它是在郊区、城市外围或城中的社区内，也不管它是错层式农场住宅，一种现代的混凝土加玻璃的杰作，或是旧的砖头经济公寓，一座住宅或公寓几乎总是围绕着相同的一套空间组织：厨房、卧室、起居室、餐厅、车库或停车场。如果成年人和孩子生存其中，这些空间就需要人去从事私密性的烹调、清扫、看护孩子以及私密性的交通。因为住区内的活动，典型的居住区将不会出现在共享的社会空间之中——例如：没有商业，或是公有的白天看护设施，洗衣设施，将可能成为居住空间领域的一部分。在许多案例中，这些设施如果超越财产界线是不合法的。如果放在居住性区域之中也是不合法的。在一些案例中，与别的个人共享这样的私有居住区（不管是亲戚还是没有血缘关系的）也违反法律。[7]

在居住性的私密空间中，实际的文化与分区同样程度地违反了被雇妇女的需要，因为家庭是个充满了商品的盒子。家用电器总是单一用途的，常常是无效地消耗能量的机器，在房间中排成一条线，其中的家务活与家庭其他活动不发生任何关系。炉前小地毯和地毯需要吸尘器，窗帘要洗涤，以及需要维护的杂乱的商品充满了家庭空间。被雇的母亲，总被指望着，且总是比男性花费更多的时间在家务活和照顾孩子身上。她们也总是比男人花更多的时间在公车上下班上，因为她们更依赖公共交通系统。一项研究表明 70% 的没有小轿车的成人是妇女（D. Foley 的研究，Wekerle 中有述，1978）。她们在居住社区之中，没有提供大量的支持给她们的工作活动。一个"好"的社区总是从传统的商业、学校或是公共运输的角度，而不是从为工作的父母附加的社会服务，如白日看护、夜间诊所的角度来定义。

对可选择性的住房需求

　　虽然双职工家庭中，通过父母两人有效的合作能够克服现有住房模式的一些问题，但是家庭危机，如妻子和孩子被打的问题，特别容易受到指责。据考林·麦克格拉斯（Colleen McGrath）的研究，每 30 秒钟，在美国的某处就有一名妇女被打。大多数的殴打发生在厨房和卧室。家庭孤立和家庭暴力之间，或者是无偿的家务劳动和暴力之间的关系，在此时只能猜测；但是毫无疑问美国的家庭实际上是和家庭暴力联系在一起（McGrath，1979，p. 12，23）。另外，数以百万计的愤怒及悲痛的妇女在私人家庭中服用镇静剂——一个药品公司对医生做广告说："你不能改变她的环境，但你可以改变她的心情。"（Malcolm MacEwen 研究所得，载于 *Associate Collegiate Schools of Architecture Newsletter*，1973 年 3 月，p. 6）。

　　离开了那些孤立的、独户住宅或者公寓之后的妇女们，几乎找不到对她们合适的住房。[8]典型的离异或者被暴力侵犯的妇女同时寻找住房、工作和孩子看护中心。她发现为了满足她的来自房东、雇主和社会服务等多方面不同内容的复杂的家庭需求是不可能的。一种容纳住房、服务和工作的环境能够解决许多困难，但是现行的政府公共设施体系，通过保证所有美国人都有一个基本上过得去的家庭生活的起码条件，旨在稳定家庭和小区，总认为传统的男人工作女人无报酬操持家务的家庭乃是要实现或要仿效的目标。面对巨大的人口变迁，为了帮助有小孩子的家庭（AFDC），一些项目诸如公共住房，以及食物券仍然试图维持那种有全职家庭主妇做饭、照料孩子的孤立分散的理想家庭生活。

　　意识到这种对不同种类环境的需求，对现在用于独立家庭的补助金的使用可以更加有效。即使是对于那些有更多财源的妇女来说，对更好的住房和服务设施的需求也是很明显的。时下，较富裕的有工作的妇女的问题被认为是"私人"问题——缺乏良好的儿童日托，因为她们没有时间为了克服那种没有孩子看护的环境，公共交通或者是食物供应已被"私人化"了，有利益的商业性解决办法是：按时间付费的临时保姆；特许的白天看护或者是扩展的电视照看；快餐供应，为购买汽车、洗衣机或微波炉而有的更容易的信贷。这些商业性办法不仅仅模糊了美国住房政策的失败，还给其他工作的妇女们造成了坏的条件。商业性的日间幼儿照看和特许经营快餐是没有安全性的低报酬、无合同的工作之源。从这个角度来说，她们类似于使用一些私人的家庭工人，而不管她们如何照顾自己的孩子。她们也类似于在社区的孩子照看中使用电视机作为替代品而产生了日益严重的影响。所有被雇的妇女们，所遇到的后勤问题并不是私人性的，她们并不服从市场化的解决办法。

新的解决办法

问题很矛盾：妇女在家庭中的地位不会提升，除非她们在社会中的经济地位全面改善；妇女不能提高她们在有偿劳动工作中的地位，除非她们的家庭负担得到改变。因此，为妇女获得经济和公正待遇的新程序是必需的，概括地说，要有克服传统的存在于家庭和市场经济下私人住区与工厂相分离的解决办法。必须改变那些传统的进行无偿劳动的家庭主妇的经济地位，这些劳动在经济和社会意义上对社会都是必需的；也必须改变受雇妇女的家庭条件。如果建筑师和城市设计师们意识到受雇的妇女及其家庭是新的规划设计的解决之路的对象时，否定以前关于"妇女的岗位"在家庭之内的说法时，我们还能做什么？有可能建立一种无性别社区并设计一种无性别的城市吗？那是怎样的一种社区和城市呢？

有些国家已经开始发展出新的解决方法以满足受雇妇女的需求。1974 年的《古巴家庭法》要求男人在私人家庭之中分担家务劳动和照顾孩子。其实施程度尚不确定，但是，原则上它旨在让男人分担以前只属于"妇女的工作"，这对平等相当重要。然而，《家庭法》并没有把工作从家庭之中祛除，并且在其日常执行中依赖于丈夫和妻子之间的妥协。男人假装自己不胜任，尤其在烹调以及一些老套的有偿的妇女在家庭之外的劳动上，例如在儿童日托中心中，这些劳动并未受到成功的挑战（Mainardi，1970）。[9]

另一个实验性方法包括为受雇妇女和她们的家庭而发展出的专门的家庭设施。开发商奥托·菲克（Otto Fick）于 1903 年在哥本哈根首先介绍了这样的计划。在随后的几年中阿尔娃·米达尔（Alva Myrdal）和建筑师斯文·伊瓦尔·林德（Sven Ivar Lind）及斯文·马克利乌斯（Sven Markelius）在瑞典又提倡了这个计划。为了受雇的妇女及其家庭，"服务型住房"或者"集合型住房"（图 17.1和图 17.2）将照料孩子和烹调与住房连在一起（Muhlestein，1975）。就如一些 20世纪 20 年代在 USSR 中的类似项目，他们旨在提供一些服务能代替以前只在家庭中出现的私人性"妇女工作"，或者基于商业性基础又或者基于政府的补助。斯堪的纳维亚的解决之法并没有足够地对男性不参与家庭劳动产生改变，它也没有满足随着生活循环而产生的家庭需要的改变。但是，它都意识到环境设计的改变是很重要的。

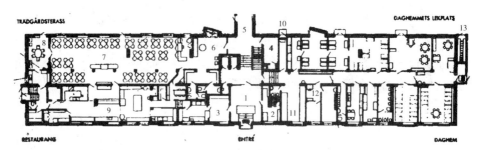

图 17.1 Sven Ivar Lind，Marieberg 集体住宅，斯德哥尔摩，瑞典，1944，入口层平面，餐厅，日间和托儿所。（1）入口门厅；（2）门卫；（3）餐厅传递间；（4）房屋产权办公室；（5）与 Swedberg 住宅的联系廊道；（6）餐厅接待室；（7）主餐厅；（8）小餐厅；（9）厨房；（10）去白天托儿所的婴儿车房；（11）白天托儿所的婴儿车房；（12）托儿所管理员办公室；（13）到 Wennenberg 住宅的自行车车库

图 17.2 居住层平面。类型 2 A 包括两个房间、卫生间和小厨房。类型 1C 和 1D 是包含卫生间和小厨房的集约单元。类型 4S 包括四个房间和大厨房

　　另外一些欧洲项目将服务性住房的范围扩展到了包括为更大规模的社区和社会的服务性供应。德国汉堡在 20 世纪 70 年代早期在 Steilshop 项目中，一群父母和单身者设计了这个提供服务的公共住房（图 17.3）。[10] 这个项目包括许多以前的精神病患者作为居住者，因此这对他们来说也是个不彻底的住房，并且为组织它的租户们提供服务。这暗示了美国陈旧的居住类型可以被改变——病人、老人、未婚者能够被整合进新型住房综合体之中，而不是在分离的项目之中。

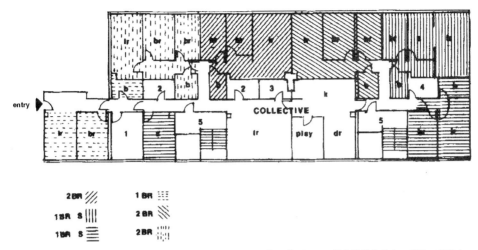

图 17.3　**Urbanes Wohnen**（城市居住）Steilshoop，汉堡北部，德国，206 租户的公共住宅，1970－1973 年，租户协会与 Rolf Spille 共同设计建造了 20 个多家庭单元和两个工作室，而不是传统的建设 72 个单元。26 个精神病人也在这个项目范围之内，其中有 24 个已经恢复。局部建筑平面图。包括私密卧室、起居室、一些工作室的单元。他们共享一个集体起居室、厨房、餐厅和游戏室。每个私人公寓可以与共享的起居室隔绝，并且每个是不一样的。（1）储藏室；（2）壁橱；（3）红酒窖；（4）洗衣房；（5）消防楼梯

另一个最近的项目由 Nina West Homes 建于伦敦，它是成立于 1972 年的开发公司，已经在六块场地上为单身父母建造或是更新了超过 63 个单元的住宅。孩子们的活动场地和日间看护中心和居住体整合在一起。在 Fiona 住房项目中，住房设计能满足共同看护孩子的要求，日间看护中心对住区居民有偿开放（图 17.4）。因此，单身家长可以在这个看护中心中找到工作，同时也能够帮助社区中有工作的父母（Anon，1973；对 Nina West 的个人采访，1978）。在这里，最令人激动的是对部分居民来说，家庭和工作被融合在一块场地上了，对所有的居民来说，家庭和孩子照料融合在同一场地。

在美国，我们有着更长的争论住房反映妇女需要的历史。19 世纪末和 20 世纪初，男女平等主义者，家庭学家和建筑师们有许多项目试图去为私人家庭发展社区服务。到 20 世纪 20 年代末，很少这样的实验仍然在进行（Hayden，1977a，b，1978，1979，1979－1980，1980）。总体上，那个时代的女权主义者在为那些能负担得起的妇女提供服务时，却未能认识到发挥其他女工的效用的问题。他们在试图使"妇女的"工作社会化时，也常未能成功地把男人当成有责任的父母和工人。但是，男女平等主义者的领袖们对邻里合作的可能性以及和"妇女工作"的经济重要意义有着十分强烈的意识。

另外，在美国有着一段很长的乌托邦式社会主义建造城镇模型实验的传统。在 20 世纪 60 年代和 70 年代之间建立了许多公社和集体社区，试图拓展传统的家庭定义。[11]同时，一些公共社团，特别是宗教性的，总是强调接受传统的性别分

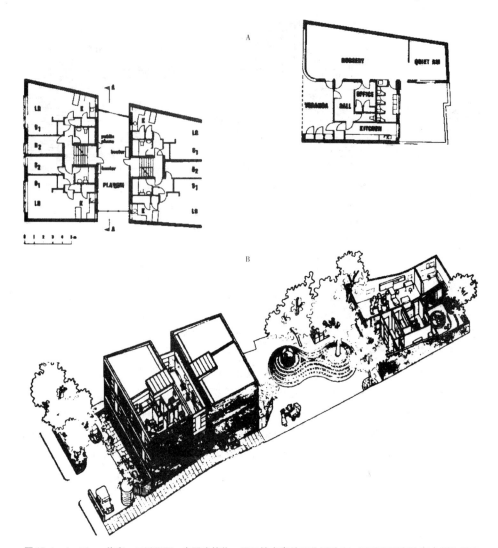

图17.4　A，Fiona住宅，二层平面，主要建筑物，展示性走廊被用作活动室，同时有厨房的窗户朝向活动室开；一层平面图，背后的建筑显示托儿学校。B，轴测图，Fiona住宅，Nina West住宅，伦敦，1972年，Sylvester Bone设计。12个为离婚或者分居妈妈设计的，带有室外活动空间和托儿学校服务设施的，包含2个卧室的单元。每层公寓可以用对讲机联系，用声音代替婴儿照顾

工，其他的一些团体则试图让培育活动成为妇女和男人的一种职责。在寻求一幅无性别的居住区意象中，利用各种成功项目的样例是很重要的。许多受雇妇女们对于让她们自己和她们的家庭住进公有住房中并没兴趣，同时她们对受政府官僚机构操纵的家庭生活也不感兴趣。她们向往的，不是全面结束私人生活，而是一种支持私人家庭的社区服务。她们还渴望有对增强她们的经济独立性和她们对孩子培养和交际活动的最大选择性的解决方法。

对美国变化的建议

参与性组织

那么，什么才是美国变化的计划大纲？重组家庭和工作的任务只能通过对家庭主妇，妇女和献身于改变美国人对待私人生活和公共义务方式的男人们的组织来完成。它们一定是小规模的由能够有效地一起工作的成员组成的参与性组织。我建议叫这个群体为 HOMES（家庭成员为了一个更平等的社会组成的组织）。现有的男女平等主义的群体，特别是为那些受虐待的妻子和孩子们提供庇护的群体，也许希望形成 HOMES 以取代现存的住房项目，并且为居民发展更多服务，以作为对那些由居住区内的男女平等主义者和法律顾问们已经提供的服务的一种扩展。现有的支持合作住房所有制的组织也许希望建立 HOMES，以拓展他们在男女平等主义方向上的努力。一个宽广到足够改变家务劳动、住房和居住小区的计划必须包括：

- 在平等的基础上男女双方都参与无偿劳动的家务操持和子女照顾；
- 在平等基础上男女双方都参与有偿劳动；
- 消除阶级、种族和年龄产生的居住分离；
- 取消所有联邦、州和地方性的强化了女性家庭主妇无偿劳动角色的项目和法律；
- 无偿家务劳动和浪费性能量消耗最小化；
- 为家庭提供娱乐和社交的最大选择性。

虽然许多局部的改革能够支持这些目标，而一种增量策略，却不能完成这些目标。我相信实验性的居住中心的成立，对在这种尺度上必然会产生改变。这些中心在建筑设计、经济组织上超越了传统对家庭、社区、城市和工厂的定义。这些中心可以通过更新或重新建造现有的社区而获得。

假如在美国一个大都市地区有 40 户人家组成了一个 HOMES 群体，而且这些家庭在其组合上代表了整个美国人口的社会结构，这 40 个家庭将会包括：7 位单身父母和她们的 14 个孩子（15%）；16 对工人夫妇和他们的 24 个孩子（40%）；13 对单人工作夫妇和他们的 26 个孩子（35%）；以及 4 位单身居民，一些是"游离的家庭主妇"（10%）。这些居民将包括 69 个成年人和 64 个孩子。将需要 40 个私人的居住单元，大小从足够大到有三个卧室，全都有私密性围护的室外空间。除了私人住房外，这个群体还提供如下集体空间和活动：

- 一个有景观的室外的儿童日托中心，为 40 个孩子提供白天看护，为 64 个孩子提供放学后的活动；
- 一个提供洗衣服务的自动洗衣房；

- 一个提供儿童日托中心午餐，可外带的晚餐和为社区老人提供送食服务的厨房；
- 一个和当地食品商合作社挂钩的零售商品供应站；
- 一个有两辆提供电话服务和送外卖的货车车库；
- 一个能长粮食的花园（或小块地）；
- 一个为老龄人、病人和有生病孩子的工作中的父母提供帮助的家庭求助办公室。

对所有这些集体性的服务设施的使用应该是自愿的；他们将作为私人居住单元和私人花园的补充而存在。

为了能提供上述所有服务，必须有 37 名工人，20 名工人；3 名食品服务工人；1 名零售站工人；5 名家庭式帮助者；2 名服务性汽车驾驶员；2 名洗衣工人；1 位维修工人；1 位园艺工人；2 名管理者。一些人可能是兼职工人，一些是全职工人。儿童日托，食品供应和老人服务可能被组成生产合作社，其他工人按下面所说可由住房合作社雇佣。

因为 HOMES 不是想成为孤立社区建筑群中的一个试验，而是想成为城市区域中的满足职业妇女们需求的一个实验，这些服务对于这个实验所处的社区也是可利用的。这将提高对这些服务的需求，并且确保这些工作是真实的。另外，虽然 HOMES 的居民对工作有优先权，也有很多选择外面工作的人，因此，一些当地居民可以在实验中取得工作。

在创造和满足这些工作时，很重要的是避免传统的性别陈规，例如只雇男人做司机，或只雇妇女做饮食服务工。必须尽一切努力去突破一些固定的男女分类的有偿劳动，同样也应该努力征募那些接受在家庭职责中平等分担的男人作为居民《古巴家庭法》应该成为组织平台的一个部分。

类似的，HOMES 也不能创造一种两个阶级的社会，在其中，项目之外的居民比项目之内的运用他们已有技能的居民挣更多的钱。HOMES 内的工作应该根据平等的法则而不是有关技能和工作时间的陈腐规定来付报酬。并且提供全面的社会安全性和健康福利，包括足够的产假，而不管工人是半日制还是全日制的。

政府计划

许多美国联邦住房和城市发展计划（HUD）支持非营利、低廉造价的住房建设。另外，HUD 的资金可为现有的五单元或更多单元的住房转变成住房合作社提供抵押保险。卫生、教育和福利部（HEW）的计划也资助了专门设施如日托中心或为老人送外卖。此外，HUD 和 HEW 出资建设示范工程，以新方法满足社区的需要。[12] 许多工会、教堂和租用户合作社组织就是一个非营利的住房开发者。一个有限的公平的住房合作社为经济组织和由居民控制具体设计和社会政策提供最好的基础。

其他的支持性机构

许多有见识的，非营利性的开发者能够帮助社区群体希望组织像建筑师在住房合作社的设计经历中所能组织的项目。未被尝试过的是把工作性的活动和集体的服务整合成一个大规模的住房合作社，从而与受雇的妇女形成实质性的差异。在大多数成员是妇女的工会中的男女平等主义者也许期望能在这种合作社式的住房中考虑她成员的需要。另一些工会也许期望能在这样的项目中进行投资。在这场合作社运动之中的男女平等主义者们必须对现存的住房合作社作出强烈而清晰的要求，而不是仅仅遵循那些传统的建立在合作经济基础之上的住房计划。而在这场合作运动之外的男女平等主义者将会发现合作组织形式，为妇女的家庭活动和其他服务提供了很多可能性。另外，最近成立的美国消费者合作银行设立资金支持各种与住房合作社有关的项目。

房屋翻新

在许多地方，人们更愿意对现存的住房进行翻新而不是新建。必须有效地改造美国郊区的住宅区。有很少一部分房子在建筑质量上值得保存。大多数则可以通过强烈的社会性活动所形成的物质性证明来改善其美学特性。要改换屋前无人行道的空草坪，邻居们之间能够把单一单元住宅转换成组合式单元住宅的街区。内部的土地集中起来在街区中心建立公园式的场所。屋旁的草坪则围成私人性的室外空间；步行小径和人行道用来连接所有单元住宅和中心开放空间。一些私人的走廊、车库、工具棚、设备房和家庭娱乐室转变成社区设施，如小孩活动区域、外出服务车的车库和洗衣房。

图 17.5A 显示了一个典型的荒凉郊区的 13 户街区，它是投机商在不同时间建造的，其中大约 2.5 英亩的土地被划分成了每块 1/4 英亩的小地块。10 条私家车道为 20 辆小汽车共用；10 个花园房、10 个秋千、10 个割草机、10 张室外餐桌，这些都暗示了现有生活设施的重复浪费。然而，不管现有可用的土地，在公共街道和私人家庭之间却没有过渡性空间。空间要么是特别私密，或是特别开放。图 17.6A 显示了这个区域内一个典型的 1400 平方英尺的家庭住宅。有 3 间卧室和小室，2.5 间浴室，洗衣房，2 个门廊，一个双车用车库，它建于"妇女神秘性"高峰的 20 世纪 50 年代。

为了把这整个街区以及房屋改造成更有效更社会性的用处，人们必须在街区的中心设定更多活动区域，用 1 英亩到 1.5 – 2 英亩的地方作为集体性使用（图 17.5B）。更重要的是，这意味着将街区由内向变外向。由亨利·赖特（Henry Wright）和克拉伦斯·斯坦（Clarence Stein）在 20 世纪 20 年代末期开发的拉德本计划，很清楚地描述了在"汽车时代"正确使用土地的原则，即汽车和居民的绿色空间隔离，特别是孩子们使用的空间。在新泽西的拉德本，以及在加利福尼亚

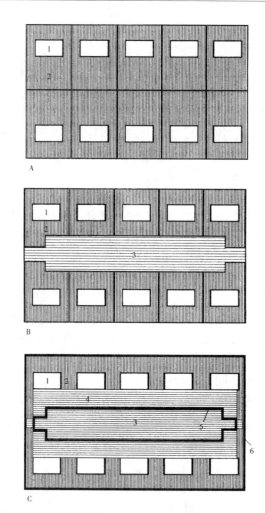

图 17.5　通过重新分区、重建和重新布景来重新组织一个典型的郊区住区的可能性图解。A，10 个独户住宅（1）在十片私人地块上（2）；B，同一住宅（1）更小一些的私人地块（2）在住宅后院内创造出一个新的村庄绿化（3）在住区中心；C，同一住宅（1）许多小的私人花园（2）有个新的村庄绿化（3）围绕着一个提供新的服务和附属单元的区域（4）被一个新的人行道或者连廊连接，并且被一个新的街道行道树包围（6）。在图 C 中，（4）空间能够包括以下活动，如白天看护、老年人看护、洗衣和食物以及房屋，而（3）能够容纳一个儿童游戏空间，蔬菜或者花园和室外休闲；（5）可能是个人行道，长满葡萄藤的架子或者是有形式感的拱廊。住区的尽头狭窄，被强调为一个有门的集体出入口（有门牌和钥匙），从人行道或者拱廊进入新附属单元。在密度最高的情况下，如果现有的街道停车和公共交通不够的话；（3）可能是巷子或者停车位

洛杉矶的 Baldwin Hills 街区，赖特和斯坦使用这个方法取得了令人瞩目的好结果（密度大概是 1 英亩 7 个单元），因为他们的多单元式住房的边界处，总是有葱绿的公园用地，而没有任何机动交通。Baldwin Hills 这个项目很明显地显示了这种成功，但这些被复兴的由许多小得只有 1/4 英亩的土地组成的郊区地块又可以被

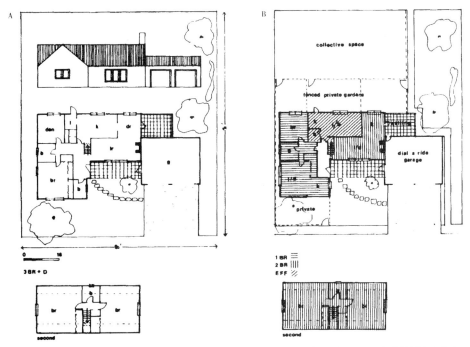

图 17.6　A，郊区单一家庭住宅，平面，3 个卧室加一个私密书房。**B**，提议的 HOMES 振兴计划家庭住宅，同样的住宅变成 3 个单元（2 个卧室，1 个卧室和小厨房、卫生间），加带呼叫的车库和集体室外空间

重新组织以获得相同的效应。[13] 在这种情况下，社会性生活福利设施与美学性的事物叠加，随着内部的公园设计成社区日间护理处、长蔬菜的花园、一些野餐桌、一个有秋千和滑板的活动场地、一个和更大范围社区食品合作社和可叫外卖的车库相连的零售店。

大面积的独户住宅可更容易地设计成两层楼或三层的公寓，而不去管由许多开发者在 20 世纪 50 和 60 年代广泛采用的"开放平面"。图 17.6A 的房子转变成如 17.6B 中的三层一套的公寓（和社区），一个两卧室的单元（和社区车库相连）；一个单卧室的单元；一个经济单元（适用于单人或老人）。所有三个单元看起来都有私密围合的花园。三个单元共享前廊和入口门厅。仍然有足够的约占原有地块的 2/5 留给社区。特别吸引人的是现存的空间，如后门廊或者是车库，把自身转变成社会性区域或者社区服务设施。3/13 的前私人车库可能变成集体用途——一个成为整个社区服务的中心办公室，一个零售店，一个外出式的车库。在一个翻新过的街区之中，有可能只有 20 辆小车（存于 10 个车库）和 2 个为 26 个单元服务的大篷车吗？假设一些居民从外部的工人转换成在街区内工作了，对于所有居民来说，由于有日间护理、零售店、洗衣店和街区内烹调的食品，同时还由于有新的集体性交通的帮助，社区中购物旅途减半就可能实现。

对于那些对此计划没兴趣的成员来说如何呢？以地块布局为基础，可以从 3 家或 4 家住户开始这个计划。在加利福尼亚的伯克利，Derby 街上的住户们把他们的后院连成一体，并形成一个合作性的日间护理中心，一位不在的户主拒绝加入他的所有财产用栅栏围住，而社区空间却很容易将它围住。当然，为了使单一的家庭住房转变成二户一套或三户一套或者加进任何种类的商业活动进入居住区，现有的分区法要作修改，或者是容纳变化的可能性。然而，一个能够组织或者积累至少 5 个单元的社区群可能成为 HUD 住房合作社，在此联合体中，一个非营利性的公司拥有所有土地，而生产合作社管理这个小区服务中心。这样，一个对整个街区适用的连贯性计划的模式比那种地块接着地块式的模式更容易包容可变性。人们还可以假想一些经营中途客栈的组织为以前的精神病人或是离家出走的青少年，或是被打的妇女而用，把他们的活动整合进这样的街区计划之中，用一幢建筑满足他们所有的活动所需。这样的团体总是很难实现这种街区的组织方式能提供的支持性社会环境。

结论

在 20 世纪 80 年代反对传统的公共与私密空间的分化应该成为社会主义者和男女平等主义者拥有的特权。如果她们是社会上平等的成员的话，妇女们必须改变那些以性别进行划分的家庭劳动、家庭工作的私有经济的基础，以及家庭和工厂间的空间分离。以上建议的这些实验是尝试综合过去和现在我们自身和其他社会中，但美国社会也有一些可利用的社会服务的改革成分。先开始几个示范性的 HOMES 是很重要的，一些是像上面介绍的新建的项目，其他也有对郊区地块的更新。如果开始的少数实验性的项目成功了，全美国的家庭主妇们将要求价格合理的日间看护、食品和洗衣服务以及更好的薪水、更加可调节的工作条件和更加合适的住房。当所有家庭主妇们意识到她们在和性别陈规和工资歧视作斗争，当她们意识到社会、经济和环境的改变必须克服这些条件时，她们将不再容忍以"妇女的岗位在家中"为原则设计另一个时代的住房和城市。

致谢

我要感谢 Catharine Stimpson，Peter Marris，S. M. Miller，Kevin Lynch，Jeremy Brecher 和 David Thompson，感谢他们对文稿提供大量书面意见。

注释

1 There is an extensive Marxist literature on the importance of spatial design to the economic development of the capitalist city, including Lefebvre (1974), Castells, 1977), Harvey (1974) and Gordon (1978). None of this work deals adequately with the situation of women as workers and homemakers, nor with the unique spatial inequalities they experience. Nevertheless, it is important to combine the economic and historical analysis of these scholars with the empirical research of non-Marxist feminist urban critics and sociologists who have examined women's experience of conventional housing, such as Wekerle (1978) and Keller (1978). Only then can one begin to provide a socialist-feminist critique of the spatial design of the American city. It is also essential to develop research on housing similar to Kamerman (1979), which reviews patterns of women's employment, maternity provisions and child-care policies in Hungary, East Germany, West Germany, France, Sweden and the United States. A comparable study of housing and related services for employed women could be the basis for more elaborate proposals for change. Many attempts to refine socialist and feminist economic theory concerning housework are discussed in an excellent article by Ellen Malos (1978). A most significant theroetical piece is Movimento di Lotta Femminile (1972).

2 I am indebted to Allan Heskin for this reference.

3 Gordon (1978, pp. 48–50) discusses suburban relocation of plants and housing.

4 Carol Barkin (1979, pp. 120–4) gives the details of this competition; Ruth Schwartz Cowan, in an unpublished lecture at MIT in 1977, explained GE's choice of an energy-consuming design for its refrigerator in the 1920s because this would increase demand for its generating equipment by municipalities.

5 Eli Zaretsky (1976) develops Friedman's earlier argument in a more systematic way.

6 For more detail, see Kapp Howe (1977).

7 Recent zoning fights on the commune issue have occurred in Santa Monica, California. Wendy Schuman (1977) reports frequent illegal down zoning by two family groups in one family residences in the New York area.

8 See, for example, Brown (1978) and Anderson-Khleif (1979, pp. 3–4).

9 My discussion of the Cuban Family Code is based on a visit to Cuba in 1978; a general review is Bengelsdorf and Hageman (1979). Also see Fox (1973).

10 This project relies on the "support structures" concept of John Habraken to provide flexible interior partitions and fixed mechanical core and structure.

11 Hayden (1976) discusses historical examples and includes a discussion of communes of the 1960s and 1970s, "Edge city, heart city, drop city: communal building today," pp. 320–47.

12 I am indebted to Geraldine Kennedy and Sally Kratz, whose unpublished papers, "Toward financing cooperative housing," and "Social assistance programs whose funds could be redirected to collective services," were prepared for my UCLA graduate seminar in 1979.

13 See also the successful experience of Zurich, described in Wirz (1979).

参考文献

AFL-CIO (1975) *Survey of AFL-CIO Members Housing 1975*. Washington, DC: AFL-CIO.

American Public Transit Association (1978) *Transit Fact Book, 1977–8*. Washington, DC: American Public Transit Association.

Anderson-Khleif, S. (1979) Research report for HUD, summarized in Housing for single parents. Research report, MIT–Harvard Joint Center for Urban Studies, April.

Anon. (1972) Bridge over troubles water. *Architects' Journal*, September 27, 680–4.

Barkin, C. (1979) Home, mom, and pie-in-the-sky. MArch thesis, University of California, Los Angeles.

Baxandall, R., Gordon, L. and Reverby, S. (eds) (1976) *America's Working Women: A Documentary History, 1600 to the Present.* New York: Vintage Books.

Bengelsdorf, C. and Hageman, A. (1979) Emerging from underdevelopment: women and work in Cuba. In Z. Eisenstein (ed.), *Capitalist Patriarchy and the Case for Socialist Feminism.* New York: Monthly Review Press.

Brown, C. A. (1978) Spatial inequalities and divorced mothers. Paper delivered at the annual meeting of the American Sociological Association, San Francisco.

Castells, M. (1977) *The Urban Question.* Cambridge, MA: MIT Press.

Ehrenreich, B. and English, D. (1975) The manufacture of housework. *Socialist Revolution*, 5, 16.

Ewen, S. (1976) *Captains of Consciousness: Advertising and the Social Roots of the Consumer Culture.* New York: McGraw-Hill.

Filene, P. (1974) *Him/Her/Self: Sex Roles in Modern America.* New York: Harcourt Brace Jovanovich.

Fox, G. E. (1973) Honor, shame and women's liberation in Cuba: views of working-class émigré men. In A. Pescatello (ed.), *Female and Male in Latin America.* Pittsburgh: University of Pittsburgh Press.

Frederick, C. (1929) *Selling Mrs Consumer.* New York: Business Bourse.

Friedan, B. (1963) *The Feminine Mystique.* New York: W. W. Norton.

Gordon, D. (1978) Capitalist development and the history of American cities. In W. K. Tabb and L. Sawyers (eds), *Marxism and the Metropolis.* New York: Oxford University Press.

Harvey, D. (1973) *Social Justice and the City.* London: Edward Arnold.

Hayden, D. (1976) *Seven American Utopias: The Architecture of Communitarian Socialism, 1790–1975.* Cambridge, MA: MIT Press.

Hayden, D. (1977a) Challenging the American domestic ideal. In S. Torre (ed.), *Women in American Architecture.* New York: Whitney Library of Design, pp. 22–39.

Hayden, D. (1977b) Catharine Beecher and the politics of housework. In S. Torre (ed.), *Women in American Architecture.* New York: Whitney Library of Design, pp. 40–9.

Hayden, D. (1978) Melusina Fay Pierce and cooperative housekeeping. *International Journal of Urban and Regional Research*, 2, 404–20.

Hayden, D. (1979) Two utopian feminists and their campaigns for kitchenless houses. *Signs: Journal of Women in Culture and Society*, 4(2), 274–90.

Hayden, D. (1979–80) Charlotte Perkins Gilman: domestic evolution or domestic revolution. *Radical History Review*, 21 (Winter).

Hayden, D. (1980) *A "Grand Domestic Revolution": Feminism, Socialism and the American Home, 1870–1930.* Cambridge, MA: MIT Press.

Industrial Housing Associates (1919) Good homes make contented workers. Edith Elmer Wood Papers, Avery Library, Columbia University.

Kamerman, S. B. (1979) Work and family in industrialized societies. *Signs: Journal of Women in Culture and Society*, 4(4), 632–50.

Kapp Howe, L. (1977) *Pink Collar Workers: Inside the World of Woman's Work.* New York: Avon Books.

Keller, S. (1978) Women in a planned community. Paper prepared for the Lincoln Institute of Land Policy, Cambridge, MA.

Lefebvre, H. (1991) *The Production of Space.* Oxford: Blackwell.

McGrath, C. (1979) The crisis of domestic order. *Socialist Review*, 9 (Jan./Feb.).

Mainardi, P. (1970) The politics of housework. In R. Morgan (ed.), *Sisterhood Is Powerful.* New York: Vintage Books.

Malos, E. (1978) Housework and the politics of women's liberation. *Socialist Review*, 37 (Jan./Feb.), 41–7.

Motor Vehicle Manufacturers Association (1977) *Motor Vehicle Facts and Figures.* Detroit: Motor Vehicle Manufacturers Association.

Movimento di Lotta Femminile (1972) Programmatic manifesto for the struggle of housewives in the neighborhood. *Socialist Revolution*, 9 (May/June), 85–90.

Muhlestein, E. (1975) Kollektives Wohnen gestern und heute. *Architese*, 14, 3–23.

Schuman, W. (1977) The return of togetherness. *New York Times*, March 20.

Walker, R. (1977) Suburbanization in passage. Unpublished draft paper, Department of Geography, University of California, Berkeley.

Wekerle, G. (1978) A woman's place is in the city. Paper prepared for the Lincoln Institute of Land Policy, Cambridge, MA.

Wirz, H. (1979) Back yard rehab: urban microcosm. *Urban Innovation Abroad*, 3 (July), pp. 2–3.

Zaretsky, E. (1976) *Capitalism, the Family, and Personal Life*. New York: Harper and Row.

第七部分

环境

第 18 章

可持续性与城市：概述与结论

彼得·纽曼和约翰·肯沃西（Peter Newman and John Kenworthy）

　　在本书的前言中我们提出一系列问题，以此引导关于城市可持续以及它与汽车的关系的广泛讨论和研究。在此我们将总结对这些问题的回答。

可持续的概念以及它与城市的关系

* 什么是可持续性？可持续是一种在全球政治舞台下发展出来的一种概念，目标是同时获得改善的环境，更好的经济，以及更加公正和参与性的社会，更多的是同时获得这些，而不是提倡一个贬低另一个，虽然可持续主要的环境是全球性的，但是它却只有把地区积极性和意义结合起来，才能真正实现。

* 可持续如何应用于城市？通过在人类聚落中扩展应用新陈代谢的办法，从而把可持续应用于城市，这样如果一个城市在减少它的资源投入（土地、能量、水和材料）和减少废物产出（气体、液体和固体废料）的同时改进了城市的居住条件（健康、就业、收入、娱乐活动、参与性、公共空间和社区），它就可以被界定为更具有可持续性的城市。

* 城市的可持续目标和标志是什么？可持续目标和标志是把许多可持续的重叠领域组合到城市本身的意识之中，意识到可持续的价值。它们应该包括自然环境、资源、废弃物和人类宜居性，而最后一项则包含了一个城市最重要的经济的维度。每座城市需要一个过程来限定一系列重要的可持续的标志，特别是那些与别的城市相区别的特色，例如西雅图回放大马哈鱼，或者是海牙养鹳数量，或者哥本哈根的公共座位数量。然后就需要去培养一种过程意识，每年以此来提高这些指标。

* 城市如何制订一个可持续的计划？可持续计划或者是地方性 Agenda 21 计划（由 Agenda 21 规定且被所有国家同意），都是以社区为基础的过程，这些过程包括（1）设定一系列的目标来圆满地实现可持续计划；（2）提

出一些显示向可持续性发展的过程如何被衡量的指示；（3）评估这些城市在这些准则上是如何运作的；（4）提供可具选择性的政策以便做得更好。这些计划每年更新一次。

- 可持续性计划如何帮助一座城市向前发展？一个可持续的计划使城市能够集中关注它所处的全球化环境（对未来城市的经济和社会越来越重要），能创造一种整合的以社区为中心的未来发展之路，这种发展模式在传统的职业中是不可能达到的，并且还能识别出地方性创新的制约和机遇。这个计划把一座城市与全球化的 Agenda 21 可持续发展网络连接起来，并且因此为激发创造性提供机遇，为地方对全球作出贡献也提供了机遇。

- 城市尺度如何与可持续性发生关联？大城市通过其经济尺度和密度可以有很多种方法对可持续性作出贡献，这都有助于减少人均资源消耗和废弃物排出以及提高宜居性。然而，地方权限局限在空气、水，并且土地在大城市中总是被滥用，因此必须不停地加强这些优势。然而，本书并不支持小城市比大城市更可持续的观点；因此，所有城市；不管大小都必须解决可持续问题，这是很重要的。

20 世纪末的汽车依赖问题

- 城市如何被形成？城市形态主要由交通技术决定，但是这是通过有关基础设施的经济和文化优先权，以及人们喜欢在哪儿生活和工作而实现——城区、郊区和远郊区的选择。

- 什么是汽车依赖？汽车依赖是指当一个城市或是一个城市区域假设汽车在交通运输、基础设施和土地使用上是一种占主导的必不可少决定因素。其他的模式因此变得越来越边缘化，或者到了除汽车之外别无其他可选择的交通方式时就不存在其他模式了。

- 可持续性如何与汽车依赖发生联系？汽车依赖是增加土地、能源、水和其他材料消耗的最主要驱动力；与交通相关的产物有如废气排放（温室废气和地方排放的烟）、交通噪声，还有地表径流污染（由于沥青进入汽车城市）；以及其经济问题归因于散乱联系的基础设施的高资本消耗，直接的交通费用和间接的交通费用（道路事故、污染等等）而引起的问题，并且还伴有与交通相关的公共领域、安全和社区的损失，在没有解决汽车依赖问题的城市中不可能解决可持续性问题。

- 在城市发展的另一些时代，可持续性是如何解决的？从步行城市向"公共交通城市"的转变是因为需要解决源自工业革命的污染和过度拥挤的问题。它是通过综合新技术、新城市设计和管理策略以及社会改变的新景象等而获得的，当汽车城市达到其顶点并且产生了关于可持续性的新问题，也要求一种类似的创造性的综合解决办法。

- 汽车城市的问题可以通过增加（主要是工程上的）变化来解决吗，或是否需要从根本上改变城市系统？以一种短期的技术方法来解决这个问题是必需的，但是如果仅仅如此的话，最终将会加剧这些问题，因为汽车使用会持续上升，因此，需要更长久的城市系统的改变，同时也能积极地适应技术变化。

- 汽车城市遇到的新的经济动力是什么？新的研究显示重大的经济问题和过度使用汽车的"汽车城市"有关（直接和间接的无效花费）也和土地流失量及资本转向非生产性郊区基础设施引起的机会成本有关。

- 全球化和信息技术在导致更大还是更小的对汽车的依赖？全球性的城市趋势（以信息为基础的经济）是朝着经济功能的各个创造性环节需要面对面的互动的方向发展，而这些互动在优质城市环境中得到最好的培育和发展，在那里，重点是由密集的混合着各种城市活动所包围的无机动交通的空间。这种环境本质上很少依赖汽车。因此，汽车依赖在这些最新的经济参数下可被减轻，这些经济参数将会十分有利于以步行化和公共交通系统为导向的土地使用的社会品质。

- 社会如何看待汽车依赖和不断地给汽车城市提供基础设施的？尽管汽车普及流行，许多调查显示人们并不愿意首先强磁发展汽车城市的基础设施，例如高速公路，而是希望更多地发展公共交通系统，为步行和自行车提供更好的条件，并且减少在城市环境中往返的需要，这些都支持人性化社区的发展。

- 在石油耗尽的年代，汽车面临怎样的局面？我们可能想象出对石油依赖会导致的一种基本的不同选择，意味着汽车城市要么开始重新调整自身；使得自身更加可持续发展或者进入一种很难逆转的衰落阶段。

汽车依赖的模式和全球化城市

- 全球化城市中汽车依赖的模式是什么样的？美国和澳大利亚城市是最依赖汽车的，这可以从它们的交通模式、基础设施和土地用途中看出。加拿大城市较少依赖汽车，有着更好的公共交通和更加整合的土地利用。欧洲城市从汽车的使用、基础设施、土地使用强度上来说只有美国的三分之一到四分之一，富有的亚洲城市（新加坡、中国香港、东京）只有美国城市的八分之一。然而，新的正在进行工业化的亚洲城市（曼谷、雅加达等）在它们的交通模式和基础设施上显示出显著而且迅速向汽车方向的发展，并且，虽然边缘的土地使用更多的是汽车导向的，但是整体的土地使用模式仍然是高度倾向于公共交通和非机动化模式。因此它们被归类为汽车主导的，而非依赖汽车的城市。

- 交通模式如何与技术、基础设施、经济和城市形态发生关联？机动车辆的燃料效能并不能解释世界城市中汽油的大量不同用途，但是超高效能和交通运输技术的"公共交通杠杆"却可以解释它。基于道路供给、停车、公共交通服务和存在于机动和公共交通之间的相对速度之上的基础设施的差异全部都与汽油和汽车使用程度紧密相关。一座城市的汽油价格、收入和财富量（GRP）并不与汽车使用有很强的联系。而另一方面，土地使用模式却和汽车用途紧密相关，而公共交通程度、步行和骑自行车则确定了汽车依赖的结构特征，且确定了在可持续日程之中解决城市形态的必要性。

- 汽车用途、公共交通和密度的发展趋势是什么？汽车用途除了在少数几个城市外（斯德哥尔摩和苏黎世），在其他所有城市中是增长的，但是增长率很不相同。尽管预言说工作的郊区化会减少汽车用途，但是美国的城市增长最快。澳大利亚城市增长最慢，显示了重新城市化的过程对出行模式也许有影响。尽管预言说公共交通在全球来说正在死亡，但事实上公共交通在所有城市中都有所增长。在欧洲城市的巨大增长仍占主导模式。伴随着到处可见的衰落，高密度的模式显示出在全球发生一种历史性的颠倒。这也许与信息经济相关联。除了美国城市，内城的发展比以前任何时期都明显，在美国城市中，密度的增长大多发生在外围郊区的"边缘城市"中，且都极度依赖汽车。

- 城市中直接和间接的交通花费是如何不同？如我们已经界定过的那样，汽车依赖是物质性规划参数中的一个组成部分。从本书提出的经济数据中产生的新观点是：汽车依赖不利于城市经济，那些能提供交通选择均衡的城市，几乎在每项经济指标上都更有效。这包括覆盖了与环境和安全因素相关的外部花费的指标，也有交通的直接消费。整体上依赖汽车的澳大利亚和美国的城市以城市财富的12%－13%用在交通运输系统上；加拿大和欧洲城市用7%－8%，富有的亚洲城市用5%；而更为汽车倾向的新兴工业化亚洲城市用15%的城市财富在交通上，可持续性暗示了减少对汽车的依赖对城市经济有益。

- 这对汽车城市的未来有哪些暗示？已经有案例显示出在技术和经济上没有必要一定要加强汽车依赖。事实上，这意味着在全球和信息为基础的就业过程中可能会突出面对面交流的重要性，并且因此而减少对汽车的依赖，不可持续性的对汽车的依赖更可能是由于文化因素，这些都可以被克服。

减少汽车依赖的展望

- 汽车城市的不可避免性的神秘性是什么？我们已经区别出关于对汽车依赖的不可避免性的十个秘密：财富、气候、一些国家的空间范围、城市的年龄、对精神和身体健康的需求、乡村生活的诱惑、道路疏通和土地开发疏通的力量、由交通工程和市镇规划专业提供的缺乏非汽车基础的选择。所有这些都是特殊城市中潜在的问题，但是有可能通过文化和政治的过程来改变。

- 怎样才能减轻城市对汽车的依赖？理论探索以及案例研究展现了世界各地的城市，这些城市（1）改变了它们的交通基础设施的重心以发展新的公共交通或者是非汽车模式，并且成功减少了对汽车的使用；（2）主要街道的非机动化（并且穿过更广的城市区域），推动了机动交通的减少，也很好地提高了城市环境的品质，继而提高所有城市可持续性元素的品质；（3）通过更多公共交通导向和步行化的城市聚落来整合交通和土地使用；（4）通过有效的发展管理计划来控制城市漫延，如绿化带和/或/（5）对汽车实行征税，从而更好地反映这种面对面的非汽车模式的成本，并且建设其他的可替换性基础设施。

- 为什么城市规划对于降低汽车依赖如此重要？美国和澳大利亚的政策制定者的大部分注意力已经转向对汽车的文明化而不是减少对汽车的依赖。然而，更高的效能只能导致更多的使用，而这冲走了许多技术性优势，且导致了与机动交通相关的问题。许多学术文献资料已经强调需要通过拥挤定价来控制汽车的使用，但是这却对政治和公平有影响，除非它是减少汽车依赖的整体解决办法中的一个部分。经济惩罚只有在还有别的选择时才会起作用。改变了基础设施的重点，而且解决了汽车依赖的基本土地使用方面问题的规划，因此看起来变得更加重要了，而孤立粗暴对待汽车问题方法仍广泛存于学术争论中。

- 减少对汽车依赖的未来"可持续的"城市的前景是什么？未来"可持续"城市（取代了汽车城市）被预想成是多中心城市；通过高品质的放射型和轨道公共交通连接。在中心内，提倡步行导向的交通，这些新的节点是提供工作、商业和地方服务的场所，并且是骑自行车可达或者是短途，所有已有的郊区部分的公共交通可达的范围之内。这样的城市被认为是与到来的电信/服务城市是一致的，这种城市到处显示面对面的交流仍然对城市的经济相当关键。

- 这种未来的"可持续"城市如何可以分阶段地获得呢？这些阶段是（1）复

兴城市中心和内城；（2）集中发展那些已经存在的且在使用中的公共交通导向的地区；（3）通过对增长进行管理的策略来抑制城市漫延；（4）扩展公共交通系统，特别是轨道系统，并且建造联合的城市聚落为所有郊区提供副中心。

- 哪些城市已经显示出对汽车依赖的减少？减小汽车依赖的最好榜样在欧洲，特别是斯德哥尔摩、哥本哈根、苏黎世和弗赖堡，还有富的亚洲城市也显示出成功，如新加坡、香港和东京，还有穷一些的城市，如巴西的库里蒂巴。在加拿大，多伦多和温哥华已经显示出一些好的迹象，这些城市在土地使用和交通特征上比美国或澳大利亚城市更好。在美国，博尔德、波特兰和波士顿都显示出即使是在世界上最倾向于汽车的国家也可以抑制对汽车的依赖，并且有许多积极的结果，例如更加紧凑的住房，更加有活力的公共领域，对中心区和内部区域的复兴，更好的公共交通系统。然而，在这些城市的整体特征统计中反映出这种改变要花费更长的时间。澳大利亚城市也很明显，在那里，汽车使用已经衰落好几年了，同时也伴随着内城区域和新铁路系统的重新城市化，例如珀斯。

使汽车依赖的城市变绿

- 可持续性的其他方面，如水循环、固体垃圾、城市农业和绿化的管理等，是如何与未来的"可持续的"城市概念相适配的？在一个城市这些解决可持续性的途径对于减少资源投入和废物产出都是必需的。而且对于创造经济效能更高的城市和更加吸引人品质更高的城市环境也很重要，这对于生动的社区和经济活力都很关键。

- 为什么地方性的社区尺度的选择被证实是更加可持续的？水、废物、农业和绿色空间的管理要求了解独特的地方城市环境，因而也要求地方管理参与。更加高效地使用水和更彻底地处理废物的最新技术在一种适合社区管理的小尺度上发展。可更新的能源技术也是在小尺度上运用更好，并且，新型轻轨技术为推动社区参与重塑城市形态和街道景观提供了有力的支点。

- 绿色城市与低能耗城市有矛盾吗？只有当规划没有为更加紧凑且高密度的发展预留弹性时，会有矛盾出现，那些紧凑和高密度的发展是为了创造一种多中心，混合用途的城市形态。正如一些评论员（如 Troy，Stretton，Gordon 和 Richardson）可能会认为，如果密度没有任何增长，那么依赖汽车将会继续。这里要强调的是，这将不仅仅危及低能耗的目标，而且也会破坏绿色城市的目标；地方性的城市生态目标应该在那些与强烈倾向于可持续议程的社区有共生关系的地方才会兴旺繁荣，而且这种社区很少会在依赖汽车的区域形成，除非是为了独特目的而故意建立的这种社区。

- 为什么在密度和公共交通之间有矛盾呢，这个矛盾可以化解么？"密度"和"公共交通"看起来是益格鲁－撒克逊传统中最消极的概念。这源自工业化时代的城市，那时密集的贫民窟和公共交通与贫穷和污染紧密相连。《英国城镇和乡村规划协会》的格言"拥挤只会一无所获"是与汽车依赖联系在一起的。虽然它在英语国家的城市文化中仍然是强有力的一个部分，这种已经主导了英国 20 世纪大部分时间的规划方法现在遭到质疑。如果允许高密度成为城市设计中主导的驱动力的话，它将成为可持续城市的主要障碍，因为它阻止了步行尺度的城市居民区和公共交通系统的成功发展。解决的办法看起来是在郊区而不是在城市区域创造低密度的生态聚落，同时以密度高些的城市居民区来克服地方性生态服务（垃圾循环，永久文化，等等）区域的依赖汽车和密度的降低。

- 什么是地方性城市生态，它在何处发生并且如何与全球化的城市可持续性发生关联？地方性城市生态是试图把可持续性的所有方面综合在一个简洁的发展过程之中，不管它是一所房屋或是一群建筑或是一个工业化遗产。它是一种创新性的，很少规则和准则的以设计为基础的实践。随着可持续性的综合示范的需要越来越成为地方性事务。现在到处有这样的案例，最好的样板在丹麦，那里仅在哥本哈根就有 45 种纪实性的论证。当它们成功实现了降低资源消耗和垃圾输出且提高了居住品质的目标时，它们与全球化的可持续性发生了关联。然而，也有这样的样板，比如仅仅创造一种更加自给自足的建筑，虽然这在城市生态上获得了一些进步，事实上却造成了对汽车依赖的加剧，也加强了分离，因而它实际上与真正的可持续无关。这也显示出以社区为基础的城市生态的重要性（如许多富足的丹麦生态化城市更新案例）。

促进城市改变

- 城市职业实践如何被现代主义和汽车城市所塑造？过去 50 年来，通过其"最好的方法"及其对学科的清晰划分，塑造了我们城市的城市专业人员已经强烈地受到现代主义的影响。这造成了一种过分简单化的交通模式，同时带来拥挤和高速公路建设，更拥挤和更多高速公路建设的自我实现的预言；造成了完全默许"不可避免的"对汽车依赖的增长的规划系统；造成了用分区来强行划分城市功能；造成了统一的郊区低密度建筑和商务中心区的高层塔楼；造成了只用于机车通行的街道；造成了"管道进管道出"的水管理方式；以及造成了全城市中"修正"自然的各种表现。

- 现在的城市职业实践是如何被后现代主义和可持续性质疑的？可持续性是后现代现象的一部分，它注意到现代主义现在对于解决我们的时代生态和人类发展的问题的看法并不恰当。然而，可持续目标并不是说毁坏我们的社会，而是开始去围绕着生态敏感性和社区地方性及其有机过程的目标而重建社会，不能成功应对这些全新必要条件的城市职业实践将变得越来越毫不相干，成为失却方向的后现代巨轮上的乘客。

- 有机城市的传统是什么？有机城市传统通过回顾19世纪和20世纪那些能看到现代主义固有的缺陷的城市评论家，来探索社区生态敏感性和地方性有机进程的价值观和方法，并把那些观点同有关社区进程、自然进程、传统继承和艺术表达的基本价值观联系起来。

- 有机城市的传统能够成为未来职业实践的导则吗？这种方法的确通过如下几点为职业实践革新与可持续性保持一致提供了指导：（1）关注与环境、社会公正、遗产、公共领域、城市经济和社区相连的价值观；（2）乐于在地方性层面上对这些价值观的多种表达，这种地方性根据的是居住、交通/城市形态的选择、燃料类型、重点基础设施的适当平衡以及文化多样性；（3）在物质和自然的城市环境中的边界交叉，学科的边界交叉，文化中的边界交叉；（4）推进有机社区的进程。

- 在城市职业实践之中为可持续设定的详细导则是什么？在如下领域有详细的导则，如新开发中的可持续性，新城市主义中的可持续性，经济对城市选择和更好的公共交通土地综合使用的影响。总体上，这些导则认为需要重写大多数技术性规划手册，以及重写那些多年来有效发展了汽车城市机理的规则。一种新的且多样的城市机理，与地方性和全球性对可持续需求相适应的机理需要一种全新的过程，这个过程也有与此前超过半个世纪的汽车导向的同样的权威认可。

城市中的伦理、精神和社区

- 城市可持续性中来自地方生态传统、人类生态和城市生态传统的伦理基础是什么？通过三个人的生活和工作来探索三种传统：吉尔伯特·怀特、E·F·舒马赫和简·雅各布斯，他们显示出处在对地方生态和社区价值观很敏感的公有社会的传统中。他们被公认为在可持续城市应用发展中扮演了决定性的角色。

- 他们来自何种精神传统？这些先驱在有机和生态价值观的应用上都来自西方的精神传统，而不是东方观点。这种强烈的西方式的关怀、管理和公正的传统在关于环境伦理的讨论中并不经常引起注意。这些来自我们自身精神传统的有影响力的作家、思想家对西方很重要，因为，虽然其框架与来自其他传统的观点一致，但是城市的可持续的伦理基础却对西方思想并不陌生。这给予整个西方世界那些最需要遵循可持续进程的社区以一种力量，这些社区也许已经开始接受一种有偏见的观点，即他们自身精神能量是建设性改变的一部分。

- 个人和城市如何能够在今天表达这些传统——特别是，如何与汽车城市相关联？驱动城市的对汽车依赖性和非可持续性的基本价值是个人主义或分离主义；这也是同样的古老价值观、西方精神传统基础角度曾被看作是城市的破坏者。这种价值观在不断地寻找隐秘，自我实现和消费过程中丢弃所有社区或是环境义务。现代技术使得这样一种需求比以前更易实现。然而，可用作分离主义/个人主义的解毒剂的价值观也同样存在。它包括（1）通过一种历史感、社会公正感和地方社区中的自然感来发展一种"场所感"；（2）在与基础设施的优先发展和其他规划问题的积极斗争中揭示出对汽车依赖的真正特征；（3）变得亲近城市而不是逃避城市；（4）对可持续性问题寄予希望而不是绝望。

- 社区在诸如教堂和社区艺术家群体中是什么角色？社区需要成为社区，并且使其价值以一种新的且具创造性的方法而变得戏剧化。案例有美国、欧洲和澳大利亚的社区，这些社区已经以一种创造性的方法来表达它们的有机/生态价值，以此来宣布城市可持续性的一些标志性胜利。

- 在我们的城市中可持续性还有希望吗？有！对于汽车占主导地位的城市来说，克服其对汽车的依赖性的机会一直存在。它们需要被理解，要不其他不可持续的模式将会变得不易改变。然而，成功的案例研究正在全球范围内涌现，而且文明社会美化其前景并使之成功的能力，从未像今天这样好过。

第 19 章

保护——作为留存或是作为遗产：两种范式和两种答案

G·J·阿什沃思（G. J. Ashworth）

为什么归纳总结？

对建成环境的保护在本质上是集体的，通常是公共目标的场所管理的组成部分之一，是在地方层级上进行的实践活动，由详细的立法框架、地方政策导则和专业性工作实践指导。每幢建筑、区域、城镇以及使用它们的人在本质上都是唯一的。事实上，大部分维护的固定目标不管是否明确是因为各种理由而在塑造地方个性中发现和加强差异性。因此，归纳看起来不仅不可能，而且与此活动的精神相悖，并且是从保护的技术活动和对建成环境的地方管理的实践中为理论性概念寻找一种不相关的消遣。

然而，就如在所有规划中一样，选择是不可避免的，并且选择不可避免地要放弃其他未被选择的可能性。在维护中，这些选择在应该保护什么，应如何选择，在哪里，选择多少，为谁选择的问题中被很简单地表达出来。没有答案，这个过程不能进行下去，从这个简单且看起来是不证自明的观点中生长出这个工作内涵的几乎所有困境和困难。如果它不是为了两种不同且总是矛盾的主导范式存在的话，将足够产生出很多问题。这些提供了两套不同体系的答案，这两套答案不仅总是矛盾的，或至少互相排斥，但更糟糕的是，它们对于那些表达它们的人也互相不可理解，这使得它们之间对话变得不可能，更不用说折中和综合。

本文试图搞清楚这两套答案的前提，并且比较这两种前提，这两种对过去建成环境的当代管理的不同方法是基于这些前提的。

范式

为了方便，我已经分别标示出"留存"（preservation）和"遗产"（heritage），在整体上，这些词汇以及其他的此类词汇在别处使用常常是很松散的——事实上

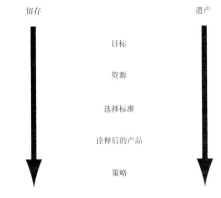

图 19.1　对过去管理的方法

总是作为同义词。但是每个词可以说在本质有不同的目标，词源定义以及选择的标准，对被解释的产物的看法以及介入的策略。从这些手段、组织结构和工作实践的连续差异出发，最终导致了看待历史和它与现在的关系的不同方法（图19.1）。

"留存"作为防止破坏是很容易定义的，并且可以理解成是一种规划活动，虽然这样的暗示非常复杂（下面将会讨论）。它在历史上是第一位的，至少一个多世纪以来，是作为接近独断的方法对历史进行管理。它已经塑造了理解方式和严格的法律框架和公共财政津贴系统，并且由设立完好的且常常是很强大的国家机构所支撑，在国际上也由足具影响力的私有组织和强大集团所支持。

"遗产"一词在这里有一种特殊的定义，使得它与"留存"不同，它不是常碰到的作为一个描述几乎所有过去或是未来注定了的事物的词语。在过去（所有过去发生的事），历史、记忆和过去的设想，以及遗产，这些词的当代用途之间的差异和关系在图19.2中显示出来。很清楚，对遗产的理解来自市场科学到公共部门、非营利组织、有集体目标的组织中得出的术语学、技术和哲学的应用中产生出来的成果（Ashworth 和 Voogd，1990，1994）。

这时，也许有人会反对：还存在着第三种中间的或者说过渡性的方法，即"保护"（用这个词的独特的欧洲含义而不是像在北美，它和"保留"是同义词）。然而维护是从保存中发展出来的，是保护的逻辑扩展，且很大程度上是保护运动成功的产物。它可以被概括成一系列"不仅而且"的陈述，例如，不仅仅要保护建筑物而且要保护整体，不仅仅从内在的，而且从外在的标准来选择它，而且不仅仅是管理形式还有功能。因此，它不是保护的替代物，而是一系列关于目标、方法和注意力焦点的折中产物，这来自把留存性政策与 20 世纪 60 年代至70 年代更普遍的地方土地使用管理相结合的经验（见 Burke 的经典定义，1976，或是由 NIROV 所作的在荷兰城市规划实践中加入的维护；1986）。

在此展现的这些方法至少在欧洲西北部反映了它们被采用为工作方法的某种

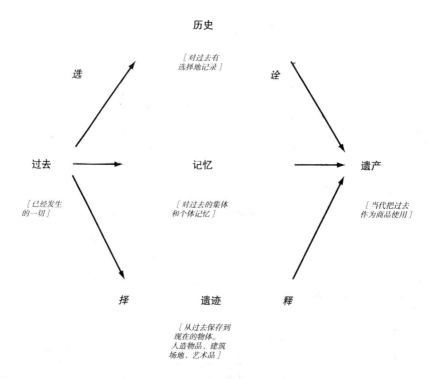

图 19.2 过去、历史和遗产

年表。然而，它在逻辑上的不可避免性或是可取性上并没有进步。在许多国家，所有这些方法可能同时碰到，每种方法依赖的是它自身的司法甚至是组织结构，并且包含来自不止一种方法的元素。在实践中，历史性场地和遗址以大量极其不同的方法管理，即便是在同一国家或城市环境中，也没有一种单一的管理或实施模型可以归纳或者被提倡。

尽管如此，本文强调留存的方法是有其优越性的：历史上，它是第一个发展起来的；道德上，它对遍及规范讨论的各种假设进行公正的评估；实践上，在关键资源的保护者和创造者中，不管是纪念物、场地还是历史街区和城市，几乎一致同意这种办法。这种主导的传统保护办法被两种规则质疑和破坏。从需求者一方，为了满足渐涨的强烈感觉到的需要，历史正被越来越多的方法所消耗，不管是政治、社会、心理还是经济的。一句话，越来越多的人现在以越来越不同的方法来看待过去了，这些方法与传统的保护性前提无关。从供应方来说，提供历史资源的人越来越依靠消费者对财政、政治和伦理支持的需求。就像在许多西方国家，这种依靠是以前来自不断增长的纪念物、场地和历史街区的成功产物。不管怎样，保护性组织、管理系统和一系列环境中确立的哲学现在都面临十分不同的外部压力，尽管是不情愿的。尽管有时是无意识的，它很大程度上与遗产规划的方法中引申出的相关的规则发生呼应关系，并且在某种程度上与老的更多已确定的方法不和谐地共存。

为了达到这篇文章讨论的结果，我的立场是对过去这些方面的管理面临的最重要的问题在于这种主导的传统留存范式在本质上不能容纳或是拒绝最新的要求。从这个关节出发，出现许多详细的现场管理问题或更基本的许多基础的政策困境。如果留着不解决，这将威胁到我们未来对历史的管理。文章将继续讨论支承留存和遗产的两种方法的前提。根据的是管理过程中的核心元素。

选择

目标选择

原则上，维护的总体目标简单、清楚，并且是一种道德性义务。历史上的反常理念认为对过去建成环境的各个方面都应该被保护，这在西方国家的主导的知识精英们中获得共识，大约只有四代人的时间，而成为大多数市民的意见可能不超过两代人的时间（见 Ashworth 的历史性说明，1991；或者 Larkham，1996）。保护运动在它短暂的存在过程中已经展示出许多圣战特征：伴随着有领袖气质的先知，从未受到信仰者质疑的正义性，简单地划分好的保护者和恶的开发者，并且有一个清晰的坚定的终极目标的前景。英勇地无私地抢救某种少量的建筑财富乃是一项救助性任务，这些建筑过去遭受了现在还在以可怕的速度遭受破坏。对任何建筑的营救是不证自明地对当代人和未来人的利益作出贡献。对"为什么？"的问题，在很少场合被提出后，总是有一种无可争议的普遍性的陈述性回答，通常包含一种认可的"应该"。例如。"我们的城市应该提供一种可见的提示我们已经在哪里，我们将会去哪里"（Ford，1970）或者"未来的兴奋外应该锚固在对历史的留存上"（Lynch，1960）。对目标的深入讨论是不必要的，不及时给出这个紧急的任务，就可能对原因缺乏可信的证明。"为何要问为什么？"的问题是不适当的。

因此，最终的目标至少是对可留存物的全面留存。"多贵/多少？"的问题也将是不合适的。如果巴黎圣母院或威尼斯各自为人类现在和将来的福祉作出了独特的贡献，那么我们缺少或需要维护多少个项目的问题就不能再提了，而且由于其价值不受时间的限制，维护规划的目标必须是彻底地、永远地维护一切被认为是可以维护的东西。在西欧，这种做法的结果（Burtenshaw 等，1991）或是在北美洲（Baer，1995）已经威胁到改变的能力。

一旦过去被看作是一种遗产资源要卖给消费者，那么这种问题变得不仅可能而且很关键，同时也很清楚为什么过去的元素应该被记住且有纪念性，就有许多理由。关键问题不仅仅是对于过去有许多用途，而且在不同市场中应用不同的产品。矛盾不是不可避免的，但是意识到历史是多种方式消费的，这对于避免矛盾是很关键的前提。如果有许多目标，许多过去，那么有许多选择性来发展各种特别的遗产。事实上，遗产根本上不仅仅可选择而且同样是可拒绝的。因此没有不可避免或是值得向往的最终状态，"多贵/多少？"的问题不仅可问而且可答。现在的建筑存量有多大比例应该被保存？我们能承受得起多少教堂和宫殿？我们需要多少变成化石的历史性博物馆城市？这些问题不能以一种绝对的、不可改变的、无可争议的方法回答，它们可以在特定的时间、场所和社会中回答。

资源选择

如果留存的动机是清楚的，那么这项任务的维度也就清楚了。历史资源被认为是一种固定的物资，这基于两种角度，即有一个唯一的不可复制的巨石阵或者泰姬马哈尔陵，同时——原则上——只有有限的可留存的数量。"列名单"的程序在大多数西欧国家中是在 19 世纪最后 25 年开始的（Larkham，1996），而在北美则开始于 20 世纪中期（Fitch，1990）。这些程序被认为是一项一劳永逸的任务，并且在这仅仅一代人之内，当国家遗产的完整财产清单存在时，可以达到一种终极状态。同样，财政花费由以下几部分组成，开始阶段用于恢复的费用，接着是稳定维护用的花销。两者至今都没被证实是正确的，而纪念物的清单和花费膨胀到惊人的地步。这至少暗示了有更多的疑惑，更糟的是对任何限制都产生了疑问。

相似地，保护则认为任何特定的场所有种固有的来自历史资源的馈赠，不管是构筑、场地还是历史关联物。唯一的管理上的选择是保护或不保护一定比例的固有资源。场地管理的权利通过它的资源天赋都锁定到一个固定的选择范围之内。资源的价值越高，选择越少，这在许多欧洲"珍宝"般的小城市中最明显（Ashworth 和 Tunbridge，1990），例如，罗森堡、里伯（丹麦日德兰西南部里伯州城市和首府）、纳尔登（荷兰城市）、艾格莫尔特（法国城市）、埃格尔（匈牙利北部的英雄古城）等，它们的规划可选择性几乎完全被现存历史资源限制，这些资源决定了判断、选择、保护技术、解释、产品和市场 ——为场所规划或管理目标和策略的选择性留下很小的余地。

然而，遗产产品由商业化程序创造，通过这些程序可以交易的商品从历史资源中创造出来，通过选择、包装和解释任何来自过去的资源以满足不同的市场。资源是在以下两种情况下被创造的，一是以前忽略的历史现在被使用起来，而且是因为过去不仅仅是我们要注意记住的东西，还是我们要努力想象的东西。狄更斯和勃朗特（Brontë）还有罗宾汉（Robin Hood）和艾凡赫（Ivanhoe）（Walter Scott 所著的小说及该书主角之名）的过去更多是最近被每个电视肥皂剧的演员表演串接起来的。因此，资源仅仅受限于人类利用它的想象力。

这带来的许多政策后果之一是场所，因而不再被纳入一种不可避免的受资源束缚的遗产。过去是可能性资源的源泉，而这些可能性中只有一小部分可能被商品化。如果是诠释，而不是资源本身成为产品的话，那么许多不同的历史性场所产品可以在不同时间出售；甚至在同时间出售，使用的是相同地点的相同资源，但却是为不同市场服务的不同产品。给予发展策略的机会是很明显的，并且在文献中也有许多成功的故事。经济破产、物质恶化和否定性理解的 19 世纪的重工业城市，从洛厄尔（美国马萨诸塞州东北部城市）到布拉德福德（英格兰约克郡城市），可以用新发现的工业考古资源、社会历史和维多利亚文学资源来使它们复兴。然而，这些资源的不足表面上是有优势的，如果这些资源的奇怪特征来自相同品质的话。每个地方有一个独特的、有弹性的且无限的可商品化的过去，因此遗产是各处都可以玩的游戏，而且每个地方都可能愿意玩。即使是，简·奥斯汀（Jane Austen）的巴斯（英格兰城市），莫扎特（Mozart）的萨尔茨堡，或是米开朗琪罗的佛罗伦萨都仅仅是由无常的迎合时尚的需求而创造的短暂的发展可能性。

选择标准

选择什么是可保留的东西是必要的，因此必须确立标准。为了这类选择而设的标准被设想为纪念物、人工物，甚至是场地本身固有的（它是古老的，美学上美观或历史上重要的）。至少在理论上，这种标准在所有案例中可以推断而且是永恒的。只要文脉的真实性没有出现，这个前提就应该不会把生动的建筑物排除在外。当然，这更多的是规划而不是例外：博物馆收藏，从别处搜集来的"斯勘森"（Skansen）（世界上第一家室外博物馆）类型的建筑群集，在《In toto》中移动的被收进博物馆的建筑。［比如，林肯小屋（Lincoln's Cabin），渥太华的土阜教堂（Ottawa's Rideau Chapel），路易斯·沙利文（Louis Sullivan）的芝加哥证券交易楼］，轮船博物馆以及北美在发展道路之外的保留建筑的路线改变。这些都可以在内在标准的基础上判断。

原则上，所有注意的人都看到这样的标准目标是可定的。然而，在实践上它们只是被有艺术品位的领袖所注意且评价。这些领袖用他们的技巧宣称一个纪念物或是场地有自身明显的价值。这些"专家"因此在决定什么是值得保护的问题上起着关键的作用。大多数保护性法规和国家遗产清单表明，什么是为了列清单而设的内在标准目的，或者哪些假设了年代、艺术或历史"重要性"和本质"真实性"的区域是引人注目且无可争辩的高品质。

真实性是决定价值的最终决定因素。因此它既是标准也是判断。最常遇到的保护现有建筑和场地的原理是它们再现了什么曾经发生的准确记录，以及什么已经被这块场所的历史经验所制造。对于保护产物的潜在附加标准必须通过真实性测试，即物体自身的真实性以及它对历史记录作为一个整体的精确的反映贡献。

另外，真实性被用作是技术正确性的测试。保护的过程以及随后而来的诠释将被一种真实性的标准而判断，如果违反了真实性的话，将导致对过程的否定，诠释或者是享受不真实的话，将导致更小的价值。专家真实化过程的关键作用是很明显的，并且反映在部级的历史纪念物的保护之中，大多数总是文化部的博物馆和艺术资助，而不是地方性政府或是城市性事务。这样的机构人多半配备建筑专家或是艺术史专家并有助于文化政策，而和城市发展或管理政策无关（Hewison，1995）。

真实性是一种"自我欺骗的教义"（Lowenthal，1992，p. 184），它不提供有个性的，自我证明的准则，这造成了许多现实问题。任何干预都影响缺失自然生命的物体的真实性，因此凝固在时间里。大概它也来自非保护的空间环境和把一幢建筑转变成纪念物的"神化"作用。历经时间的幸存物是一种自然机会、材料的耐久力、战争宿命，经济发展压力和社会保护主义的结果。因此对过去精确展现的曲解甚至在它的保护之前就已经存在。对保存物的选择更像是喜欢奇观而非世俗，喜欢大的而非小的，喜欢美的而非丑的，喜欢异常的而非普通的。同样，对自然或者任意的人类破坏的管理、保护几乎从来是不够的，但是导致了坚决地——没有清晰的哲学区分——对失去的区域或者是有缺陷部分的替代物的维护（约克大教堂），恢复那些（"波兰保护学派"，Milobedski，1995）以前的事物，对可能有过的事物的重建性复制（雅典的斯多噶）导致了对以前事物的创造，但是在另一些地方［迪斯尼世界中的威尼斯广场；田纳西州的纳什维尔市的帕提农神庙；安妮·海瑟薇（Anne Hathaway）在加拿大维多利亚的小木屋］导致了过去本可能有或者本应该有但是却没有过的东西（威尔士、荷兰小镇、长崎）。

遗产选择的标准不是形式的内在品质，而是由以下因素组成的当代用途：它们是外在的且来自不同的政治、社会或者经济利益，这些利益可能来自遗产产品创造的过程。它被选择不是因为它值得被选中，而是因为它有有价值的影响。这样的标准并不是不言自明的、客观上可确定的，也不是在时空上是稳定不变的，此时此地被认为是有价值的遗产资源，也许当时当地根本就不存在。

选择因此由市场决定。注意的焦点不是物体而是使用者，特别是现代使用者和保存的过去之间的关系的本质。其结果是通过解释使得某个场所或物体"神化"，失去解释的话它将变得不再显目，甚至在物质上与其他事物没有区别。这种"神圣化"过程创造的价值当最初的标志性被使用而加强，当消费者的兴趣被其他使用者的出现而合法化时，这些价值便开始积累。

如果存在一套客观的通用的和重要的内在标准的理念能够被证明在实践中是无用的，那么可靠性（就通过建筑和城市设计作为一种固定真实的准确揭示来说）一定被一种更有用的概念取代。在一种简单的层面上，选择因而不是在真实和不真实的保护之间，而是决定对真实的多少改变是可以接受的。通过改变消费的注意力焦点，这个讨论可以更深入。"真实的"和"人为的"（Cohen，1988）不是可以辩明的品质。从使用者的观点看，真实存在于体验的本质而不是物体。最终，真实性就是我们在何地所体验到的东西，而正是在这些环境中的"我们"的本质和动机才是值得探究的。

诠释的产品

保护的前提是被保护的建筑/场地有个简单、静止、普遍的意义和市场。如果对保护目标、对它的选择标准和对它的消费方式有一种有根据的专业共识的话，那么可以认为，它总是给消费者带去相同的体验。在营销上，不仅仅有一种简单的完整的市场，而且买家利益总是相同的，就符号论而言，意义是普遍而且稳定的。因此，诠释是在"艺术家的愿望"（或是"过去过去信息"）和接受性的观察者之间的一种勉强容许的调解。事实上，对任何诠释的需要而不是真实化（"这是真实的……"，"就在这点上……"，"……睡在这里"等）可能被看作是分散注意力（"作品为自己说话"），或者通过一个适当的消费者定义，大可不必（"如果你不知道，你不应该在这儿"）。与此背离的话将会被诋毁，如果信息是不正确被"删除"，如果它是服务于一个信息不足市场的话，就叫做"普及化"，或者如果它为了私人利益而运作的话，就叫"商业化"。

更深入地说，如果诠释是明显的、极少的，且被看作仅仅是描述性的（帮助人工制品与观众交流其内在且不可改变的价值），那么对过去的诠释应该起着现代政治或社会作用的理念就会被否定，或者至少被疏远为纯粹的宣传而已。保护者和对保护物的展现者仅仅保护并且展现它以前是什么，却不对它可能牵涉的外在价值负责。

然而，遗产却是多样的，而且它的诠释在时间中是多义的，不稳定的。首先，诠释不仅仅加强或者包装了产品，它本身也是产品。因此，可能通过不同的诠释从相同的资源中创造不同的产品。这不仅仅允许多次出售，因为市场不仅仅是破碎的，而且是分离的。而且它使得生产线可以连续地满足发展的需求。其次，相同的资源能够被用来连续地向不同的消费者传达不同的信息。再次，那些被认为是表现了过去，因而值得保存到未来的事物只是现在短暂的判断，这个现在正在选择哪个过去在何时需要再现。许多遗产产品的物理耐久力意味着它们可能比它们开始的诠释坚持更久的时间。这接着决定了实践中许多遗产规划的努力不是新资源的创造而是对现有遗产产品的再诠释。城市，它们的建筑、纪念物、纪念馆，甚至术语名称都在一个几乎持续不断的再诠释的过程中，它随着生产者消费者的需求而改变，这个再诠释的过程从来不完全。任何特别的场所总体上是过去和现在信息的不和谐之音——许多信息现在可能是矛盾的，不合人意的，甚至是不可能解码的。

城市管理策略

把城市建成环境的保护与更广的城市管理相联系再次创造出两种对照性的立场。

保护假设在保护和发展之间有一种内含的矛盾，就像稳定性和改变是并列的，并且保护被看作是减缓改变步调的制动器。至少在认为未来发展必须停止管制，或吝惜的角度上，在"过去和未来之间有一种平衡"（Baer，1995）。对城市功能保护的影响产生附带的谬误的问题，因为保护行为（列举纪念物的清单或者指定历史城市）自身就是目标，并且一旦完成后，这个过程在逻辑上完成了。当然，在实践中，保护物体不受破坏的政策几乎不可避免地导致对纪念物、场地或者街区当前状态维护的积极干涉。几乎是不可避免地，保护的事实导致了一系列的经济、社会学和政治性的后果。就地方的物质性规划，城市形态保护对它们当前的功能有直接且明显的影响。保护并不否定这些后果的重要性，而是把它当做一个次要的问题，这个问题没有进入本源的保护决定之中，也没有对保护管理产生影响。

这种立场主要的实践后果是保护下来的产品的当代用途的增长必须符合管理，如果有必要，要符合严格的需求。如形式和功能之间发生矛盾，即使这种矛盾是由保护形式引起的，这些形式通过导致对其保护的内在价值产生了越来越多的需求。接着，一种绝对的优先权与保护相一致，而不是与用途相一致。只要消费是为了明确的目的，并且是以正确的态度进行，对保护下来的人工产品进行消费的人们就可以被接受，但是没有绝对的权利来体验已被保存的事物。需求要加以管理，而且如果必要，要加以限制以配合固定的供应能力甚至到完全永久被排除的程度。

遗产是一种功能，并且因此是一种发展的选项：因此，在遗产和发展之间没有固有的矛盾，因为前者仅仅是后者的一个选项。有许多城市发展的策略都利用了遗产，但是同样也必须接受一些发展杜绝了任何商品化的过去的作用。遗产并不杜绝发展，但也不是其关键内容。因此，遗产规划不能与其他规划策略相分离；更何况它是规划的特殊形式，只适用于在特别类型的城市和区域。

逻辑上，对遗产产品的过度使用是不可能的：对产品需求的增长以供应的增长来满足。需求创造了激活资源的产品，因而，满足过度的需求应该要么通过供应的增长，要么是提价。当未发生这样的情况时，它可被看作是市场运作的失败或对需求的错误管理，而不是资源的有限供应。这比保护规划的前提所允许的创造了更多的选项，更少的限制；但同样展现了更多的选择，而具有更少的绝对统治其产品的原则。

在实践中综合

这里，如果它不是在实践的几乎每个方面所反映出来的样子，对源自过去的不同管理范式的前提讨论可能只作为纯粹的理论而被排除了。并非任何特殊方法都是自觉地纳入整体的，而保护遗产的方法的各个方面能够在不同的时间进行识别。事实上，在许多案例中，遗产的使用者——他们倾向于遗产式解决方法——和那些保护和维护许多重要资源的人——他们把使用看得比持久的存在次要，在这两者之间有明显的差异。因此，即使在一种商品化的模式中，那些卷入了资源管理的机构更多实行的是保护的方法，这种差异可能是大量的误解，或者是因为卷入机构的管理风格而产生的交流缺乏，它们的术语、实践和假想也可能是不可避免的利益矛盾。

可以说，一定程度的综合，或者至少是两种方式的共存是不可避免的。甚至在保护性规划的方式下，仍然或多或少依靠相同的自由市场，虽然这些保护性规划的目标由公共权威所决定，手段方法是法律指定的，这限制了私人对财产权利的运作。这个悖论在混合经济中寻找有经济活力的占有者是中心性的。个人财产拥有者们在市场中追求他们的私人利益，投入了许多时间，更多资本和能量在创造和维护保护建筑物上，比所有政府机构的总和还多，这一点需要不断地反复讲。

所有对过去的管理是某种在管理规划和私人及公司之间的伙伴关系，前者旨在处理功能性变化以达到理想的集体目标，后者作为拥有者、企业家或客户旨在追求他们的利益。这个关系可以存在于一种积极启动的私有部分和公共部分的反映（必需的地方）之间，以解决矛盾，支撑或限制特殊功能，并且鼓励特殊的功能性混合。然而，市场规划的方法导致本质上不同形式的公共－私有关系。这种区分在与过程相关以及与其方法相关的组织本质中不是很明显。市场规划的哲学、程序和术语已从私人部门的体验中翻译过来，但是大多由公共部门的有集体目标的管理所操作。通过市场规划对过去管理不仅仅只是个术语学上的替换，它是看待"历史产品"和"遗产客户"的方法，还有它们在市场中的联合。从那种角度看，以前存在于公共和私有部门组织之间的重要区别和方法不再适用；一种完全不同的关系形式出现了。例如，组成城市产品元素可以公共拥有的博物馆或者是私人拥有的主题公园，这都可以通过公共促销机构或私人广告服务而市场化。两者在同样的市场"出售"，经常出于同样的社会——教育和商业娱乐的混合目标。所有制形式的区别由此对我们的话题来说并不重要。

最后，每种方法中能得出三个结论。第一，从两个系列的讨论中很清楚地看到现在存有的过去——不管通过保护还是遗产规划——是由一系列的干预性决定而创造和塑造的现象。这些决定或者在思想中有意识地作出，或者不是。它还没有发展成一系列的抽象、随机和不可控制过程的后果，它的存在很明显来自规划，并且它的维护依靠管理，不管这种干涉来自公共还是私有部门，不管追求的是集体还是个人目标，不管追求的是"留存"还是"遗产"范式。

第二，上面说明中有许多案例，其中的矛盾如果是不可能避免的，至少也是可以预见的。最明显的，在大范围的已经导致了保护或是对历史性资源的创造目标之间有潜在的矛盾。在大多数案例之中，"什么是遗产?"以及"谁的遗产?"的问题有多重答案。遗产只能是选择性的，因此，拒绝也必须在剥夺遗产权的过程之中是天生的。这导致了大量复杂的问题，这些问题在其他地方（Tunbridge 和 Ashworth，1996）被标示"遗产不协调"。在这里仅仅注意到过去是一种竞争性资源，并且在对过去的创造和管理中天生存在的故意选择可以既导致也解决这种竞争。

第三，随着对过去的管理的兴趣和责任感，正是目标目的和功能的多样性，引入了组织的多样性。许多政府性、假政府性商业和商业私有协会及群体，还有相关的个人扮演了重要角色。存在于他们之间的责任平衡在不同的国家系统中很不相同，但是这些群体的多样性，以及它们之间的有效控制的分裂，伴随其不同的目标，都强调了必须进行联合性干涉。这种中心角色已被国家或地方性政府机构，被慈善性实体，被商业协会联盟，被追求利润的金融或房地产投资组织，或是被特殊的所有这些利益的地方结合体在各种案例之中所假设。

必须记住，就像在大多数历史中一样，对过去的规划的历史通常对真正的或是潜在的"胜利者"的说明，成功的项目和程序。这样的危险是它可能夸大了程序的简单性，以及它明显或几乎自明的对许多地方性利益的重要性。这种陈述必然忽略失败的东西，以及那些从未被认真对待过的场所，或是被拒绝的场所。对成功的事物的说明必然不是导致一种对立的评估，或者是遗产发展的代价，也不能掩盖多数现存城市真正的可替代物。

最终，即使是成功的故事，应该揭示的不是简单的成功，而是持续的对缓和的敏感性的管理以及缓和与解决潜在实际冲突的必要性。

参考文献

Ashworth, G. J. (1991) *Heritage Planning*. Groningen: GeoPers.

Ashworth, G. J. and Tunbridge, J. E. (1990) *The Tourist-Historic City*. London: Belhaven.

Ashworth, G. J. and Voogd, H. (1990) *Selling the City*. London: Belhaven.

Ashworth, G. J. and Voogd, H. (1994) Marketing and place promotion. In A. Gold and S. Ward (eds), *Promoting Places*. London: Wiley.

Baer, W. C. (1995) When old buildings ripen for historic preservation: a predictive approach to planning. *Journal of the American Planning Association*, 61, 82–94.

Burke, G. (1976) *Townscapes*. Harmondsworth: Penguin.

Burtenshaw, D., Bateman, M. and Ashworth, G. J. (1991) *The European City: Western Perspectives*. London: Fulton.

Cohen, E. (1988) Authenticity and commoditisation in tourism. *Annals of Tourism Research*, 15, 371–86.

Ford, L. R. (1978) Continuity and change in historic cities. *Geographical Review*, 68, 253–73.

Fitch, J. M. (1990) *Historic Preservation: Curatorial Management of the Built World*. Charlottes-ville: University Press of Virginia.

Hewison, R. (1995) *Culture and Consensus*. London: Methuen.

Larkham, P. J. (1996) *Conservation and the City*. London: Routledge.

Lowenthal, D. (1992) Authenticity? The dogma of self-delusion. In M. Jones (ed.), *Why Fakes Matter: Essays on Problems of Authenticity*. London: British Museum Press.

Lynch, K. (1960) *The Image of the City*. Cambridge, MA: MIT Press.

Milobedski, A. (1995) *The Polish School of Conservation*. Krakow, International Cultural Centre.

NIROV (1986) *Ruimtelijke Ordening en Monumentenzorg*. The Hague: Staatsuitgevenj.

Tunbridge, J. E. and Ashworth, G. J. (1996) *Dissonant Heritage: the Management of the Past as a Resource in Conflict*. London: Wiley.

第 20 章

大动物园

珍妮弗·沃尔琪（Jennifer Wolch）

> 认识不到城市属于环境并融于环境，那么狼和驼鹿的荒野，我们当中大部分人觉得理所当然的自然界则不能存在，我们自身在这个星球上的生存也将成为问题。
>
> 博特金（Botkin），1990，p.167

导言

　　西方的都市化历史上是建立在一种进步的观念上，这种观念来源于文化对自然的征服和开发。城市建设者的道德指南是指向理智、发展和利益，把野外的土地和事物，也就是人们认为野的或者"野蛮的"置于他们的考虑范围之外。目前，资本主义都市化的逻辑仍然在继续进行，它并不尊重人类以外的动物生命，除非是在"分解"线上等待屠宰的"活的现金"，或者用于促进积累循环的商品。[1]发展也可能由于保护濒危物种的法律而减缓，但是你很少看到推土机停下来，小心地让兔子和爬行动物脱离危险。

　　与无视非人类生命相似，你可以发现当代城市理论也不提动物——无论是主流者或者马克思主义者，新古典主义或者女权主义者。例如，主流理论的词典暴露出根深蒂固的人类中心主义。都市化通过被称为"发展"的过程把"空"的土地转化为"改良的土地"，开发者被告诫（至少在新古典主义的理论中）把土地奉献于"最高最好的用途"。这种说法反映了我们思想的特别曲解：荒地并非"一无所有"，而是充满了非人类的生命；"开发"包括了对环境的彻底非自然化；"改良的土地"在土地质量、水系与植被方面总是趋于枯竭；对"最高最好用途"的判断反映了人类独自的以利益为中心的价值观与权益，忽视的不仅是野生的或者未驯化的动物，而且包括被关养的如宠物、实验室动物和家畜，它们生与死都在与人类共处的都市空间中。马克思主义者的多种城市理论也是以人类为中心，把"都市"规定为服务于资本主义生产的人类发展的一个阶段，劳动的社会再现以及资本流通和积累。与之相似，女权主义城市理论当其最初置于社会主义者与自由的女权主义基础之上（而不是生态女权主义），回避了父权制和通常的社会实践是如何塑造动物在城市中的命运这个问题。[2]

我们对于都市化的理论和实践导致了灾难性的生态影响。当世界范围内城市前沿的推进，野生动植物的生活环境以创纪录速度遭到破坏，第一世界中的郊区化和城市边缘的发展驱使了这一切的发展，在第二与第三世界则是追寻一种"追赶"的发展模式，导致数量巨大的农村向城市的移民，泛滥并无计划地占据土地（Mies 和 Shiva，1993）。整个生态系统及物种受到威胁，同时成群的离开家园（或者说被抛弃）的动物个体必须冒险进入城市地区以寻找食物和水，在那里它们遭遇到人、交通工具和其他危险。在城市中以宠物代替野生动物导致宠物数量的膨胀，污染的城市水道也致使大量杀死狗和猫。城里人同他们所食用的家畜家禽相隔离，这就使他们对工厂式养殖的恐惧和生态损害以及市场力求激发（满足）人们对肉食的贪求而加剧对牧场和森林的破坏很陌生。对于大多数自由的生物，以及被俘获动物，如宠物和家禽那令人吃惊的数量来说，城市意味着苦难、死亡和消失。

这份论文的目的是提出一种认真对待非人类的城市理论。第一部分，阐明了我对"人类"和"动物"的想法，并提出一系列论点指出跨物种城市理论（transspecies urban theory）对于生态社会主义者、女权主义者、反种族主义者城市实践发展的必要性。然后，第二部分，我认为当前对资本主义城市中动物与人的思考（根据美国的经验）是确实存在局限的，并主张跨物种城市理论必须在当前关于都市化、自然与文化、生态学及城市环境行为的理论性辩论中具有深厚基础。

动物为何是要紧的（即使在城市当中）

在都市环境的文脉中思考动物问题的理论并非明晰的。城市环境问题传统上围绕城市污染，从人类居住而非动物居住的角度加以考虑。因此城市进步环境运动的众多派别避免考虑非人类，并且抛弃了道德的以及实际的生态、政治和经济问题，这些问题涉及保护受威胁的物种或者动物的安宁。这种劳动划分给予稀有动物和驯化动物以特权，并且忽视生命和生活在城市当中数量巨大、种类繁多的动物的生存空间。在这一部分，我甚至坚持认为普通的日常的动物都是要紧的。

人－动物的划分：一种定义

开始，有必要澄清我们的所指，当我们一方面谈论"动物"或者"非人类"，另一方面谈到"人"或者"人类"时。在哪里划分两者的界线，基于何种标准？这可能是人类的原生问题，因为生物学、社会学和心理学对于何为人类的解释明确地依据何为动物。在不同时期不同地点，对于这个问题的特定答案获得了权威性。世界的许多地点相信灵魂的改变和轮回提供了信仰人与动物连续性（甚至一致性）的基础。不过西方世界许多世纪都认定动物与人类具有根本不同以及本体论的隔绝。这些思想并未顾及这一事实：建立人与动物差异性的明确标准已经随着时间而改变（它们有灵魂吗？它们能够思考？谈话？感受痛苦？）。所有这些标准无一例外地把人类作为判断标准。问题是，动物是否能做人类所做的？倒不如说，人类是否能做动物所做的（在水中呼吸，同时辨别 30 种不同气味，等等）？如此判断，动物则是低等的物种。这种信念由阿奎那（Thomas Aquinas）和勒内·笛卡儿（René Descartes）和另一些人广为传播。虽然达尔文的进化论断言物种当中基本的连续性，人类（更确切的是白人）仍然稳固地处于进化链的最顶点。缺乏灵魂与理智，并在进化的等级中处于人类之下，动物仍然能够容易地与人类相区分，对食物、衣服、运输、群体或者备用的身体器官的体现和使用。

最近，关于人与动物划分的共识崩溃了。对后启蒙科学的批判损害了人和动物关系中断的断言并且深深地暴露了现代主义学以人类为中心和以男性为主的根源（例如，Birke and Hubbard，1995）。对动物思想和能力的更好理解现今展示了令人震惊的动物行为与社会生活的广泛性和复杂性，而对人类生物学及行为学的研究强调了人与其他动物的相似性。关于人类独特性的说法已被深深地染上怀疑的色彩。关于人与动物划分的争论也盛行被看作生物社会学对于人类社会组织及行为的生物学基础的讨论结果，并且女权主义者和反种族主义者关于人类差异的社会基础的争论声称是生物学的。长期以来把人类作为社会课题，把动物作为生物体的信念因此遭到动摇。

我对于人和动物划分标准的立场与诺斯克（Noske）相似，他同哈拉威（Haraway）、普伦伍德（Plumwood）以及其他人一样认为"动物确实和我们非常相像"，但是他们的"差异性"人们也必须承认（Noske，1989；Haraway，1991；Plumwood，1993，也参见生态学工作者的著作如 Griffin，1984）。差异性并不简单地是显而易见的形态学差别的结果，就像生命科学强调的那样；这种强调通过单独还原它们的生物学特征讲明了动物的本质。当其针对人的特定种类时（比如女人），这是一项不可原谅的手段，但不知何故却非常适合动物，尽管导致了容易误解的结论。那些把人与动物不连续性最小化的人也通过否认差别删去了动物的差异性。两种极端均是以人类为中心，否认动物也能像人类一样社会化地构建它们的世界并影响彼此世界的可能性；"动物的构成可能与我们有显著不同，但也许相当真实。"的结论（Noske，1989，p. 158）。动物有它们自身的真实，它们自身的世界观——简而言之，它们是主体而非客体。

这种立场却很少反映在生态社会学者、女权主义者和反种族主义者的实践当中，这些实践采取下列三种方法之一使"环境"概念化：（1）作为整套按科学方法定义的生物学的、地球物理学的和地球化学的集合或系统。例如生物圈、岩石圈、生态系统等等；（2）作为"自然资源"的储备，人类生活的实质性媒介和经济富裕的来源，其品质必须因此（也只有因此）得到保护；[3]（3）作为一个活跃但不知何故单一的主体，对人类的介入与开发反映出既可预知又不可预知（常常是不配合的）的方式，这必须被尊为一种具有内在价值的独立力量。第一种科学途径否认了自然的主体性，是暗藏以人类为中心的；它在主流当中占统治地位，但管理环境论也是许多对城市环境问题的进步分析的基础。第二种资源主义的思路，经常包含在第一种方式中，作为看待城市环境的根本原理，显然是以人类为中心的；这不仅在改良环境论者当中，而且在更激进的环境论要素包括环境公正运动中相当普遍。第三种方式，经常形成于明确地以生态为中心的观点，看起来是一项进步（在许多方面均是这样）。但是在经强调的生物整体论中，它给动物（人类与非人类）之间的相互差异以及动物与非动物的自然之间的差异提供背景。后者具有的主观性仅仅是从比喻的角度或者也许是在原子及其他不同量子的层面。这种观点在那些资深生态学家（参见，例如，Plumwood，1993），科学盖亚论者（Gaians）*，环境历史学家提出的绿色思想中的许多方面都很盛行（对察觉到的后现代把景观归为社会建构文本的反应）（Demeritt，1994）。因此，进步环境论的大部分形式中，动物要么被客观化，或者同时被背景化。

像蝙蝠一样的思维：动物立场的问题

　　动物主体性的复苏意味着一项道德和政治的职责，从动物的立场重新定义城市问题，考虑城市实践的策略。首先是在概念层面承认动物的主体性。这甚至更易受到人类社会团体的激烈质疑，他们由于宣称更接近动物而被边缘化并受到低估，并因此没有白种雄性聪明，有价值或进化。这也许与那些认为承认主体性即是承认权利，并反对通常那些权利类的争论或者特定的动物权利的人背道而驰。（动物主体的复苏并不意味着动物具有权利，虽然权利的争论确实取决于对动物也是生命主体的确信。）[4]如果对动物主体性的重新评价将对日常实践具有深意则必须采取一项更困难的步骤。我们不仅必须"像山峰一样思考"，而且必须"像蝙蝠一样思考"——以某种方式胜过了纳格尔（Nagel）的反对意见：因为蝙蝠的声纳不同于任何人类的感观，以人类的方式无法回答这样的问题，例如"成为一只蝙蝠会是怎样？"（Nagel，1974）。

　　有可能像蝙蝠一样思考吗？有一个类似的难题由知识立场或多立场理论所提出，这些知识断言人类个体的大量差异（比如种族、阶级或性别）如此强烈地形成经验并因此解释世界，以致任何单一立场的建议均排斥其他。例如，实在论范畴"女性"压制了种族的差异，这将允许主导群体创造他们自己的主导性叙述，

---

　　*　Gaians，"盖亚"，注重环保之意。——译者注

决定政治议程和维持权利。如此多重的声音可能导致一种虚无的相对主义和政治活动的瘫痪。但是作为回应不能回到根本性的排除和否认差异性的行动当中。相反，我们必须认识到人类个体是植根于由与之相似或不同的人组成的社会关系和网络之中，他们的福利也依赖其他人。[5]这种认识承认相似但也包括差异，因为一致性的定义并不仅仅是看到我们与其他人的相似性，也包括我们的不同点。用哈拉威所称的"机械人视野"承认"局部的、可定位的、批判性的知识维持了连接网络的可能性，被称为一致"（Haraway, 1991, p. 191），我们能够包容一致与差异并鼓励包容尊重与相互依存，关怀与友谊的美德。[6]

相似与差异的网络塑造了个体的身份，人类与动物都是如此。概括起来很容易接受人类广泛依赖的动物生态学。但也有大量考古学、古人类学和心理学的证据表明凝结与动物的相互作用，相互依赖对于发展人类的认识、身份与个体意识，对于模棱两可、不同点、缺乏控制力的成熟都是不可缺少的。[7]简而言之，动物不仅"善于思考"（借用了 Levi-Strauss 的措词）而且对于首先学习如何思考，如何与他人发生关系也不可缺少。

谁是相关的动物？与谢泼德（Shepard）不同，他主张仅仅是野生动物在人类存在论中扮演了角色，而我认为是多种动物体，也包括驯养的动物。驯养深深地改变了动物的智力、感觉和生活方式，比如狗、牛、羊和马，以至于显著地消除了它们的不同性。在去除本性之后，它们被看作人类文化的一部分。但野生动物也被人类去除了本性，并使之适应。无数途径证明野生动物被商业化并融入人类文化。同家养动物一样，野生动物能被人类行为所深深影响，经常导致重大的行为适应。最终，野生和家养动物的区分必须被看作一种可渗透的社会构造物；这也许更应该理解为一个动物的始原，由于人类的干预和同人类的互动方式，动物在身体或行为改变程度上有所不同。在这样的基体中，包含从那些身体与生活方式均未受到人类影响，及与人类没有接触的动物（种类渐少），到那些"天生适应"并在夜晚同我们睡在一张床上的动物。矩阵的其他单元则是更模糊和复杂的情况占主导——家畜、野生动物、实验室动物、遗传工程、宠物蜥蜴、龟、狼蛛、渔场的鲑鱼。

我们对动物本体论的依赖看起来从（地质）更新世开始就已经在刻画我们的性格。人需要食用蛋白质，渴望精神鼓励和友谊，而时刻存在的死亡可能性就如人们的正餐，要求像动物一样去思考。在人类发展中这种动物的角色能够作为（拟人的）论据以保护野生动物和饲养宠物。但我关注点是人对动物的依靠在人与动物交互作用模式方面是如何结束的。对动物本体论的依赖创造了种群之间的道德关怀和友谊网吗？若无复兴 20 世纪 90 年代版的"高贵的野蛮人"——一个本质的、天生的、与自然在精神与物质两方面均和谐相处的人，很明显大部分（史前）历史时期，人们食用野生动物，驯服它们，捕获它们，但也把它们看作亲人、朋友、老师、幽灵或者神。它们的价值体现于与人类的相似性和不同性。

并不一致是大多数野生动物栖息地也得以维持。

让城市重新迷人：一项重新引入动物的议程

　　动物怎样才能在当今人类本体论中起着不可或缺的作用？怎样才能培育通过承认人与动物的亲密关系和差别而形成的道德反应和政治活动？这些理念又如何在城市环境中得以发展？而在城市里原本与如此多种动物的日常性互动已经消失了。在西方，我们当中的许多人与动物的互动或者经验仅仅来自饲养被捕获的有限种类或者作为食物切成片的、剁碎的、烘烤的动物食品。我们仅仅通过观看《野生动物王国》重播或者去"海洋世界"观看一长串短命的"最新的《便衣警察》"感知野生动物。我们貌似掌握都市的自然，看起来免于自然界的各种危险，但恰恰丧失了对非人类世界的好奇与敬畏。冒险的谦卑与尊严的丧失导致了一种普遍的对日常生存的平庸信念。

　　考虑到道德的、实质的、政策的对动物与自然的关怀，我们应当使城市重新回归自然，在使城市重获迷人环境的进程中邀请动物回到城市。[8]

　　我把这种回归自然、重新迷人的城市称为动物城市。在动物城市中，人与动物和自然的复兴每天为城市居民提供当地有关动物的知识，要了解动物的立场或者它在这个世界的生存方式，从而在特定的背景中与其互动，并激发必要的政治行动以保护它们作为主体的自治权和生存空间。这种认识可能刺激在更宽广的范围内彻底重新思考日常城市生活的实践；不仅是动物的管理与控制实践，也包括景观、发展效率和设计、道路和运输决策，能源使用、工业排放和生物工程——简而言之，所有的实践以不同的形式影响动物和自然（例如天气、植物、地形等）。并且，从最个人的层面，我们可能重新考虑饮食习惯，既然工业农场对当地具有如此的环境破坏性，西方肉食习惯根本上加快了世界范围内天然环境被转化为农业用地的速度（更不用说食用曾经被认为是"亲属"的牛、猪、鸡或者鱼的感想了）。

　　与生物地域性的范例同样基于日常实践，动物城市模型的不同点在于大都市中包含了动物和自然，而不是依赖于少数地方自治性的非都市空间的解决方法。这也意味着接受全球相互依赖的现实，而不是自给自足。而且深奥的生态学图景从认识上依赖于心理分析的个人主义并缺乏政治经济学的批判，与此不同，城市回归自然的动力不仅在于坚信动物是人类本体论的核心，能够发展使亲属关系网和关心动物主体，而且也包括了源于特别的政治经济学构成、社会关系及多空间等级运行导致的我们对动物的疏远。即使个人认可动物的主观性，这种构成、关系和机构并不会奇迹般的发生改变，而是将因为建立在阶级、种族、性别和类群基础上的政治承诺和反抗压迫的斗争而逐渐改变。

　　除了城市功能外，动物城市模式还对西方对立的殖民的环境政治起着一种强有力的遏制作用，这在西方本身和世界其他地区的实践都一样。例如野生动物保护区对防止物种灭绝至关重要。但因为远离既有的城市生活，保护区对于改变已确立的经济组织，改变依赖持续增长的相关消费习惯，甚至首先确定保护区的必要性都无能为力。保护区唯一改变了的生活模式是那些人突然发现他们自身远离了传统的经济基础并更加贫困的生存方式。物种间的道德关怀代替了主体论以创造新的城市区域，在这里动物再也不会被监禁、杀害，也不会被遣送到野生动物监狱里去生活，取而代之的是作为受尊重的邻居和伙伴而生活。这一道德联系着城市居民与世界上其他地方的人们，他们发展出兼顾生存与维持森林、溪流、动物生活多样性和禁止其争斗的方法。西方的原始质朴的荒野神话，被万无一失地强加到那些被抵押给同世界环境组织联盟的世界货币基金组织和世界银行的地方，但这种神话被始于国内城市动物的后殖民政治和实践所粉碎。

城市思维动物的方式

　　城市回归自然以及动物回归的议程应该得到发展，同时也应知晓资本主义城市动物都市化所带来影响，城市居民对动物的生活是怎么想的和怎么做的，动物对城市状况的生态适应以及当前围绕城市动物的实践和政治。目的是了解全球化经济条件下资本主义都市化及其对动物生活的影响；怎样以及为什么人－动物相互作用的模式随着时间与空间而改变；城市动物生态学作为科学、社会论述和政治经济以及管理计划和草根行动主义塑造的种群转化的城市实践。图 20.1 列出了超理论的启发性构思，它把城市疑难种群转化的不同论述联系在一起。

动物城镇：都市化、环境改变和动物生活的变化

　　建造城市是为了人的居住和他们的事业，然而随着城市的增长，必然出现低级的"动物城镇"。这种动物城镇在主要方面规定了城市化的实践（例如，在特定地点吸引或抵制人的发展，或影响禁止动物的策略）。经过对田园和原野的广泛的去自然化，以及大范围的环境污染，动物甚至更深地受到资本主义都市化进程的影响。城市环境改变的最基本类型是众所周知的（Sprin，1984；Hough，1995）。某些种类的野生动物，如老鼠、鸽子和蟑螂适应了城市甚至在城市中更加繁盛。有些却不能找到合适的食物或遮蔽处，不能适应城市气候、空气质量或水文变化，或容忍与人的接触。笼中的动物当然主要被限制在家院里，或者为特定目的建造的饲养地或实验室，但即使是宠物、野生动物以及注定要成为盘中餐、桌上食的动物，其健康也受到多种形式的城市环境污染的负面影响。

　　大都市的发展带来了空间的扩展，不协调的景观和支离破碎的栖息地，特别是野生动植物受到影响。有些动物能够适应这种碎裂并且与人接近，但更常见的是动物在原地死亡或者迁移到没那么碎裂的地区。如果栖息地之间的迁移走廊被

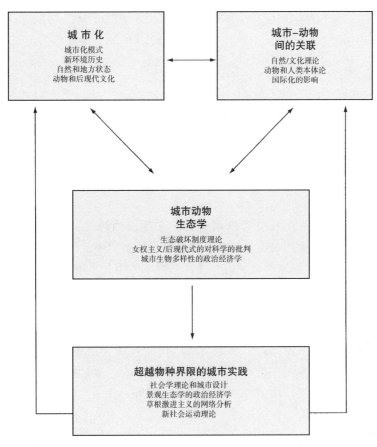

图 20.1

切断，当破碎加剧的时候物种将会灭绝，由于栖息地范围缩小（Frankel 和 Soulé，1981；Gilpin 和 Hanski，1991），有害的边缘效应（Soulé，1991），距离和孤立效应（能够随时间而加强），以及相应的群体生态学的转移（Shaffer，1981）。碎裂使大型食肉动物减少，剩余的物种可能激增，降低环境质量并威胁到其他生物的生存。像杂草一样蔓生的机会生长和（或者）外来物种的入侵也可能带来相似的结果。

　　这样的城市环境变化和栖息地破碎的报告一般没有纳入资本主义城市化理论。比如大多数城市化陈述并未清晰地提出城市环境变化，特别是栖息地破碎的社会或政治经济驱动因素。[9]大多数对城市环境的研究局限于环境质量变化的科学度量或者孤立地描述聚居地的破碎，与驱使它的社会动态因素相割裂。[10]这表明城市化模型需要重新考虑以说明城市化的环境及政治经济基础，制度的力量对城市环境的影响范围以及文化进程在城市中加入自然的背景。

　　在理论上强化城市与环境变化的联系是新的环境史的中心议题，它改变了城市化的观念，通过阐明环境开发与干扰的方式促进了城市历史理论，如何作为一个主动的参与者（而不是被动的照章行事）去思考自然，能够帮助我们理解城市化的过程。例如，克农（Cronon）关于19世纪芝加哥的论述突出了大都市（特别是其肉类贸易）的建设机制，涉及大尺度景观区域的大规模环境变化，根植其中的芝加哥经济，这一变化仍然是由自然施加的约束所塑造的（Cronon，1991）。当代城市化与全球劳动力、资本和商品的流动相关，同时也来源于自然"资源"（包括野生动植物，驯养的和其他种类的动物）的开发，并且积极地改变区域景观和动物生活的可能性——虽然由于自然作用并不总是如人所期望的那样。回顾当地的新马克思主义理论和新韦伯主义城市管理理念以分析自然与当地之间的关系，例如，这可以阐明生活环境的降级，结构与制度背景。一个明显的开端是生长机械论，因为其关注收息者对当地机关和政治的影响（Logan and Molotch，1987）。另一个则是批判城市规划作为现代主义计划的一部分，该计划通过理性的城市建筑，以人类健康和福利的名义控制城市的相互作用以及人/动物的接近以便控制并主宰其他人和非人（Wilson，1991；Boyer，1983；Philo，1996）。最终，城市文化的研究可以帮助我们了解城市人工环境美学如何加深了动物与人之间的距离。当代城市的特征被索尔金（Sorkin）及其他人描绘为一系列的主体公园，其中一些为居住者提供了一个清洁的田园牧歌式的伊甸园生活（Sorkin，1992）。威尔逊（Wilson）更进一步证明了城市的幻象，如动物园和野生动物公园日益传播着人类关于动物生活的体验（Wilson，1992）。因为真实性的条件已经如此彻底地被重新定义了，真正活着的动物实际上被认为毫不可信；毫无疑问，大多数环境运动从他们试图保卫的"自然"中排除了作为伙伴的动物和牲畜，这就是理由之一。同时，野生动物的隔离已经激励了对野生环境浪漫化的努力，并作为一种手段，向消费者兜售货物，出售不动产和维持资本积累的过程从而加强了城市扩张和环境退化（Snyder，1990）。

对付动物：人与城市动物的互动

城市居民的日常行为也会影响城市动物生活的可能性。城市中人与动物关系的问题已经被具备动作模型的经验主义研究者所解决，他们假设人们通过他们的行为（例如，人类有害物管理和动物控制，城市设计，野生动物供应食物和水，野生物，等等）或多或少使得城市对动物具有吸引力。这些行为渐次取决于潜在的价值与对待动物的态度。在这种价值－态度－行为构架中，居民的反应扎根于关于动物的文化信仰当中，同时也在于动物自身的行为：它们的破坏性、魅力和吸引力以及它们的生态优点（非经常性的）。动物价值的传统类型学关注经济、社会、生态价值（Gray，1993；Decker and Goff，1987），并且大多数强调了有关野生物管理和野生物娱乐的积极价值，或者动物伙伴对于人类身心健康的价值（Gray，1993；Decker and Goff，1987；Arkow，1987）。然而，人们对于动物也持负面价值。在野生情形下，这种价值的强度和频率依靠野生动物的接近度和密度，以及动物自身的力量，也就是野生动物对于人类福祉和财产的代价，例如建筑物结构的损坏，对景观和审美的损害（噪声、气味、粪便），以及疾病和伤害的风险。

对待动物的态度的特征，在调查研究和态度类型学的发展基础上被表现出来。已有的发现表明城市化既增加了与自然的距离，又矛盾地加强了对动物安康的关注。例如，凯勒（Kellert）发现城市居民对于动物和自然环境认知较少，其自然主义的态度得分更低（Kellert，1984）。他们也较少倾向于持功利的态度，而更可能采取道德的和人道主义的态度，这表明他们关注善待动物，关注个体动物例如宠物和流行的野生物种。大城市居民更支持保护濒危物种，不赞同射杀和设陷阱捕获捕食动物以便控制对牲畜的伤害，他们更倾向于反对狩猎，支持给提高城市中野生物的项目追加公共预算。驯养的和具有吸引力的动物最受青睐，而大家知道引起人类财产损失或对人造成伤害的动物则列入最不受欢迎者之中。[11]

关于城市居民针对他们遇到的野生动物或不熟悉的动物行为，或者空间、阶级、家长制、种族/种族划分的社会结构是怎样塑造行为的，几乎没有进行过系统性研究。而且，城市公共机构涉及城市野生动植物管理或者动物规范/控制的行为仍需要探究。[12]一般知识以两种方式描述城市居民和机构对本地动物的反应：（1）作为"宠物"，考虑到带来社会或经济损害被默认是影响城市环境的媒介；（2）作为被客体化的"宠物"被观赏、拍照等等。这种动物包括真正的宠物、社区常见的农场动物和难得一见的野生物，它们给予主人以友谊、美的愉悦或娱乐机会，或者比如观赏鸟类和感受野生物（King 等，1991；Shaw 等，1985）。

我们怎样才能更深地理解人类与城市动物之间的相互作用？来自自然/文化理论中更广范围讨论的洞察力最为有益和有助于把行为研究置于适合的背景之中（Haraway，1989；Evernden，1992；Plumwood，1993）。自然/文化理论的建立渐渐集中于确立西方自然/文化的二元论，对主体与客体的划分人为地并从根本上深深地破坏了地球多样化的生活模式。确认人与自然关系的理论与实践或为人类依靠自然的背景。自然与文化的极度分离怂恿了殖民化与支配性地位。自然/文化二元论也使得自然并入文化，否认其客体性并给予其独立的有益价值。对于动物和它们的领地，自然匀质化和实体脱离是忽略人类能动性的结果，就如城市化、工业产品、农业工业化可能成为（O'Connor，1988）所谓"资本主义第二矛盾"的又一例证。

自然/文化二元论中地方特定性的见解在于城市/农村的划分。作为历史上人类文化的象征，城市总是寻求从其中心排除乡村的所有残余，特别是野生动物。日常城市生活中对大多数动物的过激排斥将瓦解人类意识与自身特性的发展，阻止物种间友谊与关怀网络的出现。这一论点渗入了基本生态哲学的一些变种。有些见解中，"野生"动物的中心性得到强调，同时在城市中更普遍地驯养动物，但时常传播殖民化、商品化和（或者）幼态化的潜力尚存疑问。另外一些说法中，野生和驯养动物在培养人与动物间纽带的区别被最小化，而物种间的联系和理解的逐渐缺失堪忧。[13] 由于对人类化身的理解传统上源自通过对活的动物实体（或主题）的直接体验，而这种理解在消散或彻底转变，因此人类自身的特征也可能变得日益不稳定。因此，我们现在需要理论处理，解释在城市（文化）和农村（自然）之间根深蒂固的二元论，是如何因破除本体论而影响人与动物在城市中的相互作用的。

与历史无关的和不确定的价值－态度－行为模式也未涉及社会职责和城市价值的政治经济背景以及对于动物的态度。然而这种价值观和态度容易发展以回应地域特定性状态和源于非本地动力的环境变化——例如城市经济的快速国际化。在关于环境/动物保护方面的一场国际"未到底的比赛"中，日益加深的全球化竞争威胁到动物的发展，居住破坏则激发出更强硬的姿态。

一个城市动物寓言：城市中的动物生态学

认同城市中许多动物与人的共存推动了城市动物生态学的新生领域。具有生物学研究基础并深受管理导向的对城市动物生活的研究聚焦于野生物种类；仅仅一小部分关注城市中作为伙伴或者野生的动物生态学。[14] 大部分研究趋向于高度的物种特定性和地方特定性。城市物种当中仅有一小部分被仔细考察，有代表性地回应人类感觉到的问题，或因为其超凡魅力品质而招致的物种濒危风险。最通常的哺乳动物研究是大型食草动物（首先是白尾和黑尾鹿），大型食肉动物（包括熊、美洲狮和草原狼）和小型哺乳动物例如浣熊、臭鼬、松鼠、狐狸和野猪。大量鸟类已经得到研究，包括本土的与外来的种类，例如椋鸟、麻雀和鸽子。最后，一小部分爬虫类和两栖类物种已得到关注，但仅有很少量的对城市昆虫或水生的物种研究得以完成，对城市动物区系的整体性努力则更加少。同时，一部分研究表明了野生物对城市化的适应性（像椋鸟和浣熊），许多物种则忍受着城市化产生的恶劣的环境改变，特别是栖息地的破裂。

生态学理论已经从整体论和平衡理念转移到承认环境混乱、不稳定与冒险所引起生态系统和人口在随场所和尺度改变的特定范围内的持续改变（Pickett & White，1985；Botkin，1990）。[15] 这表明这样的效用：重新把城市概念化为生态干扰的体制，而不是其完整性已无可挽回地遭到破坏的生态牺牲区域。为了全面评估到城乡划分的渗透性，城市生活环境的异质和多变的补缀性以及城市动物生活的可能性（不是不可能性）必须更加全面地被列入生态分析中去。这反过来能够提供关于预测土地使用变化的决定（例如增加郊区密度或者降低分区，景观计划和交通走廊设计）说明在压力级别、发病率和死亡率、活动性和从多种渠道获得食物和遮蔽所、生殖成功及遭到捕食这些方面影响个体动物和整个动物区系的可能方式。

科学的城市动物生态学基于有用的理性并趋向环境控制。然而，迈克尔·苏莱（Michael Soulé）为回应后现代彻底改造自然所作的努力，证明了男女平等主义者和后现代主义者对现代主义科学的评论渗入了生态学（Souté & Lease，1995）。[16]例如海利斯（Hayles）（1995），举出理由证明我们对自然的理解由于观察者与被观察者互动的具体化和观察者的定位而减弱。例如动物通过它们与这些世界具体的相互作用而建立起不同的世界（也就是，它们感觉与智力能力如何，导致了它们的世界观）。虽然有些模式可以或多或少地对自然作出解释，但位置性怎样决定被提出的、检验的和解释的模型的问题必须总是公开的。这种思考至少要求在城市动物和生态手段的生态研究中进行反省，这种研究通过丰富的动物物种资料、非科学观察家的个人叙述和民间传说而得到扩充。

最后，科学的城市动物生态学并不是在空想中实践。相反，与任何其他科学追求一样，它强烈地形成于研究发起者（特别是国家）、成果使用者（例如规划师）的动机以及研究者自身的意识形态。建立于科学研究领域之上，科学的生态学主张因此必须被质询以揭示城市动物生态的政治经济学和生物多样性的分析。城市动物的研究是怎样构成的？谁的观点？首先激发它们的是什么：开发者的提议，猎人游说团，环境/动物权利组织？举例说明，加利福尼亚山狮的生态学研究受到大都市范围内增多的人－狮相互作用的刺激，延伸到广大的视野范围。受加利福尼亚渔政部门（依靠狩猎和钓鱼费建立的基金，并且是一个大型组织资源部的一部分）资助的一方声称狮的数量正上升到危险的程度；另一方的研究代表了美洲狮基金会的利益，提出城市的蚕食已经使狮濒于灭绝。解决这两种相抵触的报告需要的不仅是评估它们的技术性优点，而且包括它们是怎样由科学生态学当中的认识论和推论的传统以及基于更大的社会和政治经济关系而形成的。

自然的大都市再设计：从管理到基层行动

初期的种类转移的都市实践已经在许多美国城市中出现。这项实践涉及大量因素，包含多种联邦的、州的和当地的官僚机构、规划师和管理者以及城市基层的动物/环境积极分子。从不同角度衡量，这种实践的目标包括了改变城市中人和动物相互作用的本性，形成最小影响的城市环境设计，改变当地的日常实践（也就是野生物管理者和城市规划师），以及更强有力地保护城市动物的利益。

野生物管理者和有害物管理公司日益面对地方选择灭绝倾向政策的要求。在野生动物区域内，解决办法最初是受到当地反对传统习惯例如淘汰的驱动。现在管理者更倾向于预先考虑居民对于管理抉择的反应和采用可参与的决策方式以避免反对活动。一般，选择性的管理策略要求对城市居民的教育以提高对野生动物邻居的知识、理解和尊重，并且着重驯养动物可能伤害野生动物或者被野生动物伤害。然而，教育方式存在局限，同时激励一些权力部门颁布规章制度。例如，传统的景观美化形成了生物贫瘠和资源密集的环境，导致一些城市忽略重视本土物种的规章以减少对资源的依赖和形成野生物的生存环境。其他规则的目标包括普通居住建筑和建筑的维护、垃圾储藏、围墙、景观和宠物保养的方法，这些都是对野生物有害的。

野生动物从未成为城市或者区域规划的焦点。其他种类的动物也不是，尽管大部分北美和欧洲的家庭为家养动物提供遮蔽所也是事实。考虑到在受发展驱使的当地州政府机构中规划的历史性场所，这就不足为奇了。然而，自从1973年美国濒危物种法案通过以来，规划师被迫与对濒危物种产生影响的人类行为作斗争。为减少城市化对受威胁动物的冲击，规划师采用土地使用工具作为分区，包括城市控制线和野生动物覆盖区；公共土地征购；发展权转让；环境影响陈述；以及野生动物影响/栖息地保护联系费用（Leedy及其他，1978；Nelson及其他，1992）。所有这些手段都是严格的和众所周知的技术、政治和经济问题，促使制订各种解决办法如栖息环境保护规划（HCPs），区域景观尺度的规划努力以避免一个接一个的规划和地方分区控制中的割裂状态。只有少数的HCPs已经被制订或正在制订。比特利（Beatley）的评估表明尽管有一些好处，但有些严重的问题关系到HCPs是否能够保护足够的栖息地；创造充足的景观连通性以维持繁殖能力；获得充足的技术分析、规划、补偿土地所有者损失的资金；或者在多年的HCP过程中保护目标物种（Beatley，1994）。好几个HCPs在完成以前失败了（国家研究委员会，濒危物种法案科学问题委员会，1995年）。另外，整个ESA驱动的单一物种（相对多物种、生态系统）的HCPs方式在生态学范围受到激烈地争论（因为生态系统的保护与个别物种保护的合法要求相冲突）。政治上，HCP过程能够为开发者提供一个完全根据ESA的方法，因为其允许一些来自濒危动物的"收入"，因此可以减少对法案完整性的威胁（Saldana，1994）。更一般地，HCPs同其他涉及城市土地去商品化的策略一样（例如保护信托权和地役权），投入了一项对发展资金有益带来好处的资源管理主义策略（Luke，1995）。

尽管有ESA，对城市野生物最小影响的规划对无论建筑师还是城市规划师来讲已经不具有优先权。以野生物为导向的居住景观建筑学仍然并不普及。大多数例子是新开发项目（相对于更新项目），位于城市边缘，低密度并且仅仅面向高收入的居住者。许多仅仅是购房者提高房地产利润的策略，进入一个反城市的郊区生活的意识形态，强调接近"户外"，在与野生动物的接触中获得额外的"愉悦"。规划实践例行公事地划分出其他一些吸引力更低的地点处置动物（死的或者活的），比如屠宰场和工厂化农场，作为"有害的"土地用途并把它们与居民区隔离开以保护其敏感性和公共健康。

进行中的美国建筑/规划日程也严重缺乏对野生物的考虑，对于驯养动物比如宠物或者家禽则给予了关注。20世纪80年代"无计划建设的代价"的争论并未提及野生物的生活环境，90年代所谓新城市主义和可持续城市运动的拥护者就动物的可持续性界定过。新城市主义强调通过高密度和城市发展的综合使用以实现可持续性，但仍然是完全以人类为中心。虽然更明确地以生态为中心，可持续城市运动的目标是减少人类对自然环境的影响，通过固体废物处理、能源生产、交通、住房以及发展可供养当地居民的城市农业这些环境方面的系统（Van der Ryn & Calthorpe，1991；Stren 等，1992；Platt，1994）。虽然这样的方法对于所有生物具有长期的益处，但可持续城市的文献几乎没有关注动物本身的问题。[17]

　　城市规划师、景观建筑师和城市设计师的日常工作，为人和动物的互动设定了规范的前景和实用的潜在价值。然而，他们的实践并未反映通过设计来加强人与动物互动的意愿。即使宠物也被忽视，尽管美国家庭与宠物为伴比起与子女为伴还更多的情况也是事实，建筑师和规划师仍然无视这类动物。[18]就城市设计和建筑界来说如何解释人类中心主义？城市设计的社会理论和专业实践能够用来更好地理解这种以人类为中心的城市空间和场所的产物。例如，卡夫（Cuff）解释了建筑师作为一个集体的，交互式的社会过程的一部分所形成的这种日常行为，这一过程是由制度化的背景决定的，包括当地政府和开发商对当代都市化增长倾向的喜好（Cuff，1991）。埃文登（Evernden）认为更大的文化背景对于合理性与秩序的坚持以及从根本上把动物排除在城市之外，抑制了规划和建筑业（Evernden，1992）。规划师和建筑师创造的城市面貌，标准化的设计形式占主流，例如四周篱笆环绕的修建整齐草坪的城郊住宅反映了这种根深蒂固的需求，即排除杂草、污垢，扩展开来甚至包括自然本身，以保护人类的主导控制地位。

　　比起规划师和建筑师来，环境设计师利用保持生物学和环境生态学更积极地着手怎样为动物和人设计新的都市景观的问题（Foreman & Godron，1986）。在区域规模上，流行野生物走廊规划或者保存网络（Little，1990；Hellmund，1993）。野生物网络和走廊意味着连接城市边缘外的"大陆"栖息地，获得全面的景观联系以保护基因库，为动物提供小的家园范围的栖息地。无论保护网络模型或者野生物走廊都没有避免来自科学机构内部的批判，主要是由于潜在的有害的边缘效应。[19]廊道能够保护和复兴大都市中的动物吗？生态廊道规划是一项新近的发展，我们需要细节性的案例和政治经济对于走廊规划的分析来回答这个问题。初步的经验表明，大尺度的走廊能够提供对受到严重威胁的关键性物种和其他许多动物的重要保护，而小尺度的走廊能够作为一项很好的城市设计策略，让普通的小动物、昆虫和鸟同人一起分享城市生活空间。然而，宏大走廊的提议可以退化为城市休闲者的愉悦之所（因为他们经常赢得纳税人的支持，只要娱乐比栖息地保留区更合理）。最坏的，走廊可以成为一项适得其反的策略，它只不过为城市房地产的开发进入野外扫清道路。

　　城市基层越来越多地围绕保护特殊的野生动物和动物数量，以及围绕保护城市湿地、森林和其他野生物栖息地而斗争，因为其对野生物的十分重要。随着对伙伴型动物需求的了解持续增长，激发了城市底层努力创造城市中为宠物特别设计的空间，比如狗的公园（Wolch & Rowe，1993）。围绕野生物的政治行动也成为城市历史中特别的一段插曲。[20]围绕伙伴动物的激进主义，例如，经常反对出售流浪动物给生物医学实验室的本地动物收容所，或者是禁止动物进入公园和禁止不带狗链的狗玩耍的城市，而这被认为对城市犬类的健康和快乐很重要。

关于是什么激发了这种底层的变异的城市实践，或者是关于这种斗争与其他形式的当地生态/动物激进主义之间的联系，我们几乎没有系统性的信息。底层围绕城市动物的斗争是否有组织地与大尺度的环境激进主义或者绿色政治，或者与传统的国家动物福利组织相联系也并不清楚。短暂的和有限的案例研究表明围绕城市动物的政治行动能够暴露环境主义和动物福利组织之间的深刻分歧。这种分歧折射出更广泛的主流环境主义和环境正义运动之间，动物权益组织和环境主义者之间，动物权利组织和动物福利组织之间的政治分歧。例如，许多主流组织对于社会正义问题仅仅是口头承诺，如此多不同色彩的激进主义者继续把传统的环境优先权，例如荒野和野生物——特别是城市中的，最多看作是一种富裕的白人郊区环境主义者的无关痛痒的妄想，最坏的是折射出普遍的优越感和种族主义。当地围绕野生物问题的斗争也能够暴露出整体环境组织和个人主义动物权利激进分子之间的哲学分歧；例如，这种分歧经常产生于杀死野生动物以保护本地物种和生态系统的片段提议上。改革主义者的动物福利组织如城市人文学会，首先关心伙伴动物并且经常在经济上依靠当地政府，可能对于赞成动物权利/解放组织不仅对政府政策而且对人文学会自身标准实践的批评较为谨慎。[21]

正式组织的和非正式组织的兴起，着手保护城市中的动物栖息地，改变管理政策并且保护个体动物，表明了一种对于动物地位的日常思考的转变。如果这种转变正在进行，为什么呢？为什么是现在？一种可能是生态中心的环境道德和特别的动物权利思考和与之平行的关于种族主义、男性至上主义和"种类主义"的论述已经渗入了公众意识，并激发了围绕城市动物的新的社会运动。通过在更广阔的新社会运动理论的背景中对物种转移进行理论说明，可能出现另一些解释途径，这种背景表明了这些运动和消费有关的重点，基层的乡土的和反政府的本质以及同新社会文化特征形成的联系，而这种联系乃是后现代条件下和当代资本主义所必需的（Touraine，1988；Melucci，1989；Scott，1990）。通过新的社会运动理论的镜头观察，抵抗资本侵入城市野生物栖息地或者维护城市动物利益的斗争可以被融入更大的社会和政治经济动态背景中，因为它们模仿激进主义的形式并且为政治运动改变了个人层面的优先权。这种活动甚至可能揭示围绕动物的新社会运动，超越了生产和相关消费的利害关系，并代之以反映对于通过扩展的关怀和友善对待非人类网络以跨越人/动物界限的渴望。

走向动物城市

动物城市对于那些坚信生态主义者、男女平等主义者和反种族主义者的城市未来的人，既展现出挑战，也展现出机会。在某种层面，挑战在于克服考虑非人类和它们在人类道德领域的深刻分歧。也许更至关重要的是政治实践的挑战，理论的纯粹性让位于更实际的道德，共同构建以及策略联盟的构成。进步的城市环境主义能够建立那些围绕城市动物问题而斗争的人们之间的桥梁，正如红色主义者伸向绿色主义者，绿色主义者伸向女权主义者，女权主义者伸向那些好战的种族主义者吗？在形成了真正联系的独特环境里，潜在的合作范围惯常很大，从有着重要的叠加进步的环境思想的群体扩展到那些共同性较少和其关注点更狭隘的群体。对共同事业倍加努力，以及对有害物，促进循环利用，或者同其存在的目标就是保护城市野生动物、宠物或养殖场动物的利益的基层群体一起制订空气质量管理规划，这样做起来也许很困难。扩大和加强这种运动的潜力意义重大，至少不应被忽视。

　　动物城市的论述产生了一个空间以在环境运动的边界地带进行拓展、对话和合作。动物城市引起了一场从动物立场，从那些和动物一起遭受到城市污染和居住环境下降的人们的观点，以及那些否认动物的亲密关系和其他对其安宁是如此至关重要的人的观点，对当代城市化的批判。拒绝城市中人与动物通过主题公园模式互动这种疏离的方式，动物城市代之以寻求一种未来，动物和自然再也不会在我们的日常生活中相互隔绝，我们仅仅只能用卡通形象来治愈缺乏动物带来的创伤。城市由于动物王国而重新迷人，那么，曾经稳固的主题公园就可能在空中消失。

注释

1　Such commodified animals include those providing city dwellers with opportunities for "nature consumption" and a vast array of captive and companion animals sold for profit.

2　For example, only two segments/articles of *CNS* have been devoted to the animal question ("Symposium: Animal rights and wrongs," *CNS*, 3(2), 1992, on whether animals have rights; and Barbara Noske's article "Animals and the green movement in the Netherlands," *CNS*, 5, 1994, on animal movements in Holland), neither of which focused on questions of urbanization. Other contributions to *CNS* have dealt with endangered animal species but do not engage with the issue of animal subjectivity; rather, species endangerment is seen as the flashpoint for struggle between capital, labor, environmentalists and the state, which is the object of analysis. But see Bunton (1993) and Noske (1989) for insightful treatments of animal rights and social justice, and domestication and its relation to capitalism.

3　Ironically, this may involve protection from "unnatural" animals such as cattle, feral or exotic animals.

4　For the seminal argument concerning animals as "subjects-of-a-life," see Regan (1986).

5　This argument follows those of Plumwood (1993). See also Benjamin (1988) and Grimshaw (1986).

6　This in no way precludes self-defense against animals such as predators, parasites or microorganisms that threaten to harm people.

7　This evidence has been extensively marshalled by Shepard (1978, 1982, 1996).

8　As highlighted in the following section, there are many animals that do, in fact, inhabit urban areas. But most are uninvited, and many are actively expelled or exterminated. Moreover, animals have been largely excluded from our *understanding* of cities and urbanism.

9　See, for example, Dear and Scott (1981).

10　An example is Laurie (1979).

11　See the three-part study by Kellert (1979, 1980a, b).

12　For an exception, see Shaw and Supplee (1987).

13　Shepard (1993) stresses the wild, while others are more inclusive, such as Noske (1989) and Davis (1995).

14　For exceptions, see Beck (1974) and Haspel and Calhoun (1993).

15　In extreme form, the disturbance perspective can be used politically to rationalize anthropogenic destruction of the environment; see Worster (1993) and Trepl (1994). But see also the response to Trepl from Levins and Lewontin (1994).

16　For feminist/postmodern critiques of science, see Harding (1986), Haraway (1989) and Birke (1994).

17　An interesting exception is the green-inspired manifesto for sustainable urban development (Berg et al., 1986), which recommends riparian setback requirements to protect wildlife, review of toxic releases for their impacts on wildlife, habitat restoration, a department of Natural Life to work on behalf of urban wilderness, citizen education, mechanisms to fund habitat maintenance, and the "creation" of "new wild places."

18　Ironically, they are not quite so inconsequential to the marketing folks at Bank of America, whose series of home loan advertisements began with a neotraditional suburban home with a white man out front. The next ad showed a similar home and a white woman, and the next portrayed a person of color, but the most recent shows the face of a friendly golden retriever!

19　Simberloff and Cox (1987) argue that they may help spread diseases and exotics, decrease genetic variation or disrupt local adaptations and co-adapted gene complexes, spread fire or other contagious catastrophes, and increase exposure to hunters, poachers and other predators. However, Noss (1987) maintains that the best argument for corridors is that the original landscape was interconnected.

20　For examples of such conflicts, see McAninch and Parker (n.d.) and LaGanga (1993).

21　Such practices include putting large numbers of companion animals to death on a routine basis, selling impounded animals to bio-medical laboratories, etc.

参考文献

Arkow, P. (ed.) (1987) *The Loving Bond: Companion Animals in the Helping Professions.* Saratoga, CA: R & E Publishers.

Beatley, T. (1994) *Habitat Conservation Planning: Endangered Species and Urban Growth.* Austin: University of Texas Press.

Beck, A. M. (1974) *The Ecology of Stray Dogs: A Study of Free-ranging Urban Animals.* Baltimore: York Press.

Benjamin, J. (1988) *The Bonds of Love: Psychoanalysis, Feminism and the Problem of Domination.* London: Virago.

Benton, T. (1993) *Natural Relations: Ecology, Animal Rights and Social Justice.* London: Verso.

Berg, P., Magilavy, B. and Zuckerman, S. (eds) (1986) *A Green City Program for San Francisco Bay Area Cities and Towns.* San Francisco: Planet Drum Books.

Birke, L. (1994) *Feminism, Animals and Science: The Naming of the Shrew.* Buckingham: Open University Press.

Birke, L. and Hubbard, R. (eds) (1995) *Reinventing Biology: Respect for Life and the Creation of Knowledge.* Bloomington: Indiana University Press.

Botkin, D. B. (1990) *Discordant Harmonies: A New Ecology for the Twenty-first Century.* New York: Oxford University Press.

Boyer, C. M. (1983) *Dreaming the Rational City: The Myth of American City Planning*. Cambridge, MA: MIT Press.

Cronon, W. (1991) *Nature's Metropolis: Chicago and the Great West*. New York: Norton.

Cuff, D. (1991) *Architecture: The Story of Practice*. Cambridge, MA: MIT Press.

Davis, K. (1995) Thinking like a chicken: farm animals and the feminine connection. In C. J. Adams and J. Donovan (eds), *Animals and Women: Feminist Theoretical Explorations*. Durham, NC: Duke University Press.

Dear, M. and Scott, A. J. (1981) *Urbanization and Urban Planning in Capitalist Society*. London: Methuen.

Decker, D. J. and Goff, G. R. (eds) (1987) *Valuing Wildlife: Economic and Social Perspectives*. Boulder, CO: Westview Press.

Demeritt, D. (1994) The nature of metaphors in cultural geography and environmental history. *Progress in Human Geography*, 18(2).

Evernden, N. (1992) *The Social Creation of Nature*. Baltimore: Johns Hopkins University Press.

Foreman, R. T. T. and Gordon, M. (1986) *Landscape Ecology*. New York: John Wiley and Sons.

Frankel, O. H. and Soulé, M. E. (1981) *Conservation and Evolution*. Cambridge: Cambridge University Press.

Gilpin, M. E. and Hanski, I. (eds) (1991) *Metapopulation Dynamics: Empirical and Theoretical Investigations*. New York: Academic Press.

Gray, G. G. (1993) *Wildlife and People: The Human Dimensions of Wildlife Ecology*. Urbana: University of Illinois Press.

Griffin, D. (1984) *Animal Thinking*. Cambridge, MA: Harvard University Press.

Grimshaw, J. (1986) *Philosophy and Feminist Thinking*. Minneapolis: University of Minnesota Press.

Haraway, D. (1989) *Primate Visions: Gender, Race, and Nature in the World of Modern Science*. New York: Routledge.

Haraway, D. (1991) *Simians, Cyborgs, and Women: The Reinvention of Nature*. New York: Routledge.

Harding, S. (1986) *The Science Question in Feminism*. Ithaca, NY: Cornell University Press.

Haspel, C. and Calhoun, R. E. (1993) Activity patterns of free-ranging cats in Brooklyn, New York. *Journal of Mammology*, 74.

Hayles, K. N. (1995) Searching for common ground. In M. E. Soulé and G. Lease (eds) *Reinventing Nature? Responses to Postmodern Deconstruction*. Washington, DC: Island Press.

Hough, M. (1995) *City Form and Natural Process*. New York: Routledge.

Kellert, S. R. (1979) *Public Attitudes toward Critical Wildlife and Natural Habitat Issues, Phase I*. Washington, DC: US Department of Interior, Fish and Wildlife Service.

Kellert, S. R. (1980a) *Activities of the American Public Relating to Animals, Phase II*. Washington, DC: US Department of Interior, Fish and Wildlife Service.

Kellert, S. R. (1980b) *Knowledge, Affection and Basic Attitudes toward Animals in American Society, Phase III*. Washington, DC: US Department of Interior, Fish and Wildlife Service.

Kellert, S. R. (1984) Urban Americans' perceptions of animals and the natural environment. *Urban Ecology*, 8.

King, D. A., White, J. L. and Shaw, W. W. (1991) Influence of urban wildlife habitats on the value of residential properties. In L. W. Adams and D. L. Leedy (eds), *Wildlife Conservation in Metropolitan Environments*. Washington, DC: National Institute of Urban Wildlife.

LaGanga, M. L. (1993) Officials to kill Venice ducks to halt virus. *Los Angeles Times*, May 22, A1.

Laurie, I. (ed.) (1979) *Nature in Cities*. New York: Wiley.

Leedy, D. L., Maestro, R. M. and Franklin, T. M. (1978) *Planning for Wildlife in Cities and Suburbs*. Washington, DC: US Government Printing Office.

Levins, R. and Lewontin, R. C. (1994) Holism and reductionism in ecology. *CNS*, 5.

Little, C. E. (1990) *Greenways for America*. Baltimore: Johns Hopkins University Press.

Logan, J. R. and Molotch, H. L. (1987) *Urban Fortunes: The Political Economy of Place*. Berkeley: University of California Press.

Luke, T. W. (1995) The nature conservancy or the nature cemetery? *CNS*, 6(2).

McAninch, J. B. and Parker, J. M. (1993) Urban deer management programs: a facilitated approach. *Transactions of the 56th North American Wildlife and Natural Resources Conference*, 56, 191.

Melucci, A. (1989) *Nomads of the Present: Social Movements and Individual Needs in Contemporary Society*. Philadelphia: Temple University Press.

Mies, M. and Shiva, V. (1993) *Ecofeminism*. London: Zed Books.

Nagel, T. (1974) What is it like to be a bat? *Philosophical Review*, 83.

National Research Council, Committee on Scientific Issues in the Endangered Species Act (1995) *Science and the Endangered Species Act*. Washington, DC: National Academy Press.

Nelson, A. C., Nicholas, J. C. and Marsh, L. L. (1992) New fangled impact fees: both the environment and new development benefit from environmental linkage fees. *Planning*, 58.

Noske, B. (1989) *Humans and Other Animals: Beyond the Boundaries of Anthropology*. London: Pluto Press.

Noss, R. F. (1987) Corridors in real landscapes: a reply to Simberloff and Cox. *Conservation Biology*, 1.

O'Connor, J. (1988) Capitalism, nature, socialism: a theoretical introduction. *CNS*, 1.

Philo, C. (1996) Animals, geography and the city: notes on inclusions and exclusions. *Environment and Planning D: Society and Space*.

Pickett, S. T. A. and White, P. S. (eds) (1985) *The Ecology of Natural Disturbance and Patch Dynamics*. Orlando, FL: Academic Press.

Platt, R. H., Rowntree, R. A. and Muick, P. C. (eds) (1994) *The Ecological City: Preserving and Restoring Urban Biodiversity*. Minneapolis: University of Minnesota Press.

Plumwood, V. (1993) *Feminism and the Mastery of Nature*. London: Routledge.

Regan, T. (1986) *The Case for Animal Rights*. Berkeley: University of California Press.

Saldana, L. (1994) MSCP plans the future of conservation in San Diego. *Earth Times*, Feb./Mar., 4–5.

Scott, A. (199) *Ideology and the New Social Movements*. London: Unwin Hyman.

Shaffer, M. L. (1981) Minimum population sizes for species conservation. *BioScience*, 31.

Shaw, W. W. and Supplee, V. (1987) Wildlife conservation in rapidly expanding metropolitan areas: informational, institutional and economic constraints and solutions. In L. W. Adams and D. L. Leedy (eds), *Integrating Man and Nature in the Metropolitan Environment*. Washington, DC: National Institute of Urban Wildlife.

Shaw, W. W., Mangun, J. and Lyons, R. (1985) Residential enjoyment of wildlife resources by Americans. *Leisure Sciences*, 7.

Shepard, P. (1978) *Thinking Animals: Animals and the Development of Human Intelligence*. New York: Viking Press.

Shepard, P. (1982) *Nature and Madness*. San Francisco: Sierra Club Books.

Shepard, P. (1993) Our animal friends. In S. R. Kellert and E. O. Wilson (eds), *The Biophilia Hypothesis*. Washington, DC: Island Press.

Shepard, P. (1996) *The Others*. Washington, DC: Earth Island Press.

Simberloff, D. and Cox, J. (1987) Consequences and costs of conservation corridors. *Conservation Biology*, 1.

Smith, D. S. and Hellmund, P. C. (1993) *Ecology of Greenways: Design and Function of Linear Conservation Areas*. Minneapolis: University of Minnesota Press.

Snyder, G. (1990) *The Practice of the Wild*. San Francisco: North Point Press.

Sorkin, M. (ed.) (1992) *Variations on a Theme Park*. New York: Noonday Press.

Soulé, M. E. (1991) Land use planning and wildlife maintenance: guidelines for conserving wildlife in an urban landscape. *Journal of the American Planning Association*, 57.

Soulé, M. E. and Lease, G. (eds) (1995) *Reinventing Nature? Responses to Postmodern Deconstruction*. Washington, DC: Island Press.

Sprin, A. W. (1984) *The Granite Garden: Urban Nature and Human Design*. New York: Basic Books.

Stren, R., White, R. and Whitney, J. (1992) *Sustainable Cities: Urbanization and the Environment in International Perspective*. Boulder, CO: Westview Press.

Touraine, A. (1988) *The Return of the Actor: Social Theory in Postindustrial Society*. Minneapolis: University of Minnesota Press.

Trepl, L. (1994) Holism and reductionism in ecology: technical, political and ideological implications. *CNS*, 5.

Van der Ryn, S. and Calthorpe, P. (1991) *Sustainable Cities: A New Design Synthesis for Cities, Suburbs, and Towns*. San Francisco: Sierra Club Books.

Wilson, A. (1992) *The Culture of Nature: North American Landscapes from Disneyland to the Exxon Valdez*. Cambridge, MA: Blackwell.

Wilson, E. (1991) *The Sphinx in the City: Urban Life, the Control of Disorder, and Women*. Berkeley: University of California Press.

Wolch, J. and Rowe, S. (1993) Companions in the park: Laurel Canyon Dog Park, Los Angeles. *Landscape*, 31.

Worster, D. (1993) *The Wealth of Nature: Environmental History and the Ecological Imagination*. New York: Oxford University Press.

第八部分

美学

第 21 章

美学理论

乔恩·兰（Jon Lang）

　　室内设计师、建筑师、景观建筑师和城市设计师很长时间以来被认为是为他人创造美学体验的人。在当今设计中的一个典型问题是应该采取谁的立场作为这些"他人"的立场。经常由专业人员（如 Montgomerg，1966）和非专业人员（如 Wales，1984）作出的观察之一是我们是为了从同行中得到表彰而设计。这充分说明设计所关心的问题之一是关于创造美或者令人愉快的事物。在建成环境和自然环境中寻求理解什么才是美一直是个恼人的问题，但还不及拉斯金（Ruskin）漫画式的描述：

> 　　美学的职责就是告诉你（如果你以前还不知道的话）桃子的滋味和颜色是令人愉快的，并且弄清（如果可以弄清且你又有这种求知的好奇心的话）为什么会这样。

　　然而，这仍然存在一个美学理论目的恰当定义的问题。美学之所以值得追求，是由于我们知道口味喜爱不是绝对的。桃子的滋味和颜色不是人人都喜欢，对于桃子就如建筑一样，也存在着不同的口味。

　　美学的科学主要是关于（1）鉴别且理解那些有助于在一个事物身上或者一个过程当中感觉到美的或至少是令人愉快的体验的因素；（2）理解人类创造并且欣赏那些在美学上令人愉快的创造性展示的能力的本质。关于美学的研究有两大类方法。第一个包括研究感知过程，认识过程和态度形成过程，而第二个包括研究美学哲学以及创造过程。第一个是人的性格心理特征，第二个很大程度是形而上学和精神分析性的（如 Ehrenzweig，1967）。第一个是关注实际的理论，而第二个则是把设计师当做艺术家的标准理论。我们这里关心的是前者。

　　许多人特别是自文艺复兴以来的西方社会中，在研究美学时对那些存在于环境之中的可以被看作是艺术品和不可以被看作艺术品的元素加以区别，如对建筑和构筑物加以区别。这是一种人为的区分，虽然在此文中没有这样做，但必须注意这点。对美学目的的研究是把个体当做一个观察者和思考者，而对于环境体验的研究从整体上来说是把个体当做是生活的参与者，而建成环境只是生活的一个部分。人们实际上是站着，凝视并分析建筑、景观和绘画的结构。这不是一种在所有社会中特有的行为，而且在西方文明的早期也不是，在今天的西方文化中也不是所有人的特征。其他社会也制造了我们称之为艺术的东西，但是他们的态度看起来与我们今天的态度十分不同，因为他们并不把这样的人工制品当做艺术品（Berlyne，1974）。这篇文章所关心的是将行为科学与以下这样理解相结合，即把对我们周围建成世界的美学体验的理解当做是我们日常生活的一部分。

虽然说关于美学体验的心理学研究可算作始于 1876 年古斯塔夫·费希纳（Gustav Fechner），但是正如拉斯金所说，一直存在一种盛行的感受，认为美学价值不能从属于科学研究。这种态度在过去也许是正确的，因为关于美学的许多研究是很狭窄的。在 20 世纪中的大量的研究虽然没有提供一种对环境的美学本质的完全理解，却为环境设计理论的发展提供了一种更加广泛的基础。

对美学的心理学研究的目标，过去一直沿着从观察到总结的方向发展，现在取而代之的是演绎法。然而，作为哲学和心理学分支的思考美学仍然十分有生命力，因为它为我们质问关于建成环境应该研究什么提供了广泛的基础。

思辨美学

思辨美学像早期的心理学研究一样，非常依赖于个体的内省式分析，即他/她自己相信什么是美的或令人愉快的。一直有好几种方法可以这样做（Morawski，1977）。解释学、现象学，存在主义以及政治性的方法都是哲学性的。这些可以与科学或是准科学的方法比较——精神分析和心理学的方法。解释学主要依赖的是把环境解释成文本。虽然现象学可以意味着许多事情，但在美学研究中，它主要关心的是直觉的洞察人和环境之间的认知关系。存在主义主要关注的是创造性的活动和创造的艺术品。而主要是马克思主义的政治方法把艺术当做是一种产品并再现了阶级之间的斗争。精神分析法也同样关注艺术的努力，主要依据一种导泻式的活动来解释。所有这些方法都提到了一些艺术和环境，但是他们没有告诉我们更多关于人们是如何体验环境的。对创造一种环境设计理论特别感兴趣的是这样一群人的工作，他们利用心理学理论以及内省式分析，以此来建构出美学体验本质的模型。这些模型不仅为建筑批评提供一种有用的框架，而且它们对测试开放。

史蒂芬·C·佩珀（Stephen C. Pepper）（1949）区别出这种研究的四个学派：机械论、文脉主义、有机组织（也叫做"客观理想主义"学派）和形式主义。乔治·桑塔亚纳（George Santayana）（1986），约翰·杜威（John Dewey）（1934），伯纳德·博赞基特（Bernard Bosanquet，又译鲍桑葵）（1931）和鲁道夫·阿恩海姆（Rudolf Arnheim）（1949，1965，1977）的工作可以被认为分别代表了这些学派的典范（Cole，1960）。前面三位的理念来自感觉理论的经验主义学派，而阿恩海姆是格式塔心理学家。现在的很多美学理论利用了这个群体的研究。

在美学理论的机械主义方法中，人工制品被认为是刺激了人的感觉或是意象，这些意象来自这些人工制品或者与之有关。桑塔亚纳像许多同时代的心理学家一样，关心的是一些感觉的愉悦性。对于桑塔亚纳来说，一个美丽的环境是能给观看者带来愉快的。这是一种"积极的价值"。这种价值是物体或者事件固有的——它是其结构的一个部分。桑塔亚纳的许多理念反映了世纪转折时期的心理学理论。对我们今天来说是特别有趣的，不仅仅是他的哲学细节，而是他对感觉的评价、形式的评价和表达或者是联合的评价（在这里应该叫"符号评价"）所做的整体区分，这种区分很大程度上与针对感觉进行的生态学研究相一致（Gibson，1979）。

感觉价值由令人愉悦的感觉所产生。它从对世事的摸、闻、尝、听和看中获得。桑塔亚纳说，感觉的愉悦可以是美的一个元素；同时与之相关联的理念也成为物体的元素——一种经验主义的立场。然而，低级感觉（摸、闻、尝）的感觉性体验不能像高层级感觉（看和听）的体验一样服务于人类智力的目的，因此他们在对环境的美学评价中的重要性不同。

形式价值来自感觉材料的秩序。这又一次与感觉中的经验主义立场相一致。形式价值主要处理的是结构或模式的愉悦性，人工制品或者是过程的愉悦性（桑塔亚纳对音乐的体验很感兴趣）。它所关心的是存在与模式之中的关联性系统的感觉。其中的一些与模式本身有关——它们的比例和秩序原则。每个人与桑塔亚纳称为的"决定性组织"有关。在这种情况下，形式的基础是它的有用的功能。桑塔亚纳写道，

> "组织……由实际的需求所支撑。使用需要建筑能够假设一定的形式，这些形式是我们对材料的机械感觉；遮蔽的迫切性、可接纳光线、经济和便利性可以支配我们建筑的布局。

决定性组织与"形式追随功能"这个口号中表述的概念是一致的，这口号是桑塔亚纳的同时代的路易斯·沙利文提出的。

表达或者关联性价值是指桑塔亚纳相信的那些来自由感觉价值而激发出来的意象。桑塔亚纳把关联性过程当做是"直接行动"。这是一些心理学家和设计评论家仍然很难解释的东西。据说关联性直接进入意识并且"产生与任何组织中发生的过程一样简单的感觉。"他提出有三类表达或者关联性价值：美学的、实际的或否定性的。美学价值指这样的一种感觉，即什么是美的，因为它和观察者发生关联。实际的价值来自表达一件物体的实用性——它不仅要产生作用而且它还要看起来似乎是有作用的。否定价值来自受到震动的愉快，来自奇异，来自惊吓或者是其他可能的不愉快经验。

　　许多关于美学体验的本质的含蓄或是明确的思考都暗示了美学体验由感觉、形式和关联性评价组成。不同的作者侧重点不同。有些作者关心建成环境的美学（如 Prak，1968），他们把精力放在美学的形式和符号方面。一些作者关注艺术作品，另外一些人关注日常世界。

　　约翰·杜威（1934）反对把美学体验看作是脱离日常生活的东西。他表示，美学体验来自人们的日常生活，虽然它可能和具体的事物和活动关联。和桑塔亚纳比，感觉价值对于杜威来说不是根本性的，但是它为对环境的形式评价有影响。他相信，统一性是最高级别的形式价值并且可从许多途径获得，例如，通过节奏－变化的有秩序的改变——或者通过对称。杜威也同样强调了形状和形式的固有意义。在这方面，他的思考和格式塔心理学家们相一致（Köhler，1929；Koffka，1935；Wertheimer，1938），那些人和他是同时代的人。杜威特别关心环境的时－空关联，所以他对感觉的连续性特征给予了特别的关心。他以这种方式领先于詹姆斯·J·吉布森（James J. Gibson）（1950）的心理学研究以及马丁森（Martienssen）（1956），蒂尔（Thiel）（1961），卡伦（1962）和哈尔普林（1965）写的关于环境美学的著作，他们都强调了运动在对环境的感觉和评价中的作用。杜威在解释给人愉快的连续体验时引入了以下一些理念，如在解释什么是带来愉悦的连续体验时的期望的顶点、预期和实现。

　　就有条理地处理环境分析的办法来说，有机哲学家们提出的不多。博赞基特（Bosanquet）（1931）写道，"美学态度的关键问题在于身体和心灵的融合，其中心灵是一种感觉，而身体是两者的彻底表达。"他更多的是一种诗人式的而不是一位行为科学家式的美学研究。但是他的哲学与杜威产生共鸣。

　　对待美学的形式主义的方法是由阿恩海姆代表（1949，1965，1966，1977），但在历史上与阿伯斯（Albers）（1963），康定斯基（Kandinsky）（1926）和克利（Klee）（1925）相联系。它强调的是美学体验中的形式模式的表达价值的作用。在格式塔理论和美学哲学之间的关联是清楚而且明确的（例如 Kepes，1944；Arnheim，1977）。对形式的感觉是基于格式塔的场域力原则和同构过程而解释的，表达是一种线和面以及形式的功能。感觉物体以及它所表现出的形式被认为具有一种直接的外貌特性，这种特性激发大脑视觉中心，建立起与之相对应的力，这种力形成表达的基础。在现代建筑运动中，表达被看作是艺术存在的理由。

　　所有这些美学的观点都为当代关于感觉过程和态度形成的理解而形成的。所有这些解释在解释个体对环境的态度差异上都很弱。经验主义美学的历史发展由对这些问题的严肃的处理组成。它更多地关注个体体验，以此来确立什么才是普遍的。

经验美学

　　行为科学曾经依赖科学或者是准科学技术来分析美学体验。大多数研究依赖于相关性分析，其中两种或更多因素之间的关系被加以度量，这些因素的差异或者是天然的，或者因为其中一个是被故意操作出来的。当前大多数心理学研究关注的是物体的形式或者结构性方面，把物体当成是独立的变量，而人们对它们的主观感觉当做依赖的变量。物体的特征同其反应特征相互关联，而这些反应特征又同相关的人们的特征（个性、社会经济地位、文化背景）相互关联。

在这些研究上有四个重要的理论方向：信息理论方法（不要和吉伯森的感觉的信息基础理论混淆）、语义学方法、符号论方法，以及生物心理学方法（Berlyne，1974）。每个方向的研究将在下文予以讨论。

信息论方法

信息论把环境当做是一系列信息，这些信息作为刺激因素发生作用。有两种途径可以利用信息理论来发展美学理论。第一种是以形式的经验主义理论为基础。而第二种则把信息理论用作分析性的框架。亚伯拉罕·莫尔斯（Abraham Moles）（1966）代表第一种，而鲁道夫·阿恩海姆的著作《熵与艺术》（1971）代表了第二种方法。

莫尔斯（以及其他如 Frank，1959 和 Bense，1969）把建筑或是景观当做是元素的合成物，每个元素传递一种信息。而信息的愉悦性和它的结构程度相关联。莫尔斯相信，信息越有秩序，它将会更加可被理解而且令人愉快。

美学信息基础模型的基本主张可以从桑塔亚纳的感觉价值、形式价值和关联性价值的框架中看出。感觉价值组成了美学体验成分中的一个部分。个体从环境中通过视觉，语言和其他感觉系统来接受信息。研究主要关注的是视觉和听觉，因为它们为大多数个体提供了绝大部分的信息。它曾经试图鉴别出一个人能够最适宜地接受的信息量。形式价值来自信息的结构。建成环境的结构据说在复杂性上是很不同的。莫尔斯区分出两类复杂性：结构的和形式的。第一种是关于状态的描述（"建成环境由……组成"）而第二种是关于过程描述（"建成环境是为了……"）。两者中的结构程度是美学选择的主要指示器。然而，结构本身却不是信息的愉悦性的唯一组成成分，内容同样重要。信息具有语义的、文化的、表达性的以及句法式的资料。但是对这些信息的分析还不是莫尔斯以及其他一些在信息理论框架内的研究者的主要工作内容。

阿恩海姆（1971）也研究形式价值。他不反对莫尔斯对信息秩序的意见。他写道：

> 给出的信息实际上意味着给出形式，而形式则意味着结构。然而，把秩序恢复为一种普遍原则的同时却也表明了秩序仅仅靠自身也不能够说明有组织的系统的本质，特别是对于那些由人所创造的系统。纯粹的秩序导致贫困的增长，并且最终导致结构的最低水平，而这最终与混乱

将无法清楚地区分，而混乱正是由于缺乏秩序。

根据阿恩海姆，秩序的最简单的级别来自元素的同一。他相信越复杂的秩序越能得到更大的愉悦。因此，他得出结论：

> 一个结构在复杂性的任何层级上或多或少的是有秩序的，有秩序的复杂性就是秩序的级别。美学源自秩序和复杂性之间的关系。

因此，从这种美学观点来看，对环境质量的感觉和有完美秩序的复杂信息紧密相连。它也和感觉中的模糊性相关联，即环境的结构包含有不同的秩序原则，这些原则可以为同一个人或是不同的人所感知（也见于 Rappoport 和 Kantor，1967）。这种观察认为意义的多样性越大，环境的愉悦性越大，如果保护秩序感的话。

语义学方法

语义学方法关注的是环境元素的意义，而不是结构的模式本身，意义是存在于物体和理念之间的可学习性的关联。这种方法主要利用一些从语言学中而来的基础理念。

> [一种书面语言] 词语来自一些特殊形式和特殊意义的结合体……借助于与形式有关的"概念"……存在于说某种语言的人心中词语的形式表示"事物"的意思。（Lyons，1968）

建成环境的意义在许多解释建筑的研究中被以一种相似的风格对待。这一思路是最近许多关于这一主题著作的特征（如 Norberg-Schulz，1965）。

符号学方法

与语义学方法一样，对环境美学的符号学方法也是来自语言学，并且可被当做语义学方法的延伸，或者是与之相矛盾的方法（Gandelsonas，1974）。如果相信它是关注于意义的学习和转移的话，那么它就是语义学方法的延伸。如果认为学习与文脉中的关联性形式不同的话，那么它们就是矛盾的（Berlyne，1974）。这种方法的基础是哲学家费迪南德·德·索绪尔的著作（Ferdinand de Saussure，1915）。索绪尔认为存在于模式和意义之间的关联性关系是符号所固有的，但是他强调文脉是重要的，因为同样的事物在不同的场所可能意味着不同的事物。（也见 Morris，1935）。因此，对环境美学的符号学方法同自然和建成环境的文化意义系统相关。对环境美学的语义学和符号学方法已经在最近对关于建筑的思考上产生了深远的影响（见 Broadbent 等，1980）并且为建筑的后现代主义理论提供了理论基础（Jencks，1969，1977）。

精神生物学方法

精神生物学方法在格式塔心理学中已经有了先例。它是根据大脑的神经生理学过程来解释对建成环境模式的美学反应。最近这方面的研究以 D·E·伯利勒（D. E. Berlyne，1974）的研究工作为代表，伯利勒表示个体的受激发层级和他或她对环境中的趣味的感觉有关联。受激发的层级依赖于环境的结构和个性以及个人的动机或者需求层级。环境特性可以具有：（1）心理物理的本质（如颜色，强度）；（2）一种生态的本质"包括与事件的关联，这些事件促进或者抑制了生物的适应性；或者（3）一种结构或集体的本质（不同的差异，如简单和复杂，期望和惊奇，清晰和模糊）。基本的结论是当相反的条件被删除，或是有适度的激发层级时，愉悦将会产生。而适度的激发层级在有适度层级的偏离标准或偏离可接受层级时可以获得（Helson，1948，1964）。

经验美学和环境设计理论

经验美学的研究一直以来主要关心的是"对爱好简单刺激的判断的实验性研究。"其目标是"在那些刺激之下建立一种综合性，这种综合性可以被应用于完成的艺术作品之中"（Pickford，1972）。这是费契勒（Fechner）为自己设定的目标。前提假设是当刺激发生变化时，对美学品质的源泉的认知也发生变化，不管这种源泉是绘画、建筑还是景观。因此，如果某人能衡量出由不同物理环境所产生出的刺激，如理解不同的人对这些不同的愉快回应时，那么某人将会懂得关于环境美学的经验主义理论。然而，这是不可能的。至少，目前还不可能。

已经有许多实验性的研究。已经有许多关于线、体块和体积的表达性研究。关于什么使得一个形式简单或者复杂的研究，关于秩序的感知研究，关于色彩爱好的研究，等等。主题包括有成年人、孩子以及来自不同社会经济群体和文化背景的人。这些研究显示出有一些是一致的，另一些则是不一致的。已经建立了一些关联性并且显示出"美丽主要存在于观看者的眼光中。"当然，早期关于显示一些被普遍感知为美丽的模式和符号的目标还没有达到。

没有一种统一的理论或者是普遍接受的环境美学的模式能从这些研究中形成。问题也许只不过是心理学家们在对美学的经验主义研究过程中提出的问题中的或明或暗的各种认知理论都是缺少根据的。它们都是以感觉为基础的理论。许多在自然中都是高度经验主义的。但是存在于环境特性和关于它们的主观感觉之间的关联性却确实是存在的，而这种关联性并不能被忽略。对于思考美学和经验美学的方法需要提供一种综合的模式。这种模式看起来会对理解环境美学大有希望。

对环境美学的试验性解读方法

环境，正如以上讨论的那样，可以看作为由一组同类的系列性的行为环境所组成。这里一种基础性的假设，是人们对某个场所的反应，是对作为一套行为系统结构的反应。它们对于这套行为环境的态度可以根据他们对于发生在那里的行为模式以及相关的人和环境的态度来解释。然而，在环境设计理论方面，关注的主要是环境。这种较狭窄的关注为分析人的日常体验引入了一种扭曲的因素。

对于美学体验的广泛定义应当包含所有设计的目标，因为"愉快"来自每个目标的实现。因此，人们能够从这样的环境中获得快乐，即这环境的结构以生理上感到舒适的方式，很好地提供了持续的行为模式。为了达到这种目标，就人们在特定的地理文脉中的生物性、个性、社会群体，以及文化特征说，环境的结构不得不和他们的需要和目的发生独特的关联。

假设一个环境很好地提供了一种稳定的行为模式，那么如果它提供了一种令人愉快的感觉体验时，如果它有一种令人愉快的感觉结构，并且如果它有令人愉快的符号性关联时，它在美学上是令人愉快的，这意味着不同的刺激能量——光的强度、颜色、声音、气味以及触觉——对使用者或观察者是令人愉快的。这意味着形式因素——通过表面、纹理、亮度和色彩的结构而来的环境模式——是令人愉悦的。这也意味着由这些模式激发的关联性也是令人愉快的。正如桑塔亚纳表明的，这些看起来是关于环境体验美学的三个主要维度。

在这个陈述背后隐藏着一些关于感知过程的本质的主要假设。它假设认为美学是关注于美的或者愉快的体验。它假设对神经系统的影响与对世界的感知不同。有大量证据显示人们总是在寻求一定的感觉类型（Gibson，1966），并且我们也确实出于环境自身的原因而享受环境的模式。它假设一定的环境模式可以产生比其他的环境模式更加令人愉快的反响是因为人类的感觉系统的神经结构。它假设那些环境的关联性意义——符号主义——对人是重要的，且是有意识的，或是下意识的。

最近几年关于感觉美学的讨论很少。而所有的写作主要基于内省（如 Rasmussen，1959；Heschong，1979）而不是基于实验，虽然历史上这主要是实验思考所关心的主题（Boring，1942）。原因是人们很少关心感觉——对于感觉系统的激发的自我意识——这些感觉来自环境。我们可以这么做，我们可以关心环境，如小块颜色，或者是使皮肤发生变形的风的感觉；或者是当我们穿过地板时肌肉中的张力，但是我们很少这么做。我们只有当感觉偏离常规时，当感觉变得让人愉悦或者不愉悦时才开始关心感觉。有这样的环境，即某人所获得的感觉是非常令人愉快的。穿越光影斑驳的地块，当某人站在海滩边时，风吹在某人的脸上，并且呼吸的空气含氧量很高，感觉到热或是感受到从水上吹过来的寒冷的微风——这些都是一些让人意识到知觉的感觉方面的环境。感觉美学是人对环境反应的重要组成部分。就环境设计师的关注层面说，对这个主题缺少研究使之在这本书里不可能成为一个讨论的话题。但它仍然是行为科学对环境设计理论有潜在贡献的领域。

形式美学自从研究关于设计的自我意识以来，对于设计者来说一直是个中心话题。这个话题的焦点以前一直是环境的视觉结构。在本书中也是一样。这并不是否定人们在评价环境中声音、触觉和嗅觉体验的作用。研究的焦点是关于视觉的，除了关于不同模式的建筑和房间的声学品质的研究。这方面的研究更多的是物理学家的研究而不是行为科学。因此，对于环境设计理论的行为科学的研究的贡献主要是在关于环境的视觉品质上。关注点是关于它的综合品质或是几何品质。也有一些是研究有关是否形式美学是和符号美学相分离的。也许它只是设计者们创造的一个与自身以及其他鉴赏家们进行交流的另外一个符号系统。特别是关于表达的概念一直是争论的主题。这主要依赖于某人是否接受关于感觉的格式塔理论，并且某人是否把表达看作是形式或者是符号美学的话题。在这里可以在两个地方来表述这个基本的话题。

符号美学是关注于那些能给人带来愉悦的环境的相关联的意义。环境不可避免地是一个符号系统，这个系统给出"关于价值、意义和喜欢等概念的详细表达"（Rapoport，1977）。因此环境的符号主义论对人们喜欢或不喜欢很重要。

结论——艺术品

如果一个物品或者一个环境能够在一个人或者一群人与另一个人或者一群人之间传递信息，那么它可以被当做是一件艺术品。一些物体被有意地设计来服务于这种目的；另一些则是通过时间的积累来获得这种功能。在后一种案例中的作品开始时没有被当做是一件艺术品，但它获得了意义。艺术品因此是人工展示的，这种展示可以是一种形式化的——本身模式化的——或者是一种处理关联价值的符号性展示。这种定义包含了诸如绘画、音乐创作、建筑和景观等作品，创作这些作品的目的是把它们当做艺术品，同时也是普通物体。这些物体被理解成是只服务于纯粹的实用目的，但是慢慢地被当做是艺术品。因此，一件西非的雕塑也许感觉上只是驱除魔鬼的，却被当做是一件艺术品，虽然它的创作者从来没有把它当成艺术品。

如果人们接受这种定义的话，那么关于建筑、景观和城市设计可以得出许多结论：

1. 不是所有关于这些设计的信息都可以被当做是艺术作品的品质。人为的标准（准则）已经被确立来界定什么是、什么不是艺术品。这些准则在不同时期，对于不同的人群来说是不同的。它们是由"品味制造者"创立的（Lynes，1954）。因此，在新英格兰的瀑布线上的磨坊在它被建造的时期也许没有被当做是一件艺术品，但是现在却是一件艺术品，因为（a）这座建筑所传递的信息感觉已经改变了，而且/或者（b）评价它的形式模式或者其关联意义的价值观已经改变了。

2. 以下几点仍有待讨论：

（a）是否所有的准则都是基于生物学基础呢，或者都是由文化所决定的；

（b）是否存在于形式和符号美学之间的区别的基础是人类心理学；是否形式的展示仅仅是符号美学的一个次种类；

（c）是否在由建成形式所传递的符号信息和表达信息之间存在差异。

关于第二和第三项的回答有赖对第一项的回答。关于感觉有许多不同的理论，并且如果接受其中一种理论，而不是另一种的话，那么就会导致对以上问题的不同回答。

3. 建成环境在人类体验的任何维度上都可以被看作是艺术品。

参考文献

Albers, J. (1963) *Interaction of Color.* New Haven, CT: Yale University Press.

Arnheim, R. (1949) The Gestalt theory of expression. *Psychological Review*, 56, 156–71.

Arnheim, R. (1965) *Art and Visual Perception.* Berkeley and Los Angeles: University of California Press.

Arnheim, R. (1966) *Towards a Psychology of Art.* Berkeley and Los Angeles: University of California Press.

Arnheim, R. (1971) *Entropy and Art: An Essay on Disorder and Order.* Berkeley and Los Angeles: University of California Press.

Arnheim, R. (1977) *The Dynamics of Architectural Form.* Berkeley and Los Angeles: University of California Press.

Bense, M. (1969) *Einführung in die informationstheoretische Aesthetik.* Reinbek: Rohwolt.

Berlyne, D. E. (1960) *Conflict, Arousal and Curiosity.* New York: McGraw-Hill.

Boring, E. G. (1942) *Sensation and Perception in the History of Experimental Psychology.* New York: Appleton-Century.

Bosanquet, B. (1931) *Three Lectures on Aesthetics.* London: Macmillan.

Broadbent, G. (1966) Creativity. In S. A. Gregory (ed.), *The Design Method.* New York: Plenum Press.

Broadbent, G., Bunt, R. and Llorens, T. (eds) (1980) *Meaning and Behavior in the Built Environment.* New York: John Wiley.

Cole, M. v. B. (1960) A comparison of aesthetic systems: background for the identification of values in city design. Mimeograph, University of California at Berkeley.

Cullen, G. (1962) *Townscape.* London: Architectural Press.

de Saussure, F. (1915) *Course in General Linguistics*, trans. W. Barker. New York: McGraw-Hill (1959).

Dewey, J. (1920) *How We Think.* London: Heath.

Dewey, J. (1934) *Art as Experience.* New York: Putnam.

Ehrenzweig, A. (1967) *The Hidden Order of Art: A Study in the Psychology of Artistic Imagin-*

ation. Berkeley: University of California Press.

Fechner, G. T. (1876) *Vorschule der Aesthetik*. Leipzig: Gebr. Mann.

Frank, H. (1959) *Grundlagenprobleme der Informationsästhetik und erste Anwending auf die Mime pure*. Quickborn: Verlag Schnelle.

Gandelsonas, M. (1974) Linguistic and semiotic models in architecture. In W. R. Spillers (ed.), *Basic Questions of Design Theory*. New York: American Elsevier, pp. 39–54.

Gibson, J. J. (1950) *The Perception of the Visual World*. Boston: Houghton Mifflin.

Gibson, J. J. (1966) *The Senses Considered as Perceptual Systems*. Boston: Houghton Mifflin.

Gibson, J. J. (1979) *An Ecological Approach to Visual Perception*. Boston: Houghton Mifflin.

Halprin, L. (1965) Motation. *Progressive Architecture*, 46(7), 126–33.

Helson, H. (1948) Adaptation level as a basis for a quantitative theory of frames of reference. *Psychological Review*, 55, 297–313.

Helson, H. (1964) *Adaptation-level Theory*. New York: Harper & Row.

Heschong, L. (1979) *Thermal Delight in Architecture*. Cambridge, MA: MIT Press.

Jencks, C. (1969) Semiology and architecture. In C. Jencks and G. Baird (eds), *Meaning in Architecture*. New York: George Braziller, pp. 11–26.

Jencks, C. (1977) *The Language of Post-modern Architecture*. London: Academy.

Kandinsky, W. (1926) *Punkt und Linie zu Flache*. Munich: Langen. Published in English as *Point and Line to Plane*. New York: Guggenheim Museum, c.1947.

Kepes, Gyorgy (1944) *Language of Vision*. Cicago: Paul Theobald.

Klee, P. (1925) *Pädagogisches Skizzenbuch*. Munich: Langen. Translated by S. Moholoy-Nagy as *Pedagogical Sketchbook*. New York: Praeger, 1953.

Koffka, K. (1935) *Principles of Gestalt Psychology*. New York: Harcourt Brace.

Köhler, W. (1929) *Gestalt Psychology*. New York: Liveright.

Lyons, J. (1968) *Introduction to Theoretical Linguistics*. New York: McGraw-Hill.

Martienssen, R. D. (1956) *The Idea of Space in Greek Architecture*. Johannesburg: Witwatersrand University Press.

Moles, A. (1966) *Information Theory and Esthetic Perception*. Urbana: University of Illinois Press.

Montgomery, R. (1966) Comment on "Fear and House-as-Haven in the Lower Class." *Journal of the American Institute of Planners*, 32(1), 31–7.

Morawski, S. (1977) Contemporary approaches to aesthetic inquiry: absolute demands and limited possibilities. *Critical Inquiry*, 4 (Autumn), 55–83.

Morris, C. (1938) *Foundations of a Theory of Signs*. Chicago: University of Chicago Press.

Norberg-Schulz, C. (1965) *Intentions in Architecture*. Cambridge, MA: MIT Press.

Pepper, S. C. (1949) *The Basis of Criticism in the Arts*. Cambridge, MA: MIT Press.

Pickford, R. W. (1972) *Psychology and Visual Aesthetics*. London: Hutchinson Educational.

Prak, N. L. (1968) *The Language of Architecture*. The Hague: Mouton.

Rapoport, A. (1967) The personal element in housing: an argument for open-ended design. *Interbuild-Arena*, 14 (October), 44–6.

Rapoport, A. (1977) *Human Aspects of Urban Form*. New York: Pergamon.

Rapoport, A. and Kantor, R. E. (1967) Complexity and ambiguity in environmental design. *Journal of the American Institute of Planners*, 33(4), 210–21.

Rasmussen, S. E. (1959) *Experiencing Architecture*. Cambridge, MA: MIT Press.

Ruskin, J. (1885) *Works*. New York: John Wiley.

Santayana, G. (1896) *The Sense of Beauty*. New York: Dover, 1955.

Thiel, P. (1961) A sequence-experience notation for architectural and urban spaces. *Town Planning Review*, 32, 33–52.

Wales, Prince of (1984) Quoted in the *Times of India*, May 27, v.

Wertheimer, M. (1938) Gestalt theory, The general theoretical situation, and Laws of organization. In W. D. Ellis (ed.), *A Source Book of Gestalt Psychology*. London: Routledge & Kegan Paul, pp. 1–88.

第 22 章

作为艺术品的城市人造物

阿尔多·罗西（Aldo Rossi）

　　每当我们提到关于某个具体的城市人造物的个性和结构时，一系列话题就出现了，这些话题总的来说组成了一个能使我们分析某件艺术品的系统。既然现在的调查研究是试图确立和分辨出城市人造物的本质，那么我们应该首先说有一种东西存在于城市人造物的本质之中，这种东西使它们不仅仅是在隐喻的程度上表现得很像一件艺术品。它们是物质实体建造的，但尽管是物质，却大不相同；虽然它们本身受条件限制，但同时自身也是限制条件。

　　城市人造物这方面的"艺术性"与它们的品质、独特性，还有对它们的分析与定义紧密相关。这是个非常复杂的话题，即使不管它们的心理学特征，城市人造物自身已很复杂。虽然有可能对它们进行分析，但却很难定义他们。这个问题的本质对我来说一直是很特别的兴趣，我确信它与城市建筑直接相关。

　　任意选取一件城市人造物——一幢建筑、一条街道、一片区域——并尝试描绘它，一种和我们早先遇到的与在帕多瓦的法院（Palazzo della Ragione in Padua）相同的困难出现了。其中一些困难源于语言的模糊性，并且这些困难可以部分被克服，但是始终有一种体验，只有那些曾经穿越过某幢特定建筑、街道或街区的人才能识别。

　　因此，对某城市人造物有某种概念的人和那些曾经居住过的人的概念是不相同的。然而这些思考可以界定我们的目标；可能我们的任务主要在于从制作的角度来界定一种城市人工制品；换句话说，就是定义和分类一条街道、一个城市、一条城市中的街道；继而是这条街的位置和功能以及它的建筑；继而是这个城市可能的街道系统以及许多其他事物。

　　因此我们必须关心城市地理学、城市地形学、建筑学以及其他一些学科。问题决非易事，但也不是不可能的。在下文中我们将试图沿着这个思路进行分析。笼统地说，这意味着我们能够为任何城市确立一个合逻辑的地理学。这个合逻辑的地理学主要与语言、描述和分类等问题相关联。因此，我们可以把这些基本问题归结为类型问题，这种类型学还不是城市科学领域里的一个严肃的系统工作中的一个目标。在现有的分类系统的基础之上，有太多未经证实的假设，这不可避免地导致无意义的概括。

通过运用我上面想到过的那些法则，我们正在致力于一个对城市人造物更宽泛、更具体、更全面的分析。城市被看作是人类杰出的成就；也许它和那些只要有亲身体验过的城市人造物才可理解的东西有关联。把城市或最好把它叫做城市人造物定义为一件艺术品，实际上总是存在于城市研究中。我们也可以在许多非常不同时代的艺术家以及社会和宗教团体中不同的机构和描述之中探索它。在这后一种情况中，它总是和城市中特殊的场所、事件和形式紧密相连。

然而，关于城市作为一件艺术品的问题，首先明确地科学地表现出它和集体人工制品的性质的关系。并且我一直坚持没有任何城市研究可以忽视这个问题。那么城市集体人造物怎样与艺术品发生关联？社会生活中所有重大表现与艺术品一样，产生于一种无意识的生活之中。这种生活在前者是集体性的，而在后者是个体性的；但是这只是一种次要的差异，因为它们一个是公众的产品，而另一个是为公众服务的：公众提供了共同的标准。

克劳德·列维 – 斯特劳斯（Claude Lévi-Strauss）就这样提出的问题把城市研究带入一个有意想不到的发展的领域。他注意到，城市远比其他艺术品更能获得一种自然和人造物之间的平衡。城市是自然的产物，又是文化的主题。莫里斯·哈布瓦赫（Maurice Halbwachs）将这种分析深化了，他假设人类的想象和集体记忆是城市人造物的典型特征。

这些包含了城市结构复杂性的研究在卡洛·卡塔尼奥的作品中有个让人料想不到且不闻名的先例。他从没仔细考虑过城市人造物的艺术本质的问题，但是他在艺术和科学作为两门人类心智发展的具体表现学科间关系的思考，预告了这种解决办法。稍后，我将会讨论这种把城市当做历史学理想的原则概念，乡村和城市的联系，以及其他提出的话题是如何与城市人造物发生联系的。虽然在这方面上我对他如何研究城市很感兴趣，事实上卡塔尼奥从未区分过城市和乡村，因为他认为所有居住地都是人类的产物："……在这方面每个区域和荒蛮之地不同：它们是劳力的巨大贮藏所……这片土地因而不是自然的产物；它是我们双手的产物，我们人造的家园。"

城市和区域、耕地和森林成为人类杰作，因为它们是我们双手劳动成果的巨大宝库。至于作为我们"人造家园"以及被建造之物，它们也显示出价值；它们组成了记忆和永恒性。城市处于它的历史之中。因此，场所、人类和艺术品之间的关系——根据一种美学的终极性，作为最终的，形成和指导城市进化的决定性力量——为我们提供了一种研究城市的复杂模式。

当然，我们也必须考虑人们是如何在城市中规定自身的，他们对空间感知的进化和形态。我认为，这方面问题构成了最近一些美国作品中的最重要特征，最引人注目的是凯文·林奇的作品。这和空间的概念化直接相关，并且很大程度上是基于人类学研究和城市特性的基础之上。马克西米利安·索雷（Maximilien

Sorre）也用这种材料作了类似观察，特别是马塞尔·莫斯（Marcel Mauss）关于爱斯基摩人中的场所名和群体名一致的研究性工作。现在，以上讨论将仅仅在我们的研究中作为一种引导；只有在我们已经对城市人造物——作为人类环境的伟大、综合的再现的城市体——的其他几方面做了考察之后再回到这个导论，才会更有用。

我将对照其最稳定的和最重要的舞台背景——建筑来解释这种再现。有时，我问自己为什么不从这些方面分析建筑，即从把它当做是根据一种美学的概念去形成现实，组织材料的有丰富价值的人造物的角度。从这个角度来说，不仅仅是人类生存环境的场所；而且建筑自身也是环境的一个部分，且表现在城市及其纪念物、街区以及其他出现在居住空间之中的所有城市人造物之中。正是从这个观点出发，一些理论家试图去分析城市结构，去感知固定的点；即城市真正的结构性节点，在这些节点上人们发生各种活动的原因。

现在我要进行城市作为一种人造物的假想作为一种经过长时间产生的建筑或工程作品，这是开展工作的最重要的假设之一。

似乎卡米洛·西特的著作也给许多模糊问题以有效的答案。他在寻找不仅仅是技术性角度的城市构造法则时充分考虑了城市问题中的形态"美"："在我们的计划中有三种主要的城市规划方法以及一些辅助的类型。最主要的是棋盘形、放射形和三角形的系统。"次类型"大部分是这三者的混合物。从艺术角度说，他们中的任何一个都是无趣的，因为在它们的静脉里不是跳动着单一的艺术性血液。所有三者都和街道的布置模式有关，所以从一开始它们就只是一种技术。街道网络总是只为了交流而非艺术目的，由于它不能在感觉上被理解，所以，除了在平面图之中，永远不能被当成一个整体来理解。到现在为止，在我们的讨论中没有提到街道网络就是这个原因；那些古希腊、古罗马、纽伦堡或者威尼斯的街道也是一样。它们没有从艺术的角度考虑过，因为它们整体上是不可理解的。只有能进入观者的视角，能够看到的，才具有艺术的重要性：如单独一条街道或单独一个广场。

就其经验主义说，西特的警告很重要，在我看来，这使我回到了上文提到的美国式经验之中，美国的城市中，艺术品质可能被看成是一种能给符号以具体形式的功能。西特的教诲毫无疑问帮助我们防止了许多混乱。它向我们提出了城市建设的技术，在这些建设之中仍然有许多真切的要设计一个广场的时刻，继而是一种原则的出现，这种原则有逻辑性地传递和指导设计。但是某种程度上，设计的模式是一条单独街道和一个具体广场。

另外，西特的理论也包含了一个总的误解，因而，他把作为艺术品的城市降低成或多或少有点可读性的艺术片断，而不是具体的总体经验。我们相信两者颠倒一下才是正确的，整体总是比局部要重要。并且只有当城市人造物在整体之中，从街道系统和城市地形到那些在街道中来回地逛才能感受到的东西都是这个整体之中的组成物。自然，我们也必须从局部的角度来审视整体性的建筑。

我们必须从分类问题开始——建筑类型学和他们与城市的关系。这种关系是这个研究工作中基本假设的一个组成成分，且我将要从许多不同的视角来分析，总是把建筑物当成是城市整体的一个部分。这种立场对启蒙运动中的建筑理论家很清晰。杜兰德（Durand）在技术工程学校的课程中写道，"正如墙、柱等是组成建筑的元素一样，建筑物也是组成城市的元素。"

类型问题

城市首先是人造事物，它由建筑和所有那些对转化自然有实际意义的作品所组成。青铜时期的男人通过挖井、开穿凿道和水利等来建造人工的砖头岛屿，从而改造地面景观适用社会需要。第一座住宅把居住者从外部环境中遮蔽起来并且创造了人可以控制的气候；城市核心区的发展把这种控制扩展到了一种微型气候的创造延伸。新石器时代的村庄已经首先开始根据人类的需要来改造世界了。"人造家园"和人类的历史一样久远。

更精确地说，在这种改造的精神指引下，第一种居住的形式和类型，以及神庙和更复杂的建筑物被建构起来。类型随着对美的需求和渴望而发展。一种特定的类型与一种生活的形式和方法紧密相连，虽然它的具体形式在不同的社会之间大不相同，类型的概念因此成为建筑的基础，这是为理论和实践所证实的事实。

因此，类型的问题看起来很重要。它们总是深入到建筑的历史之中，并且遇到城市问题的时候自然地出现。理论家们如弗朗切斯科·米利齐亚（Francesco Milizia）从未把类型定义成这样，但是如下的论述却是可能的："一幢舒适的建筑由以下三个主要的条件组成：场地、形式以及它各部分之间的组成。"我把类型概念定义成一种永恒的、复杂的事物，一种先于形式的逻辑性原则，并且又构成了形式。

建筑界最重要的理论家之一，德昆西（Quatremère de Quincy）领会到这些问题的重要性，并且给类型和模式下了一个权威性的定义：

"'类型'这个词指的不完全是一件作为一种元素概念要被复制或被完美模仿的东西的形象，这种元素概念本身必须起着模式规则的作用。……模型，从艺术实践的角度来理解的话，是一种不断重复自身的事物；正相反，类型是一种事物，人们依据它能构想出完全不同的作品来。在模型中任何事物是精确且给定的。而在类型之中任何事物多多少少有点含糊不清。因此，我们认为类型的重复包含了感情和精神能觉察到的一切……"

"我们也认为所有的发明，尽管有随之而来的改变，总是会以一种对感性和理性都很清晰的方式保留最基本的原则。这好像一个核心围绕它形态的发展变化聚集和啮合起来，而物体对形态的发展变化很敏感。因此千万种事物呈现在我们面前，所以科学和哲学的一个最主要的任务是试图寻找到它们的本源和主要原因以便能理解它们的目标。这一定就是所谓的建筑中的"类型"，正如人类其他学科中的发明和惯例一样……我们为了清楚地表明"类型"一词的价值而卷入了这场讨论——隐喻性地拉进了许多作品——并且为了澄清其他人的错误，那些人要么认为类型不是一个模型而忽视它，要么是把暗示了某种独特的复制条件的模型的机械性强加于类型之上，从而错误地理解类型。

在这篇文章的第一部分，作者否认了类型可能是某种可被复制或模仿的事物，因为既然如此，没有"模式的创造"——如他在第二部分的断言，也就没有建筑的生产。第二部分表明，在建筑之中（不论是模式或是形式）有一种始终起作用的元素，这不是指那种建构性的事物，而是指建筑模式中所表现出来的事物。这是法则，建筑学中的结构性原则。

事实上，可以说这种原则是经久不变的。这种论述预定了建筑人造物被看成一种结构，且这种结构在人造物自身之中被展现且被感知。作为一个常量，这个原则或可称之为典型元素，或简化为类型，能在所有的建筑人造物之中找到。继而一种文化性的元素及诸如此类的元素一样能够在不同的建筑人造物之中被考察；类型学在这种方法上成就了建筑的分析性时刻，并且在城市层面上它变得很容易辨认。

因此，类型学是对那些不能再简化的类型的一种研究，是城市或者是建筑的元素。例如，单中心城市或建筑问题，即中心化了的或未中心化的问题，就是突出的类型学问题。没有一种类型只用一种形式就可以识别出来，即使所有的建筑形式可以简化成类型。简化的过程是必需的，逻辑性的操作，没有这种推测也不可能讨论形式问题。从这个角度来看，所有的建筑理论也是关于类型学的理论，在一个实际的设计之中，分辨这两者是很困难的。

类型因此是经久不变的，并以一种必需的特征显示自己；但是即使它是注定有的，都与技术、功能和风格有辩证的关系。也即是与建筑人造物的集体性特性和个性化时刻之间有一种辩证关系。例如，很清楚地，在宗教建筑中，中心式平面是一种固定和不变的类型。但即使是这样，每当一种中心式平面被选定时，许多相关的辩证性主题开始对教堂建筑起作用，对它的功能、建造技术，并且和教堂建筑中的集体社会活动起作用。我愿意相信住房的类型从古至今一直未变，这不是说实际的生活方式没有改变。也不是说新的生活方式总是不可能的。有凉廊的住房是个陈旧的设计；而平面中留出进入房间的走廊是必需的，并且在城市住宅之中到处可见。但是在这相同的主题下，在不同时期不同的住房之中有大量的变体。

最后，我们可以说类型就是最接近建筑本质的概念，不管它如何改变，它总是利用自身对"感性和理智"的影响作为建筑与城市的原则……

第 23 章

美学思想和城市设计

芭芭拉·鲁宾（Barbara Rubin）

在 20 世纪 70 年代早期，大西洋里奇菲尔德（Atlantic Richfield）石油公司（ARCO）曾经主办过一系列的广告，这些广告出现在美国的流行杂志上。这个系列的广告被冠名为"现实的……理想的"，其主要特征是全彩色、整页面的公共广告，这些广告不是为了能唤起人们对 ARCO 及其产品的注意，而主要是唤起人们对美国社会生活的不舒适，特别是其城市面貌的注意，在一个典型的广告中，"现实"被描述成一条城市商业街，这条商业街总体上被形容成"一条打扮得俗不可耐的主要街道……霓虹灯闪烁……糟糕的建筑物……挡住太阳的广告牌"（图 23.1）。与之形成对比的是，ARCO 的"理想"却不是表现商业环境，而是弗兰克·劳埃德·赖特设计的著名"流水别墅"，一座为有钱的业主而建的住宅，坐落于宾夕法尼亚的熊跑溪郊区。ARCO 对"理想"的描述是呼唤一种"既服务于美和长期性，同时又有实际用处的设计结构。人类最伟大的建筑成就是指那些与自然环境完美融合的设计，或者是某种程度上创造了他们自身的环境。这使得它们和周围的环境一样永久存在。"

ARCO 把国家中"现实的"和"理想的"图片并置的暗示，是坚持说明城市

The real

A new American art form is emerging
Main Street Garish
Some of our cities have become neon nightmares
Billboards block out the sun
Graceless buildings flank artless avenues
Man is separated from nature

In our haste to build and sell, we have constructed
a nation of impermanence There is a feeling of built-in
obsolescence in our cities and homes

图 23.1　大西洋里奇菲尔德（Atlantic Richfield）石油公司在 20 世纪 70 年代早期的广告竞争中用的"真实的场景"（照片：《时代杂志》，12 月 3 日，1973 年，p. 26）

图 23.2 沃尔沃公司设想的野蛮未开化的世界：该公司 1973 年的多媒体式的促销广播、电视和出版物 （照片：《时代杂志》，11 月 12 日，1973 年，p. 42）

商业环境不可避免地会是丑陋而且可能是不道德的，并且通过对比来显示乡村或郊区的环境是有益健康的和美丽的。也是通过广告这种媒介暗示这样一个概念，即我们对健康和美丽的环境的感觉是统一和相同的，并且我们也都同意"流水别墅"对于我们每个人来说都是可以达到的现实，只要我们把花花绿绿的霓虹灯从我们的城市中清除掉。

　　一个更加无情的关于城市环境的观点在由瑞典汽车制造公司——沃尔沃（Volvo）发布的广告中传播出来。为了宣传它的产品的可靠性，沃尔沃公司把它的汽车表现成了一种移动的堡垒——"一种为了不文明的世界而制造的文明汽车"。对于沃尔沃来说，"不文明的世界"就是当代城市，在其广告中生动地表现出的就是一面充满涂鸦的墙（图 23.2）。我们都知道涂鸦与青少年团伙、城市贫穷、冷漠、违法以及种族少数紧密相连——这些都是占主导地位的白种人，也是沃尔沃为其制造汽车的这些美国的高层阶级眼中的"不文明世界"的常规组成成分。

　　城市人口的多样性，或者是世界范围内的商品和服务的交换，这些都不会被城市文化的研究者当做是城市的成功之处。取而代之的是，城市的成功在于城市的非商业化，非工业化的机构之中，音乐交响乐团、艺术博物馆、公园、宗教或者是历史圣地、剧院、美术性的建筑，以及统一的纪念性的规划。

这种城市功能和城市"文化"的二分法反映了西方文明中更深刻的两极化，在西方文明对于艺术、音乐、诗歌以及其他"人类精神的高尚表现形式"的敏感，因其内在的形式特质而得到从内到外的全面赞赏。由于在审美行为中置入了主流价值观，文化学者们已经不可能将城市——现代城市——理解为以形式为载体的价值的象征表现。结果，我们还没有得到一种关于城市形态和城市功能以及其两者之间的思想层次关联性的非神秘化的和实用主义的特征。取而代之的是，现代城市令人信服的特征是这样一种环境：即"无尽的连串商业带"、"错综复杂的广告牌"、"难看的混合用途"、"便宜的，丽俗低级夜总会似的商店门面"、"粗俗的商业狂欢"等等。这些都是对城市功能的美学反应，这些功能都反映了对于"通过自由企业而建立的维护效率和保护个人自由的社会"的一种未曾明说却相当深刻的厌恶（Berry，1963，p. 2）。

谁设计城市？

在美国的城市化历史中，极少数几个超越功能性前提条件的总体规划是乔治·华盛顿（George Washington）在 18 世纪晚期时委托皮埃尔·朗方设计的国家新首都。与首都华盛顿的规划设计相比，美国的大多数城市呈现的是在地貌学框架中发展出的实用的单个功能性的"马赛克"。到 1890 年，几乎 30% 的美国人居住在城市里，这由于城市在 19 世纪史无前例的发展（Handlin and Handlin，1975，p. 143）。

在由郊区文化向逐渐增长的城市文化转变的过程中，美国的社会和经济权力的中心也在改变。19 世纪，新出现的企业家主要不仅仅要应对已有的城市增长，同时还要应对环绕在他们工作室和工厂四周的城市发展（Meier，1963，p. 76）。当一种"世袭"（"世袭"泛指通过诸如遗产继承等方式所获得的资金）制的土地贵族统治所有制把它的操作基础从郊区庄园转向城市时，它遇到的是大都市环境所固有的"新钱"（"新钱"指的是来自新兴的富裕阶层或者通过新的募集方式取得的资金）式的企业。这两者的对抗产生了矛盾。一来到城市，贵族式的土地所有制：

> 不仅仅期望一种奢侈的生活方式……它还期望对其地位的普遍默认……那些贵族——名副其实的，以及假定存在的——期望能够拥有他们原有的土地财产权。他们希望城市能够提供给他们优雅的广场以取代他们原有的家园，还要提供如画般的纪念馆、公园和林荫大道……而这些都是为那些骑在马背上的绅士和马车里的小姐服务的。（Handlin and Handlin，1975，p. 21－22）

　　建设城市的企业家们既不是出生于庄园，也还没有被这些经济力量的义务和协议所社会化。城市化中旧式土地所有制的贵族们在数量上和经济力量上不能和城市企业家们抗衡。然而，他们却声明他们生来就有的杰出地位。抓住上层文化中超验的符号，旧式土地所有制的精英们：

> 把剧院、歌剧院以及博物馆改变成为许多机构，以此显示其主导性……［它］把音乐转成古典的，艺术转成传统的大师，文学变成善本，这是拥有他们地位象征的符号。（Handlin and Handlin，1975，p. 21 - 22）

　　跟着模仿，新出现的企业家们同样根据他们自己对于衡量成功和完美的标准和喜好来定位自身。他为自己建造一些纪念性的公司和商业建筑，为自己做广告。在文化精英们争夺18世纪欧洲绘画大师的作品时，新兴的工业巨人则在城市范围内争夺领导地位（图23.3）。一个城市支持博物馆、歌剧院、剧场以及艺术画廊的能力受到市民的趣味和公共资金的限制；而城市支持纪念物成为商业和工业的能力仅仅受限于空间。

　　可以预言，文化精英们在他们操作这些"与文化结合"的机构时会感到很不舒服。到19世纪后半叶，他们已经把他们对剧院的操作转移到对城市环境的美学批评上。因为他们控制着"官方文化"的诸多机构，他们的美学运动有分量，有威信。他们发现城市商业街是"稀奇古怪的，刺眼的，使人心烦意乱的。"虽然他们深知"自由企业"的竞争本质，其基础在于个人自由，但他们反对在大片杂乱无章的摩天大楼中，把城市当做背景，去衬托"可怕的广告……（建筑物带着）强烈的色彩……巨大的高度（和）猛然的渺小"（Robinson，1901，p. 132）。

　　另外一方面来说，那些新出现的企业家，不管他们在19世纪晚期在城市空间的使用中所表现出来的无政府主义和个人主义的对待经济竞争的态

图23.3　案例显示建筑主导天际线的商业竞争：马里兰州巴尔的摩的 Bromo-Seltzer 塔楼

度，他们却抱有一种与他的财富同样大的文化渴望（Lynes，1955，p.167）。这些渴望成为易受攻击的根源。采取高层次的文化美学的专横制——对企业主来说是个未知领域——文化精英们不久就加入了建筑师、设计师、规划师和社会改革家们的队伍，一个高度全球性的职业化的时尚首创此团队。通过这个联盟，他们在 19 世纪后半叶试图整理并且传播"良好品位"的标准。[1]然而，"良好品位"工业还是比较新的，并且没有层级性的"良好品位学派"或者是"道德正确"的风格。商业大亨和企业家、工业家和发明家们都雇用他们认为是值得尊敬的建筑师或设计师，但结果却发现他们的新公司总部的照片，插图在专业杂志《建筑实录》（图 23.4）的一个常规栏目"建筑畸形"上。在这种环境中混乱盛行。

图 23.4　"建筑的畸变"：费城的记录建筑（照片：《建筑实录》，第一册，第三期，p.262）

解决混乱

美学立法的公布直到 20 世纪中叶才有。[2]在 19 世纪晚期，仅靠案例来说服别人就足够了，并且这是非常有效的方法。传播这些信息的媒介已经列位。

在英国、德国和法国、奥地利和美国（纽约和费城）于 19 世纪的后半叶举办了一系列的国际博览会和世界商品交易会。这些事件成为国家之间竞相展示文化和经济地位的场所；它们也是技术创新能够向世界传播的陈列柜（Pickett，1877）。最终，所有这些交易会隐含的维度变得十分明确：建筑包装的形式与它们含有的说教式的展示同等重要。纪念哥伦布发现新大陆四百周年的纪念会这个事件为文化精英及其联盟的职业品位制造者们提供了这样一个机会，以此机会来创造首届世界商品交易会，以此试图为建筑和城市设计制定一个标准。交易会于 1893 年在芝加哥举行。根据总建筑师丹尼尔·伯纳姆所说，它的监理建筑师、博览会的总平面和单个建筑旨在：

为了激发一种与古代人的纯粹理想相反的东西……这个博览会在思
想上所反映的会展现在对更好的建筑的需求上，并且设计师将会被迫放
弃他们的不连贯的原创力而去学习古代大师的建筑。那里已经展示了许
多人们见过且欣赏的好建筑。从今以后，人们不会再说伟大的古典形式
是不受欢迎的，人们自己会看到它，任何文字都抹不去。（Anon，1894，
p. 292）

换句话说，在19世纪晚期普遍盛行的美学混乱呼唤即刻作用，如适宜的建筑
设计。一种类型先例产生于法国，巴黎美院越来越注意培养建筑师设计一种混合
了存在于绝大部分欧洲城市中的早期建筑艺术的作品（Hamlin，1953，p. 605 -
609）。[3]巴黎美院艺术风格在1893年的芝加哥交易会上首次在美国展示。对于美国
来说，这种引进的巴黎美院设计的历史主义风格还没能调解新的城市建设与神圣
建筑遗产间的关系；美国城市太新了，以至于还没要求建筑师对它的敏感和博
学。相反，引入这种折中主义的古典/文艺复兴/巴洛克风格，旨在借助其同欧洲
和古代相连的"高雅文化"以整理出等级框架，然后用这个框架在美国就能区分
"好品位"和"坏品位"。

理想的经济学

在芝加哥，又俗称"白色城市"举行的哥伦布博览会有着惊人的影响力，它
的法院、宫殿、拱廊、柱廊、穹顶、塔楼、曲线步道、木质小岛、水池和植物展
示引得那些参观者欣喜若狂，对于这些参观者来说，"白色城市"从不缺少仙境。
它的纪念性雕塑和贡多拉点缀的水上航线以及咸水湖（为了博览会而专门创造出
的）这些明显地参照了"意大利明珠"——威尼斯（图23.5）。复杂和曲线式的
总平面也是与美国大多数19世纪城市的方格网模式相对照。

这次博览会作为一种一目了然、综合的三维建筑模式图册。一些人看到的是
美国的经济和文化成熟中对欧洲建筑的历史参考；另一些则认为它是一次炫耀性
的、精心策划的对建筑风格的发掘，以此来作为对社会和文化的宣传，而这掩盖
了"美国可怕的罪恶和不公正"（Fitch，1948，p. 127）。[4]关于这次博览会中引入
的巴黎美院艺术风格的含蓄的内涵讨论也掩盖了一种更加怪异的特征，对明白人
来说：其巨型规划设计和纪念性尺度的建筑来源于一种简单、统一、强加而来的
美学，它只有可能在一种完全中心化、独裁式的控制之下才可以实现。另外，这
样大规模计划的实现只有通过非中心化的财政资助才可能实现。大部分的资助来
源于公众。由银行和铁路公司和及其他公司购买的契约债券的公共保证人，公众
购买股票的订金（无支持和无保证的，并且最终无偿还的）以及公共允许的对博

图 23.5　1893 年的芝加哥博览会，丹尼尔·切斯特·弗伦奇的共和女神雕像矗立在顶上有四马二轮战车的列柱走廊围绕的庄严湖泊中心（照片：《shepp 的世界博览会摄影》环球圣经出版公司，芝加哥，1893 年，p. 23）

览会的费用，这使博览会建设变得可能（Anon，1893）。博览会对于精英的品味制造者、其说客、理论家和技术人员来说是没有任何财政负担的，对于城市建设者以及商业工业巨头们也没负担，对于他们来说设计的意图是作为一种教导。这就是"理想"的经济学。

现实经济学

　　1893 年的芝加哥博览会意图创造一种理想的城市形象，这种形象应被"广泛地理解和认可"（Cawelti，1968，p. 319）。为了实现这一目标，单个的行政区和竞争的企业被暂停，为了一种具有统一规划和美学品质的更高利益。像在"白色城市"中列出的这些理想看起来似乎没有对经济支持的明显意义。然而，博览会的成功却明确地列在了经济条目上——提高了铁路收益，300 万人参观了交易会给芝加哥留下约 1.05 亿美元的收入（Anon，1893）。

　　到 19 世纪晚期，参加国际博览会的人越来越多的是小规模的企业家，他们精于利用博览会所提供的商业机遇。例如，在 1876 年的费城百年博览会上；"精明的门外汉们"在城市拥有的博览会场地的神圣不可侵犯的辖区之外开发了一处

图 23.6 "开罗的街道"，一种 **Midway Plaisance** 风情的异国环境，哥伦比亚世界博览会，1893 年（照片：《**Shepp** 的世界博览会摄影》，环球圣经出版公司，芝加哥，1893 年，**p. 507**）

"娱乐场"，后来以 "shantyvile" 而知名（McCullough，1966，p. 31－34）。到 1893 年，这些商家所提供的支持首次被承认为是博览会的正式组成部分（如上）。但是因为新兴的城市美学思想不能承认商业，并且因为认为商业不是美学，在芝加哥博览会辖区之内一个独立的区域被单独拉出来用于这些商业活动——这个区域后来成为 "Midway Plaisance" 或叫做娱乐区。

Midway Plaisance 是个严格按照方格模式安排的独立区域，和博览会中心场地垂直正交。与"白色城"中曲折的公园、水池和宫殿进行严格的对比，Midway 只是 1 英里长，一个街区宽的街道，有一条中心轴线，在轴线两边是整齐排列的商业。Midway 以它明确的表现商业功能和其形态预期了 20 世纪成行的商业区和线性的商业中心。

原本，Midway 被构想为"人种学 Q 部"，用来集中展示"世界上特殊的和未知的人"（Barry，1901，p. 8）。因为一个活的人种博物馆和博览会的美学目标不一致，Q 部被指定的区域是和博览会城市相邻，而不是与之整合在一起，并且由自己来筹集资金。凭借着必须要实现利润的目的，"活的博物馆"以及它的辅助性活动（古玩、食品、娱乐和消遣）迅速成为了一种"狂欢的娱乐区域……就像戴着面具的荒唐事"（如上）。

环境则或多或少真实地展示他们的国外居民：达荷美人、荷兰、土耳其和美国印第安村落、摩尔宫殿、中国宝塔，以及开罗的街道（图 23.6）。文化商品推销被证明是有效的。喧闹的、多姿多彩的和竞争激烈的 Midway 中的商业与非经济性美学的理想巴黎美院艺术风格的"白色城"形成对照。虽然 Midway 也许在环境设计中，由于感觉的影响而牺牲了一些真实性，但是观者对其影响这样评价：

> 比那些死气沉沉的古董集会好得多。看到人们自己穿着自己的服装，以自己的态度，在建筑和商业中移动、活动，这比看着他们留在艺术或是其他空洞的盔甲和骨架中要有教育意义得多。（Snider，1895，p. 360－361）

Midway Plaisance 和"白色城"看起来是一种建筑幻觉。每个都是一种短暂的环境，在其中，它们的结构仅仅由拉毛灰泥附在木板条上（再和框架连接）而建成。拉毛灰泥被创造性地加工来造成一种永久性材料的感觉：砖、大理石、窿石、花岗石和其他材料以及其他表明材料和结构性整合的技术。几乎所有在 Midway 和"白色城市"中的建筑都被拆毁和丢弃了。然而，只剩下"白色城"试图"在人们的心中以及在打印机的墨水中留下遗存"（Bancroft，1893，p.4）。

博览会的精神残余可以清楚地从围墙之外出现的人工制品和一些项目中看出。芝加哥博览会被认为激起了"城市美化"运动，这个运动通过地方性市政艺术组织的运作而在全美国推广（Robinson，1901，p.275；Kriehn，1899；Blashfield，1899）。这场运动仅仅只关心城市美学，而不关心

图 23.7　"理想"城市与"现实"城市：在麦迪逊广场上的杜威拱门（**Dewey Arch**）与海因茨（**Heinz**）泡菜，纽约（照片：《市政事务》，第四册，1900 年，**p.275**）

城市功能的经济现实或者是贫穷的社会现实以及使得城市"丑陋"的阶级分层。

城市美化计划创造了博览会的巴洛克和新古典主义的建筑词汇以及规划句法在美国新的银行、市政厅、学校、摩天楼、消防站以及城市广场上的运用（图23.7）。城市家具如纽约城中的 Dewey Arch；

> 激起了地方性的自豪和国家兴趣，并且从第五大道到 Murray 山顶之间的 1 英里路程的特征在众多街道中是最引人注目的。在这整个距离之中，白天是闪耀的色彩，夜晚是炫目的电子灯光，拱形和雕塑……突显。（Warner，1900，p.276）

Dewey Arch 不是唯一一个主宰这个壮观场景的，与之对比的是：

> 在白天，[有] 30 英尺长的黄瓜，这黄瓜涂着鲜亮的绿色处于一片鲜红的布料上，后有橙色的背景，上面写有白色的字……在晚上，跳跃的

"57 种"闪烁的豆子、谷粒、等等洒在蜂拥于麦迪森广场上人们的脸上。(如上)

"白色城"的神圣"理想"以及 Midway 的世俗"现实"都已经逃离博览会区域的控制,但是在城市环境之中存在于"现实"和"理想"之间的界线却被模糊了。没有一种形式是神圣不可侵犯的,没有一种媒介不受开发的影响(图 23.5)。即使是芝加哥博览会的中心雕塑——丹尼尔·切斯特·弗伦奇(Daniel Chester French)的哥伦布的纪念雕塑最终也出现在广告牌上,并且被复制后出现在好莱坞商业墓地和森林草地中(图 23.8)。[5]

图 23.8　原版的共和女神雕像的三分之一大,森林草坪(Forest Lawn)的"共和女神像"矗立在公墓的自由法院中的乔治·华盛顿雕像对面。同样是原版的,这个"共和女神像"是弗伦奇(French)在芝加哥博览会之后做的两个雕像中的一个(高:18 英尺 2 英寸;头和胳膊是意大利卡拉拉地方所产白色带蓝纹的大理石,剩下的衣服是铜的,布料覆盖了金)

美学项目如此势不可挡的清晰地被芝加哥博览会描绘出来,广告灾祸到处充斥着美国的城市景观。它的进步被品味制造者立即看作是"文明的进步而不是文化"(如上,p. 269)。与一开始不同,"现实"与"理想"不同,它必须为自己的方式买单。

宣传机器向国外迁移

尽管"白色城"的初始影响巨大,博览会的美学宣传几乎马上在时空中消散开来。为了利用从芝加哥博览会开始的能量和动量,整个美国一系列的相似活动很快就接踵而来:1897 年,纳什维尔;1898 年,奥马哈;1901 年,布法罗;1904 年,圣路易斯;1905 年,波特兰。在每个案例中,商业和文化都被严格地分开,就像芝加哥案例中一样。巴黎美院艺术风格的"白色城"被以一种改动很小的不同尺度被复制,以此来强调理想的建筑和城市设计(图 23.9)。而城市设计的美学理想或多或少是静态的,商业的竞争性道德价值观促进了 Midway 商品推销的持续发展。

Midway 的特许权随着博览会向外迁移。在对它们的娱乐和诱惑力的持续调整和接受中,他们找到了对艺术和商业的最佳综合。使得 Midway 区域成为一个充满

图 23.9 以巴黎美院艺术风格为路易斯安那交易博览会建造的"白色城",圣路易斯 1904:节日大厅和盛大的盆(照片:《世界博览会》,官方出版,圣路易斯,1904 年)

活力的建筑商品推销的环境的动力是一种双重的考虑(图 23.10)。没有一种环境太过于奇异,没有一种体验过于不相容,以至于能从 Midway 的商业开发中逃离。在布法罗的 1901 年的泛美博览会上来参观的人被给予一次登上月球的机会,一位气衰的评论家悲叹说:

> 非常浪费的现代 Midway 几乎已经用光了地球。再多一些博览会的话,我们将不会再对什么产生惊喜和奇怪;而且这个有趣的词"外来的"将会从语言中消失。我们从哪里能够找到新的感觉呢?不是到黑暗大陆(指早期非洲)的中心;最黑暗的非洲在泛美国。不是到冰冻的北部;我们能够在布法罗纸制的冰川后看到愉快的、绑着皮、斜着眼睛的爱斯基摩人。不是到太平洋上遥远的岛屿;夏威夷和略带棕色的菲律宾人是我们的老朋友了。不是去日本茶园和艺妓女孩以及小跑的人力车的男人使得那种体验正值高潮。不是到墨西哥,不是到印度、斯里兰卡,也不是到阿拉伯的沙漠,这些都不能给我们一种彻底的兴奋与惊奇。……Lun 飞艇在 3 分钟之内到月球……对于耗光地球还不满意,他们已经准备着手耗光宇宙。瞧,这个世界是个被吮吸过的橙子。
> (Hartt,1901,p.1096)

到 1915 年博览会风波波及加利福尼亚。在开通巴拿马运河的时候，加利福尼亚举办了两次国际博览会。宏伟的设计在博览会向西迁移的过程之中并未有实质改变。在 1915 年旧金山博览会上，巴黎美院艺术风格的建筑环境是芝加哥"白色城"的多色版本。在与旧金山的博览会同时举行的圣迭戈博览会中，相同的建造技术（拉毛灰泥与木板黏附加在框架上）被用来创造一种西班牙/殖民式"传教风格"（mission style）的建筑，这最终使它对加利福尼亚的建筑历史做出了突出贡献。[6]

作为对城市设计者的教训，旧金山的巴黎美院艺术风格的景观甚至在它开始之前就已经是个时代错误；它代表了 1893 年芝加哥博览会就开始的风格的最后兴盛时期。然而，旧金山的娱乐区域却对城市设计产生了一定影响。

旧金山博览会中的 Midway 主要是用来获得商业生命力的吸引力和特权。

图 23.10　这个区域里的一个特异的立面：梦幻岛的入口，"泛美洲博览会中的 Midway 式的神秘感"，布法罗，1901 年。这种"神秘感"是在进入之后如何出去。"梦幻岛"是个迷宫（照片：《世界作品杂志》，1901 年 8 月）

第一次在一个博览会之中，它的管理者和设计者把注意力放在了商业娱乐区的设计上。不仅仅为博览会服务的职业设计者可以进入商业租借地，而且博览会的管理者们宣布所有的商业租借地必须在不借助广告牌和符号的帮助下有自身的可识别性（Todd，1921，p. 155）。

这条反符号法令的后果是，旧金山博览会中的商业娱乐区变成了一个超尺度的"签名建筑"区。每种诱惑成为它自身的广告，或者是以其三维形式，或是通过视觉暗示——"立面建筑"——黏附在结构的前面。一个巨大的金色佛像代表了日本本地场（图 23.11）。差不多有 90 英尺高的"小锡兵"，容纳了一个推销商品的亭子在他的脚里面（图 23.12）。老式铁路之声铁路公司（The Atchison，Topeka and Santa Fe）建造了一个亚利桑那大峡谷的比例模型；联合太平铁路公司复制了黄石公园（包括旧的宗教徒和旅馆）；一个巨大却是真实的印第安人村落，里面住着真正的印第安人，以及一个巴拿马运河的比例模型，且真能运行，包括两个大洋在其两端。其他的展品有 Blarney 城堡和萨摩村落，一群毛利部落人也在这个区域扎营（如上，p. 147 - 158）。娱乐和展示就像广告自身一样，依赖他们对持续的商业成功的建筑商品进行推销。

图 23.11　金佛像引起大家对"美丽的日本"在旧金山的泛太平洋博览会场地中的注意力，1915 年（照片：特辑，大学研究图书馆，加利福尼亚大学，洛杉矶）

图 23.12　90 英尺高，这些纪念性的锡制的玩具士兵的脚部是些商店，在旧金山的泛太平洋博览会上，1915 年（明信片：特辑，大学研究图书馆，加利福尼亚大学，洛杉矶）

在博览会开幕的那一天，所有 6000 英尺长的 Midway 除了其中的 26 英尺以外全部卖给了租界许可人。沿着这段空空的 26 英尺，租界地的管理者命令树起虚假立面并且上漆使得那段空的地段看起来是属于邻近的亭子或者剧院（如上，p. 158）。在一种对商业很特别的美学之下，任何行动的信号——不管如何的虚幻——都比空着要好。"空"使得经济平衡破裂并且暗示一种功能障碍和破坏因素。

留下墙的城市

Midway 的设计被承认是一种"不可缺少的花哨"，而博览会本身却是为了另外一种影响而设计："为了提炼并且提高感情，并且使感情变得高贵"（如上，p. 155，p. 173）。两者都有建筑上的教益。然而，美国的企业家们选择把娱乐区域风格开发成商业建筑并不奇怪：Midway 模式是二十年来在 Midway 竞争环境的温室下，深入细致的对商业形式的实验和改进的最终结果。

在加利福尼亚，特别是南加利福尼亚，从 Midway 到城市商业街的转变是很简单的，博览会中用来制造短暂结构的拉毛石灰的建造办法很适合南加利福尼亚的温和气候。在拉毛灰泥中加入水泥等胶粘材料——一种在圣迭戈和旧金山博览会时用的技术性突破，它使得拉毛石灰有颜色——是一种使以前不可靠的建造材料得到稳定的主要成分。[7]

这种风格的商业建筑在洛杉矶显得尤为明显，在洛杉矶的街道中看起来似乎充满风车面包店、巨大的玉米粉蒸肉、斯芬克斯头、室外钢琴、猫头鹰以及靠岸的船只（图 23.13）。[8]这些结构的最终本源被一位在 20 世纪 20 年代来到洛杉矶的游客确认，他注意到这里是一座这样的城市，即"一个人必须在这种 Midway Plaisance 的幻觉下买好自己每天的面包。"（Comstock，1928）。这种散布 Midway 景观的不真实性被好莱坞的电影工业所强化了，一位 1929 年去洛杉矶的瑞士游客惊奇道：

> 他们为什么建造特殊的好莱坞城？一个人几乎不知道这个真实的城市从何处终止而梦幻的城市从何处开始。我昨天没有见到一座教堂吗，并且相信它是属于制片厂的——最终仅仅是发现它是一座真的教堂吗？在这里什么是真实的什么是虚幻的？人们是在洛杉矶生活还是在游戏人生？（Moeschlin，1931，p. 98）

城市商业实体和好莱坞商业幻想的汇聚，加上南加利福尼亚的 Midway 风格结构的丰富性，使得该地区赢得了强行推销大本营的称号，在这个区域中，"文化"

图 23.13　a. 1920 年洛杉矶的风车面包房（照片：洛杉矶公共图书馆）；b. 墨西哥的一种烹调食物在 1930 年的洛杉矶（照片：洛杉矶公共图书馆）；c. 美好愿望的新教会轮船，Rest 广播工作室港湾，建于 1930 年中期，仍然在北好莱坞使用；d. 20 世纪 20 年代洛杉矶的 Hoot Owl 冰淇淋店（照片：特辑，大学研究图书馆，加利福尼亚大学，洛杉矶）；e. 巨大的红色钢琴样子的商店，20 世纪 30 年代建于洛杉矶，以及一个保存至 20世纪 70 年代的店，那时一些保护主义者们试图移植 ir（照片：Seymour Rosen，空间，包含在内）；f. 一个房地产公司在斯芬克斯头像内，洛杉矶（日期不明）（照片：John Pastier）

没有破坏商业密度，而是使得商业成为一种占主导地位的文化形式。然而，Midway 风格的建筑并不是南加利福尼亚独有的。长岛的一个家禽商店把自己弄成了巨大的鸭子；在波士顿的牛奶店可以是一个巨大的牛奶瓶；一个辛辛那提的快餐店被建造成一个巨大的三明治，侧面是纪念性尺度的盐和胡椒粉摇动器；一个得克萨斯的燃气站被建成一种石油钻井架的样子，而北卡罗来纳州的则建得像个海洋贝壳，在艾奥瓦，一个巨大的咖啡壶里在进行晚餐，在新奥尔良一个叫做"Crash Landing"的夜总会部分建造自 Lockheed 星座前部形状（又加上了翅膀）。[9] 这些以及数不清的没有记录下来的例子证明了全美国对 Midway 式的"签名建筑"的开发确实常常是形式追随功能的。

Midway 式的建筑气质迅速地把自己确立为商品推销的成功媒介。到 1920 年晚期，郊区的商业区（遵循了郊区居住区细分和发展模式）也有了它们的"签名"性的结构和建筑立面。商业对郊区居住边缘的侵占对于评论家来说与社会的病理学是同义的。使人不愉快的建筑设计似乎代表了一种等同于垃圾堆场对环境的破坏：

> 在任何大尺度美国城市中，新的远离中心的商业中心总是成为城市中最丑陋的，最难看的且是最无秩序的部分……各种颜色、规模、形状和设计的建筑挤作一团并且以一种最不雅观的方式混合在一起。一种混合了发光广告牌、难看的垃圾堆场、丑陋的公共厕所、不整洁的胡同，肮脏的运货码头、不相关的不相宜的混合了各种类型和用途的商店混合物；简陋的棚屋与好的建筑混在一起，清一色正方形未加装修的设计糟糕的建筑正制造混乱、难看和乏味，这些预示要玷污美国城市居民区美好的外观。（Glaab and Brown, 1967, p. 294–295，引于房地产开发商 Jesse C. Nichol, 1926）

但一个社会的空间组织，通过自由经营，在思想上受制于坚持效率和维护个人目的原则，这样的空间组织允许甚至要求商业中心的地区重复以及包含它们的竞争性和经济性建筑设计。

连锁加盟建筑

到 20 世纪中叶，对构成 Midway 哲学和形态学基础的经济竞争的矫饰已经成为一种惯用手法。签名建筑最终成为基石，在这个基石上大量的连锁加盟工业在第二次世界大战之后在美国发展起来。

连锁加盟在美国已经成为一种市场化以及基于对领地的清晰描述而来的对商品和服务的分配方法。美国连锁加盟的地理基础可以追溯到由 Singer Sewing 机器公司在城市战争结束时设计的商品推销系统。之后，汽车工业发展了一套相似的连锁加盟商人系统，以此来对汽车实行全美国分配，并且随着汽车连锁加盟的增殖，一个全美性的连锁加盟服务站网络也被建立。在世纪转折时，可口可乐和百事可乐也类似地开创了它们的饮料王国，主要依靠连锁加盟分配的方法。到 20 世纪 20 年代，著名的霍华德·约翰逊（Howard Johnson）以及 A&W Root 啤酒也加入了美国连锁加盟网络之中。这种连锁加盟的分配方法直到 20 世纪 50 年代才引起了大范围的竞争（Anon，1972，p.1 - 2）。

在连锁加盟内的每一个单元经常被误认为是一个巨大的公司，并且以其公司的表征掩盖了国家差异，其实每个单元是一个地方性拥有的，由独立的企业家运作的商业。其拥有者通常是购买经营权并加盟，并以一种连锁加盟拥有者的被指定的姿态经营，这种经营也是在特定的地理区域和一定的时期之内。加盟权的购买总的来说包括总公司使用的方法、符号、商标和建筑风格，以及出售网络的供应商（Vaughan，1974，p.2）。努力制造一种"包装外观"和不顾其独立拥有权而维护一种"独特的产业链"，已使现代连锁加盟在市场的多重竞争中获得成功（Rosenberg and Bedell，1969，p.44）。

连锁加盟系统在它突然成为一种美国普遍的现象时已经存在一个世纪。在第二次世界大战末，越来越多的经济上疏远的美国人的联营，特别是复员的老兵们和失去家园的农民们都梦想着发财以及通过私人拥有商业而获得独立（Vaughan，1974，p.2）。一些连锁加盟的经营模式如此成功，以至于在 20 世纪 50 和 60 年代美国到处流行着连锁加盟的汉堡、冰淇淋、炸面圈、炸鸡、汽车旅馆以及出租汽车，都卷入国家级，地区级以及地方性市场的生死竞争中。在几乎每个案例中，一个连锁加盟都是因其签名建筑而与众不同。麦当劳的汉堡——一种最成功的连锁——经历了二十年的建筑上的进化，这种建筑象征了一种态度，这种态度的价值观由形式传递出来。

麦当劳在 1955 年成为一种连锁加盟的操作系统，最早的麦当劳由麦当劳兄弟在加利福尼亚的圣伯纳第诺建成，当时麦当兄弟拥有且经营一家以他们的名字命名的汽车外卖店。而由这种简单模式向国际化的连锁加盟网络的转变是由雷·克罗克（Ray Kroc）完成的，他是一位旅行推销员，被这种简单的商店产生的商业量而震动。[10] 整合到这种转变之中的是麦当劳的名字和签名性结构，这种结构与其扩张的开始阶段的产品是同义的，一座有红白条纹的建筑，黄色的、超大的窗，一对醒目的拱穿过屋顶。这些"金色的拱"当从合适角度看时是字母"M"（图 23.14）。一代美国人已经证实了如此高度抽象的签名建筑能有效地表明标准的汉堡、泡沫牛奶和法式炸薯条。

然而，随着这种连锁加盟的系统开始扩张，原先的麦当劳签名建筑却不适合于温和的气候。这种建筑原来是为了圣伯纳迪诺的半沙漠地区而设计的；它有着巨大的悬挂屋顶，巨大的窗户，没有基座，仅仅需要一个屋顶上的蒸汽冷却器，并没有为加热设施留出空间（Kroc，1977，p.70）。为了确保签名建筑对这种连锁

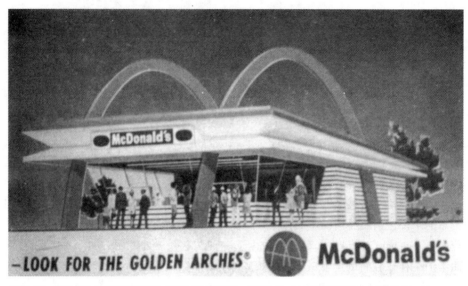

图 23.14 1950 年的原版麦当劳建筑（广告用的明信片，归还一个卡片可以免费有一个汉堡）

加盟成功的重要性，公司设计一系列的适应不同气候条件的建筑，看不出对于特征元素有什么改变。到 20 世纪 60 年代中，麦当劳"金色拱"覆盖了全美国，每家店拥有大量的已被麦当劳出售的汉堡（当时可能有十亿个）。同时，从加利福尼亚——产生最原本形式的发源地——传出来金色拱的汉堡销售开始下滑（同前）。因为洛杉矶曾经是汽车餐馆的发源地，总公司派了一名调查员到这座城市。他在"一座非常干净"的麦当劳店前进行他的现场研究，而那个麦当劳店并没有做任何生意，他观察道：

> 在稀奇古怪外观的小汽车中的人流，以及带狗的步行者都是典型的洛杉矶人。[他总结道]："我们在这里不能将人拉进来的原因是因为这些金色的拱和景色正好融合一起。人们甚至看不到它们，我们必须用一些不同的东西来引起他们的注意。"（如上，p. 127）

洛杉矶的经验强调了签名建筑的极端形式的主要限制：在一种高度竞争的商业环境中，通过一些幻想的倒置，非凡的东西变得普通并因此看不清了；那些受拘束的和不惹眼的东西却突显了。

在 20 世纪 60 年代中期，麦当劳开创了一种新的建筑风格来适应它连锁加盟的结构。麦当劳采纳了一些批评家的意见，即那些长期以来指责那种平屋顶、糖果条纹、金色拱的设计，认为它是美国城市中视觉破坏原因之一，麦当劳"新"的建筑风格手法依靠的是"高贵"，传统的形式、材料和行为模式，砖表面的建筑配着对折斜坡屋顶，假的古代家具和固定装置，以及室内的就餐区（同上，

图 23.15　20 世纪 60 年代末的麦当劳"新外观"：砖墙，双重斜坡的屋顶和室内进餐空间。建于圣莫尼卡，20 世纪 60 年代

p. 161）。[11]因为连锁加盟的标志主要依靠"金色拱"主题，这种元素以一种简化的、分离的、二维的样式而被保存下来作为签名的主要特征，与结构彻底没有关系（图 23.15）。把这种签名元素从结构中分离出来，造成了一种很好的经济感觉因为它使得一幢建筑转变为其他的商业用途变得很容易。

追随麦当劳这个先例，在 20 世纪 60 年代许多连锁加盟也不使用签名建筑，而是更喜爱把一种便携的连锁加盟的标识放在他们租的非常传统的建筑旁边（图 23.16、图 23.17）。然而，另外一些公司选择风险投资继续 Midway 式的商品成功推销（图 23.18）。而且，早期阶段的连锁加盟建筑似乎刺激了建筑设计的复兴，这种设计的基础主要是 Midway 原则。企业家们开始不按连锁加盟的模式进行商业运作，在 20 世纪 60 年代末，又一次利用不寻常的形式和建筑装配艺术的潜力，以此来吸引注意力，使人惊奇、使人高兴。正如在 1915 年旧金山博览会中发掘出来的巨构主义，并且后来在 20 世纪 20 和 30 年代在各区域中支撑了城市化和郊区化的发展的巨构主义又开始出现了（图 23.19）。和早期的拉毛灰泥结构不同，这些 20 世纪后出现的建筑上的怪念头代表了一种真实的经济投资：为一家重型装备公司而设计的吓人的办公楼；维多利亚站（Victoria Station）（从其成功的开始阶段就复制了一连串和大量的不相关的模仿者）作为一个装货汽车和火车守车中聚集的餐馆，而 Best Products 公司却以其"未完成的立面"的建筑引起了全美国性的注意，萨克拉门托县的一个陈列室看起来在角上被咬了一口（实际上是其入口）（Kinchen，1977）。

图 23.16　盒子中的杰克：正方形的建筑，有可变的立面和独立的符号，洛杉矶

在这些强化过的建筑化商品推销的环境之中，现代城市商业建筑不可避免地和它的资源拉得更近了。20 世纪 70 年代的"主题"商业中心和室内购物中心提供了一种他时他地的幻觉。就像它们竭力仿效的 Midway Plaisance 一样，它们代表了一种密封的飞地，在其中推销一种国际化的商品、服务以及异国情调的体验（图 23.20）。当然，这方面的极端建筑是迪斯尼乐园，它本身就是 19 世纪和 20 世纪以来美国世界性交易会的集大成者。[12] 事实上，很少有人去区分传统的零售化的商品推销形式与迪斯尼版的仙境：对一个刚开放的位于洛杉矶的新区域商业中心的一篇建筑评论被冠名为"娱乐公园的一种新类型"（Seidenbaum，1976）。

图 23.17　Colonel Sanders 的肯德基炸鸡，有砖的细部，双重斜坡的屋顶和独立的符号，圣莫尼卡

图 23.18　1963 年首次成功出现在洛杉矶的 Taco Bell，并且在 1965 年成为一家连锁店。到 1970 年中，325 家连锁分店售出，最大的集中型的 Taco Bell 在中西部，加利福尼亚和得克萨斯。这个是在圣莫尼卡拍摄的，1966 年建造（"大有希望的马纳纳"，《Forbes》，第 120 册，8 月 1 日，1977 年）

令人信服的美学

当城市商业建筑的风格和形式在美国发展的时候，演员们也在为城市社会和经济生活的支配地位而竞争。对于绝大部分城市来说，城市形态的最主要特征已经由工业家和企业家在 19 世纪晚期和 20 世纪早期就刻画出来了。而 20 世纪后半叶的主要特征恐怕只是在城市空隙之中进行填充。主要的经济功能——工业、商业和政府——继续占据中心场地和卫星城镇节点，并且通过垂直方向的扩张来提

图 23.19　一个两层拖拉机样的办公楼，由联邦机械公司建造，加利福尼亚 Fresno 附近；建筑师设计的结构在 1977 年完成

高密度。然而，更加廉价的水平方向的城市扩张主要由小规模的企业实行。

争夺对城市空间——并且最终是对城市生活——的控制的问题使得郊区地主也卷入争夺 19 世纪的城市——这个问题和今天企业精英们遇到的问题是相同的。一点也不奇怪，当代的精英们利用同样的机构，就像他们的前辈一样，通过这些机构试图达到相同的目标。文化的中心以及它们的品味制造、方向设

图 23.20 旧式的城镇购物中心，在 1970 年早期建于托兰斯［美国加利福尼亚州西南部城市］一个封闭的商业中心，加利福尼亚州，把迪斯尼的主要街道作为其设计原型

定、文化批准等的功能已经在国家级的尺度上被政治的、企业的和杰出家庭阶层的人操控。商业和家族谱系在区域和地方性尺度上起着同样的作用。尤其是高层次教育被认定为品味标准，并且实质上是文化标准的"唯一的最强大的因素"（Burck，1959）。[13]因此在 20 世纪后半叶发现职业的品味制造团队中已经包括了教育者就不奇怪了，这些教育者的作用是，传播由那些操纵他们机构的人限定的"官方文化"。就像 19 世纪的耕地所有制精英们试图抵消和转移企业主们不断增长的经济力量一样，现在占主导的企业精英们试图控制和摆布大众文化和小规模企业主。

　　发掘美国城市美学的思想体系是很难去驳斥的。它的目标令人着迷，它看起来和其他的美国思想体系不矛盾，这个另类的思想体系假定社会的任务是通过自由企业来保护个人自由。在 19 世纪文化精英和职业的品味制造者严厉斥责企业垄断，而这些企业已经开始主导城市天际线。他们在 20 世纪的对应物则对无数的小商业大加指责，这些小商业充满了城市空隙并且占据了有价值的城市空间。当代的城市林荫大道的主要特征是"符号和广告牌的狂欢会……不带有风格和统一性，没有建筑和任何美学"（Faris，1974）。城市商业被描述为"无情的，压迫性地攻击人的感觉……推销的节拍几乎是不停的，就像生活在雨季中的锡屋顶下"（Chapman，1977）。小商贩被指责为：

原始的建筑的叫卖，对城镇经济没有任何帮助。它们只是帮助来扼杀它。它们不仅仅破坏了旧的建筑完整性，而且还破坏了城镇的完整性——纯洁、健康和诚实的形象。（Von Eckardt，1977）

因此这些评论家们的守则就会把那些通常最活跃和最脆弱的小商人和小企业家从城市的市场区排挤出去。这些人的资本如此有限，根底如此浅薄，以至于他们的生存有赖于最有效的活动图像：霓虹招牌、广告牌和玻璃纤维的标志物（图 23.21）。毫不奇怪，每当城市空间增值时，美学运动就有了劲头。

然而，在"原始的建筑的叫卖"变成大规模的企业成功之处，品味制造者们的轻蔑变成了尊敬。当麦当劳法则被认定起作用时，它的建筑马上变成了：

图 23.21　Lowe 的轮胎人，林肯林荫大道上的吸引注意力的物体，洛杉矶的一个商业路线

建筑阶层里的十分严肃的讨论对象。詹姆斯·沃尔尼·赖特（James Volney Righter），一位在耶鲁大学教建筑的老师，说他相信 [新] 风格"拥有巨大的潜力来连接生动的美国'流行'形式和其功能性用途以及建设的品质"。（Kroc，1977，p. 161）

埃达·路易斯·赫克斯塔布尔是《纽约时代》杂志的建筑评论家，他在这些城市乡土的商业形式之中开始发现"美学优点和文化意义"（Huxtable，1978）。查尔斯·詹克斯是一位建筑历史作家和老师，他以一种明显的犬儒主义提出：

既然你再也不能从坏的品味中逃离，你唯一能做的就是为它附加标准，和发现它何时的确是破坏性的和何时是令人愉悦的。今天，大多数人造物非常平庸而低劣，但是可喜的是，它们中的一些是令人畏惧的。我们不得不培养平庸的准则，不仅仅是为了生存而且是为了阻止那些可爱的荒谬的事变为一种仅仅是毫无价值的东西。（Jencks，1973）

专业的品味制造者们正在从事这些活动。1976 年，商业考古学会成立了，以

"促进对重要结构和商业建成环境符号的理解、记录和保护"（Liebs，1978）。更早些时候，耶鲁建筑师罗伯特·文丘里在他的《向拉斯韦加斯学习》（Venturi等，1972）一书中支持一种壮观的赌博式的建筑。在制造学术和专业资本的过程中，品味制造者已经开始为那些从早期的世界交易会的 Midway 中出来的建筑残余物赋予一种先验的意义。洛杉矶的很少存活下来的热狗、油炸圈饼和赛马现在被神化成重要的城市艺术：

> 所有地标物都在最终受到推土机和高层建筑的威胁而毁灭，没有一件物体会被人们以一种如此混合的感情来哀悼它，……从更洛可可时代来的遗老们，他们在 20 世纪 20 和 30 年代给南加利福尼亚州一种多彩而经常是不受欢迎的痕迹，就像是一种建筑的无政府状态的家园……回顾过去，最坏的怪僻建筑看起来不比不合时宜的建筑更失败。随着流行艺术的出现以及"同性恋"运动的出现，它们也许能出现在艺术画廊而不是在街角。（Anon，1965）

在美国的美学思想体系中，通常的理解是决定品味的人挣到钱，而挣到钱的人制造品味。在 20 世纪，这个逻辑主要是在城市环境之中表现出来：它在对城市区域和城市市场的竞争之中是关键性的。没有人因农民的谷仓缺乏美感而去打扰他。所有思想体系适应于它们的时间和空间。

这不是结论

在对美国城市环境中的当代商业形式和结构的考察中明显有个最根本的矛盾。对功能和形态的研究已经揭示了系统操作的连贯和有效性。城市经济环境固有的不稳定性是"自由企业"系统发展的必然结果。然而，城市的经济网络已被抽象并且从量上和地图绘制角度分析过了，揭示出被许多学者和政策制定者接受的逻辑和秩序。与之对照，城市商业的物质文化，以及分配和消费网络在其中运作的框架，被以正好相反的对立条件而描述。很少文化学者们会声称建筑形式和商业竞争的句法符合一种清晰的模式，而这种模式是来源于一种连贯的信仰和行为系统，与"自由企业"逻辑相一致，而这种逻辑为经济行为的分析提供了理性基础。由城市商业所占据的三维空间——世界博览会娱乐区的遗产——有着各种各样的机能障碍，甚至是病态的。这种概念分裂是如何从一个个同一的城市空间中从不同的方面发展而来，并且如何在一个简单的目标框架之中被解释？

有一种解释认为"美学推动"与对形状色彩或者关联组合的形式化评价没有关系。这种"美学推动"过滤了对三维空间的感觉。正如在这篇文章中按时间记事一样，很久以前美国城市化过程中的"优质品味"的商品推销被当做一种美学思想体系，而这种思想体系渗透进了公共政策和公共项目之中。各种不同的关于城市"丑陋"和城市"疫病"的定义已经被当做是宣传运动中的修辞性策略，以此来控制对迷人城市空间的使用。通常美学项目的花费，从 1893 年的"白色城市"开始，主要由那些受益最少的人来承担。但是，美学的思想体系继续对环境设计和城市发展产生影响，因为它被学术和政策决定者强化，这些人组成一个强大的"官方文化"联盟。美学思想仍然是一种强有力的手段，使得城市、经济和社会不平等长久存在，并且是另一种压制的思想体系的支撑因素：我们的经济是建立在通过自由企业而维护的效率基础上的。

学者和政策制造者们将不得不遇到从他们自己的研究证据中出现的不协调和断裂，这只是时间问题。最终他们将不得不超越现在的量化者和地图制作者对城市经济机制的二维讨论以及建筑评论家和建筑史学家的印象主义的价值判断。开始时，他们不得不检讨一些操作和特殊的辩护，这些操作和辩护已经扭曲并且妨碍了他们对于美国现代城市吓人的、错综复杂的关系的符号性、综合性和整体性的本质理解。在那片巨大的把"现实"和"理想"分离的真空地带上存在许多启迪的机会。

注释

1　Periodicals such as *Cassel's, Harper's New Monthly, Lippencott's, Atlantic Monthly, Scribners*, and others regularly featured treatises on appropriate and inappropriate development or embellishment of urban space, and appropriate life styles for urban culture.

2　In 1949, Congress passed the Federal Housing Act, making available a number of federal aids to local redevelopment agencies for the rehabilitation of substandard housing. The Housing Act required that displaced families be found housing, but it was not necessary to return them to their original site. As a result, virtually any urban site could be declared blighted by a local authority, and then reclaimed for shopping centers, luxury housing, or other high-yielding projects developed by private companies benefiting from public subsidies. By 1954, urban redevelopment was no longer viewed with alarm as a form of social engineering; rather, its programs were increasingly interpreted as the federal sanctioning of the use of police power to achieve aesthetic ends by seizing urban properties through condemnation in areas judged (by developers, planners and politicians) to be "blighted," and to rebuild these areas in conformity with imposed "master plans" (Scott, 1969, p. 491).

3　Many aspiring American architects received their training at l'Ecole des Beaux Arts in the nineteenth century and returned to the United States to promote a revival of its particular form of architectural historicism. The principal designer of the Chicago Exposition of 1893, Daniel Burnham, had not been trained at l'Ecole, but clearly subscribed to its principles.

4　For a summary of reactions to the Chicago Exposition, see Coles and Reed (1961, pp. 137–211).

5　An illustration of a cut-out Statue of Columbia gracing a billboard in Newark Meadows can be found in Warner (1900, p. 274). For an analysis of the development of Forest Lawn Cemetery, see Rubin (1976).

6　The Hispanic/colonial tradition in California architecture is discussed in Rubin (1977).

7　The Chicago Exposition of 1893 had been called "The White City" because technicians were unable to introduce pigment successfully into the stucco. The fair's promoters thus made a virtue out of a limitation in bestowing upon the colorless landscape the title "White City" (Anon., 1914, 1915; Denieville, 1915).

8　The structures illustrated, and others, are discussed and illustrated in Mayo (1933), Anon. (1965), Jencks (1973), and Fine (1977).

9　Long Island's Big Duck is illustrated in Blake (1964, p. 101) and discussed in Venturi and Brown (1971) and Wines (1972). The Sankey Milk Bottle and seashell service station are illustrated in *Historic Preservation*, 30(1).

10　Two books chronicle Ray Kroc's machinations in transforming a San Bernadino drive-in hamburger stand into an international franchise.

11　More recent McDonald's construction has superseded the mansard style, with emphasis on conforming to regional architectural flavor. A McDonald's constructed in 1977 in Santa Monica features a red-tiled roof and stucco walls in keeping with southern California's largely fabricated Spanish colonial tradition. In San Francisco, near City Hall, a McDonald's completed in August 1978 exhibits a formal modernism consistent with the most up-to-date construction in civic buildings and avant garde residential construction: greenhouse windows, large expanses of concrete wall meeting at unusual angles, and ornamental graphics.

12　Evidence for the origin of Disneyland is discussed in Rubin (1975).

13　The role of education and its impact upon the "American Way of Life: is cogently discussed in O'Toole (1977). Objections to the use of public cultural institutions and public monies for the dissemination and validation of "official culture" were outlined in an *anti catalog* (The Catalog Committee of Artists Meeting for Cultural Change, New York, 1977).

参考文献

Anon. (1893) The World's Fair balance sheet. *Review of Reviews*, 8 (November), 522–3.

Anon. (1894) Last words about the World's Fair. *Architectural Record*, III(3).

Anon. (1914) The color scheme at the Panama-Pacific International Exposition – a new departure. *Scribner's Magazine*, 56(3), 277.

Anon. (1915) The Great Internation Pan-Pacific Exposition. *Scientific American*, 112 (February 27), 194–5.

Anon. (1965) Low camp – a Kook's Tour of southern California's fast-disappearing unreal estate. *Los Angeles Magazine*, 10 (November), 35–6.

Anon. (1972) *Franchised Distribution*. New York: The Conference Board Inc.

Bancroft, H. H. (1893) *The Book of the Fair*. Chicago: The Bancroft Co.

Barry, R. H. (1901) *Snap Shots on the Midway of the Pan-American Exposition*. Buffalo, NY: R. A. Reid.

Berry, B. J. L. (1963) Commercial structure and commercial blight. Research paper no. 85, Department of Geography, University of Chicago.

Blake, P. (1964) *God's Own Junkyard*. New York: Holt, Rinehart and Winston.

Blashfield, E. H. (1899) A word for municipal art. *Municipal Affairs*, 3, 582–93.

Boas, M. and Chain, S. (1977) *Big Mac: The Unauthorized Story of McDonald's*. New York: New American Library.

Burck, G. (1959) How American taste is changing. *Fortune*, 60(1), 196.

Cawelti, J. C. (1968) America on display: the World's Fairs of 1876, 1893, 1933. In F. C. Jahar (ed.), *The Age of Industrialism in America*. New York: Free Press.

Chapman, J. (1977) Los Angeles is just too much. *Los Angeles Times*, June 28, part II, 7.

Coles, W. A. and Reed, H. H. Jr (1961) *Architecture in America: A Battle of Styles*. New York:

Appleton-Century-Crofts.

Comstock, S. (1928) The great American mirror: reflections from Los Angeles. *Harper's Monthly*, May, 715–23.

Denieville, P. E. (1915) Texture and color at the Panama-Pacific Exposition. *Architectural Record*, 38(5), 563–70.

Faris, G. (1974) Santa Monica Boulevard: the grotesque and the sublime. *Los Angeles Times*, February 17, part XI, 1

Fine, D. M. (1977) LA architecture as a blueprint for fiction. *Los Angeles Times Calendar*, December 11, 20–1.

Fitch, J. M. (1948) *American Building*. Boston: Houghton Mifflin.

Glaab, C. and Brown, A. T. (1967) *The Emergence of Metropolis: A History of Urban America*. London: Macmillan.

Hamlin, T. (1953) *Architecture through the Ages*. New York: G. P. Putnam's Sons.

Handlin, O. and Handlin, M. F. (1975) *The Wealth of the American People*. New York: McGraw-Hill.

Hartt, M. B. (1901) The play side of the Fair. *The World's Work*, August.

Huxtable, A. L. (1978) Architecture for a fast-food culture. *New York Times Magazine*, February 12, 23.

Jencks, C. (1973) Ersatz in LA. *Architectural Design*, 53(9), 596–601.

Kinchen, D. M. (1977) Indeterminate facade building opens. *Los Angeles Times*, April 17, part VIII, 5.

Kriehn, G. (1899) The city beautiful. *Municipal Affairs*, 3, 597.

Kroc, R., with Anderson, R. (1977) *Grinding It Out: The Making of McDonald's*. Chicago: Henry Regnery Co.

Liebs, C. H. (1978) Remeber our not-so-distant past? *Historic Preservation*, 30(1), 35.

Lynes, R. (1955) *The Taste-makers*. New York: Harper and Bros.

McCullough, E. (1966) *World's Fair Midways*. New York: Exposition Press.

Mayo, M. (1933) *Los Angeles*. New York.

Meier, R. L. (1963) The organization of technological innovation in urban environments. In O. Handlin (ed.), *The Historian and the City*. Cambridge, MA: MIT Press.

Moeschlin, F. (1931) *Amerika vom Auto aus*. Zurich: Erlenbach.

O'Toole, J. (1977) *Work, Learning and the American Future*. San Francisco: Jossey-Bass.

Pickett, C. E. (1877) The French Exposition of 1878. *San Francisco Examiner*, October 26.

Robinson, C. M. (1901) *Modern Civic Art*. New York: G. Putnam's Sons.

Rosenberg, R. and Bedell, M. (1969) *Profits from Franchising*. New York: McGraw-Hill.

Rubin, B. (1975) Monuments, magnets and pilgrimage sites: a genetic study in southern California. Unpublished doctoral dissertation, University of California, Los Angeles.

Rubin, B. (1976) The Forest Lawn aesthetic: a reappraisal. *Journal of the Los Angeles Institute of Contemporary Art*, 9, 10–15.

Rubin, B. (1977) A chronology of architecture in Los Angeles. *Annals, Association of American Geographers*, 67, 521–37.

Scott, M. (1969) *American City Planning since 1890*. Berkely: University of California Press.

Seidenbaum, A. (1976) A new kind of amusement park. *Los Angeles Times*, May 9, part VII, 1.

Snider, D. J. (1895) *World's Fair Studies*. Chicago: Sigma Publishing Co.

Todd, F. M. (1921) *The Story of the Exposition*. New York: G. P. Putnam's Sons.

Vaughan, C. L. (1974) *Franchising: Its Nature, Scope, Advantages, and Development*. Lexington, MA: Lexington Books.

Venturi, R. and Brown, D. S. (1971) Ugly and ordinary architecture of the decorated shed. *Architectural Forum*, 135 (November), 64–7.

Venturi, R., Brown, D. S. and Izenour, S. (1972) *Learning from Las Vegas*. Boston: MIT Press.

von Eckardt, W. (1977) The huckster peril on Main Street, USA. *Los Angeles Times*, December 7, part II, 11.

Warner, J. D. (1900) Advertising run mad. *Municipal Affairs*, IV (June).

Wines, J. (1972) Case for the big duck. *Architectural Forum*, 136 (April), 60–1.

第九部分

类型学

第24章

第三种类型学

安东尼·维德勒（Anthony Vidler）

　　自从 18 世纪中叶以来，有两种主导的类型学使建筑获得正统性：第一个把建筑还原到它的自然本源——一个原始棚屋的模型——不是简单地作为指令从历史角度解释源流，而是作为一种指导性原则，这与牛顿为宇宙物理所做的设想相类似。第二种是工业革命的产物，把建筑比作机器产品，认为建筑最重要的本质存在于机器化的人工世界中。洛吉耶（Laugier）的原始棚屋和边沁（Bentham）的圆形监狱（Panopticon）在现代时期之初分别代表了这两种类型范式。

　　两种类型学都坚持对理性科学继而是技术产品的信仰，都体现了时代最有进步意义的形式，并相信建筑的任务是与这些作为进步的动因保持形式一致，甚至引导了这些形式。

　　在当前对进步这一概念进行重新评价的时候，随着对现代运动的生产主义思想体系的评价，建筑师已经把目光转向建筑最原始的过去——如在前工业化城市显示出来的经过解释的形式基础。类型学话题又一次在建筑中出现了，这次不再是为了在实践之外寻求科学技术的合法性，而是认为在建筑本身之中有一种独有的和特殊的生产和解释模式。从阿尔多·罗西对 18 世纪城市的形式结构和制度类型的变形，到利昂·克里尔（Leon Krier）重新唤起由 18 世纪哲学家幻想的"原始的"棚屋类型记忆的草图，这些迅速多样化的案例表明了一种新的第三种类型学出现了。

　　我们可以将第三种类型学的基本属性描绘成一种信仰（espousal），不是抽象的，也不是技术乌托邦，而是作为地点的传统城市。城市，为分类提供素材，城市中的历史遗迹形态为其改建提供了基础。这第三种类型学，与前面两种的相同之处是，显然都是基于理性、分类和建筑中的公共观念而建立；而不同之处是，它并非万能的灵药，在建筑中没有终极的神化崇拜，没有绝对的来世。

I

　　这个小小的乡村棚屋乃是所有的建筑奇迹凭此构思出来的原型；在

实践中，由于画图更接近这个最早的模型的简洁性，避免了一些根本性的错误，而获得了真正的完美。垂直升起的木头给人柱子的概念。横跨在上面的水平构件给人楣的概念，最后，形成屋顶的倾斜构件给人一种山墙的概念。这就是所有被意识到的艺术的来源。（M. A. Laugier, 1755）

第一类型学，最终把建筑当做是自然本身最根本秩序的模仿物，它结合了棚屋的原始质朴性与完美几何的理想，这种几何被牛顿认为是指导物理的原则。因此，洛吉耶描绘了四根直立成完美方形的树为原始的柱子类型。而横跨其上的树枝是梁的形式，以及弯曲的树枝以形成屋顶的三角形，是山墙的类型。这些从自然元素而来的建筑元素形成一种牢不可破的链，并且根据固定的原则相互交织在一起，如果树/柱子是以这种方式结合成凉亭/棚屋的话，那么城市本身，成团的棚屋都很易受自然本源的原则影响。洛吉埃提到了城市——倒不如说是现存的、未规划且混乱的巴黎——当成是森林。森林/城市应通过园艺师的艺术方法被驯服，被赋予理性秩序；18 世纪晚期的理想城市因此被设想为花园；城市家的类型是勒诺特（法国园林建筑师），他会根据城市真正的基础性秩序中的几何性来修剪那些难以驾驭的自然。

在某种程度上，依靠建筑元素的自然本源理念当然迅速地在每种代表其"种类"的特定类型的建筑中扩展，或者说，就像是动物王国中每个成员一样。开始时，这个用来区分建筑类型的标准与识别性，以及单体的容貌紧密结合，就像布丰（Buffon）和林奈（Linnaeus）的分类系统一样。因此建筑的外在影响就是清晰地宣布它的总类别，以及它具体的次类别。后来这种类推被 19 世纪早期的功能性和规章性的分类所改变，生物的内在结构，它们的组织结构形式被当做是将它们按类型进行分组的标准。

按照这种类比，那些设计 19 世纪初出现的所需的新型公私建筑物的人，以物种的基本组织的同样方式开始考虑平面和剖面的分配，于是轴和椎骨实际上就变成同义了。这反映了一种发生在自然建筑的隐喻之中根本的改变，从一种植物性（树/棚屋）类比到一种动物性类比。这种改变与新兴的医药学派和临床手术的诞生相同步。

先不管迪朗（Durand）对洛吉耶公开表示的厌恶——嘲笑他没有墙的概念——正是这位工艺技术学院的教授把这两种孪生的生物性类推与建筑实践的词典相结合，使得建筑师至少不用管分类了，而是集中精力于建造问题上。这种融合的媒介是方格纸上的图表，图表上集合着基本的建造元素，其所依据的是对不同建筑类型的分类学进行归纳导出的组合规则，并且最终导致了无穷的组合和互换，纪念性和实用性的可能。在他的著作中，他认定建筑的自然史应该说存在于它自身的历史之中，它的发展与真实的自然的发展是同步的。在书中他描述了新的类型如何以相同的原则来建造。当这种观念在后来的十年之中被应用于继承自洛吉耶的结构理性主义上之后，产生的结果是由维奥莱·勒·迪克（Viollet Le Duc）发展的哥特式"骨架"结构的有机理论。古典理论的浪漫主义操作在把对象从教堂换成庙宇进行形式化的，继而是建筑的社会类型时是处在同一层级上的。

II

　　　　由于词类的双层意义，法语为我们提供了一种有用的定义。意义的变形导致了与大众语言的同义：一种人＝一种类型；并且从这种观点出发，即类型变成了人，我们理解了类型的重要拓展的可能性。因为人——类型是一种独特物理类型的复杂形式，在这种物理类型之中可以附加足够的标准。根据相同的规则，我们可以为这个物理类型确立一种标准的住宅配备：门、窗、楼梯、房间的高度等。（Le Corbusier，1927）

　　第二类型学替代了传统的实用、坚固和美观的三位一体，一种由经济标准而把手段和目的结合起来的辩证法，这种类型学只把建筑看作是一个技术问题而已。卓越的服从于精确功能法则的新机器，当它们在产品原材料之中工作时，由此成为效率的范式，曾经服从于类似法则的建筑似乎也以类似的效果与它难以驾驭的内容——使用者一起运作。高效率的建筑机器坐落在郊区，非常像纽科门（Newcomen）和瓦特（Watt）的早期蒸汽机，或是插入在城市肌理之中像水泵或者后来的工厂熔炉。这些机器——监狱、医院、穷人住宅——通过它们作为完整过程的自主性集中在它们自身操作领域之内，封闭在他们自身作为一个完整过程的自主性之内，它们几乎不需要把自己关在一个清晰的空间或是高墙之内。开始时它们一般对城市形态的影响很微小。

　　现代建筑的第二类型学在第二次工业革命开始之后，于19世纪末开始出现；它的出现迎合了大生产的需要，而且更特别的是，用机器进行大规模的机器生产。这种产品转变的影响给人另一种自然的幻觉。机器的性质以及人工再造的世界。

　　在第二类型学之中，现在的建筑等同于大生产的物体，它们自身服从于准达尔文主义的适者生存法则。从最小的工具到最复杂的机器组成的产品金字塔现在看起来类似于存在于柱子、房子和城市之间的关联。各种各样的努力都试图把旧的类型学与新的类型学相混合，以此来对特有的建构形式找出令人满意的答案：牛顿时代的基本几何形体现在引用来证明它们的经济品质、现代性品质以及纯粹性。它们被认为很适合于机器工具。

　　同时，偏爱古典的理论家们，如赫尔曼·穆特修斯（Hermann Muthesius）强调古代类型——神庙——和新的建筑——大量制造的物体——之间的同等性，试图来使新的机器世界稳定化，或者叫"文化化"。在当代开始阶段，一种潜在的新古典主义充满了类型学的理论之中，它的出现是需要在旧的建筑之前引证新的。古典世界又一次扮演了"原始的过去"的角色，现在的乌托邦可以在其中找到它怀旧的根源。

　　还没等到第一次世界大战结束，这些古典的东西就被扔掉了，至少在最先进的理论中是如此——这些理论被勒·柯布西耶和沃尔特·格罗皮乌斯（Water Gropius）越来越直接表述。福特式钢铁法则支配下的世界中，泰勒制的生产模式已经替代了新古典主义虚伪的金色梦想。建筑不比机器本身多，也不比它少，根据经济标准服务于人类需要，同时对人类需要产生影响。这时候的城市形象剧烈改变：洛吉耶的森林/公园在一个被绿色淹没的城市卫生学家的乌托邦中取得成功。启蒙运动的自然类比，本来是用来控制城市混乱的现实的，现在被拓展到控制整个自然。在修复公园中，产生的新公园的静静的建筑机器实际上消失在绿色的海洋之后。在这个对机器进步最终的神化之中，建筑正是在为其自身目的而追求控制的过程中被消耗。城市随之作为人造品和城邦也消失了。

　　在开始的两种现代建筑的类型学之中我们能够发现一个相同的基础，有赖于需要把建筑合法化为一种"自然的"现象，以及一个与产品的发展直接相关的自然类推的发展需要。两种类型学在某些方面都试图和建筑紧密相连，以便通过求助于自然科学或生产，赋予自身以价值，以及通过这两个互补的领域的同化作用而赋予自身以推动力。把建筑的"乌托邦"当作"课题"在最终也许是有进步性的，或者在其梦想之中是乡愁性的，但是其核心建立在这个前提上：如同自然本身一样，环境的形态影响并且最终控制了个人和集体的关系。

III

　　在前两种类型学之中，由人类制造的建筑通过与其自身之外的另一个"本质"进行比较而获得合法性。然而，如新理性主义者作品所例证的，第三类型学没有试图这种确认。柱子、房子和城市空间在联成一个牢不可破的连续链时，只代表了自身的本质，即建筑构件，它们的几何形，既不是自然主义的，也不是技术性的，而主要是建筑的。显然，这些当前设计所提到的本质并不比城市本身的本质多，也不比它少，这些本质没有特定时期的具体社会内容，并且只能讲述它自己的形式条件。

　　把城市作为新的类型学场地的概念明显出于这样一个欲望，即强调形式和历史的连续而抵制以前的元素性的、机构化的和机械化的类型学所产生的碎片。城市被视为一个整体，它的过去和现在在其物理结构中表露出来。在其中和它本身就是新的类型学。这个类型学不是由外围的独立元素建立起来的，也不是由外围的，根据使用、社会思想意识或是技术特征分类而成的物体集合而成：它完全是独立的，并且随时可以被分解成碎片。这些碎片不会再创造出有组织的类型形式，也不会重复过去的类型形式：它们依据三个层次的意义的准则而被选择和组合——首先，是继承自过去的存在形式的意义；其次，来源于具体的碎片及其边界，并且经常与以前的类型交叉；再次，把这些碎片重新重组到新的文脉之中。

这样一种"城市本体论"存在于现代主义乌托邦面前，真的很激进。它否定了所有的社会性乌托邦和对以前两百年来建筑的有进步意义的实证主义定义。建筑不再是一个为了被理解和构想而必须有一个假定"社会"的领域，不再是在特定的时间和地点对特定的社会状况的详细说明，即"建筑书写历史"。讨论功能性、社会风俗——任何超越建筑形式本身的东西——需要已经消逝。从这个观点出发，正如维克多·雨果（Victor Hugo）在1830年预见到的，通过印刷作品，以及后来通过大众媒介的交流，已经使得建筑从"社会读本"的角色变成了自身独立的专业领域。

这当然并不一定意味着建筑在这个角度上不再有任何功能，不再满足超越了"为艺术而艺术"的设计者的狂想之外的任何需要，而仅仅只是说创造物体和环境的主要条件不再一定要包括一种对形式和功能的统一的强调声明。这里，把城市看成是鉴别建筑类型学的场地是关键性的。在城市的经验累积中，如它的公共空间和机构化的形式等，我们可以理解一种类型学，这种类型学公然反抗对功能的一对一的阅读，却是同时相信在城市生活持续的传统之中的不同层级之间有关联。这种新的本体论在其特殊的形式特征之外的最大特征与简单的柱子、棚屋或是有用的机器不同，城市城邦永远在其本质上是政治的。城市的空间和机构形式的碎片重组，因此永远不能与它们拥有的以及新构成的政治含义相分离。

当一种特定的形式从城市的历史中取出时，不论如何被肢解，它们并没有被剥夺原有的政治和社会意义。形式的源本感觉，经过时间和人类经验积累而来的多层含义不可能被轻易地冲刷掉，当然新理性主义者也不愿以这种方式来净化他们的类型。倒相反这些类型所带有的意义可以被用来提供一种新的意义。理性主义者们介绍的操作技术，或者叫做基本的组合方法是把所选的类型变形——部分或者整体的——成为一种全新的实体，这些实体从对这些变形的理解之中获得它们的交流权力和潜在的规则。以阿尔多·罗西的Trieste市政厅项目为例，该项目在其复杂的形式中除了其他启发作用外，被理解为参考了18世纪晚期的监狱。在这种类型的首次定型时，正如皮拉内西（Piranesi）所说的，我们可以从《监狱》中看到对社会自身困境的强大理解，这个社会处在不完整的宗教信仰和唯物主义原因的平衡之中。现在，罗西把市政厅（本身在19世纪时是个引人瞩目的类型）归因于监狱的影响，同时获得了一种新层次意义，这个意义明显的是市政府的模糊条件的参考，在系统表达上，这两种类型尚未合并：实际上，市政厅已经被监狱矛盾的开放的拱廊建筑所代替。这种辩证关系明显地就像个传说：理解监狱参照的社会将仍旧会需要这样的提醒，当这种意向最终完全遗失了它的意义后，这个社会或者已经变成了一个完全的监狱，或者与之相反。在这个案例中展开的隐喻性对立可以在罗西的许多方案中看出来，并且在理性主义的作品中也可以看出来，不仅仅是从结构形式的角度，而且还有城市空间的角度。

这个新的类型学明显地对现代运动是批评性的；它利用 18 世纪城市的清晰性来指责由区域技术和 20 世纪的先进技术所引入当代城市生活的碎裂，非中心和形式不完整。当现代运动在紧密、束缚和不卫生的旧工业城市中发觉到地狱，而在充满了绿色的连贯空间之中发觉到天堂时——城市成了花园——作为现代城市主义批判工具的新类型学提倡连续的肌理，公共和私密的清晰区分，这种公共和私密由街道和广场的墙完成。可怕的是独立的建筑放在相似的公园之中。新类型学的英雄们因此没有对 19 世纪怀旧的、反城市的乌托邦，甚至没有对 20 世纪进步的工业化和技术进步的批判，他们更多的是作为对城市生活的仆人，用他们的设计技巧来解决道路、拱廊、街道和广场、公园和房屋，机构和存在于连续元素的类型学之中的知识问题，这些元素协调过去的肌理与现在的介入，以创造一种对城市的可理解的体验。

对于这种类型学，没有为其变形和目标而设的一套清晰的规则，也没有任何限定好了的系列的历史先例。也许根本不该这样；这种建筑实践的持续生命力在于它紧密结合了对当下的精确需求，并且没有对历史的全盘神化。除了要为它的恢复历史提供一个更突出的焦点，它在唤起历史时拒绝任何"乡愁"；它反对所有对形式的社会意义的统一描述，承认把任何单一的社会秩序的似是而非的品质归因于一种建筑秩序；它最终拒绝所有的折中主义，通过一种现代主义美学的镜头坚决过滤出它的"引证"。从这个角度说，它是一个彻底的现代运动，把它的信仰完全放在所有建筑的公共性本质上，而不同于过去十年中日益增长的自私和孤芳自赏的景象。从这点来说，它与那些后来自称为是后现代主义的浪漫主义完全不同，那些后现代主义——"市镇景观"、"条状城市"和"拼贴城市"——实际上类似于画家或是平民主义者借口下的资产阶级高雅文化的无尽重复。在新理性主义作品中，城市和它的类型学被重新确认为是对公共建筑的批判性角色进行恢复的唯一可能的基础，否则公共建筑这种角色会被生产和消费的无止境的循环所扼杀。

第 25 章

城市空间概念的类型学和形态学元素

罗布·克里尔（Rob Krier）

简介

这篇文章的基本前提是我深信在现代城市中我们已经失去了对传统城市空间的理解。这种丢失的原因对所有了解其居住环境并对今昔城镇规划成就的对比很敏感的城市居民来说是很熟悉的，而且这些人有勇气披露对事物发展方式的看法。仅仅坚持这样的主张对城镇规划的研究并没有多大帮助。必须清楚界定的事情是如何理解城市空间以及它在城市结构中所包含的意义。因此我们能够继续审视城市空间基于什么背景在当代的城镇规划之中保留一些正确性。在这种条件下的"空间"乃是一个热门的争论概念。我不想在这儿生成一个新定义，倒不如说是把它最本源的意义带回到当前。

"城市空间" 的定义

如果我们想不依靠那些堂皇的美学标准来澄清城市空间概念的话，我们不得不指明，城镇中建筑之间以及其他地方所有类型的空间均为城市空间。

这种空间被各种立面以几何形围合，只有这些几何特征的可读性以及它的美学品质才能使我们意识到这种室外空间是城市空间。

这种内 – 外空间的对立在本文中很明显，因为这两者不仅在功能也在形式上遵循很相似的法则。室内空间，避开天气和环境中而得到的，是私密性的象征；室外空间是适合于开敞环境（包括公共、半公共和私密领域）中开放的无阻碍的空间。

隐藏在城市空间的美学特质下的一些基本概念将在下面讲述，并且用类型加以系统分类。下面的分析中将试图在明确的美学因素和含糊的情感因素之间划出清晰的区分。每种美学分析都冒着偏爱主观问题而失败的风险。因为我能够从关于这个话题的许多讨论中观察到许多个人都不同的视觉和感觉习惯，它们被大量地从社会－政治和文化的角度加以讨论，这代表了其美学的真实性。例如，在艺术史中被接受的风格、巴洛克式城镇规划、革命建筑等都是有用且必需的。

然而，我发现它们总是与被讨论的时代中流行的社会结构联系在一起。当然这几乎难得被证明，即使由于统治阶级和他们的艺术家们的愿望，1600－1730年间欧洲艺术史的风格标准是为命运所决定的。当然对于历史学家来说，每个时期的历史形成一套有自己内在逻辑的部分，它不能被任意分割或与其他时期的元素互相替换。

创造性人物，例如艺术家，可能会有一套截然不同的方法。在施展他的美学才能中作出的一些决定不总是以那些明确解释的假设为基础。他的艺术"欲望"在这里很重要。一个时代的文化贡献是以一种由相互关联的现象组成的综合模式为基础的，这些相互关联的现象必定会成为历史学家的研究对象。这个例子将我们置入了一个在研究任何历史时期时都碰到的问题之中。在我们开始构建自己的理性系统时，我们必须仔细彻底地讨论这个案例。在艺术史中，每个时期总是从对它之前时期的功能和形式元素的吸收而逐步发展而来的。一个对历史越了解的社会，就越能容易和彻底地掌握历史性风格元素。这个自明之理很重要，它使艺术家和被普遍接受的以前历史时期的形式语汇之间的关系变得合理－这对20世纪和17世纪的艺术家都适用。

我不是希望能够重新发扬折中主义，而是仅仅为了警告那些对历史过于天真的理解和错误地认为罗马时期的建筑比希腊时期的建筑拙劣等，这有一种罪恶感，而从历史的角度来看仅仅是不正确而已。同样的错误仍然存在于今天，如人们对19世纪建筑的态度等。

我们的时代对历史有一种很明显的扭曲，只能用非理性来形容。勒·柯布西耶那时对"学院"明显的反对，并不是把自己假想成一个满怀理想，用新的强有力的新内容来感染大家的先锋以便与衰竭且过时的学院作斗争。

这种所谓的"先锋行动"是与历史的虚假断裂，事实上是一个艺术上的错误时期。事实是这样的：他放弃了传统的东西，直到艺术受到那些统治阶级的支持，这些统治阶级沉溺于合法性的复制，他们处于时代发展的领先地位，对于后来的时期有实质的影响。因此可以说，这是隔代反叛，因为"学院"继续存在，并且事实上它自身和其革命的追随者一样都存在一种对历史的混淆。

我在这里笼统谈论了现代时期，而不是谈论那些高于"时代意象"的著名天才人物。处于世纪之交的那代人不是感恩艺术领域当前的精英，而是去寻找新的榜样。他们发觉他们部分处于其他时代和大陆的大众艺术之中，这些艺术上迄今还没有得到什么的重视。

现在有一种从未有过的对匿名的绘画、雕塑、建筑、歌曲和音乐的探索之风，不顾他们的平民地位，他们对文化的贡献首次被正确评估。其他一些艺术家只在纯理论领域寻找他们的创造性材料，并且与视觉形式的基本元素以及其变形的潜力打交道（"抽象主义者"），而另一些艺术家们在社会评论以及对社会不公平的痛斥之中找到他们的材料，并且以很简单的方法执行他们的任务（"表现主义者"）。这种与精英艺术传统的分裂标志着艺术家努力挣脱雇主的束缚——统治阶级及其文化独裁——这种图谋甚至先于法国革命。

巴洛克城镇的布局这个例子以及其独特的形式和内容、意义已被提及过。我们必须更仔细地发问：

1. 从而产生的形式是创造性艺术家们的自由表现吗？

2. 或者，雇主阶层的艺术期望会影响艺术家吗？艺术家是否会被迫接受他们对形式的概念？

3. 是否存在同一时期，在不同国家或大陆的不同文化传统却流行相同的社会环境的基础上，产生了相同的艺术成果？

4. 或者，是否存在不同时期产生的不同艺术成果，每一成果分别是在相同国家中相同的社会条件下有相似的文化传统的发展之中的一个阶段。

在这一系列的互换变动之中，以下因素是相关的：美学、艺术家、雇主、社会环境、艺术表现的灵活性，受雇主影响的形式限定，受社会环境影响的形式限定、时尚、管理、发展水平、技术及其应用的潜力，总的文化环境、科学知识、启蒙、自然、景观、气候等。我们可以肯定地得出结论，任何这些相互关联的因素不能被孤立考虑。

凭着对这个问题的粗略概述，我们应该对那过分简化的无辨别力的观点提出警告。当然值得尽力去证实为什么我们现在能识别为 17 世纪创建的某些种类的城市空间。并且对于为什么 20 世纪的城镇规划只变成了最枯竭和稀少的公共基础的研究也会更加有趣。

以下分类并没有任何有价值判断。它仅仅清点了组成城市空间的基本形式，这些形式构成了城市空间，有一定范围的变形和组合。每个城市空间元素的美学品质的特性由他们的细节的结构性组合决定。我将试图在处理空间本质的物质特征时辨别这些特质。街道和广场是两种最基础的元素。在"室内空间"这个类别上，我们将会讨论门廊和房间。两者的空间形式和几何特征是一样的。他们的不同只在于包围他们的墙的维度不同，以及形成它们特质的功能和流线模式。

广场

在所有的可能性中，广场是人们第一个发现如何使用城市空间的办法。它由围绕一个开敞空间的住宅群所产生。这样的布局对内部空间提供了高等级的监控同时也通过最小化易受攻击的外表面积而有利于对外部侵犯的便捷防护。这类院落总是有一种标志性的价值，并且因此也被当做许多神圣场所的建造模型（集市、论坛、修道院、清真寺院子）。发明了这种围绕中心院落或是中庭而布置住宅的模式之后，这种空间模式成为未来的一种模型。在这里房间围绕一个中心庭院就像单体住宅单元围绕一个广场。

图 25.1

街道

街道是围绕着一个中心广场周围的所有可用空间上所建的建筑形成的聚合产物。它为土地分布提供一个框架，以及为单个地块提供入口。和广场相比，它有着更加明显的功能特征，广场因其尺度比街道更加迷人的消耗时间的场所，而在街道中，它限制了人们不得不卷入交通的奔忙之中。而其建筑背景只有在经过街道时才能感受到。我们所继承的城镇之中的街道布局是为了各不相同的功能目的而修建的。它们是按照人的尺度、马和马车的尺度来规划的。街道对于川流的机动车是不合适的。它只对人的川流和活动合适。它很少是作为一个自成一体的独立空间，就像是沿着一条单一街道的村庄。它主要是一个系统的局部。我们的历史城镇已经使我们对于由这种综合布局所产生的无穷无尽的空间关系感到熟悉了。

图 25.2

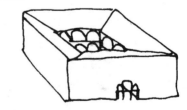

图 25.3　住宅

城市空间的典型功能

城镇的活动发生在公共和私密的领域。两者之中，人的行为模式是类似的。所以，其结果就是各时期人们组织公共空间的方法对于私人住宅的设计有很大影响。

我们几乎可以推断出一种使个人
和集体产生完美结合的社会习俗。这
里我们最最关心的是发生在城镇开放
空间中的活动：即一个在他熟悉的家
的领域之外的人的活动，以及他为什
么使用公共空间，例如，为了去工作、
购物、买卖、娱乐、休闲、体育、运
输等。虽然为汽车运行而设的沥青马
路仍旧叫做"街道"，它和这个词汇的
源本意义已没有关联。当然，人和货
物的机动运输是城镇中一个主要的功

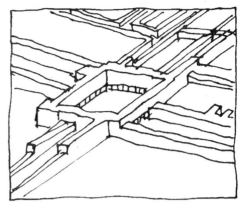

图 25.4　城市结构

能，但它无须任何周围空间做背景和支撑。它与像马车速度一样移动的人流和公
共交通车辆是不同的。今天，我们拥有林荫大道，这些大道依赖单列快速行进的
小汽车，人行道边的咖啡馆被人们不停地光顾，而不管空气已被排放的废气所污
染。看看这世纪转折之初的国际化大都市，如巴黎、罗马、柏林的规划就可发
现，空气被不同的方法污染了；为马粪、恶臭的污水、未收集的废料。城市卫生
问题如同城市自身一样古老，所不同的是现在人们被一氧化碳所毒害，而很少被
马粪。

基于卫生角度，我们已不能沉溺于这种林荫大道的浪漫幻想之中了，机动车
当今仍然继续占据街道，而把所有其他使用者排斥在外。

让我们在这里简要勾画一下由广场和街道所定义的空间的功能特性。

广场

这种空间模式非常适合居住用途。在私密领域它与内院和中庭发生关联。院
落住宅是城镇住宅里最古老的类型。而现在，人们不顾它的优点，已经变成一种
无用的建筑类型。人们很容易就会陷入到对思想意识的误解之中，人们担心这种
设计可能会强调一种集体的生活方式或是一种特殊的哲学。

另外，一定程度上对邻居的隔阂，无疑也压制了这种建筑类型。但是同样
的，集体的生活方式已在那些没有子女的少数年轻人中盛行，邻里社区的概念，
以及相伴随的建筑类型将很可能在不久的未来被重新接纳。

在公共领域，广场经历了相同的发展。市场、散步广场、仪式性广场、教堂
和市政厅前广场等，所有中世纪遗迹已经失去了它们原有的功能以及标志性内
涵，在许多地方它们仅仅通过保护的手段维持下来。

吉迪恩在《空间·时间·建筑》之中描述并痛惜建筑象征性的丢失。他以 20
世纪 30 年代为勒·柯布西耶以及 60 年代为伍重进行的文学支持表达了他的个人期
望。即这种丢失会在对艺术性的表达的无限原动力上得到补偿。他期望新的建造技

图 25.5　广场作为两条路的交叉点，固定的导向性节点，交会场所

术有相同的事物出现。我已经强调过空间和建筑的诗意内涵和美学品质的重要性。
我不是想在这个讨论之中介绍象征主义的概念，及其伦理和宗教的含义；并且我反
对美学和象征性种类的任何混淆。如果我认为卢浮宫除了是个博物馆之外，还可以
是住宅、城堡、办公楼等，我应清楚地指出我说的是空间或者是建筑类型，而不是
外表的细部或者是那些促成这种结构方案的历史和社会政治因素。不同空间类型的
美学价值独立于它短期存活的功能。它在不同时期有不同的解释。

另外一个澄清这个话题的案例：

从中世纪到现代，多层的院落住宅是作为城堡、文艺复兴和巴洛克宫殿的起

始建筑类型。19 世纪时，柏林的套房也是院宅，而不是宫殿。对帕拉第奥建筑熟悉的人能从中得出正确的结论。对材料的大量使用当然不是决定性的。如果是这样，那么帕拉第奥早就被忘却了。因此，即使是在 20 世纪，我也可以建造一个有内院的建筑，而不是试图去复制 16 世纪的宫殿建筑以及制造它的社会阶层。过去的朝代利用建筑类型来设计他们的住宅和显示他们的物质财富，这一点没有理由不应该用作今天住房的一个模式。

（我必须在这里补充一下，我对如何看待这种建筑形式的方法评论主要适用于德国文化观念，总的来说，一种可怕的含糊历史概念主宰着这个国家）。

早期的基督徒们对接受罗马的司法和商业建筑和巴西利卡作为他们的宗教纪念物的原型并不感到害怕。勒·柯布西耶从巴洛克城堡中看到了成行排列的居住单元。

当代设计的公共广场没有一个可以和以下的城市广场相比：布鲁塞尔的格兰德广场、南锡的斯坦尼斯拉斯广场、锡耶纳的卡比多广场、巴黎的凡登广场和沃思吉斯广场、马德里的市政广场、巴塞罗那的里尔广场。这些广场的产生，首先是它必须有意义的功能，其次是在整个城市系统中的正确适当的位置。

什么样的功能对广场是合适的呢？

当然是商业性活动，如市场，但最重要的是有文化本质的所有活动。公共管理办公、社区大厅、青年中心、图书馆、剧院和音乐厅、餐馆、酒吧等的设立。在中心广场中，只要可能，这些都应该是一天 24 小时活动的功能单位。在所有这些案例中，居住永远包括在内。

街道

在纯居住区中，街道总是被看作为公共流通和娱乐服务的。住宅后退街道的距离，正如今天德国的规定一样是很过分的，那种迷人的空间环境只有通过一些花招获得。在大多数情况下，除了按要求有供公共服务车辆的紧急出入口外，还有足够的空间用于花园。这种街道空间只有当它是系统的一个部分时才能运作，在此系统中人行出入口不设在街道上。这个系统会由于以下规划错误而变得不稳定：

1. 如果一些住宅和公寓不能直接从街道进入，而仅仅只能从后面进入。这样的街道失去了有活力的活动支撑。这导致了城市内部和外部空间之间的竞争。这种空间特性涉及在这两种领域内活动的公共性程度。

2. 如果车库和停车空间以这样一种方式安排的话，在小汽车和住宅之间的人流交通不会在街道空间上冲撞。

3. 如果游戏空间被挤到隔离区域内，仅仅是为了保护居住区的亲密性。对待邻居的同样神经质做法也会在公寓里体验到。家庭之外的汽车噪声被接受了，而室内的孩子们却不能在玩耍时有噪声。

4. 如果没有钱投资在公共开放空间之中，包括林荫道上的树木、铺装以及其他类似的街道家具，假设最重要的是空间的视觉吸引力。

5. 如果相邻住宅的美学品质被忽略，如果前端立面不和谐；如果不同区域的街道没有清晰的分开或者它们尺度不平衡。这些因素共同设定了街道和广场的功能连贯性的文化角色。达到城镇"空间诗化"的功能需求必须与达到任何技术需求一样自明。以一种纯粹的客观角度，这只是一些基本的东西。

你能设想人们不再制造音乐、画、拍电影、跳舞……？每个人将回答"不"，另外，建筑的作用不是如此重要。对大多数人而言"建筑是一种有形的、有用的、实际的东西"。无论如何，它的功用仍然被认为是创造舒适的室内空间，以及一种对外的地位象征。其他的任何事情只是蛋糕表层的糖衣，没有它也能做得很好。我坚持认为历史上在建筑没有被承认其重要性时就表现出了这个社会处于文化危机之中，这种悲剧性不能用文字描述。当代音乐充分表达了这个现象。

这里谈论的居住街道的问题一样适用于商业街。对人流和车流的分离有一种独立行人区域的危险。必须仔细找到那些使得交通噪声和废气远离行人，而不是彻底使区域发生分离的解决方法。这意味着通过对技术领域大量的投资而获得这些功能叠加，这是这个机动化的社会一定会付出的代价。这个问题即使到现在，当技术缺陷和公认的私人汽车设计失败被克服了之后仍是一样的。汽车的数量和它们的速度依然是焦虑之源。在当前事物发展的态势下，解决两个问题的希望似乎很渺茫。相反，今天没有人能预言这些问题将会产生怎样的大灾难并且需要什么样的方式才能够克服它们。

有朝一日，日益增长的采用新的交通模式的需要，将把我们的农村弄得到处是乱扔的庞大而过时的民用工程标志物带着这种误解去工作真是荒谬至极。

事实上，考虑到汽车及其相关的所有投资，人们想到一种根本性的改变在很长时期内都是不可行的。

所有这些显示了在对机器/汽车的投资和对活着的生物/人类的投资之中存在巨大的利益斗争。这也表明了如果我们的社会想继续珍惜城市中的生命，一定要付出一定的代价去恢复城市空间。

回到已经提出来的商业街问题上，它一定在风格上与纯粹的住宅区街道不同。它一定是比较窄的，过路者一定能够全部看到对面街上商店展示的所有商品，而不用总是从街的一边走到另一边。至少，这是店主和商家愿意看到的。另外一种商业街的空间组构由伯尔尼的老城市中心所提供，行人在其中能够观察到被拱廊保护不受风雨影响展示的商品。至今这种类型的商业街仍然保有它的魅力和它的使用功能。行人不受路的干扰，它们处于低级层次。这种街道空间为我们提供一个范例。

同样的还有源于 19 世纪的玻璃顶的拱廊或走廊。很奇怪，时至今日，它们

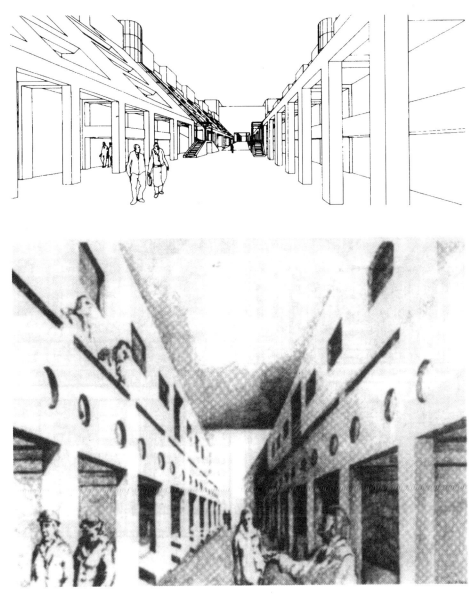

图 25.6　街道作为要道和导向的手段

不受人欢迎了。从通风的角度来说，当时明显不利于把街道的前面改成走廊。然而，凭借今天全空调的商业和办公建筑，这种建筑类型可能重新流行。就我们地区的商业街来说，防止恶劣天气在经济上是无可非议的生活福利之举。罗马人从周围希腊市场的柱廊发展而来的有拱廊的街道已经彻底灭绝了。这种形式的街道的残余仍然可以在 Palmyra，Perge，Apameia，Sidon，Ephesus，Leptis Magna，Timgad 中找到。

在城镇规划史上出现这种类型的街道是一个好事。随着罗马法则的繁荣，对希腊殖民城镇的统一和纲要性规划的需求也改变了其重点是均质街道网络中的主要道路，并通过特殊而壮观的建筑特征来实现。当然，它们有我们今天难以推测的重要的功能内涵。不管这些内涵是什么，但和主要用作政治和宗教目的的古希腊集市和古罗马广场对比，它们都有着明显的商业和象征性特色。魏因布伦纳以他提议的在卡尔斯鲁厄的帝王大街（Kaiserstrasse）改进计划试图恢复这种理念。由莱因斯（Leins）设计的在斯图加特的国王大厦（Konigsbau）可能是以弗所（Ephesus，古希腊小亚细亚西岸的一个重要贸易城市）的拱廊街道的一个断片。罗马人在完善这种街道空间类型上有着令人震惊的想象力。例如，街道方向因城市结构特征

图 25.7　同一种类型下三种不同尺度的城市空间

而改变，主要问题在于建造的入口穿越布鲁塞尔的圣胡贝尔长廊（the Galeries St Hubert），以相同的原则解决了这个问题。通过这个技巧，与那些看来无限冗长的街道网络透视相比，街道空间被分割成视觉上可把握的部分。同时也应该注意到，只有少数案例直接拓宽到广场，而它们自身并未被建筑清晰地标示出来。街道和广场很大程度上是独立和自我完善的空间。

这种由罗马和希腊城市规划者们使用的显示空间关系的方法，随着罗马帝国在欧洲的衰落而为人们忘却。一些单独的建筑类型，如公众广场和巴西利卡在中世纪被完全接受，例如在修道院中。公众广场不再当做一种公共空间。在北非、近东以及西班牙的部分地区不是这样，这些古老的城市空间类型使用着传统的建造方法，直到世纪之交几乎保持不变。

城市空间的类型

在形成一种城市空间的类型学时，根据空间底平面的几何模式、空间形式以及它们的变体主要可以分成三种：正方形、圆形和三角形。

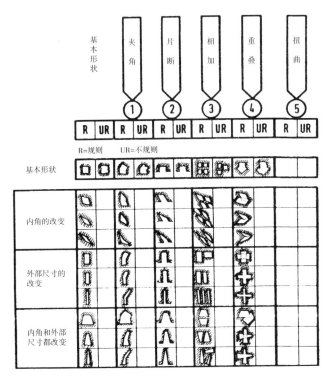

图 25.8

毫无疑问，城市空间的尺度和它的几何品质是有联系的。在这个类型学之中，尺度只被粗略的涉及。我将在以后的篇章中更加仔细研究外部空间比例的重要性。它们对我的类型学组织没有影响。

假定的空间类型模度

从上往下阅读图 25.8 中的图表；1. 基本的元素；2. 经增加或者减少包含在基本元素中的角度而产生的基本元素的改变，而基本元素的外部形状不变；3. 角度不变而两边的长度以相同比例改变；4. 角度和外部尺寸任意改变：

从左往右看，此图描述了下列变化阶段：

1. 有角度的空间。这表示两部分基本元素和两个弯曲平行边的复合物的空间。

2. 只显示了基本元素一些零星的片断。

3. 基本元素简单的相加。

4. 基本元素重叠或合并。

5. 在"扭曲"标题下面的是一些很难或者是不可能进行定义的空间形式。这

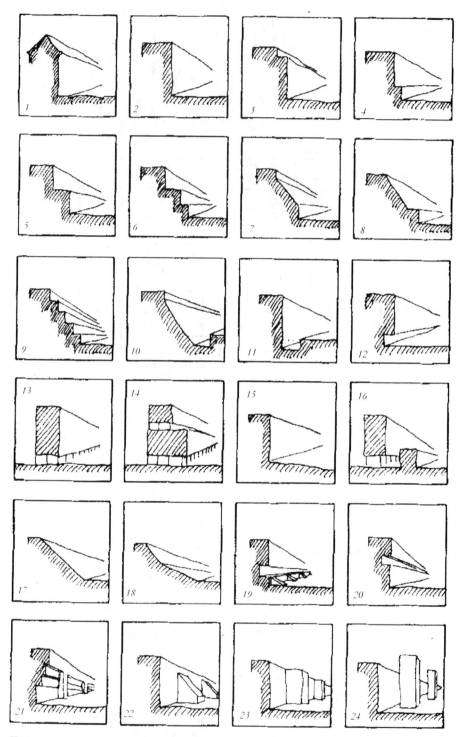

图 25. 9

一类是试图包含那些比较难找到其原本几何模型的形式，这些形状是混乱的。这里的建筑立面可以被扭曲或者掩盖至这种程度，即它们不再被看作是一种空间的界面——例如，一个镜面玻璃立面或者被广告所彻底模糊的立面，和房子一样大的布谷鸟自鸣钟紧挨着一个大的冰淇淋圆锥，或是一个香烟广告或口香糖广告处在正常的立面之中。即便空间尺度对其效果具有如此扭曲性的影响，即它与原本的基本元素已没有任何关联。标题为"扭曲"这列图形在这个表格中并未完成，因为它们不能以三种图表的方式去表达。

所有这些变化的过程显示了一种规则和不规则的组构。

基本元素可能以许多不同的建筑剖面产生变化。我在这儿举了 24 种不同的类型，它们从实质上改变了城市空间的特征。参见图 25.9。

建筑剖面如何影响城市空间

图 25.9 的注解：

1. 标准的传统斜坡顶剖面。

2. 平顶。

3. 顶层有后退。这使建筑高度看起来矮了。

4. 以一种有顶走廊或实体结构凸出在人行道上。人行道和建筑的距离加大，并且创造了一种愉快的人体尺度。约翰·纳什（John Nash）在伦敦 Crescent 公园中运用了这种剖面融合了特别的艺术趣旨。

5. 建筑剖面上，高度向上一半时向后退一半的进深，下层的住户有室外地面，上层的住户有可进入的阳台。

6. 随机的平台。

7. 倾斜的立面，且底层和顶层是垂直的。

8. 底层突出的倾斜立面。

9. 梯式剖面。

10. 有壕沟或独立底层架空的斜坡剖面。

11. 有壕沟的标准剖面。

12. 有地面层走廊的建筑。

13. 底层支撑柱留空的建筑。

14. 底层支撑柱架空，且中间某层也以相似的方法支撑。

15. 建筑物前面有倾斜的场地。

16. 在高建筑之前有独立设置的低建筑。

17/18. 有很缓斜度的建筑物，如剧场。

19. 有地面标高上部拱廊的建筑并可通过行人道。

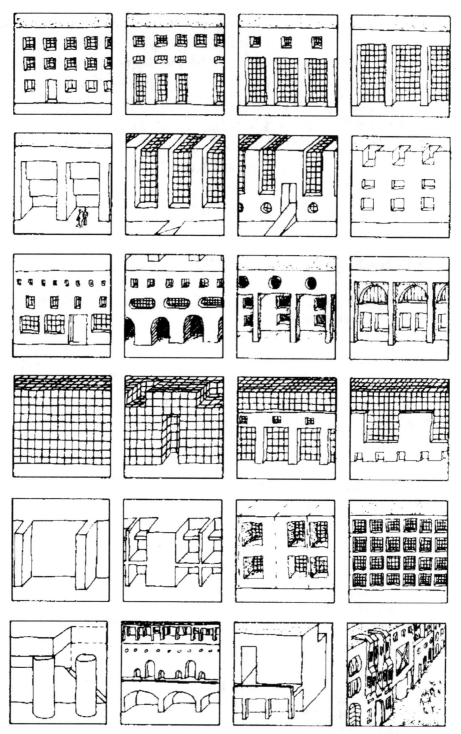

图 25.10

20. 有进入式阳台的建筑。

21. 倒置的梯形剖面。

22. 有斜顶伸出的建筑。

23. 有突出物的建筑。

24. 有独立塔式结构的建筑。

每种建筑类型可以有与其功能及建造方法相匹配的立面。

图 25.10 中的一些草图只是无限可能性中的部分而已。每种结构都以特别的方式影响城市空间。对这种影响性质的描述已超出了本文的范围。

立面

图 25.10 的注解：

1. 第 1 排从左至右。窗洞式立面：最底层在草图中大都是玻璃的，实体部分简化成只是简单的支撑结构。

2. 在支撑结构之内的玻璃面积可根据品位而改变。接下来的三幅图片显示了 1 中三个设计过程的逆过程。实体基础支撑着上部的玻璃部分。

3. 窗的类型可以根据设计者的想象而在水平和垂直向做改变。

4. 一种抽象的模度化立面包裹建筑。这种模度化立面可以被各种类似形状的建筑物所接受。建筑的实体剖面可以和网格结合在一起。

5. 无窗建筑：窗户被放置于壁龛等中。这个过程又可从头开始了。

6. 对不同几何形的研究。对立面的系统化阐述：最底层 = 重的；中间部分 = 光滑的配以各种孔洞；上部 = 轻，透明。（一个正方形的草图显示了这个概念在正方形三条边上的变体。）把拱廊放在住宅前，不同的建筑风格互相并列。

街道和广场的交织

目前为止讨论的所有空间类型是根据图 25.11 中显示的街道组合来分类的。作为一个例子，我们对四个进入的可能点做四种交叉互换，这个图表只是显示了这种无限空间形式的可能互换中的一点而已。想把它完全显示出来将会与类型学概念的目标相冲突。

表中的竖列显示了街道和城市空间相交叉的数目。水平行显示了四种可能方法，即一条或多条街道如何与一个广场或街道发生交叉。

1. 中心式以及直角一边。

2. 偏中心和直角一边。

3. 在一个角落直角相交。

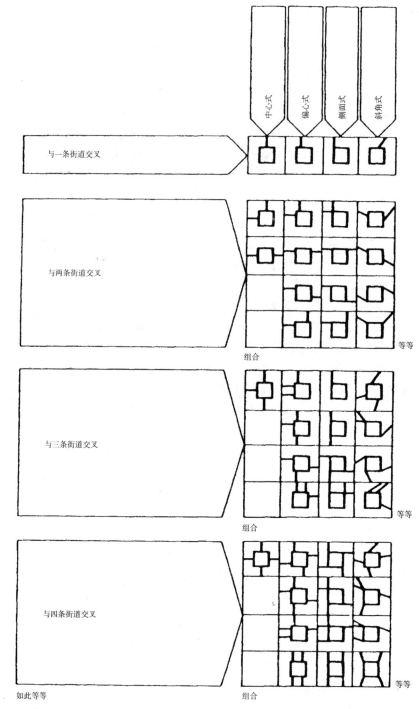

中心式

偏心式

侧面式

斜角式

与一条街道交叉

与两条街道交叉

组合

等等

与三条街道交叉

组合

等等

与四条街道交叉

组合

等等

如此等等

图 25.11

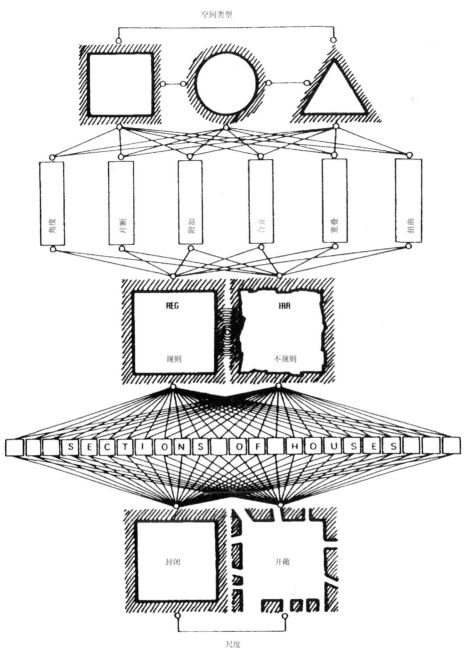

图 25. 12

4. 倾斜的，以任意角度并在入口处的任意点上。

空间类型及组合

我们可以把城市空间的形态学分类总结如图 25.12 所示。

这三种基本形状（正方形、圆形和三角形）受到如下调节因素影响：角度；片断；附加；合并；重叠或无数的合并以及扭曲。

这些调节因素能够对空间类型产生规则或不规则的几何结果。

同时，建筑的大量可能的剖面在各个层面上影响空间的品质。所有剖面对这些空间形式都是适用的。在附设的草图中，我试图尽可能现实地分清各个空间类型的影响，以使这个类型学更容易被接受并且对规划者更实用。

"封闭"和"开敞"术语可以对到目前为止描述的空间形式都适用：即空间全部或部分被建筑物包围。

最后，许多复合的形式可以随意的从这三种空间类型以及它们的规则之中创造出来。在所有的空间形式中，尺度差异起着很重要的作用，如同不同建筑风格对城市空间的影响一样。

设计练习可以在我刚刚描述的"键盘"上"玩弄"。除了这些"形式"程序之外，其他因素同样对空间有影响，这些影响也很重要。这些因素是控制建造的规则，它们首先使建筑设计变得可能，并且最重要的是它决定了建筑的使用功能。这一点是建筑设计的基本要素这个程序逻辑需要这样的顺序：功能、建造最后是设计的生成。

第 26 章

异托邦的沙漠：拉斯韦加斯和他者空间

萨拉·查普林（Sarah Chaplin）

在这篇文章中，我想追踪两个独立现象的历史：异托邦（heterotopia）* 和拉斯韦加斯。米歇尔·福柯（Michel Foucault）关于异托邦的作品和同时期关于拉斯韦加斯的研究，在建筑的著述之中交叠，并且自 20 世纪 60 年代末以来两者引发了具争议性的洞察和新的评论，不同的理论家们都对这些理念作出回应，同时发展了这些理念。福柯首先在《事物的秩序》（The Order of Things）之中提到了异托邦，此书出版于 1966 年，后来在 1967 年给一群法国建筑学生做的题为"论其他空间"的讲座之中，把这个概念与空间的和类型学的案例结合发展成一系列的原则。在 20 世纪 60 年代中期同期拉斯韦加斯也吸引了一代建筑学生的关注：在 1965 年汤姆·沃尔夫（Tom Wolfe）发表了一篇关于这个主题的谜一般的文章，雷纳·班纳姆（Reyner Banham）认为这篇文章启发了《向拉斯韦加斯学习》一书，这本书是丹尼斯·斯科特·布朗（Denise Scott Brown），史蒂夫·艾泽努尔（Steve Izenour）和罗伯特·文丘里在耶鲁大学任教的工作室的产物。这篇文章通过把异托邦和拉斯韦加斯合在一起，我希望能提供一种批判的交叉性视角，从这个视角来思考他者与空间的话题，以及他者在当代文化中的再现和媒介。

他者被女权主义建筑史家玛丽·麦克劳德（Mary Mcleod，1996，p. 1）认为是"当代建筑理论最主要的偏见之一"，但是她声称这种他者的欲望本质在建筑师和建筑理论家中"很大程度上在最近的辩论中没有涉及"（McLeod，1996，p. 2）。她把这种对于他者的思考当做是一些建筑实践者中的后现代先锋主义的肤浅形式，对于这些实践者来说，任何可被视作为"他者"的事物在一种崇尚新鲜和差异的文化中是非常可行的。然而，按照她的观点，建筑师在错误的场所因为错误的原因，寻求并且区别他者，而像福柯，他们对他者的定义建立在空间独有且杰出的分类上，麦克劳德最主要的论调是说在建筑师和建筑

理论家涉及在空间条件下什么构成了他者这样一个宽泛的概念之前，对于它的探求是有缺陷的。

我将通过把讨论拓展到传统上一直是建筑史重点的空间生成和设计之外，来提出一个更宽泛的他者空间的概念，从空间消费的角度来思考他者也就是说是把他者当做是一个消费因子，如在拉斯韦加斯。特别是，我想要展示出他者是如何成为一种经历了西方文化中的商品化过程的，构造性的空间条件，最终成为一种作为概念的沙漠化，这种沙漠化的产物的内涵既积极又消极。

除了福柯、麦克劳德、沃尔夫、文丘里/斯科特·布朗/艾泽努尔外，我还会借用詹尼·瓦蒂莫（Gianni Vattimo）和亚瑟·克罗克尔（Arthur Kroker）的作品，他们的理论对现在的讨论具有编年史的重要性。另外，我将会提到班纳姆（Banham, 1982）的《美国沙漠的场景》和让·鲍德里亚（Jean Baudrillard, 1998）的《美国》，把它们作为讨论美国沙漠的主要文章，并且是提供有关拉斯韦加斯分析的资料。某种程度上，就洛杉矶而言，我把拉斯韦加斯当做"他者"。除了班纳姆（1973）自己对洛杉矶的研究和迈克·戴维斯（Mike Davis, 1990）对于这座城市的影响力巨大的论述之外，许多城市地理学家关于异托邦的作品已经使得洛杉矶成为主要的城市研究案例：特别是，爱德华·苏贾（Edward Soja, 1989），爱德华·雷尔夫（Edward Relph, 1991），德里克·格雷戈里（Derek Gregory, 1994），甚至是建筑历史学家查尔斯·詹克斯（1993）都声称异托邦在后现代地理学中是一个关键概念，对于理解像洛杉矶这样的后大都市是重要的。这篇文章尽管以一种非常概括性的方法，却是对关于洛杉矶的作品的一种补充，但是，通过这么做，我希望能显示出拉斯韦加斯实际上是关于他者空间和异托邦讨论的更有力的案例。

有一种最重要的特征联系了拉斯韦加斯的编史和异托邦，即矛盾。两者本身都代表了一种矛盾的现象，所以它们各自的理论也证实了在把两者当做现象对待方面是矛盾的。

福柯自己的作品对异托邦的显题方法在推理上有明显矛盾——这使得那些已经了解福柯作品的理论家试图证明福柯作品的重点是永远飘忽不定的。本杰明·吉诺奇欧（Benjamin Genocchio）评论福柯关于异托邦的著作在解释空间分离是如何在异托邦和其环境之间产生影响上是失败的：

> 福柯的论述依赖于建立一些不可见却明显可操作的差异方法，这些差异与难以捉摸的空间连续体的背景形成对比，提供了一种空间上非连续的清晰概念。关键是，福柯的论述中缺少的恰恰就是这一点。（Genocchio, 1995, p. 38 – 39）

然而，根本不是像吉诺奇欧所暗示的，异托邦在概念上被描绘得不稳定因而

图 26.1　作为异托邦的拉斯韦加斯（1998 年）

不可信了，正是福柯矛盾的论述在获得一种理解方法上是很重要的，在这种方法中，他者空间被从文化上确立了。事实上，异托邦的位置在语义学上和事实上都不可能是静止的，固定的，因为它本身的目的是影响关联性和破坏连续性。

亨利·勒菲弗也指责福柯在另一方面的矛盾，也就是没有区分出两类空间性：

图 26.2　作为异托邦的赌城（1998 年）

图 26.3　内华达州沙漠（1998 年）

　　福柯从来没有解释过他所指的是什么空间，也没有解释它是如何架通理论（认识论）领域和实践领域的鸿沟，以及精神和社会之间，哲学家的空间和处理实际事物的人的空间之间的鸿沟。（Lefebvre，1991，p. 4）

　　然而，我把两者合并在一起考虑，因为我相信福柯没有解释这些是有其意图

图 26.4　拉斯韦加斯作为日常的对立面（1998 年）

的：他作品中的空间性的矛盾引起的思考是空间理论和空间实践之间的互相依赖的关系。我认为两者之间远不是鸿沟关系，它代表的是福柯对不同种类空间参考中的一个多产的模糊领域。而且，福柯的理念对于解释的开放性使得他对于异托邦的解释不一定是限定的：在后来对福柯的理念重写的文章中仅仅是在作者自身的条件下使用这个概念，并且以一种全新的方法发展它，在其他的文脉之内发现与异托邦的新关联。

因此让我为福柯（1993，p. 422）在"关于他者空间"中称作为"一种系统的描述或是异托学（heterotopology）"，做个简要的概括，在异托学中他列举了六个异托邦的原则，并且列举了每种原则下特殊的建筑类型学：

1. 世界上没有一个文化不是由异托邦组成的，并且在每个人群中总会有相对的场地。福柯区分出两种主要的类型，危机的异托邦和非正常的异托邦（deviance），诸如监狱，疗养院和寄宿学校空间，被置于一旁，作为插入成分被严格的边界和规则所区分。

2. 异托邦永远随时间的发展经历变形，就像公墓与城市或是阴森的房间和住宅的关系，所以"一个社会可能含有一种从未消失过的，仍然存在的异托邦，并以一种不同的方法使它起作用"（Foucault，1993，p. 423）。

3. 在单个现实场地中有并列不同的互不相容的空间和位置的力量的异托邦。福柯列举了剧院，电影院和花园。

4. 在并置的异托邦之中随着时间的推移在内容和经验上有一种持久的积累，如博物馆、图书馆、假日营地和旅行交易会，这些空间的功能既可能是永恒的又或是暂时的"异时性"。

5. 异托邦有它们自己的开启和关闭系统。"使得它们同时是独立的和可穿透的"（Foucault，1993，p. 425）福柯声称兵营和土耳其浴室就是这样的，还有美国汽车旅馆。

6. 异托邦存在于幻觉和补偿的两极之间。一个极端是妓院，另一个极端是殖民地。福柯提出的最后一个关于异托邦的现象是轮船，他认为是"最好的异托邦例子"（Foucault，1993，p. 425）。轮船既是幻觉的又是补偿的：它把客人运输到另一个世界，从某地的港岸装载客人去发现一个未知的其他空间，同时它也在自身的建筑中得到休养，如码头和桥、沙龙和装货处、座舱和鸡尾酒休息室，一切都是像生活在陆地上一样秩序井然。

从巡游的轮船的虚幻且补偿性的品质到拉斯韦加斯的沙龙和鸡尾酒休息室只是很小的一步。从福柯的典型原则来看，拉斯韦加斯似乎是一个异托邦的更完美的案例，它综合了剧院、电影院、花园、博物馆、假日营地、蜜月汽车旅馆、妓院和殖民地，以及轮船。在拉斯韦加斯，异时性以一种多层次的主题性名胜地的形式存在，这些名胜地从他们他地借来，然后不按照任何历史逻辑或是地理秩序并置。然而，从异托邦与拉斯韦加斯关系的编史性考虑的肤浅解释中能得到更多内容，反过来也一样。

　　在福柯的六原则之外，在拉斯韦加斯的编史和异托邦之间有一种策略性的相似性，同时它们被融入了建筑的讨论之中。首先，是发现一个"他者"空间，它产生或者展示一种以前不知道，不被承认的，或者是其存在或在哪里不为人知的品质。其次，这个空间接着被以一些方法（沙漠）识别、制图或标志。这在开始时有一种影响，能唤起对他者的注意，接着对他者实行控制（拉斯韦加斯，草地）。渐渐地，关于他者的任何轨迹被削弱或者是通过把他者描述得与一种已知事物类似而使其消失（拉斯韦加斯，边远市镇），这种过程在论述的构造中发展，也同样发生在建成环境的构造中：新的概念被鉴别出来，理论新词被杜撰，这些慢慢地通过研究被利用，直到它们被论述所接受和合并。最后，为了弥补对方的另一性不可避免的同化和消失，就试图利用具体化了的形象或占用过的和再融入背景中的样例来复制或生成另一性，以作为一种文字的、可见的或创造真实感的空间赌博形式（拉斯韦加斯，奇观）。这应验了沃劳德·高泽西（Wlad Godzich）在他为米歇尔·德·塞尔托（Michel de Certeau）的《异托邦》写的前言中概括的："西方式思维总是改变对方以求减少威胁，当做一种潜在的可能相同而并不相同的相同性"（Godzich，1986，p. xiii）。

　　整个编史的次序因此概括成以下这么一个变化装置：命名－驯化－同化－游戏。这是一种殖民式的进程，它一方面以拉斯韦加斯为例确立了沙漠/荒芜西部作为边境的殖民化（Colonisation），另一方面确立了福柯关于异托邦概念的知识殖民化特征。通过运用一种似乎是直线性和机械式的模型来组织这篇文章的结构，并以以上四个词为标题来形成与异托邦和拉斯韦加斯的编史相平行的结构，这也试图反映出建筑化的论述有能力进入自身的"游戏"状态。

命名

　　与福柯的六原则及其辅助例子相对应，史蒂夫·康纳（Steve Connor）认为"一旦一个异托邦被命名，尤其当它被引用和再引用的话，它再也不是概念上的怪胎，因为它的不可比较性已经在某种程度上被限制、控制且可预料性的被解释了，它被赋予了一个中心和一个说明性的功能"（Connor，1989，p. 9）。命名因此可以用来删除源自他者的力量，对一片土地进行判断或是对一个概念或意象进行不可避免的理论化：他者只有当它仍然是不可命名时才是真正有力量的，如果它是不可命名的话更是如此。对于沙漠的其他空间来说，若要被文明征服的话，它首先要被命名为一种空间条件；同样异托邦必须被命名为一种理念，以使它在推理上透明和可行。福柯主要通过把异托邦和其他与其相关的理念，特别是乌托邦相区别来获得。

福柯声称异托邦是：

> 一种相对的布置，或者是有效实现了的乌托邦，在其中所有真实的能在社会中找到的布置在同一时间被表现，被质疑和被推翻：一种在所有场所之外存在的场所，但是实际上却是可以找到的，与乌托邦相比，至于这些场所所反映的布置，则是绝对的他者。（Foucault，1993，p. 422）

对于拉斯韦加斯的一种普遍解读是，它是一个有效实现了的乌托邦，一个存在于沙漠之中的奇异世界，与"正常的"的美国城市相距甚远，一个颠倒美国传统价值观的场所，在那里应用的是其他规则，黑夜和白天的自然逻辑被遗弃了，这座城市重新安排了消费和生产之间的标准联系。每个单独的娱乐场所试图创造出一种外表上乌托邦式的环境，在设计上通过它的主题和装饰来吸引社会上特殊的部分群体，从而诱惑人们来到赌博的温暖怀抱中。现在，拉斯韦加斯的主要关注点是如何支撑它的大规模吸引力以及维持美国公众对赌博的欲望。

让·鲍德里亚在对美国的反复思考中，在清除欧洲中心式的沙文主义之下鉴别出了这一场景：

> 美国是被实现的乌托邦。我们不应该像判断我们自身的危机一样来判断它们的危机，我们的是旧式欧洲国家的危机。我们的是历史理想的危机，面对的是他们实现的不可能性。他们的是一种已经获得的乌托邦的危机，面对的是它的持久性问题。（Baudrillard，1988，p. 77）

这使得一座拉斯韦加斯式的城市处在一种矛盾的历史环境中：作为一个实现了的乌托邦，这是资本主义社会下文明的终极发展，同时也是鲍德里亚（1988，p. 7）发表的著名声明中"仅存的原始社会"（对其原创性的强调）。通过暗示，鲍德里亚把部分概念上的矛盾归因于拉斯韦加斯，而同时把乌托邦条件的永久存在描述成一种命中注定的预期："这里的乌托邦获得实现，而反乌托邦正在形成：无缘由的反乌托邦，非地域化的反乌托邦，语言和主题不明确的反乌托邦，所有价值中立化的反乌托邦，文化死亡的反乌托邦"（Baudrillard，1988，p. 87，对原创性的强调）。鲍德里亚的主张显示了乌托邦不可避免地让位于新的状态，一种与福柯所描述的异托邦相对应的状态，同时预示了即将来临的美国文化的沙漠化。鲍德里亚在对美国的态度上是典型的道德说教式的，并且清晰地认为不可避免地向反乌托邦的移动是一种启示的滑动。这从他对沙漠的认知中可以看出：

> 美国文化继承自沙漠，但是这里的沙漠不是与城镇比照的自然中的一个部分……自然的沙漠教会我需要知道什么是符号的沙漠。它们在我

身上引诱出一种对于符号和人的沙漠化视野。它们形成一种精神边界，文明的项目正进入其中。(Baudrillard，1988，p. 63)

在《事物的秩序》的一个特殊段落中，福柯把乌托邦/异托邦的区别表述成是一种精神边界的形式，他说：

> 乌托邦提供一种慰藉：虽然它们没有真实的存在地，然而却有一个幻想的，不受打扰的区域，在这个区域之中它能展示自身；它们用宽阔的道路，壮丽的花园，以及有着舒适生活的乡村来创造城市，尽管通向它的道路是虚构的，异托邦是令人烦恼的，可能是因为它们隐秘地破坏了语言，因为它们使得命名变得不可能，因为它们破坏或是扰乱了普通的命名，因为它们事先破坏了"句法"，不仅仅是我们用以造句的句法，而且是那些使得词和物（按顺序的同时也是互相对立的）"联系在一起"的不太透明的句法。这就是为什么乌托邦允许神话和论述：它们以语言粒子而运作并且是虚构故事的基本维度的一部分；异托邦使讲解变得干枯，使词不能运作，推翻语法在其本源上的可能性；它们消解了我们的神秘感并且扼杀了句子的抒情性。(Foucault，1989，p. Xviii)

很清楚，福柯把抵制命名的能力看作是异托邦的根本特征：它的不可捉摸性提供了一种强大的媒介，通过此媒介对乌托邦的自鸣得意提出质疑。

意大利理论家詹尼·瓦蒂莫接受于异托邦表现的关于乌托邦的挑战，假定自从 20 世纪 60 年代以来已经有一个从乌托邦范型向异托邦范型的转变，一个他认为是"在艺术与日常生活的关系中最激进的转变"(Vattimo，1992，p. 62)。瓦提莫认为这种改变在主导的美学感受上带来了变化，使得当代西方社会更多地预先向图像和不完美的场地、妥协、混合和不完善等方向安排。他对异托邦的解释清晰地与关于后现代论述相一致，喜欢包容性，并且把它再造成一种后革命式的他者，而这个他者单枪匹马地侵占了以前现代主义的地盘，瓦蒂莫把异托邦既当做是制造这种变化的动力，同时又是一种时代精神或者是有自身权力的主流霸权，是它使得存在于高层次与低层次文化，贵族与平民品味之间的区别的崩溃变得合理，并且否定了艺术功能的自主性。同样，《向拉斯韦加斯学习》也把城市当做一个不完善的场地，质疑要确立建筑上放弃现代主义修辞法，而倾向于一种更大众且普通的美学。

驯化

瓦蒂莫自己关于异托邦的编史立场却发生了一次出乎意料的转变，他预言道：

　　　　可以说，加在异托邦上的赌注将不会是轻浮的，如果它能够把大众
　　社会改变了的美学体验与海德格尔（Heidegger）对非修辞性存在的体验
　　连接起来的话……那么只有这样，我们才能够在当今美学的异托邦特性
　　和装饰的爆炸之中寻找到一条出路。（Vattimo，1992，p. 74）

　　在他最终的分析中，异托邦范式被重新铸造成一种缺乏感情深度和知识方向的没有灵魂的装饰，一种激起贵族阶级区分的策略，这种区分把异托邦不是重塑成一种后革命式的他者，而是对于严肃生活体验以及对意义的正确理解无足轻重的他者。拉斯韦加斯在这些陈述中不是直接呈现出来的，不仅仅是因为瓦蒂莫冒险的意象，而且是因为把异托邦与环绕着大众文化、装饰和超越的美学连在一起。他把当代文化的当前状态命名为异托邦，以及随后把异托邦定位成只不过是一种美学都已经对这个概念起了驯化作用，把异托邦从及物动词变成了一种模糊的贬义的形容词。像鲍德里亚、瓦蒂莫对大众文化的反应都是欧洲中心式的，层次式的。用皮埃尔·布尔迪厄（Pierre Bourdieu）的话说，在这种反应中，其自身的自命高度文化修养的品味是免不了的。

　　如果从乌托邦向异托邦的转变涉及将艺术和日常生活和对价值品味的革命的话，那么其中心就是波普艺术。根据雷纳·班纳姆（1975，p. 78）的研究，到20世纪 50 年代末期，拉斯韦加斯是"一个经典的大众化人造物……一个可以消费的梦，在其中钱仅仅用来购买起着直接销售的作用，游离于高雅艺术的准则之外。"在这个阶段，拉斯韦加斯的印象还没有被建筑论述驯化，因而它大部分没有被批评性的评论所介入。然而，它在大众文化之内得以调解：在《拉斯韦加斯万岁》一书中，艾伦·赫斯（Alan Hess，1993）甚至显示了战前时期的调解证明，他通过一张 1939 年地图上放大了的字幕："拉斯韦加斯：仍然是个边界城镇。"来达到这个效果。这显示出拉斯韦加斯已经不仅仅被命名而且被驯化了，而且它必须自我有意识地激起自身未被驯服的过去作为一种自我推销的手段。边界城镇的无秩序到 20 世纪 30 年代时已经被浪漫化和神秘化了，拉斯韦加斯的合法化的矛盾性形象被 20 世纪 40 年代和 50 年代的许多电影再现永恒化了，如《拉斯韦加斯敲诈》（Las Vegas Shakedown）和《拉斯韦加斯故事》。后来，汤姆·沃尔夫在 1965 年在《时尚先生》杂志上发表了影响巨大的论文"拉斯韦加斯（什么？）拉斯韦加斯（听不见！太喧闹了）拉斯韦加斯！！！！"。班汉姆承认看了沃尔夫的文章之后，他被说服，在那年计划的 12 月的沙漠旅程之中把拉斯韦加斯作为必不可少的一站。到 1966 年，他声称它已经在大多数建筑学生的旅游线路上（Banham，1975，p. 79），这些因素综合起来使得拉斯韦加斯成为建筑研究的官方目标：一年后文丘里/斯科特·布朗/艾泽努尔团队来到这儿记录他们观察到的平庸建筑，就像巴黎美院学者那样，但是却意图推翻建筑秩序，或者至少想把它引导到一种消费的方向。

对于普遍日常性的关心使文丘里、斯科特·布朗和艾泽努尔来到拉斯韦加斯，并且让他们的学生喊出"伟大的无产阶级文化的火车头"。直到这个先锋研究的出现（因为是在这里建筑找到了它自身的修辞边界），赫斯（1993，p. 18）评论道，"这个商业性的路边景观的迅速增长在职业出版物中引起了小小的关注。而它不是通常意义上的建筑。"从那个角度说，拉斯韦加斯处于20世纪60年代的主流建筑论述之外，并且提供了一种真实、普通、平庸的空间，这种空间的功能是和"严肃的"先锋建筑相对的，但是拉斯韦加斯不仅仅是建筑信条的"对立面"。矛盾的是，作为对立面它还在一种大众化的环境中维护它的地位，当与真实和平庸的美国郊区空间相比时。这使得拉斯韦加斯逃避了一种绝对的分类，一种矛盾的空间，也使得异托邦的相对主义转向自我证明。对于一种社会群体来说（沃尔夫称为的"Culturati"），拉斯韦加斯是粗俗的，并且在他们的努力之外。对另一群更大的社会群体来说，也就是拉斯韦加斯的霓虹灯景观的消费者来说，它代表了一些非凡的事物，超越了他们的日常生活。因此它同时是普遍和非凡的，真实和虚幻的。换句话说，依据选择的视角的不同，拉斯韦加斯是异托邦，或者根据它的日常品质，或者根据它在日常生活之外生存的能力来说。它同时被两种不同的论述驯化了，这两种论述关于两种不同的文化个性，与两种不同的观众相关，一个是学术界，另一个是消费者。

同化

居伊·德波（Guy Debord）在《景象社会》（The Society of the Spectacle）中枯燥地观察到：

> 旅游，人类把它当做消费，一种商品流通的副产品，根本上来说，不过是去看变成了平庸的东西的消遣。经济性的组织参观不同的场所在其自身内已经是它们平等的保证。（Debord，1977；Para，p. 168）

平等或者相同空间的激增产生了一个克罗克尔称之为恐慌文化的环境。在他的判断中，"恐慌文化使我们生活在狂喜和畏惧的边缘"（Kroker，1992，p. 159）。在20世纪90年代，恐慌既是平庸的产物又产生了平庸，将差异和他者变得相同，由此产生安全，为消费者提供可预见的经验，同时还仍然产生对他者的兴奋欲望。克罗克尔（1992，p. 159）把福柯看作是理解这个恐慌文化的关键，坚持认为"只是在福柯那里可以在世纪末发现所有主要的恐慌场地。"这对于克罗克尔来说，福柯成了一个"可变的标志"（Sliding Signifier），产生了"在相关联的，恒星式的，以及地形学式后现代场景命运中的一种讽刺性的调解"（Kroker，1992，p. 159）。

这种恐慌的概念在异托邦和拉斯韦加斯的编史之中阐明了一个时刻。返回到福柯的异托学中暗示的空间性的不连贯场地问题，可以看到，在拉斯韦加斯有一种重大的改变，赌场所的空间分离，被当成一些相对立的场地，现在拉斯韦加斯变成一个统一的休闲环境的空间连续体。以前，赌场把自身塑造成是缩小的城堡，每个都提倡一种包含大量活动的自我监禁：外表上进行广告竞争（rates and odds），而内部则是一个特别设计的，无法找到出口的平面。然而，最近对名胜野心勃勃的开发已经开始把拉斯韦加斯重塑成一种集体奇观或是一系列奇观，在其中带状领域是步行者能从一个幻想走到下一个幻想的流动空间：从一个每小时日落一次，雕像有生命的恺撒论坛购物中心走到海市蜃楼中的喷发火山，然后继续到珍宝岛上的全景海盗战争，之后是体验电子化的弗里蒙特大街上的奇观事物。

亚瑟·波普（Arthur Pope）在他的研究《阶梯》（Ladders）中，详细举出了美国城市形态的编史，认为其特点是这种变化是整个城市趋势的一个部分：

> 随着战后开敞的城市中心的衰落，曾经可能存在于郊区飞地或是注定毁灭的避难所中的异托邦或是相对应的场地出现的可能性变小了，没有开放式城市，封闭的开展项目不再有对应场所的功用，它们既是更大的城市世界的反映又是其隐退，倒不如说，它们现在本身在被迫变成了先前由城市和大都市代表的更大的世界。（Pope，1996，p. 179）

波普认为早期城市的相同性是异位空间的遗赠。对于波普来说，这是 20 世纪晚期城市中主要的恐慌场地，并且他认为这使得《向拉斯韦加斯学习》中关于赌场的描述失效，在书中"赌博房间是和各街道相对应的"（Pope，1996，p. 195）。在他的观点中，文丘里、斯科特·布朗和艾泽努尔研究的封闭赌场的发展，现在都作为一个连续的整体运作，就像"在 1968 年混乱的多核心领域被统一在一个单一的组合发展的圈子周围。最近出现的中庭，天桥和大量主题公园赌场使得这个案例更加明显"（Pope，1996，p. 198）。然而，沿着这个圈子的运动不能只是步行的，因为距离很长。为了能够把客人（多数为老年人）从一个赌场的活动中运输到下一个，或者是从室外路面运输到赌场中，现在有活动路面和单轨铁路系统把它们全部联系在一起。

因此在单个赌场的层面上，拉斯韦加斯不再是不同场地的集合，而是一个连续的休闲导向的单文化体。同样，在更大规模上，拉斯韦加斯就其他西方城市说不再有着作为一个单一的城市对应体的功能，因为它的运作模式现在与美国的每个城市所接受的是一样的。它事实上步行化带状领域现在与圣迭戈和明尼阿波利斯市中心所采用的策略没多少不同，这些城市把它们重新塑造成休闲的环境，并且现在试图变成商业中心或主题公园。这部分反映了普通消费者的期望，对他们来说，主题公园产生的空间代表了一种理想环境：安全、清洁，可预知而又多变。

游戏

在波普对拉斯韦加斯的分析之中，班纳姆在 1975 年预言的拉斯韦加斯基于政府对工商业自由放任的城市规划和美学控制的影响看起来已经被实现了。班纳姆声称建筑师和规划师认为拉斯韦加斯为所有将来的建筑指明了道路，并且它成为代表"所有社会和道德准则向错误的赤裸裸的商业竞争魅力的投降"的对应景象（Banham，1975，p. 80）。一段时期以来，拉斯韦加斯伴随着对普遍的城市规划句法的质疑，而运用一种异托邦风格的力量，并且消解了这些规划原则所依靠的确定性。结果，所有欧洲和北美洲的城市中心变成"城市娱乐中心"，很像拉斯韦加斯带状地带，其中，消费成为新的生产，"文化工业"取代制造业吸引了全球的旅游市场。

像这样，在赌场发生的真正游戏之外，拉斯韦加斯进入了其自身游戏阶段，能够激起一系列对它自身美学存在目的的再思考。克罗克尔再一次把福柯看作一位富于洞察力的思想家，在他关于美学影响的问题上，他提出"福柯拒绝把历史当成是真实的游戏而仅仅是在它的场地上载入实际历史的游戏，一个遗传下来的历史"（Kroker，1992，p. 159）。这个历史的游戏以这样的方式表现出来，即拉斯韦加斯控制它自己的他者形象。自从 1975 年班纳姆发表文章"调和的环境或者：你不能在这建造那样的东西，"以来，拉斯韦加斯已经通过越来越戏剧化的建筑形式来重新塑造自身，它的形象也更深地服从于电影化的表现；最近几年已有过多的电影把拉斯韦加斯作为主场地：马丁·斯柯席斯（Martin Scorsese）的《赌场》（Casino）（1995），迈克·菲吉斯（Mike Figgis）的《离开拉斯韦加斯》（Leaving Las Vegas）（1995），阿德里安·莱恩（Adrian Lyne）的《下流计划》（Indecent Proposal）（1993）和安德鲁·伯格曼（Andrew Bergman）的《拉斯韦加斯蜜月》（Honeymoon in Vegas）（1992）。这只是其中一些，威尔·史密斯（Will Smith）的流行电视《Gettin Jiggy Wi'It》以主要的系列娱乐场所胜地为背景拍摄而成。

最近，仿佛是与洛杉矶把拉斯韦加斯当做电影基地来牟取暴利相对抗，拉斯韦加斯已经开始部署自身的媒介，自发地标示出城市史：1996 年 12 月 31 日见证了老的 Hacienda 赌场电视放映被破坏，从而让位给一个更加奢侈的胜地。另一个有关"实在的历史游戏"的证据留在著名的灯架场内，旧的霓虹灯被保留在那里。现在，这些被重新包装起来形成一个"霓虹灯博物馆"，其中，拉斯韦加斯过去以来的图像被保存和再现。通过这种办法，拉斯韦加斯过去以来的图像被保存和再现。这样，拉斯韦加斯已经成功地创造了自身的整体记忆，而这在市场兴趣中被审慎地神秘化了。与不断改变的拉斯韦加斯的意象一起运作的游戏中起主

图 26.5　恺撒圣坛商店，拉斯韦加斯（1998 年）

要作用的是主题，主题用来作为一种超越相同性这样的基本问题的方法，并且通过制造一种存在于邻近环境之间的人工差异（这些环境是有目的性的区别出来的：通过赌博和其他收据来使利润最大化）来掩饰和延长存在于不同赌场开发者中的游戏。这不是说主题化产生了一种差异或另一性的真实效果，因为它指引了

图 26.6　传送带把赌城连为整体（1998 年）

图 26.7　废弃汽车场，拉斯韦加斯（1998 年）

一条接近于可识别的熟悉道路：马克·戈特迪纳（Mark Gottdiener，1997，p. 156）认为"主题化环境展示了一个令人惊奇的符号化主题的有限范围，因为它们需要吸引最大可能的消费市场。"

最近几年拉斯韦加斯的天际线已经改变了，不仅仅是因为发展商的赌注被提高了（霓虹灯现在被许多赌场主认为是过时的），而且顾客也改变了，还因为在对主题自身的选择中的编史的改变。作为一种媒介化环境，赌场的遗迹和其他吸引人的地方已经从参照性的沙漠，西班牙风格（Hispanic），拉斯韦加斯的边界城镇的他者（沙滩、沙丘、沙漠旅馆、EI Rancho，北非海岸，Golden Nugget，边界）或者是与赌博本身相连的图像（Mint，Lady Luck，Horseshoe），向试图通过引入和再现其他场所制造一种外来混合和一种遮盖现实的方法而为拉斯韦加斯创造一种他者意象的主题转变。新的指示物可以分为：欧洲历史的（利维拉、蒙特卡洛、圣爵菲斯、卡萨、圣雷莫和最新簇群威尼斯、巴黎、贝拉乔）；那些在美国的建立在别的城市基础上的（纽约、奥尔良、波本街）；那些想象出来的国外或神秘的地方（Mirage，Aladdin，Luxor，Treasure Island，Imperial Palace，Excalibur，Tropicana，Rio）；媒体或来自音乐的主题（MGM，Debbie Reynolds，Liberace，All Star，Hard Rock）；以及那些利用外部空间或利用未来的（星尘、平流层）。这些东西多半只不过是一种整容术，是鲍德里亚（1988，p. 118）称作为"幻想美国"的不可避免的后果："因为对于美国现实来说，即使是整型过的变体仍然保有其广大的范围，极大的比例尺度，同时有一种未受侵害的原生性。所有的社会最终全戴上了面具。"然而，即便是鲍德里亚最终在他提出一种诱惑性和整体的"幻想美国"的意象时，也承认对拉斯韦加斯的矛盾性。"对比达到狂热

图 26.8　主题：纽约，纽约州，拉斯韦加斯（1998 年）

程度的文化关注这种直接的星球大爆炸……星球大爆炸……通过权力游戏超越了政治，美国已变成了全世界的权力博物馆。"（Baudrillard，1988，p. 27）

拉斯韦加斯可以被看作是这种权力博物馆最重要的案例，一个人为的不断积累的异托邦，它通过不断地增加再现的建筑纪念品的收集来激活来自相同麻木的袭击，这些纪念品都处在文化关注之中：纽约、巴黎和威尼斯被缩小、再混合且重新包装，只是为了在舒适的空间中的中介的另一性的消费者，渐渐地，使赌场主题起作用的不是它们对街道表现出来的立面，而是内部有的从其他地方进口来的商品和美食，因此使得对这些名胜的访问成为一种具体化的样品。正如吉尔·德勒兹（Gilles Deleuze）评论的，"真实不是不可能；它只是越来越人工化了"（Deleuze 和 Guattari，1983，p. 34）。在过分的游戏之后是否仅仅剩下文化的枯竭？拉斯韦加斯能就文化的沙漠化的意义或是未来的异托邦告诉我们什么呢？鲍德里亚（1988，p. 10）总是问"在根除意义上我们能走多远，在不心力交瘁，当然同时也维持消失的神秘吸引性时，在无所指的沙漠形式上我们能走多远？"在《美国》之中，他在赌博和沙漠之间建立了一种关联，这又回到了赌场的早期主题上：

> 在宽阔的开放空间的枯燥无味和赌博之间，在速度的枯燥与消费之间有一种神秘的密切关系……把死亡峡谷这个卓越的自然现象与拉斯韦加斯这个可怜的文化现象进行对照也许是脑袋有问题。对于一方来说，另一方是隐藏的一面，它们通过沙漠而互相照见自己。（Baudrillard，1988. p. 67）

在使得拉斯韦加斯与沙漠同义时，鲍德里亚假设沙漠化是种文化灾难。然而，这并没关系。伊恩·钱伯斯表示：

> 如果像让·鲍德里亚喜欢提醒我们的那样，说沙漠是个充满空洞的无意义和废弃符号的场所的话，那么它也是个无穷尽的场地：一个过剩的，如艾玛纽埃尔·勒维纳斯（Emmanuel Levinas）所说的，允许他人与我们自身脱离而存在的场所。因此，西方人对空无和枯竭的隐喻——沙漠——或许也是侵入其他可能性的关键：围绕在移动声音中持续的推迟和模糊的感觉以及来自其他地方的人，但是他们现在却穿过一个我们熟识和居住的景观。（Chambers，1994，p. 84）

通过暗示，这种观点为拉斯韦加斯的编史提出了一个更加积极的立场，同时拯救了异托邦这个陈腐的概念，为它加入一种新变化，这种变化考虑了另一空间短暂的和社会性的动能。它也指出了拉斯韦加斯隐藏的一面，属于它自身的他者：作为美国生长最快的城市之一，拉斯韦加斯是从外地移民来的多种族群体的家园，带来他们自己的文化和空间实践。在拉斯韦加斯，在运作上有两类持续的推延：一类是高度可见的，并且与非地区化和赌场的再地区化有关，当这些场所被摧毁，重建和重命名时（如 EI Rancho，在对它重新塑造之前其名字改了两次，在 1996 年 1 月它的符号宣告它再次以"猎户星座恒星飞船家园"而开放，然后一

图 26.9　**EI Rancho：**"未来的猎户星座恒星飞船家园"，拉斯韦加斯（1998 年）

图 26.10　**EI Rancho：**"未来的乡村家园"，拉斯韦加斯（1998 年）

年以后，它变成了宣称"未来的乡村家园"）；另一种推延与流动的社区相关，这些社区到达并确立自己后又继续移动。

无穷和过剩这两个概念也有助于重新确立拉斯韦加斯的一些原始和原生的能量，使它远离鲍德里亚最后与沙漠联系起来的天启意象，因此防止了拉斯韦加斯和异托邦作为多产的文化力量的绝对沙漠化。鲍德里亚对拉斯韦加斯的解读否定了异托邦力量的重组，继而也否定了把未来当做一种生产性的后续舞台，一种更加德勒兹式的解读保护了它的一些积极动力：沙漠不是指枯竭，它是一个顺滑的空间，欲望可以在其中自由活动，而且个性可以被重议。

沙漠异托邦，远不是一种废弃的符号空间，而是像废弃汽车场，更可能是在闯入其他可能性中发现它：拉斯韦加斯现在也许会意识到它的过去，并且力图从中获取好处，但它仍然以一种其他任何社会中永远视为他者的商品在运作：未来。勒维纳斯（1987，p.77）从空间角度上设想我们和未来的关系是："未来的外部与空间的外部完全不同，未来是很令人惊奇的……未来是未被理解的东西，是即将发生在我们身上同时由我们掌控的，他者就是未来。与他者的关系也就是与未来的关系。"

参考文献

Banham, R. (1973) *Los Angeles: Architecture of the Four Ecologies*. London: Pelican.

Banham, R. (1975) Mediated environments or: you can't build that here. In C. W. E. Bigsby (ed.). *Superculture: American Popular Culture in Europe*. London: Paul Elek.

Banham, R. (1982) *Scenes in America Deserta*. London: Thames and Hudson.

Baudrillard, J. (1988) *America*. London: Verso.

Bourdieu, P. (1994) *Distinction: A Social Critique of Judgement*. London: Routledge.

Chambers, I. (1994) *Migrancy, Culture, Identity*. London: Routledge.

Connor, S. (1989) *Postmodern Culture*. Oxford: Blackwell.

Davis, M. (1990) *City of Quartz*. London: Verso.

Debord, G. (1977) *The Society of the Spectacle*. London: Wheaton.

Deleuze, G. and Guattari, F. (1983) *Anti-Oedipus, Capitalism and Schizophrenia*. Minneapolis: University of Minnesota Press.

Foucault, M. (1989) *The Order of Things*. London: Routledge.

Foucault, M. (1993) Of other spaces. In J. Ockman (ed.), *Architecture Culture, 1943–1968*. New York: Rizzoli.

Genocchio, B. (1995) Discourse, discontinuity, difference: the question of other spaces. In S. Watson and K. Gibson (eds), *Postmodern Cities and Spaces*. Oxford: Blackwell.

Godzich, W. (1986) Foreword: the further possibility of knowledge. In M. de Certeau (ed.), *Heterologies*. Minneapolis: University of Minnesota Press.

Gottdiener, M. (1997) *The Theming of America*. Oxford: Westview Press.

Gregory, D. (1994) *Geographical Imaginations*. Oxford: Blackwell.

Hess, A. (1993) *Viva Las Vegas*. New York: Chronicle Books.

Jencks, C. (1993) *Heteropolis*. London: Academy Editions.

Kroker, A. (1992) *The Possessed Individual*. Toronto: Culture Texts.

Lefebvre, H. (1991) *The Production of Space*. Oxford: Blackwell.

Levinas, E. (1987) *Time and the Other*. Pittsburgh, PA: Duquesnesne University Press.

McLeod, M. (1996) Everyday and "other" spaces. In D. Coleman, E. Danze and C Henderson (eds), *Architecture and Feminism*. New York: Princeton Architectural Press.

Pope, A. (1996) *Ladders*. New York: Princeton Architectural Press.

Relph, E. (1991) Postmodern geographies. *Canadian Geographer*, 35, 98–105.

Soja, E. W. (1989) *Postmodern Geographies: The Reassertion of Space in Critical Social Theory*. London: Verso.

Vattimo, G. (1992) *The Transparent Society*. Cambridge: Polity Press.

第十部分

实 务

第 27 章

后现代时期的设计行业与建成环境

保罗·L·诺克斯（Paul L. Knox）

　　城市发展以及与城市发展相关的设计行业——建筑、景观建筑、规划和城市设计——一直在对一套全新而独特的社会、经济、人口统计、文化和政治方面的力量作出回应，这一点一段时间以来很清楚。设计行业和建成环境的这种新情况的核心是好几十年来一直在发展的结构变化，这时资本主义发展已经进入了一个"晚期"或者"高级"阶段，基标志是经济稳步由制造业转变为服务业，日益占主导地位的公司大联合和公司活动的国际化。同时，同样是这些动态促成了一些重要的社会变革：例如社会等级被区分成复杂的阶级组成以及"新"的小资产阶级的产生。这些社会变革正依次在空间中通过财产关系得到复制，这种关系通过房地产业表达出来，通过设计行业来协调，以建成环境为条件并反映出来（Gottdiener, 1985；Lefebvre, 1974）。

　　正当这些结构性转变在集聚动力时，其他在人口统计、技术和政治生活方面的转变也正在发生。这些变化包括生育高峰的一代人进入了住房和劳动力市场，私人房主组成和结构的变化，先进电信和高技术工业的发展，中产阶级生育高峰代的反正统文化中对自由／生态价值的清晰表述，伴随着"新权力"提升的公众消费的缩减，以及在艺术、文学和设计领域的特殊（后现代）运动的出现。这些转变共同促成了加珀特（Gappert）（1979）所谓的北美社会"后富裕"的情形。也有一部分人认为这些转变是范围更广阔的变化的一部分，在这个变化中，后现代运动与以发达资本主义为目标的结构性转变紧密联系在一起：

　　　　把资本从经济角度分为三个而不是两个阶段（"晚期"或者跨国资本主义时期现在被加入"经典"资本主义和"垄断阶段"或"国家帝国主义"的传统时期划分中）也暗示了文化层面新的分期可能性：从这个观点出发，所有艺术领域内的"高级"现代主义时期、国际风格时期、经典现代主义运动时期……都会对应于随第二次世界大战而终结的垄断资本主义和帝国资本主义的第二阶段。因此其"评论"与其消亡、尘封入历史相符，也与"消费资本主义"的第三阶段所发生的一些后现代主

义者的模仿行为、乐意"向拉斯韦加斯学习"的风格和历史暗示的新自
由表演相符，与一个表面的而非有深度的、老式的个人主体或中产阶级
自我"消亡"了的、精神分裂式地庆祝对幻象的商品拜物主义时期相
符。（Jameson，1985a，p.75）

J·哈贝马斯（Jürgen Habermas）曾经提出后现代艺术也许代表了一种重要且
内在的抵制国家和市场的理性主义方法途径（参见 Bernstein，1985）；撇开与哈
贝马斯的合法化危机理论的所有争论，利奥塔（1984）也认识到世界核心经济中
的"后现代"情形，在其中，工业资本主义的经济理性和文化不可知论已经遭到
普遍抵制——尽管还没有一种新的美学、经济学或政治学来代替它。

由这个观点可以断定，后现代主义不仅仅是一种艺术或文学风格，或者一种
设计方法。正如迪尔（1986）指出的：

关于后现代种种辞令的歇斯底里中……风格掩盖了更加深远的逻
辑：即建成环境的空间形式反映和转而适应了跨越时空的社会关系的途
径。（p.375）

迪尔通过把后现代主义作为一种风格、一种方法还是作为一个划时代转变的
区分，推动了对这个问题的澄清。

就风格而言，后现代艺术、文学、建筑和规划的特征就在于主观性并试图恢
复意义、根源、人的比例和装饰，它通常以诙谐和反讽的方式引用历史上和/或
文化上特定的风格惯例。

迪尔指出，就方法而言后现代主义的特征表现在：

ⅰ）本质上论述的和诠释性。

ⅱ）"文本"（比如建筑风格，以建筑为例）的重要性。

这种方法的核心是解构："拆析"一个文本的含义及其与作者/设计者和读者/观
众/使用者之间的关系。按福斯特（1985）的说法，解构现代主义的目的是对主流意识
形态的"主流叙事"质疑。这暗示着一个重新建构的议程，福斯特认为这样的议程可
以采取两种不同的形式：反作用的后现代主义和抵制的后现代主义。对我而言，这种
区别对理解设计行业在建成环境的社会生产中所起的作用至关重要。

按福斯特的说法，反作用的后现代主义本质上是一个情感上的、装饰性的或者
治疗性的反应，通常包括向失缺真实性的退却以及对传统或乡土主题及动机的迷惑。
大多数后现代建筑可以以这种方式来解释，尽管如迪尔（1986）指出的那样，把
"后现代建筑"或者"后现代规划"划分为不连续的类别预示着潜在的混乱。从韦
伯式（Weberian）意义上来说，最好把后现代风格和方法作为一种理想化类型。

相反，抵制的后现代主义为了质疑或反对现代主义所表述的主流思想而试图

解构现代主义。一些可以归类为"后现代"的城市规划（大部分"激进"的规划：如下）可以用这种方式解释，尽管也可能提供同样令人信服的证据，认为"激进"的规划是一个反作用现象。

已经有某些认识暗示后现代主义是一个划时代的转变：一场表现了与发达资本商品生产的开始相关联的社会结构转变的激进突变。或者如詹姆逊（1985b，p.113）所说：

> 一个分期的概念，其作用是把文化中新的形式特征的出现与新的社会生活类型和新的经济秩序的出现联系起来。

根据詹姆逊所说，这个转变的一个关键特征是旧的组织和感知系统被后现代的"超空间"取代，空间和时间被延长以便容纳先进的资本主义的全球化跨国空间（Jameson，1984）。他继续提示道，建成环境提供了一个解释这种超空间的重要"文本"。

如果我们可以辨别建筑中的"激进突变"，显然正是这种趋势背离了现代运动（或至少是已经逐渐被集权决策者当作集体力量、名望和效率的世界语接受的现代运动版本）的统一性、功能主义以及千篇一律，从而转向对历史和乡土的自我且反讽的引用，以便与现代要素形成布景式的和装饰性的对照（Frampton，1985；Portoghesi，1982）。不太清楚的是这场突变也是对现代主义社会目标和决定论主张的普遍拒绝（Jencks，1983，1984），还是对政府建筑委员所想要的象征主义的普遍拒绝；并且这是否在总体上真正等同于勃罗德彭特（1980）所提出的行业内部的库恩式（Kuhnian）范型转变。

如果我们能够辨别城市规划中的"激进"突变，那也许就是从理性主义者、功能主义者、家长主义者以及福音传道者所追求的土地使用分离和广泛的更新计划，转而朝向一种更具参与性和激进主义影响的规划，这种规划目标不仅仅是中断更新计划，而且要保存和提升社区生活世界。这正是与 20 世纪 70 年代"激进的批判"相关联的突变，由反主流文化的生育高峰代发动并延续突变，他们成长为新的生育高峰代社会文化阶层：艺术、人文科学、媒体、教育和护理职业领域的专业人员和知识分子。正如上述，这到底应该理解为反作用的后现代主义还是抵制的后现代主义还有待讨论。

然而，由于 20 世纪 80 年代的大萧条，随之而来的"城市幻象"的衰退（Gold，1984）以及土地开发过程中公私合作关系的出现，自由主义、激进主义和抵抗主义在很大程度上黯淡了下去。当代规划逐渐成为实践和理论的杂烩，在其中，传统要素（例如乌托邦式的考虑以及理性主义的系统规划）和激进要素被实用主义所主宰的论述所遮蔽。卡斯特利斯把这种权宜之计解释为为了适应长期危机（1973－1982 年）而创建的经济增长、社会组织和政治合法化的新模式的努力的一部分，这种危机源于经济积累速度减慢、通货膨胀增长、国际货币稳定性降低、突发的能源价格上涨、国际竞争加强，以及欠发达国家债务问题的增加。根据这个解释，随着资本迅速地重新夺回工资和条件的主动权，资本和劳动力之间正在建立新的关系。公共部门的角色也正在形成，不仅是要减少政府干预和支持的程度，还要把重点从公共消费转向资本积累、从合法化转向控制性。

对规划来说，最重要的也许是劳动力新的国际化、地域化和都市化划分对这些过程起到支配作用：资本、劳动力、生产、市场以及管理之间排列顺序的变化对新关系的建立来说很关键（Castells，1985；Carnoy 和 Castells，1984）。也许，这才是后现代规划"激进的突变"的概念。迪尔（1986，p. 380）评论说："规划师正在运作着一般性分区限制已经暂停的特殊区域；'公私合营'企业在规划学校中已经有了对应的课程。"结论是，当下正在发展的规划正在针对发达资本主义的空间和社会逻辑进行调整：建成环境的共同修正，公共领域的资本结构调整，都市重建的合法化，以及跨国资本超越空间的开放。如果我们承认这真正导致了后现代规划"激进的突变"的定义，那么，在福斯特的反作用的后现代主义和抵制的后现代主义中加入第三种重建形式也许是必要的。这就是重建的后现代主义。考虑到这种可能性，就值得重新分析一下后现代建筑。现在我们可以看到建筑也被用来调整资本结构、商品化以及合法化。例如英国住房的反集体化和资本结构调整。赛姆斯（Symes）（1985）举了一个例子，建筑师在"城市开发基金"下接到一个任务，根除地方当局土地的公共住房形象，因而这些公寓楼可以用来出售。结果是在结构完好但是缺乏标志性的现代钢筋混凝土"盒子"上增加"私人"要素（车库、入口大厅和汽车道）和后现代要素（斜坡瓦屋面、木质扶手和阳台、景观）的复合物。

无论后现代主义的首选定义或者解释是什么，有一点非常清楚，即设计行业发现自身处于一个提出大量有趣问题的新时代之中。这个新时代会在何种程度上被生育高峰代的价值观所定义？这个新时代会产生某种"整合神话"来把城市设计与发达资本主义的社会和空间逻辑联系起来呢，还是继续以反映当代城市经济破碎和文化多元性的大杂烩为特征？设计行业有可能作为资本主义内在生存机制的一部分而变得更加重要吗？更直接一点，变化的文化内涵、认知倾向以及社会结构之间的交互作用是如何影响设计行业及其处理建成环境的方式的？设计行业中的教育和人力暗示了什么？就设计行业、建造行业内部和不同代理的职业范围的相对自治而言，结果是什么？

与其他相关领域相比，关于这种主题的研究既不充分也不完整。不仅如此，已经很长一段时间对人与环境之间关系的决定论诠释存在着一种压倒性的偏重，对建成环境和人的行为之间的微观相互作用存在着一种成见，还存在着把设计和设计行业当做独立变量的倾向性。需要的是包括个体、建成环境、设计行业以及整个社会之间的相互关系的处理方式（Knox，1984，1987）。然而，有一点很清楚，为了形成这种局面必须在所有对此有兴趣的人之间进行透彻而目的明确的对话，这些人包括人类学家、地理学家、政治学家、社会学家以及建筑师和规划师。

　　一开始就必须承认的是，这些文集并不意味着系统地提出"后现代"时期的议题。然而，它们确实反映了多学科对设计行业角色变化和状态的广泛兴趣。同时，当我们进入这个过渡时期时，它们描述了危如累卵的各种议题：例如，社会问题同职业不可回避的义务的相互作用、建成环境的媒介和设计者之间变化着的关系、设计行业地理分布的变化、建筑业和建筑工业的地位变化引起的矛盾和悖论，设计行业每天转变着的角色、战略和影响等这些社会问题之间的相互作用。

　　在这种变异中，不管理论基础和方法途径的多样性，某些主题重新产生。其中之一关注围绕建成环境和设计行业的意向和象征意义；另一个关注设计行业作为建成环境的社会生产中的关键因素的相对自治性。然而，它们首先表明了以多学科网络覆盖这种主题的好处。同时，它们提供了宽泛多样的洞察和议题，这些洞察和议题在对后现代时期设计行业和建成环境的作用任何理论化尝试中都需要考虑。

参考文献

Bernstein, R. (ed.) (1985) *Habermas and Modernity*. Cambridge: Polity Press.

Broadbent, G. (1980) Architects and their symbols. *Built Environment*, 6, 15–28.

Carnoy, M. and Castells, M. (1984) After the crisis? *World Policy Journal*, Spring, 495–516.

Castells, M. (1985) High technology, economic restructuring and the urban-regional process in the United States. In M. Castells (ed.), *High Technology, Space and Society*. Beverly Hills, CA: Sage, pp. 11–40.

Dear, M. (1986) Postmodernism and planning. *Environment and Planning D: Society and Space*, 4, 367–84.

Foster, H. (ed.) (1985) *Postmodern Culture*. London: Pluto Press.

Frampton, K. (1985) *Modern Architecture: A Critical History*. London: Thames and Hudson.

Gappert, G. (1979) *Post-affluent America*. New York: New Viewpoints.

Gold, J. R. (1984) The death of the urban vision? *Futures*, 16, 372–81.

Gottdiener, M. (1985) *The Social Production of Urban Space*. Austin: University of Texas Press.

Jameson, F. (1984) Postmodernism, or the cultural logic of capitalism. *New Left Review*, 146, 53–92.

Jameson, F. (1985a) Architecture and the critique of ideology. In J. Ockman (ed.), *Architecture, Criticism, Ideology*. Princeton, NJ: Princeton Architectural Press, pp. 51–87.

Jameson, F. (1985b) Postmodernism and consumer society. In H. Foster (ed.), *Postmodern Culture*. London: Pluto Press, pp. 111–125.

Jencks, C. (1983) Post-modern architecture: the true inheritor of modernism. *RIBA Transactions*, 2, 26–41.

Jencks, C. (1984) *The Language of Post-modern Architecture*. New York: Rizzoli.

Knox, P. L. (1984) Symbolism, styles and settings: the built environment and the imperatives of urbanized capitalism. *Architecture et Comportement*, 2, 107–22.

Knox, P. L. (1987) The social production of the built environment: architects, architecture and the post-modern city. *Progress in Human Geography*, 11.

Lefebvre, H. (1974) *La Production de l'Espace*. Paris: Anthropos.

Lyotard, J. F. (1984) *The Post Modern Condition*. Minneapolis: University of Minnesota Press.

Portoghesi, P. (1982) *After Modern Architecture*. New York: Rizzoli.

Symes, M. (1985) Urban development and the education of designers. *Journal of Architectural and Planning Research*, 2, 23–38.

第 28 章

组织城市设计师知识结构的普适方法

安妮·维娜·穆东 (Anne Vernez Moudon)

城市设计对建筑师和规划师而言都是很熟悉的。尽管有些人继续把城市设计与高楼林立的市中心和大规模的建筑联系在一起，大部分人还是认为城市设计是设计我们的建成环境的一种跨学科的方法。城市设计寻求的不是消灭规划和设计职业，而是整合这两者，并在这过程中超越各自的范畴。它把建筑师的眼光延伸到建成项目上。通过考虑城市设计政策对生成环境的形式和意义的影响使其具有可操作性。近来，景观建筑师也把他们的部分注意力投入到城市设计方面。城市设计作为在已经建立起来的职业边缘的一项年轻事业，必须忍受冲压、排挤和拉拢。但是即便是一点点，其在制度层面上的存在对于确保在设计和规划中容纳跨学科的活动是必不可少的。

城市设计出现于 20 世纪 60 年代某个时期——其精确的起始尚待确定，但为许多不同的团体所觊觎。这个领域产生于对城市形态品质的探求。这种探求持续至今，集中在对居者具有功能和美学感染力的城市环境上。这个领域从实践工作而不是从学术研究中脱颖而出：城市设计者困扰于"应该做什么"和"什么会起作用"。

大体上，指导实践的"理论"还处于以不同的典型解决方案为基础的示范层面上。这个领域的历史以许多出现又消失的理论，以及实践中难以捉摸的复杂性造成的牺牲品为特征（只提一下少数几个这样的理论：功能主义、现代主义、参与性设计、新理性主义以及模式语言）。

本文提出一个不同的问题："城市设计师应该掌握什么知识？"这个问题基于这样一个前提，即一个成熟成功的实践以及伴随它的持久理论依赖于"知识"。通过把现有知识的重要主体协调起来的尝试，这项工作着手限定关于城市设计的认识论——以此来研究城市设计实践必备知识的本质和背景。

方法强调普适性。"普适"在一般意义上意味着在感应、品味和兴趣方面比较广泛。普适不是无党派，而是无宗派，对不同的方法开放和容忍。因此这里考察的知识主体来自与城市设计相关的不同领域和学科，它们共同构成关于城市设计的认识论基础。一些研究实际上是增长见闻的，试图对特定现象进行描述和解释。另一些研究在理论建设上更进一步。但这两种类型的研究之间的差别就不详细讨论了，因为本文并不打算论述城市设计内部和城市设计理论的本质和范围这些问题。

本文分为两部分。一部分对概念框架进行浏览，勾画出建立城市设计认识论的普适方法的基本要素，包括一定范围的调查领域、研究策略和研究方法。第二部分讨论特定调查领域，对该认识论进行补充。参考资料主要选取自能查阅的英文文献，但并不限于此。

知识领域的概览

城市设计师可用的基本知识来源是什么？在这个国家，作为一个重要信息来源而首先进入脑海的或许是已故凯文·林奇（1960，1972，1981）的研究，尤其是他关于人的城市意象的研究。把城市设计置于城市平面的心智地图之上，林奇这方面的影响不可否认且出奇地广泛：他的研究不仅在欧洲和日本很有名，而且顺利地应用于不同领域和学科，如规划、建筑和地理。近来，克里斯蒂安·诺伯格－舒尔茨（1980，1985）也越来越有影响。他把环境中的要素和意义进行分类，给学者和从业者留下了深刻印象。威廉·怀特（William Whyte）（1980）关于市中心广场的研究和阿普尔亚德（Appleyard）（1981）关于宜居街道的研究也常常在城市设计中引用。格雷迪·克莱（Grady Clay）（1973）对美国城市的解释，J·B·杰克逊（J. B. Jackson）（1980，1984）对美国景观的重建，以及阿摩斯·拉普卜特（1977，1982，1990）对人与环境的相互作用的精心解说，也都作为城市设计的坚实研究而进入脑海。此外刘易斯·芒福德（1961）、埃德蒙·培根（Edmund Bacon）（1976）、乔纳森·巴尼特（Jonathan Barnett）（1986）关于捉摸不透的城市，杰伊·阿普尔顿（Jay Appleton）（1975，1980）关于前景/庇护（prospect/refuge）理论，以及近来安妮·惠特顿·斯本（Anne Whiston Spirn）（1984）对城市生态的关注都作出了贡献。这当中的一些研究偏向建筑设计，另一些更侧重景观建筑方向，而其他的则更加接近城市规划问题。

城市设计领域的重要研究还可以继续罗列，并确实在继续发展，影响巨大且广泛。即使凯文·林奇这样一个强有力的人物，与所有其他可用的研究片段联系起来，他留下的东西也不够清楚。实际上，所有研究和理论都是片面的：他们提出了设计师所面临的一部分但从来不是所有的问题。关于城市设计中什么最重要，他们也只强调了一种特定的视角或哲学——例如，林奇强调人怎么看和感觉环境，拉普卜特关注建成环境的功用和意义，斯本关心城市的物质健康，等等。这些研究和理论只有一起考虑时，才会对设计师产生比较完整的一套信息。尽管它们有时相互矛盾，但它们确实可以相互补足。为了建立城市设计领域的实际知识，不应该寻求所谓正确的方法或者理论，而应该搜集所有充实了城市设计师所必须熟知的知识的研究并作出评价。

如此，我们的任务就是把易于得到的知识组织起来，辨别出那些属于城市设计核心内容的研究集，然后设计一套概念框架把这些研究组织起来。为了协助这些研究的搜集及组织，下文所回顾的几个要素必须要考虑。

标准性和规定性与现实性和描述性两者之间的困难抉择

把标准的或者规定性的知识（强调"应该是什么"）与实际的或者严格地说描述性的知识（强调"是什么"也许还包括"为什么"）首先区分开来，这一点很重要（Lang，1987；Moudon，1988）说得更具体一点，*理解*与*设计*城市或城市局部是不同的两件事。理论上来说，为了设计"好"的城市，人需要理解城市由什么组成，它们如何产生及运作，它们对人来说意味着什么，等等。迄今为止，城市设计中最常使用的研究不仅仅寻求解释城市，通常为了将来的设计还进行评价和建议。[1]这不奇怪：城市设计是一个标准的、规定性的领域，城市设计师被培养来设想和实行未来的计划。尽管研究通常与实际的信息以及对特定现象的理解相关联，人们还是期望城市设计研究会产生具有标准度的信息并最终有助于设计。因此，尽管理解（描述）城市与设计（规定）城市是两极对立的概念，它们仍然表现了一种连续统一体。而这些区别在规划和设计领域通常没有清晰地表达。例如，盎格鲁－撒克逊术语"城市设计"（urban design）为拉丁人所觊觎，他们不得不用"*urbanisme*"或者"*urbanismo*"来竞争，这两个术语显然比"城市设计"更加深思熟虑，但是缺乏操作导向。只有在意大利语中可以找到"城市科学"（urban science）和"城市主义"（urbanism）普遍用来限定描述性相对规定性和研究相对设计的范畴。

更重要的是，凯文·林奇的研究在说明这两个对立概念之间的张力方面是一个很好的实例：林奇为了寻求更好的城市设计方法，研究了人的心理意象和城市构成并分析了场所的历史、演变以及意义。虽然在《城市意象》（1960）一书中，实际的信息与标准的或者规定性的建议是分开的，但是在《城市形态》（1981）一书中，两者又紧密交织在一起。同样，克里斯托弗·亚历山大和他的工作组（Alexander 等，1977）在现存的他们所认为"好"的城市里徜徉、搜集、挑选和舍弃他们相信可以构成设计新的城市的模式和要素的点点滴滴。然而，他们对严格描述既存环境本身根本没有兴趣。在城市设计的建筑方面，克里尔兄弟（Rational Architecture，1978）已经深入典型的中世纪城镇来确认修正现代设计理论弊病的方法。他们在美国的追随者、建筑师兼城镇规划师杜安尼和普拉特－齐贝克（Knack，1989），在 19 世纪晚期的美国小城镇中确立了他们的标准，经过研究，他们进行修改并与田园城市以及城市美化理论结合，建立了他们自己的设计理论。

标准性立场的吸引力显而易见：它为设计师在日常工作中提供了绝对的指导。但是它的局限性很严重：根据内在的整体性和复杂性来设计，所有的标准理论最终陷入困境，并常常完全失败。不仅如此，令人不安的是发现许多规范理论利用研究工作来证明或证实一个先验的信条，而实际上应该反过来，应该对研究结论进行解释来发展理论。

为了进入新一代城市设计理论，城市设计师需要更加关注实际方面的研究并避免从这种研究中迅速作出规定性的推理。他们应当从概念上区分描述的艺术与规定的艺术并想出一种清晰而诚实的方法来评价现存的和过去的状况（关于这个问题的相反观点，见 Jarvis，1980 和 Oxman，1987）。这不是说描述或者实际的研究是"绝对真实"的；更确切地说是不受价值观和解释的影响。描述正如规定一样主观——取决于谁干这件事。作为视觉、听觉、嗅觉、感觉和意念的艺术，描述只能反映研究者的能力和敏感性（Relph，1984）。但是如果描述性的行为与规定一样在精神上受到限制，如果它主观地判断出什么是正确的或错误的，那么它仍然闯入了应该做什么的禁区。

为了使设计和规划行业真正成熟起来，必须花时间关注实际信息。一些学者甚至提倡只是描述而不寻求解释的必要性，因为他们发现解释（与"是什么"相关的"为什么"）是不去彻底掌握所描述的客体或现象的另一个诱因（Relph，1984）。无论情况如何，实际的方法将会迫使设计师和规划师个人致力于手头的信息，进行解释并应用到他们工作的背景中。

知识和行动之间的分裂是不易逾越的。这需要仔细的综合。作为实际信息的一个持久范例，历史研究的应用提供了一个相关的实例：当今，历史领域的工作很流行并被许多城市设计师涉及过，然而实践和历史知识之间的辩证关系仍然捉摸不透，且迄今为止好像是反复无常的、特殊的。在跳到实用结论之前必须作仔细的评价。

由于这些原因，本文探讨了实际的研究和理论。本文的一篇姐妹篇尚待写作，那一篇将对城市设计领域的标准理论的深度和广度进行描绘。法国城市专家和哲学家法朗索瓦丝·肖艾（Françoise Choay）已经完成了这当中的一些工作。肖艾已经在两本创造性著作中建立了一个把城市设计作为一个标准的、规定性的领域的认识论，尽管这两本书包括盎格鲁 – 撒克逊文字，但是只有法文版。一本书名为《城市主义，乌托邦与现实》（1965），是 19 世纪以来关于城市设计的关键文集。另一本书《La règle et le modèle》（1980）提出两篇基础性论文，它限定了一个清晰的、自主的概念框架"来想象和产生新的空间"：1452 年首次出版的阿尔伯蒂的《De re aedificatoria》（1988），根据肖艾所说，这本书提出了城市设计的规则，以及 1516 年首次出版的托马斯·莫尔的《乌托邦》（1989），肖艾把它作为城市设计的范本。

其他一些人已经开始收集城市设计的标准理论，特别是戈斯林和梅特兰（Maitland）（1984）、贾维斯（Jarvis）（1980），以及近来还有勃罗德彭特（1990）。勃罗德彭特最新的著作描绘了一个广泛而浓缩的"城市空间设计中正在出现的概念"（作者对勃罗德彭特的著作标题的强调）的纪年图表。它有指望促进将来对城市设计中的范型和标准理论的意义及效果的重大评价。

关注调查

现实性的研究和理论首先可以由它们专注的领域，根据它们关注城市的特定视点和角度进行分类。建立不同的调查集合就是承认存在若干不同的观察城市设计和建造的视点，用一种单一方法进行设计是不够的。比如，尽管这个结果对习惯于从许多不同角度研究问题的工程师或医生而言也许显得平淡无奇，但是对于习惯于考虑单一的、"正确的"方法的城市设计师来说这是一个挑战性的提议。已经确认的九项调查集合：城市历史研究、视景研究、意象研究、环境行为研究、场所研究、物质文化研究、类型形态研究、空间形态研究以及自然生态研究。这些领域的定义和内容构成了本文的第二部分。

研究策略

可以用来扩展知识的特殊研究策略有多种。人们很快发现研究策略的选择揭示了研究本身真正的哲学基础。第一种研究策略称为文献方法：其发源于人文领域——文学和历史是最显著的——并依赖于文献搜索、参考和评论，以及各种各样的档案工作，还有特定情况的个人记述。文献方法的意图是讲述一组特定的事件故事。

第二种是现象学方法，它提出了关于这个世界的全景视点，所有事情互相关联，其实践完全依靠研究者关于事件的全部经验。这类似于艺术家的方法，因为它既是学来的又是直觉的、综合的和有益心智的或异常清晰的（表明它利用行为、经验和意义的特定案例来表现关于世界和人类生活的描述性概括：Seamon，1987，p. 16）。现象学家用他们所有的感受、知觉和知识来描述事件。他们通常拒绝解释他们的发现的"理由"，因为他们明白解释源于理解和误解——迅速导致信息的滥用。因此现象学家反对第三种研究策略，实证主义，它描述解释中的叙述价值。

实证主义坚持知识建立于被经验科学证实的自然现象的基础之上。实证主义暗示了因果的必然性。它是以整体简化及相关联的部分构成的系统为基础的科学研究工具。

当大多数描述建成环境的尝试已经利用文献方法或实证主义方法时，现象学方法近来流行起来，根据西蒙的说法，是因为设计领域的实践危机，非整体性的方法在那里取得了局部成功的环境，还因为科学领域内由于实证主义思想的局限性引起的哲学危机。而也是近来，已经出现一些调停实证主义和现象学并把它们当做互补关系看待的尝试（Hardie 等，1989；Seamon，1987）。

调查方式

为了进一步区分应用的各种研究策略，特定的调查方式需要进行鉴别。有两种方式似乎很流行。一种方式是*历史描述*，在这种方式中，研究基本是以历史事件的记述为基础——不管是现场或者是通过历史文献、平面图、草图、画、档案或是主题分析。历史描述的方式通常不用于理论建设的目的，而是关注强调特定的事件和事物。文献和现象学研究策略通常使用这种调查方式。

另一种方式是*经验推导*，在这种方式中，研究被设定来观察一个给定的现象或者从中搜集信息，通过分析所收集的信息来描述现象。通过推导，现象解释可以概括起来用以发展理论。（"经验的"意思是仅仅依赖于经验和观察，通常没有考虑体系或理论，也不能通过观察和实践来验证。"经验主义"是指所有知识来源于经验或依赖观察和实验的实践理论；尤其是用于自然科学领域。）这种方式在实证主义研究中流行，也能在现象学研究中找到。

第三种方式是*理论演绎*，在这种方式中，理论的发展以先前的知识为基础，然后通过研究来证实。这种方式主要在量化研究中应用（Carter，1976），很少在设计领域看到，因为设计领域包含要么太复杂要么如霍斯特·里特尔（Horst Rittel）所说的太戏谑以至于不能量化的问题（Rittel and Webber，1972）。在这种情况下，这种方式似乎会导致陈词滥调（例如，所有方格网平面是建造城市的预定方法的结果）或者遭遇问题，这些问题已经限制了对整体环境设计的意义（例如与房地产征税相关的经济理论、土地利用分配理论、住房选择等）。

研究焦点：客体/主体

需要用于调研的第三个筛选是研究的焦点。国内绝大多数研究专注于环境中的人。这种主体导向出现于 20 世纪 60 年代，当时，研究被看作是规划和设计实践的一个必要补充。主体导向的研究的根本可以解释为对早先"保守派"设计师专注于环境的物质部分的反应。他们的研究是客体导向的——第二种可能的研究焦点——这种导向越来越受到怀疑，因为健康、安全、福利依赖于对洁净通风的环境需求，这种理论一直没有带来满意的结果。对物质规划师客观导向的根本性打击是城市更新计划的失败，这证实了贫困而非环境是流行病、犯罪、伦理上有问题的生活方式的根本原因。良好的环境对于减轻贫困的基本状况几乎无能为力，这是四十年的研究得到的沉痛教训。从那时起，对环境的客体质量的研究不再流行，而把环境中的人作为单一焦点，例如，社会学家赫伯特·J·甘斯（1969）就是其最有名的倡导者。

后来一些研究者极力主张把人与环境之间的相互作用作为能很好地解释环境本质的一个特定现象加以关注（参见 Rapoport，1977；Moore 等，1985）。当今，人与环境之间的关系，或环境行为研究，至少在规划设计中有所表现。同时，它也遭到来自内部或外部的严重批评，主要因为它忽视了人与环境这对关系中的"环境"部分。许多人，尤其是受罗西（1964，1982）这样的理论家影响的建筑师提倡回归客体研究，罗西甚至主张建筑学作为一门学科从科学和艺术中分离出来，应独立自主。更加谨慎的态度倾向于回归客体导向的研究并将其作为主体研究的补充而非凌驾于主体研究之上，也已经有诸如地理学家 M·P·康增（M. P. Conzen）（1978），环境心理学家 D·坎特（D. Canter）（1977）和 J·西米（J. Sime）（1986），建筑师 L·格罗特（L. Groat）（Moudon，1987）等人主张这种态度。这种倾向也与正在兴起的把乡土环境作为人与环境之间长期相互作用关系的一个实证进行研究的兴趣相吻合。乡土环境呈现出诱人的前景：许多是不一般的物质客体，不是少数规划师和设计师的客体，而是具有作为文化本质的传统习俗的人的客体。实际上这种"文化背景的客体"可以揭示人与环境之间的深层关系。

研究特质：非位/在位

最后，研究还需要对其特质进行筛选——选用这个术语来描述研究的"本质"。有两类特质浮现出来：非位的和在位的特质。这些术语从人类学中借用过来，首先由摩莫斯·拉普卜特（1977）带入设计圈并流行起来。它们来自语音学（与书面语言相关）和语素学（与口语相关）。通过比较两个法文术语 "la langue" 和 "la parole" 可以更进一步抓住两者的区别，第一个意思是作为声音或信号结构系统来研究其内部逻辑的语言，第二个意思则不是作为声音的结构系统而只是操作系统的语言。应用于人和文化的研究，非位和在位与收集信息的来源的本质有关——非位指提供信息的人就是使用这些信息的研究者，在位指提供信息的人是被观察的人。

环境和行为研究是第一个寻求把在位倾向带入设计行业的：他们直接从使用者那里发掘环境利用的信息，不依赖设计和规划专业人员的观点。然而，实际应用于人——环境研究的方法会或多或少有一点在位。例如，自由的访谈，口头相传的历史，各种自学方式坦率地说都是在位的。而对行为的观察，尽管有在位的意图，却是真正意义上的非位，因为观察是由专业人员做的。拉普卜特称这些研究方法"衍生"了非位，并认为它们与"强加"的非位方法相对立，他谴责后者只是研究者头脑里的胡编乱造。

在位获取环境方面的重要信息的重要性绝不能轻描淡写。林奇（1960）关于人的城市意象的研究使得对规划和设计行业的必需信息的在位特质的需求流行起来。这些研究补充了人类学和社会学这些平行领域的早先工作：林德夫妇关于米德尔敦居民生活的重要描述（1929）；W·劳埃德·沃纳（W. Lloyd Warner）的《美国佬城市》（Yankee City）（1963）；赫伯特·J·甘斯的有争议的《莱维敦》

（Levittowners）（1967）；E·T·霍尔（E. T. Hall）汇编的关于既受我们这些生理学意义上的动物限制又受其促进的环境的两本书，《沉默的语言》（The Silent Language）（［1959］1980）和《隐藏的尺度》（The Hidden Dimension）（1966）；罗伯特·萨默（Robert Sommer）的《私人空间》（Personal Space）（1969）。所有这些都向尚未涉及的信息领域敞开了巨门。

关注的领域

城市设计师及其所作决定的本质的关注必然包括很多方面。城市设计的多学科本质可能保持不变，这个领域成为一个从已确立的建筑、景观和规划行业中分离出来的具有自主教学的学科的可能性令人怀疑。但是，如果基本的建筑学研究（例如在建造科学、建筑风格或企划方面）和城市规划研究（在就业、交通和住房的需求方面）与城市设计不太相关，那么与环境相关的一般社会经济问题就总是在城市设计的前景中若隐若现。这个意义上，所有环境方面的社会科学研究都是有价值的。同样，所有涉及城市空间和形式的信息都是有用的。但是为了实用性，调查范围仍然需要限制。查阅的文献专注于城市设计的成果或者是人与建成环境或开放空间的关系。城市或者更广泛地说，被人改造过的景观；其物质形式和特征；塑造它的外力；其设计、建造、管理、使用和改造的方式——对于探究形成城市设计的特性的工作而言都是核心的。这种本质上是人文主义的城市设计观证明，至少在本文限定范围内，其他排除在外——也就是说，非常不幸，关于开发和房地产金融、市场、经济理论和城市政治理论的文献，在这一点上与城市设计者的权力只搭得上一点边。

根据这些标准收集的文献进行各种分类操作，以图识别出相关调查的突出领域。因此，所提议的分类强调由不同研究提出的问题类型，并基于他们的调查目标的相似性而不是所用方法的独特性把不同的工作进行分组。分类也提供了一个学者和从业者易于持续记忆和利用的概念框架。

围绕有助于城市设计的研究，提出九个关注领域。这个名单应该视为开放的。不仅如此，研究者根据他们特定工作的范围，可能属于一个或更多的调查领域。有些关注内容很容易被当作城市设计的主流接受。但是有些会遭到怀疑，还需要进一步讨论。下文回顾一下每个关注领域的本质和范围。在这当中尝试对每个领域的现状和发展水平及其当前在为城市设计建构认识论方面的地位进行评判。

城市历史研究

在过去二十年里，城市历史研究拓展显著，如今包括了对在职城市设计师而言的重要信息。这个领域早先对艺术史的依赖，及其传统的对"有来历的"环境（Kostof，1986）及其正式和格式特征的强调现已不存在了。研究普通人居住的场所，解释他们为什么及怎样居住其中，已经成为日益增多的学术工作的焦点。女性、特殊需求的群体以及我们社会阶层结构中经济地位较低的阶层，现在成了城市历史研究中不可或缺的部分。盎格鲁－撒克逊郊区的历史在当今历史研究中占据了重要地位，因为郊区构成了当代城市的一个重要部分。不仅如此，虽然西方的影响持续盛行，但是对欧洲经验的过分依赖正在减弱，尤其是随着是亚洲、伊斯兰和其他文化介入国际公认的学术工作。

关于城市形态历史的经典研究工作来自设计和规划史学家，包括 S·E·拉斯穆森（S. E. Rasmussen）（1967）、A·E·J·莫里斯（A. E. J. Morris）（1972）和约翰·雷普斯（John Reps）（1965），以及历史地理学家，如杰拉尔德·伯克（Gerald Burke）（1971）、弗雷德里克·海恩斯（Frederick Hiorns）（1956）、罗伯特·迪金森（Robert Dickinson）（1961）、马塞尔·伯特（Marcel Poëte）（1967）和亨利·拉夫当（Henri Lavedan）（1941）。在建筑方面，有诺尔玛·埃文森（Norma Evenson）（1973，1979）、斯皮罗·科斯托夫（Spiro Kostof）（1991）、诺曼·约翰斯顿（Norman Johnston）（1983）、马克·吉罗德（Mark Girouard）（1985）以及 L·贝纳沃罗（Leonardo Benevolo）（1980）。刘易斯·芒福德（1961）仍是一个权威的批评家，尽管随着有关其著作不同方面的更加详细的研究的出现，他的影响正在减弱。而城市历史的经典理解正在不断丰富，也受到正在兴起的对一般景观环境的探究的挑战，如萨姆·巴斯·沃纳（Sam Bass Warner）（1962，1968）、J·B·杰克逊（1984）、戴维·洛温塔尔（David Lowenthal）和马库斯·宾尼（Marcus Binney）（1981）、雷纳·班纳姆（1971），以及近来约翰·施蒂戈（John Stilgoe）（1982）、爱德华·雷尔夫（1987）和 M·P·康增（1980，1990）的研究。詹姆斯·万斯（James Vance）（1977，1990）在塑造城市环境的物质形象的过程方面是一位学识广泛的学者。对环境的社会历史进行思考也给伯纳德·鲁多夫斯基（1969）、艾伦·阿蒂毕斯（Alan Artibise）和保罗·安德烈·兰托（Paul-André Linteau）（1984）、罗伊·卢博夫（Roy Lubove）（1967）、安东尼·萨克利夫（Anthony Sutcliffe）（1984）、多洛蕾丝·海登（1981）和格温德林·赖特（Gwendolyn Wright）（1981）等研究的历史形式增加了真实性，在关于人们塑造自身环境的日常奋斗的描写中鲜活起来。城市实际上是怎样建成的是另一个越来越有趣的主题——约瑟夫·孔维兹（Joseph Konvitz）（1985）、戴维·弗里德曼（David Friedman）（1988）和马克·魏斯（Mark Weiss）（1987）贡献突出。

历史方面的研究基本上还是非位的，以文献研究为基础（Dyoz，1968）。然而源于非位的研究正在开始支配社会历史。同样，现象学方法用得越来越多——瑞尔夫和 J·B·杰克逊的研究成了城市设计师最接受的方法。这类历史学家，可能是客体导向或主体导向的，或者他们能够处理人和物质环境之间的相互作用。

关于与城市历史相关的越来越多的各种主题的新出版物对设计和规划行业的影响越来越大。相应地，有些历史学家乐于冒险来争论历史经验对现实的暗示——例如，约瑟夫·孔维兹（1985）、罗伯特·菲什曼（Robert Fishman）（1977，1987）、理查德·森尼特（Richard Sennett）（1969）和肯尼思·杰克逊（Kenneth Jackson）（1985；Jackson 和 Schultz，1972）。相反，设计方向的学者正在介入历史领域以图发展理论——例如，多洛蕾丝·海登（1984）、彼得·罗（Peter Rowe）（1991）和 G·勃罗德彭特（1990）。

这个领域正在兴起的繁荣保证了进一步的分类和分析，以帮助设计师选择恰当的研究并揭示更多的超出本文所能认识到的内容。历史地理和城市保护方面的研究值得回顾，因为它包括了批判性的城市环境清单。同样，城市历史旅游指南，即当前强调城市历史的指南（Wurman，1971，1972；Lyndon，1982）产生了一些补充特定城市的历史知识的素材。最后，新闻批判是一个在现存环境的评估方法方面与历史平行的领域并有待探究。尽管这样的批判过去常常陷于孤立，但是一些人的权威性研究——例如简·雅各布斯（1961）、汉斯·布卢门菲尔德（Hans Blumenfeld）（1979）、埃达·路易丝·赫克斯塔布尔（1970）、罗伯特·文丘里和丹尼斯·斯科特·布朗（Venturi 等，1977），以及近来，若埃尔·加罗（Joel Garreau）（1991）——已经出版了好几本书，开始为现行观念的系统化和持续性批判提供工具［例如《场所》（Places）、《哈佛建筑评论》（Harvard Architectural Review）及其他］。

视景研究

城市景观的视景研究直到 20 世纪 60 年代晚期都是城市设计的基础和关键。当今，这些研究在教学和实践中仍保持着显著的地位，并提供了城市设计方面一些被广泛阅读的入门课本。这些研究正在发表个人关于物质环境的品质的评价。作者通过文字和图像的方式来辨认和描述什么是他们所认为的"好"的环境。这种好的环境因为其与当代的城市问题的相关性而加以分析。

这些研究是客体导向的，强调环境的视觉方面，被视为舞台场景或者人的行为活动的靠山。戈登·卡伦的《简明城镇景观》（Concise Townscape）（1961）仍然是以视景方式研究城市设计的最令人注目的贡献之一。卡伦捕捉到了建筑师和规划师们受现代主义中技术性的、单调的干扰而产生的幻想。他帮助他们形成了这样的见识，城市设计是既需要建筑又需要规划技巧的交叉学科行为。

视景流派的先驱包括卡米洛·西特（［1889］1980）和雷蒙德·昂温（Raymond Unwin）（1909），他们近来都在城市设计领域重获声望。在托马斯·夏普（Thomas Sharp）（1946）战后关于英国乡村的研究被城市设计师重新发现的同时，保罗·施普赖雷根（Paul Spreiregen）的《城市设计：城镇建筑》（Urban Design：The Architecture of Towns and Cities）（1965）仍是当今介绍城市设计的权威书籍。

埃德蒙·培根（1976）和劳伦斯·哈尔普林（1966）的著作也非常有名。

　　"视景"这个术语构成了西特、卡伦、培根或者哈尔普林的研究，这一点还没有被广泛认识到。帕内拉伊（Panerai 等）（1980）把它用在这个位置，试图抓住环境中构成图画的成分这个重点——其刻画出了这类研究的特征。罗伯特·奥克斯曼（Robert Oxman）（1987）引用卡伦自己的话，称这项工作为"城镇景观分析"。

　　尽管很受欢迎，视景研究的"实践"水平参差不齐，且几年来都没有追随这种研究和思维模式的出版物发行。城市设计心智文脉方面的发展已经削弱了原始视景理论的说服力。首先，如果这些研究本质是非位的和现象学的——即在当代的规划和设计的论述中很通用——那么它们就不是有意识地支持这些哲学信条。更确切地说，这些研究似乎想当然地认为"好的专业人员都知道"，这个观点的合理性自从 20 世纪 70 年代早期以来就受到质询。简单地说，这些研究缺乏对更新近的现象学著作的文献参考，如瑞尔夫或 J·B·杰克逊的书。它们也缺乏如诺伯格－舒尔茨这样的理论和哲学支撑。还有，视景研究与规划和设计研究领域的社会科学方法不合拍：其明显的非位立场在这一点上是令人难以接受的，并且其来回摇摆于极度个人化的描述与特定的规定之间，使得研究工作陷入守旧的困境。

　　最后，尽管视景研究在早期对乡土环境的思考方面具有创造性，但是最近已经被如托马斯·施勒雷特（Thomas Schlereth）（1985b）、戴尔·厄普顿（Dell Upton）（Upton & Valch）（1986）、约翰·施蒂戈（John Stilgoe）（1982）、R·W·布伦斯基尔（R. W. Brunskill）（1981，1982）和斯蒂特凡·穆特修斯（Stefan Muthesius）（1982）等这样一些学者真正的历史研究所取代了。因此视景研究为刚开始学习城市设计的学生保持了一个高姿态，却没有能够坚持严谨和深入的调查研究。

意象研究

　　意象研究包括人如何把城市视觉化、概念化及最终理解城市的大量研究工作。如果没有凯文·林奇的《城市意象》（1960），这类研究将不会存在，该书对发起后续研究影响巨大。实际上，许多规划师和设计师把意象研究看作是城市设计对设计领域的主要贡献。林奇的方法有时被理解为视景传统的延续，因为它关注城市环境如何通过视觉被感受。但是意象研究的姿态与视景研究相反：它挖掘的是一般人而不是研究者对环境的意象。因此意象研究本质上是在位的和主体导向的。林奇受到 E·T·霍尔（［1959］1980，1966）、鲁道夫·阿恩海姆（1954，1966）和捷尔吉·凯派什（Gyorgy Kepes）（1944，1965，1966）的研究影响。作为一个学生，他是凯普什在麻省理工的环境思考者团体的成员，可以这么说，该团体寻求创造和理解环境艺术——空间中的艺术和作为空间的艺术。

　　意象研究见证了自 20 世纪 60 年代以来社会科学对设计越来越大的影响。它们关注环境的生理、心理和社会维度——因为环境是让人来使用和体验的——以及这些方面怎样体现或应该怎样形成设计和设计结果上。在这些研究中赋予外行人关于周边环境之见解的重要性改变了城市设计活动：不仅是林奇的五要素的应用（根据林奇自己说法是滥用：Lynch in Rodwin and Hollister 1984），还有问询、考察、团体会谈现在成了为大部分复杂的设计过程提供支持的标准做法。在众多寻求证实和扩展林奇的发现的研究中，进行系统地类比（和对比）专业人员和外行人见解的是他自己的学生唐纳德·阿普尔亚德（Appleyard 等，1964；Appleyard，1976）。与心理学家肯尼思·H·克雷格（Kenneth H. Craig）密切配合，阿普尔亚德在加州大学伯克利分校的团队训练了许多学生，把人和环境作为城市设计的坚实基础来研究。罗宾·穆尔（Robin Moore）（1986）和马克·弗朗西斯（Mark Francis）（Francis 等，1984；Francis & Hester，1990）是林奇和阿普尔亚德的计划的产物，他们自身现在也在这方面作出了杰出贡献。他们的研究科学基础已有效地闭合了连接意象研究和环境行为研究的圆环，这些研究者现在普遍与后一个关注的领域有关联。

环境行为研究

　　人与其所处环境之间关系的研究是一个交叉学科领域，其历史还有待完全证实。起源于世纪之交以来在环境心理学和社会学方面的工作，这些研究自 20 世纪 60 年代以来迅速发展，得到联邦政府发布的诸如社区精神健康、能源节约、环境保护领域方面的各种法令和指向特殊需求人群、儿童、老人、残障人员等项目的支持。

　　20 世纪 60 年代，设计和规划行业转向社会学和环境心理学，将其作为在这个新的在位的环境研究领域中有价值的信息来源。从那时起，个人与环境的关系成了建筑行业名副其实的组成部分，涵盖了关于人们如何利用、喜好给定的环境，或只是如何在给定的环境中活动的研究。随着阿摩斯·拉普卜特、凯文·林奇和唐纳德·阿普尔亚德开始研究邻里关系、城市街区，以至于城市中人的因素，这个领域很快也蔓延到城市设计领域。

　　环境–行为研究正如现今流行所称，起到最近，几乎全是实证主义的。实际上它起初对设计的影响是由于其以科学为基础的方法，它被认为比当时传统直觉的、通常高度个人化的设计程序更加严谨、更值得信赖和合理。社会科学介入规划和设计是对多学科行为感兴趣这个趋势的一部分，其本身也是二战中军事发展的系统思维的产物。在英国，现代主义和系统方法的影响把战后的建筑学院划分为两组：一组在巴特利特学院（Bartlett），卢埃林·戴维斯（Llewelyn Davis）在那里想要采用一种多学科方法进行设计，另一组在剑桥大学，马丁和马奇打算关注于空间、城市形态和土地利用（Hillier，1986）。

　　20 世纪 60 年代早期在美国，加州大学伯克利分校创建了第一个环境设计学院，这就把建筑和规划行业扩展到整个环境设计，包括工业设计。伯克利的新课程中"使用者研究"（意味着收集所要设计的设施的预期使用者的信息）和涉及协调不同利益和不同专业知识（从使用者到投资者）的"设计方法"在学生们将要学习的重要课程名单中地位很高。

尽管环境行为研究最近至少是在建筑领域（其发展被认为已经从设计中剥离出去——或者说它就是设计吗？）遭受了一些挫折，但实际在设计思想上的地位还是牢固的。像阿摩斯·拉普卜特（1977，1982，1990）、罗伯特·古特曼（Robert Gutman）（1972）、迈克尔·布里尔（Villeco and Brill，1981）、桑德拉·豪厄尔（Sandra Howell）（Moore 等，1985）、乔恩·兰（1987）、卡伦·弗兰克（Karen Franck）（Franck and Ahrentzen，1989）、克莱尔·库珀·马库斯（Clare Cooper Marcus）（1975，Marcus and Sarkissian，1986）及奥斯卡·纽曼（1972，1980）这些人仍然是国内教育和实践领域的重要人物。"环境设计研究学会"（EDRA）庆祝成立 20 周年，它的许多成员在全美国的设计院校任职（Hardie 等，1989）。"环境设计研究"一词已经被提出来用以涵盖与设计有特定关联的研究，来消除环境与行为这一对关系所产生的对立和冲突（Villeco and Brill，1981）。

在该领域作出贡献的有影响的人物有：I·奥尔特曼（I. Altman）（1986；Altman and Wohlwill，1976–1985）、D·坎特（1977）、L·费斯汀格（L. Festinger）（1989）、D·斯托科尔斯（D. Stokols）和 I·奥尔特曼（1987），以及 J·F·沃尔维尔（J. F. Wohlwill）（1981，1985）等。与城市设计方面的议题直接有关的主要作者包括：阿摩斯·拉普卜特（1977，1982，1990）在住区环境、城市和居留地方面；唐纳德·阿普尔亚德（1976，1981）在城市和街道方面；W·H·怀特（1980）在城市开放空间和城市方面；杰克·纳萨尔（Jack Nasar）（1988）在环境美学方面；罗宾·穆尔（1986）在儿童和环境方面；马克·弗朗西斯（Francis 等，1984）在城市开放空间方面；威廉·米切尔森（Willian Michelson）（1970，1977）在居住小区方面；克莱尔·库珀·马库斯（1975，Marcus and Sarkissian，1986）在居住环境方面；扬·盖尔（Jan Gehl）（1987）和罗德里克·劳伦斯（Roderick Lawrence）（1987）在街道和居住环境方面；奥斯卡·纽曼（1972，1980）在居住环境方面；S & R·卡普兰（Kaplan）夫妇（1978）在开放空间方面。不仅如此，如果该领域进行的大部分研究与日常环境相关，那么还有一些研究了职业设计人员和外行人之间不同的价值观和偏爱（Canter，1977；Nasar，1988）。

该领域宽泛和多学科的本质使得信息检索多少有点困难。有许多组织在发起和公布研究（Moore 等，1985），许多杂志还提供了综合索引。而在密尔沃基的威斯康星大学建筑学院已经出版了一本书目手册供它们的博士生使用（Moore 等，1987）。该领域实用的调查也正在产生（Altman 和 Wohlwill，1976–1985；Moore 等，1985；Stokols 和 Altman，1987；Zube 和 Moore，1987）。插一句有趣的话，穆尔等（1987）包括 J·B·杰克逊和其他地理学家都是环境设计研究的一分子。但是在我们的分类中，这些研究看起来最适合归入物质文化研究。如果这种重叠当然证明了一些与这种分类（总体上进行分类）相关的争议的话，那么它也是研究领域之间的丰富关联的证据以及只有与一些领域与城市设计普遍相关的证据。

　　环境行为研究基本的实证主义立场成了有争议的问题，也是如前所述，相比于来自领域自身的批评，也是较少受到来自设计师和规划师的批评的原因。诸如人的态度、感觉、行为等是否应该划分到如知觉和认识这样的分类中等问题被提出来。人与环境的全部关系是什么？触摸不到的、精神上的关联又是什么？如前文提到的，这些和其他一些争议导致一些人运用的现象学方法来进行研究。不仅如此，以环境的客体质量为代价的对主体的过度重视已引起了不满。作为回应，一群研究者、学者和理论家出现了，他们是环境行为研究的分支，因为他们所关注的方面并不在意与这个领域的形式关联。这决定了把他们归入宽松地称为"场所研究"的类别。

场所研究

　　场所研究集中了很多思想者，他们已经成了一个真正的团体（有所识别而没有这样描述，Moore 等，1985，pp. xviii，p. 59 – 73）。从 20 世纪 70 年代晚期以来，已经有好几项研究着手创建关于场所的知识和理论，这些知识和理论以人与环境之间的关系的重要性为基础，但并不完全适合环境行为这个类别。首先，他们不仅仅应用实证的研究策略。其次，尽管对客体和主体的关注都是核心，其重点仍是把客体作为设计中的当务之急。最后，这些研究既寻求人与环境之间情绪方面的关联，也寻求感知方面的关联。此外，也许是最重要的，它们专注于源于非位和彻底非位的解释。因此这些研究看起来就像环境行为研究中的害群之马：遵守了原理，但是歪曲了一些基本规则。

　　场所研究包括多种研究，由于个人爱好的原因，这些研究难以进一步分类。然而有一类学者由规划和设计专业人员组成——这可以部分地解释这类研究中强调客体和非位的一些原因。诺伯格·舒尔茨（1980，1985）、赫斯特（1975，1984）、艾伦·雅各布斯（1985）、维奥利奇（Violich）（1983）、勒鲁普（Lerup）（1977）、希利尔（Hiller）和汉森（Hanson）（1984）、蒂尔（1986）、格林比（Greenbie）（1981）、林奇（1972，1981；他的大部分研究在《城市意象》之后），以及近来，查尔斯·穆尔及其合作者（Moore 等，1988）、西蒙（Seamon）和马格罗尔（Mugerauer）（1989）、弗朗西斯和赫斯特（1990），都是这个团体的代表人物。他们拥有设计过程、城市形态的历史和文化景观的价值方面的尖端知识。他们对跨文化研究显示出特别的移情，并且他们倾向于把注意力转移到乡土场所。樋口（Higuchi）（1983）和芦原（Ashihara）（1983）尽管也属于这个团体，但是因为他们与视景和意象研究关系密切而比较突出。

　　另一类学者由社会学家组成，他们试图与设计的对象密切关联，如图安（Tuan）（1974，1977）、佩林（Perin）（1970，1977）、西米（1986）、雷尔夫（1976）、阿普尔顿（1975）、雅克利（Jakle）（1987）和沃尔特（Walter）（1988）。记者格雷迪·克莱（1973）和托尼·希斯（Tony Hiss）（1990）及社会学家马克·戈特迪纳（1985）也属于这一类。这些研究工作的普遍特征是它们的高度个人主义特征加上对建成环境和改造过的环境景观的社会心理学维度的重视。场所研究在城市设计圈中深受欢迎，大概是因为它结合了在设计过程中必须加以综合的许多复杂关系。

"场所研究"这个名词被用来涵盖这些折中的研究，并用来反映对物理环境及其感觉上的和情绪上的内容的强调。然而，需要指出的是，环境行为研究也主张场所概念作为他们研究的核心（例如在 Canter，1977；Rapoport，1982，1990；Appleyard，1981；Lawrence，1987），因此有时很难把这两个领域划分清楚。

物质文化研究

物质文化研究是人类学的一个分支，关注把实物当成文化和社会的工具和反映的研究。由于研究对象范围广泛，包括邮票、厨具、服饰等，自从各种实用器具已经成为日常生活的必需品以来，这个领域已发展成一个丰富而广受欢迎的学术研究。文化景观要素日益成为这个领域的一部分。地理学家也对物质文化作出了贡献（例如，参见 Lewis，1975）。当建筑师、景观设计师和城市设计师变得越来越深思熟虑并系统研究我们环境中的物质表现时，他们也在补充物质文化研究，尽管在许多情况下是不知不觉的（Wolfe，1965）。

托马斯·施勒雷特（1982，1985a）已经花费大量精力来解释所进行的特质文化研究的范围和发展。作为一个熟练的观察者和物质环境批评家（Schlereth，1985b），他把物质文化研究的发展分为三阶段。他称之为收集阶段、描述阶段和分析阶段（Schlereth，1982）。施勒雷特展示了这个领域如何从一个简单的收藏者行为发展成一个批判性学术研究的复杂过程。因此，最初关于包括尖柴盒收藏者和汽车迷在内的领域的合理性问题不再提及。此外，随着用来展现和分析文化性人工制品的方法越来越复杂，物质文化研究提供了平行于艺术史且实际上与其竞争的知识：关于商业中心、珠宝或者猪圈的研究不必再论证是"高级的或低级的艺术"（或其他就此而言的任何艺术种类），这样就提高了收集物质世界的信息的潜能。自从后工业社会日益加剧的物质过剩继续"阻碍"自身的发展以来，这个领域的发展尤其重要，物质过剩自身而言也许意义不大，但是加起来却影响很大。

目前，物质文化研究实际上都是美国人研究领域的一部分。在欧洲，人种学者和民族学学者，某种程度上还有城市和种族文化考古学者，正着手拓展更新近的文化性人工制品的研究。但是我自己有限的调查尚未觉察到那里的物质文化研究本身的兴起。

施勒雷特，包括 J·B·杰克逊、格雷迪·克莱和罗伯特·文丘里都对物质环境的研究有所贡献，但是民俗文化学者亨利·格拉西（Henry Glassie）才是该领域的一个巨人。几乎不为环境设计师所知，格拉西的研究包括了对弗吉尼亚的民间住房的仔细分析（1968，1975）和对一个阿尔斯特社区的全面描述（1982）。他小心翼翼的研究和复杂的方法论——结构主义和现象学的结合——可以作为良好且重要的研究范例。与设计者的兴趣更相近的是厄普顿和弗拉赫（Vlach）（1986）关于民间场所的研究和格罗思（1990）关于文化景观的研究。对这个领域的密切关注在未来非常必要。

类型学形态学研究

这个研究领域在美国知名度不高。因为有时与克里尔兄弟［《理性的建筑》（Rational Architecture），1978］和阿尔多·罗西（1964，1982）的研究有关，所以它经常被简化成一种从前现代城市借用来的建筑设计哲学（Vidler，1976；Moneo，1978）。实际上，类型学和形态学研究包括了一个很长的研究城市及其形态尤其是控制其生成的社会经济进程的传统。克里尔兄弟和罗西专注于这样的研究。他们传播这样一种观点，即研究建筑导致对社会的理解，这种理解与来自经济学或社会学这些已经确立的学科的理解一样有效。然而，克里尔兄弟和罗西都没有向设计领域清晰地介绍类型学和形态学研究已经形成的关于城市形态和城市形态生成的翔实资料（Moudon in progress）。

意大利建筑师阿莫尼诺（Aymonino 等，1966）创造了"类型形态学研究"这个术语，意在利用建筑类型来描述和解释城市形态及塑造城市肌理的过程。该领域的地理学家更乐意谈论城市形态学，结果却强调他们评注城市形态的兴趣。其他人包括建筑师则确信建筑以及与其相连的开放空间是城市形态的基本要素，他们关注于根据类型对它们进行分类，从而解释城市的物质特征。他们更乐意被称为类型学家。

所有类型形态学者都以一种独特的方法研究建筑类型：他们对建筑形式或风格的兴趣远不如对建筑物及周边开放空间之间关系的兴趣大。这样，他们把建筑物及互补的开放空间看作相互关联的、通常由边界和土地所属关系限定的空间单元。这些空间单元由其所有者或使用者建造和处置。它们共同构成了城市肌理。建筑物和开放空间根据类型进行分类：类型代表属于连续的建筑传统的不同时代的建筑，或者在同时代中，类型反映了它们所服务的人群的不同社会经济地位。

因为类型形态学者坚持要解释城市的结构和演进，所以他们的分析包括所有的建筑类型，既有纪念性的也有普通的。但是他们必须把大部分精力花在构成绝大部分城市肌理的普通居住建筑的研究上。因而类型形态学研究与源自艺术史的研究不同，不仅否定了对特殊建筑类型的关注（通常是过度设计而不实用的），还否定了把单个建筑孤立于城市整体的典型做法及其将建筑当做是对过去永恒不变的纪念物做法。

类型形态学研究是客体导向的。然而建成环境不是作为一个静态物体而是作为一个由居住和使用它的人掌控的持续变化的物体来处理的。实际上"形态发生"这个词——对过程的研究，导向建成环境的形成和变换——比"形态学"这个词——对形式的研究——更恰当以定义这个领域的研究性质。方法根源于历史，因为历史遗迹在所有城市环境的动态过程中总是根深蒂固的。这种对待历史的方法与设计和规划行业有着直接而特殊的关联。

在北美，巴顿·迈尔斯（Barton Myers）和乔治·贝尔德（George Baird）对多伦多的研究（Myers 和 Baird，1978）和我本人对旧金山的研究（Moudon，1986）可以作为类型形态学研究的示例。地理学家 M·R·G·康增是一个重要人物，他已经用这种方法研究了英国中世纪城市（Conzen，1960；Whitehand，1981）。他的培训背景要追溯到这个世纪初的柏林，地理学家在那里提炼出一种适用于城市居民点研究的形态学方法。受 M·R·G·康增影响的地理学家在伯明翰大学组织了一个城市形态研究组（1987 年至今）。这个小组的成员迅速在英语世界和欧洲发展。相应这个小组发行物包括来自世界许多地方和好几个学科的研究（Slater，1990）。在意大利，建筑师已经为类型形态学研究的价值和方法论问题争议了三十多年。在那里，詹弗兰科·卡尼贾（Gianfranco Caniggia）（1983；Caniggia & Maffei，1979）因其最庞大的研究而非常突出。他是萨韦里奥·穆拉托里（Saverio Muratori）（1959；Muratori 等，1963）的一个助手，穆拉托里在 20 世纪 50 年代晚期进行了关于罗马和威尼斯的两项创造性研究。后来，保罗·马雷托（Paolo Maretto）（1986）作为该领域的一个著作历史学家出现。在法国，一个由建筑师、城市设计师、地理学家和社会学家组成的多学科组织已经花了大概二十年从事这样的研究（Castex 等，1980；Panerai 等，1980）。他们现在合并成一个名为"LADRHAUS"的研究实验室（Laboratoire de Recherche "Histoire Architectural et Urbaine-Sociétés"），其与意大利、西班牙和拉丁美洲的研究组织密切合作（Moudon，in progress）。

空间形态学研究

这个研究领域正式形成于第二次世界大战后的剑桥大学，莱斯利·马丁（Leslie Martin）和莱昂内尔·马奇（Lionel March）是城市形态和土地利用研究中心的创始人。这个研究团体致力于揭示城市几何图形的基本特征。这些研究背后隐含的假设包括产生城市形态的空间要素——如住所、交通路线等——的存在，以及量化这些要素及其相互关系的必要性。

克里斯托弗·亚历山大在 20 世纪 60 年代早期与剑桥小组一起工作，当时他是数学系学生，刚开始对设计和建筑感兴趣。他的《关于形式合成的笔记》（Notes on the Synthesis of Form）（1964）反映了这个小组关注的对象及使用的方法。尽管亚历山大很快否定了这种方法的价值，但其他人还继续沿这个方向努力。马丁和马奇发表了这个领域的基础性文稿（Martin 和 March，1972；March，1977）。菲利普·斯特德曼（Philip Steadman）的研究涵盖了建筑几何学领域

(Steadman，1983)。威廉·米奇尔（William Mitchell），马丁和马奇的合作者之一，继续发展用计算机操作空间要素的方法（Mitchell，1990）。莱昂内尔·马奇实际上取代了米奇尔原来的加州大学洛杉矶分校建筑系主任的位置。这个小组清楚地反映了建筑师长期以几何方式生成和操作形式的兴趣——以达西·汤普森（D'Arcy Thompson）（［1917］1961）的研究作为通用的哲学基础，以 F·L·赖特和勒·柯布西耶的美国风（Usonian）住宅和雪铁龙（Citroën）住宅作为对相互关联的空间要素着迷的反映。

也许该领域最广泛的成果是希利尔和他的小组在巴特利特学院（Bartlett）取得的。希利尔正在研究空间的基本生成要素，并寻求与社会系统相关的所谓空间语法，因此把空间的社会维度和几何维度联系起来。希利尔的方法在《空间的社会逻辑》（The Social Logic of Space）（Hillier & Hanson，1984）一书中有所解释，非常复杂并难以完全理解。这项研究具有特殊意义，因为它论证了强化环境设计研究和城市形态研究间关联的必要性。在这个意义上说，它也属于场所研究。

在美国，空间形态学领域在 20 世纪 60 年代随着《空间结构探索》（Explorations into Spatial Structures）（Webber，1964）一书的出版而出现了短时间的间断。作为加州大学伯克利分校和宾大的联合研究成果，这本书总结了基本环境空间要素的分类研究及其意义。但英国的研究主要是建筑师来实行，美国的研究却是规划师思考的结果。不幸的是，美国的研究尚未看到后继者。取而代之的是，规划师们追随韦伯自己的贡献，他们质疑与社会经济维度相关的物质空间和物理空间的重要性，已经开始继续探究城市空间的功能。因此，在美国，城市空间结构领域如今只是在客观物质空间静态思考的程度上研究交通、土地利用和位置变化（例如参见，Bourne，1971）。

凯文·林奇和劳埃德·罗德温（Lloyd Rodwin）早年的研究也涉及空间要素和形态要素的分析（Lynch & Rodwin，1958）。但是，这种共同的兴趣很快分裂成林奇对意象的研究和罗德温对更大的城市社会经济模型的兴趣中。

因此在 20 世纪 60 年代，对空间形态的兴趣显示出建筑师和规划师在空间结构问题上有可能合作。但是这种合作在 60 年代末期随着现在看起来很明显的在社会经济空间的相对重要性和规划设计问题出现的不同尺度方面的职业分歧而突然中断。当今，在空间结构领域，克里斯泰勒（Christaller）的遗产（Berry & Red，1961）以及社会学的芝加哥学派在规划界很流行，而空间语法和计算机方法在建筑领域占优势。

一些独立研究者的研究也许也适合这一类，因为其关注空间的几何特征。帕逊尼奥（Passonneau）和沃尔曼（1966；Wurman，1974）研究了城市几何学和密度。斯坦福·安德森（Stanford Anderson）（1977）关于空间的公共使用和私人利用的描述和菲利普·布东（Philippe Boudon）（1971，1991）关于建筑学的定义也给人留下了印象。遗憾的是，安德森在区域的小规模限定方面的兴趣没有应用充分的差异案例来提供发展设计理论框架的机会（Anderson，1986）。布东坚持认为建筑空间并非几何空间，因为空间尺度才是限定建筑空间的因素——一个 10 平方英尺的房间与 100 平方英尺的房间根本不同，即使其几何特征相似——这种观点具有挑战性，但在美国几乎不为人知。在寻找描述建成空间的合适方法时，布东认为空间只有在刺激到感观反应时才能被限定：对象是不能描述的，但是它们产生的知觉和感受可以描述（Boudon，1971，1991）。这种认识间接表明了这些研究也适合场所研究。

讲到这儿，值得一提的是空间符号学方面的研究似乎不适合这里所设想的任何一个研究领域。这项研究充满了矛盾（能认为建筑会产生语言系统或符号系统吗？）且难以理解。不明确的意图和复杂的方法使其空洞而难以归类（Gottdiener，1986）。但如果其揭示建成形式的空间逻辑的目标得到承认的话，符号学可以归入空间形态方面。

最后，尽管空间形态学和类型形态学因为都寻求识别空间的生成结构而有所重叠，但是这两者基本的差异在于类型形态学把空间分析和解释建立在物质空间的历史和演化的基础上，而空间形态学领域本质上仍然是历史性的。

自然生态研究

近来的研究和理论已经显示出城市生态学是城市设计必要而基本的组成部分。光、空气和开放空间一直都是城市设计讨论的一部分，但是规划师和建筑师的意图局限于对健康、舒适和环境视觉质量影响的思考。绿化在城市中的作用自从 19 世纪后期就成了一个主要关注点——它作为一种浪漫的动力把自然带入急遽膨胀的城市，它作为一条必然出路以满足不断增多的城市人口的休闲要求。20 世纪后半期，城市环境的能源过度消耗已引起严重关注，但是这方面所做的大部分研究主要是处理交通功能，尤其是汽车产业。那时候一些建筑师也积极响应，关注能源意识强的建筑物。从那时起，更大范围的生态学显著发展，影响了很多学科（Odum，1971）。城市生态学的出现跨越了学科边界，引进了分析和规划城市的系统方法（Detwyler 和 Marcus，1972；Douglas，1983；George 和 McKinley，1974；Goudie，1990；Havlick，1974）。这些方法兼顾地质、地形、气候、空气污染、水、土壤、噪声、植被和野生动物。把城市及其周边理解成一个自然平衡的环境综合方法正在发展（Gordon，1990；Todd 和 Todd，1984；Van der Ryn 和 Calthorpe，1986；Yaro 等，1988）。

景观建筑师正在对这个领域作出大量的贡献。先是伊恩·麦克哈格（Ian McHarg）开创性的《设计结合自然》（1971），随后有安妮·惠特顿·斯本的《花岗石园地》（The Granite Garden）（1984）。约翰·莱尔（John Lyle）（1985）和迈克尔·霍夫（Michael Hough）（1984）最近的研究为整合城市设计中的自然进程提供了必不可少的信息。这些著作论证了水和空气的运动如何影响污染和健康，汽车产生的空气污染如何通过街道和建筑的正确设计而减轻，植被如何影响空气流动等。还论证了植物群和动物群是城市整体中必不可少的，因而居民也是决定因素。树木在城市文脉中的影响正越来越详细地探讨（Moll and Ebenreck，1989）。现在斯本把这些新的与传统的城市设计趣旨结合到一起，正在研究生态设计对城市美学的影响。

尽管这些研究尚待引入城市设计的核心，但是它们开始显示出存在于更受普通关注的环境的社会和心理成分与其生物学维度之间的联系。肯尼思·施奈德（Kenneth Schneider）在《论城市的性质》（On the Nature of Cities）（1979）中把城市视为一个必然的文化和生态系统。休斯（Hughes）在《古老文明中的生态学》（Ecology in Ancient Civilizations）（1975）一书中建立了与城市历史的关联。最后，自然科学方面开展的许多研究若要用于详细的环境设计仍有待说明。

结论

建立城市设计认识论的第一步尝试来源于向学生介绍大量文献，鼓励他们关注阅读，帮助他们把这些读物与这个领域的实际论点和问题联系起来。在这个教学层面上，当学生在复杂的文献堆里徘徊时，"普适方法"成功地给学生以引导。作为回报，当新的领域有可能从相关领域内出现时，当城市设计的影响扩大或简单变化时，学生有可能保持"普适方法"的更新。

"普适方法"对更大的研究和实践背景的实用性仍有待接受。如果不出意外的话，未来对这几个研究方面的正确性和有效性的讨论，将会拓宽大部分专业人员所利用的常备参考资料。这将帮助他们解释他们个人的偏好和倾向性，并识别出无意中忽视的领域。而更重要的是，建议的这九个领域描述并因而突出了特定的职业关注的焦点。城市历史研究对各种设计程序揣出了重要评价并解释了其导致的形式。视景研究整合了关于建成环境的视觉属性的不同解释。意象研究阐释了普通人对城市的视觉认识。环境行为研究着手把人和环境之间相互关系的难题集中起来。场所研究提出了建成环境及相关开放空间的特殊意义、象征和一般而言的深层情感内容。物质文化研究关注人工景观的物质质量及其对社会的价值。类型形态研究阐释了与城市建设过程相关的程序和产物。空间形态研究提出了空间的功能内容及其几何形式。最后，自然生态研究分析了城市和自然环境之间的相互关联。这九个领域有助于浏览关于城市怎样建造、使用和理解方面的知识，并有助于关注发展这些知识的途径。

这个领域今后的功效依赖于其消化实际知识及应用于评估标准理论和实践的能力。最后，无论是理论的还是实践的，城市设计方面的知识，以及关于城市的知识，感知到的、生成的和居住于其中的，都必定会紧密相关。

注释

1 According to Lang (1987), there is also research pertaining to the "procedural" aspects of urban design that relates to how urban design should be practiced and that focuses on methods of prac-ticing urban design – for example, Barnett (1974), Jacobs (1978), and Wolfe and Shinn (1970). Procedural research is not included in this epistemological map.

参考文献

Alberti, L. B. (1988) *On the Art of Building in Ten Books (De re aedificatoria)*, trans. J. Rykwert, N. Leach, and R. Tavernor. Cambridge, MA: MIT Press (originally published 1452).

Alexander, C. (1964) *Notes on the Synthesis of Form*. Cambridge, MA: Harvard University Press.

Alexander, C., Ishikawa, S. and Silverstein, M. (1977) *A Pattern Language: Towns, Buildings, Construction*. New York: Oxford University Press.

Altman, I. (1986) *Culture and Environment*. Cambridge: Cambridge University Press.

Altman, I. and Wohlwill, J. F. (eds) (1976–85) *Human Behavior and Environment: Advances in Theory and Research*, volumes 1–5. New York: Plenum.

Anderson, S. (ed.) (1977) *On Streets*. Cambridge, MA: MIT Press.

Anderson, S. (1986) Architectural and urban form as factors in the theory and practice of urban design. In F. Choay and P. Merlin (eds), *A propos de la morphologie urbaine. Volume 2, Communications*. Paris: Laboratoire "Téorie des mutations urbaines en pays développés," Université de Paris VIII.

Appleton, J. (1975) *The Experience of Landscape*. New York: Wiley.

Appleton, J. (ed.) (1980) *The Aesthetics of Landscape: Proceedings of Symposium, University of Hull, 17–19 September 1976*. Didcot: Rural Planning Service.

Appleyard, D. (1976) *Planning a Pluralistic City: Conflicting Relaities in Ciudad Guayana*. Cambridge, MA: MIT Press.

Appleyard, D. (1981) *Livable Streets*. Berkeley: University of California Press.

Appleyard, D., Lynch, K. and Myer, J. (1964) *The view from the Road*. Cambridge, MA: MIT Press.

Arnheim, R. (1954) *Art and Visual Perception: A Psychology of the Creative Eye*. Berkeley: University of California Press.

Arnheim, R. (1966) *Toward a Psychology of Art: Collected Essays*. Berkeley: University of California Press.

Artibise, A. F. J. and Linteau, P. -A. (1984) The evolution of urban Canada: an analysis of approaches and interpretations. In *Institute of Urban Studies, Report 4*. Winnipeg: Institute of Urban Studies, University of Winnipeg.

Ashihara, Y. (1983) *The Aesthetic Townscape*. Cambridge, MA: MIT Press.

Aymonino, C., Brusatin, M., Fabbri, G., Lena, M., Loverro, P., Lucianetti, S., and Rossi, A. (1966) *La città di Padova, saggio di analisi urbana*. Rome: Officina edizoni.

Bacon, E. (1976) *Design of Cities*. New York: Penguin.

Banham, R. (1971) *Los Angeles: The Architecture of Four Ecologies*. Baltimore: Pelican.

Barnett, J. (1974) *Urban Design as Public Policy: Practical Methods for Improving Cities*. New York: Architectural Record Books.

Barnett, J. (1986) *The Elusive City: Five Centuries of Design, Ambition and Ideas*. New York: Harper & Row.

Benevolo, L. (1980) *The History of the City*. London: Scolar.

Berry, B. J. L. and Red, A. (1961) *Central Place Studies: A Bibliography of Theory and Applications*. Philadelphia: Regional Science Institute.

Blumenfeld, H. (1979) *Metropolis and Beyond: Selected Essays by Hnas Blumenfeld edited by Paul D. Spreiregen*. New York: Wiley.

Boudon, P. (1971) *Sur l'espace architectural: essai d'épistémologie de l'architecture*. Paris: Dunod.

Boudon, P. (1991) *De l'architecture à l'épistémologie de léchelle*. Paris: Presses Universitaires de France.

Bourne, L. (ed.) (1971) *Internal Structure of the City: Readings on Urban Form, Growth and Policy*. New York: Oxford University Press.

Broadbent, G. (1990) *Emerging Concepts in Urban Space Design*. London: Van Nostrand Reinhold International.

Brunskill, R. W. (1981) *Traditional Buildings of Britain: An Introduction to Vernacular Architecture*. London: Victor Gollancz.

Brunskill, R. W. (1982) *Houses*. London: Collins.

Burke, G. (1971) *Towns in the Making*. London: Edward Arnold.

Caniggia, G. (1983) Dialettica tra tipo e tessuto nei rapporti preesistenza–attualità, formazione–mutazione, sincronia–diacronia. Extracts from *Studi e documenti de architettura*, 11 (June).

Caniggia, G. and Maffei, G. L. (1979) *Composizione architettonica e tipologia edilizia, 1. Lettura dell'edilizia di base*. Venice: Marsilio Editori.

Canter, D. (1977) *The Psychology of Place*. London: Architectural Press.

Carter, H. (1976) *The Study of Urban Geography*. New York: Wiley.

Castex, J., Céleste, P. and Panerai, P. (1980) *Lecture d'une ville: Versilles*. Paris: Editions du Moniteur.

Choay, F. (1965) *Urbanisme, utopies et réalités, une anthologie* Paris Editions du Seuil.

Choay, F. (1980) *La règle et le modèle, sur la théorie de l'architecture et de l'urbanisme*. Paris Editions du Seuil.

Clay, G. (1973) *Close-up: How to Read the American City*. New York: Praeger.

Conzen, M. P. (1978) Analytical approaches to the urban landscape. In K. W. Butzer (ed.), *Dimensions of Human Geography*. Research paper 186, Department of Geography, University of Chicago.

Conzen, M. P. (1980) The morphology of nineteenth-century cities in the United States. In W. Borah, J. Hardoy, and G. Stelter (eds), *Urbanization in the Americas: The Background in Comparative Perspective*. Ottawa: National Museum of Man.

Conzen, M. P. (ed.) (1990) *The Making of the American Landscape*. Boston: Unwin Hyman.

Conzen, M. R. G. (1960) *Alnwick, Northumberland: A Study in Town-plan Analysis*. London: Institute of British Geographers.

Cullen, G. (1961) *The Concise Townscape*. New York: Van Nostrand Reinhold.

Detwyler, T. R. and Marcus, M. G. (1972) *Urbanization and Environment: The Physical Geography of the City*. Belmont, CA: Duxbury.

Dickinson, R. E. (1961) *The West European City: A Geographical Interpretation*. London: Routledge & Kegan Paul.

Douglas, I. (1983) *The Urban Environment*. Baltimore: Edward Arnold.

Dyoz, H. J. (ed.) (1968) *The Study of Urban History*. New York: St Martin's Press.

Evenson, N. (1973) *Two Brazilian Capitals: Architecture and Urbanism in Rio de Janeiro and Brasilia*. New Haven, CT: Yale University Press.

Evenson, N. (1979) *Paris: A Century of Change, 1878–1978*. New Haven, CT: Yale University Press.

Festinger, L. (1989) *Extending Psychological Frontiers: Works of Leon Festinger*. New York: Russell Sage Foundation.

Fishman, R. (1977) *Urban Utopias in the Twentieth Century: Ebenezer Howard, Frank Lloyd Wright, and Le Corbusier*. New York: Basic Books.

Fishman, R. (1987) *Bourgeois Utopias: The Rise and Fall of Suburbia*. New York: Basic Books.

Francis, M., Cashdan, L. and Paxson, L. (1984) *Community Open Spaces: Greening Neighborhoods through Community Action and Land Conservation*. Washington, DC: Island Press.

Francis, M. and Hester, R. (eds) (1990) *The Meaning of Gardens: Idea, Place, and Action*. Cambridge, MA: MIT Press.

Franck, K. A. and Ahrentzen, S. (1989) *New Households, New Housing*. New York: Van Nostrand Reinhold.

Friedman, D. (1988) *Florentine New Towns: Urban Design in the Late Middle Ages*. Cambridge, MA: MIT Press.

Gans, H. J. (1967) *The Levittowners: Ways of Life and Politics in a New Suburban Community*. New York: Pantheon.

Gans, H. J. (1969) Planning for people, not buildings. *Environment and Planning*, 1(1), 33–46.

Garreau, J. (1991) *Edge City: Life on the New Frontier*. New York: Doubleday.

Gehl, J. (1987) *Life between Buildings: Using Public Space*. New York: Van Nostrand Reinhold.

George, C. J. and McKinley, D. (1974) *Urban Ecology: In Search of a Asphalt Rose*. New York: McGraw-Hill.

Girouard, M. (1985) *Cities and People: A Social and Architectural History*. New Haven, CT: Yale University Press.

Glassie, H. (1968) *Pattern in the Material Folk Culture of the Eastern United States*. Philadelphia: University of Pennsylvania Press.

Glassie, H. (1975) *Folk Housing in Middle Virginia*. Knoxville: University of Tennessee Press.

Glassie, H. (1982) *Passing the Time in Baleymenone: Culture and History of an Ulster Community*. Philadelphia: University of Pennsylvania Press.

Gordon, D. (ed.) (1990) *Green Cities*. Montreal: Black Rose.

Gosling, D. and Maitland, B. (1984) *Concepts of Urban Design*. London: Academy Editions.

Gottdiener, M. (1985) *The Social Production of Urban Space*. Austin: University of Texas Press.

Gottdiener, M. (1986) *The City and the Sign: An Introduction to Urban Semiotics*. New York: Columbia University Press.

Goudie, A. (1990) *Human Impact on the Natural Environment*. Cambridge, MA: Blackwell.

Greenbie, B. B. (1981) *Spaces: Dimensions of the Human Landscape*. New Haven, CT: Yale University Press.

Groth, P. (ed.) (1990) *Visions, Culture, and Landscape*. Working papers for the Berkeley Symposium on Cultural Landscape Interpretations. Berkeley: Department of Landscape Architecture, University of California.

Gutman, R. (1972) *People and Buildings*. New York: Basic Books.

Hall, E. T. (1966) *The Hidden Dimension*. Garden City, NY: Doubleday.

Hall, E. T. (1980) *The Silent Language*. Westport, CT: Greenwood (first published 1959).

Halprin, L. (1966) *Freeways*. New York: Reinhold.

Halprin, L. (1972) *Cities*. Cambridge, MA: MIT Press.

Hardie, G., Moore, R., and Sanoff, H. (eds) (1989) *Changing Paradigms*. EDRA 20, Proceedings of Annual Conference. School of Design, North Carolina State University.

Havlick, S. W. (1974) *The Urban Organism: The City's Natural Resources from an Environmental Perspective*. New York: Macmillan.

Hayden, D. (1981) *The Grand Domestic Revolution: A History of Feminist Designs for American Homes, Neighborhoods, and Cities*. Cambridge, MA: MIT Press.

Hayden, D. (1984) *Redesigning the American Dream: The Future of Housing, Work, and Family Life*. New York: W. W. Norton.

Hester, R. (1975) *Neighborhood Space*. Stroudsburg, PA: Dowden, Hutchinson & Ross.

Hester, R. (1984) *Planning Neighborhood Space with People*. New York: Van Nostrand Reinhold.

Higuchi, T. (1983) *The Visual and Spatial Structure of Landscapes*. Cambridge, MA: MIT Press.

Hillier, B. (1986) Urban morphology: the UK experience, a personal view. In F. Choay and P. Merlin (eds), *A propos de la morphologie urbaine. Volume 2, Communications*. Paris: Laboratoire "Téorie des mutations urbaines en pays développés," Université de Paris VIII.

Hillier, B. and Hanson, J. (1984) *The Social Logic of Space*. Cambridge: Cambridge University Press.

Hiorns, F. R. (1956) *Town-building in History: An Outline Review of Conditions, Influences, Ideas, and Methods Affecting "Planned" Towns through Five Thousand Years*. London: George G. Harrap.

Hiss, T. (1990) *The Experience of Place*. New York: Knopf.

Hough, M. (1984) *City Form and Natural Process: Towards a New Urban Vernacular*. Beckenham: Croom Helm.

Hughes, J. D. (1975) *Ecology of Ancient Civilization*. Albuquerque: University of New Mexico Press.

Huxtable, A. L. (1970) *Will They Ever Finish Bruckner Boulevard?* New York: Macmillan.

Jackson, J. B. (1980) *The Necessity for Ruins and Other Topics*. Amherst: University of Massachusetts Press.

Jackson, J. B. (1984) *Discovering the Vernacular Landscape*. New Haven, CT: Yale University Press.

Jackson, K. (1985) *Crabgrass Frontier: The Suburbanization of the United States*. New York: Oxford University Press.

Jackson, K. and Schultz, S. (eds) (1972) *Cities in American History*. New York: Knopf.

Jacobs, A. (1978) *Making City Planning Work*. Chicago: American Society of Planning Officials.

Jacobs, A. (1985) *Looking at Cities*. Cambridge, MA: Harvard University Press.

Jacobs, J. (1961) *The Death and Life of Great American Cities*. New York: Random House.

Jakle, J. A. (1987) *The Visual Elements of Landscape*. Amherst: University of Massachusetts Press.

Jarvis, R. K. (1980) Urban environments as visual art or as social settings? *Town Planning Review*, 51(1), 50–65.

Johnston, N. (1983) *Cities in the Round*. Seattle: University of Washington Press.

Kaplan, S. and Kaplan, R. (1978) *Humanscape: Environment for People*. North Scituate, MA: Duxbury.

Kepes, G. (1944) *Language of Vision*. Chicago: P. Theobald.

Kepes, G. (1965) *The Nature and Art of Motion*. New York: G. Braziller.

Kepes, G. (1966) *Sign, Image, Symbol*. New York: G. Braziller.

Knack, R. E. (1989) Repent, ye sinners, repent. *Planning*, 55(8), 4–13.

Konvitz, J. (1985) *The Urban Millennium: The City-building Process from the Early Middle Ages to the Present*. Carbondale: Southern Illinois University Press.

Kostof, S. (1986) Cities and turfs. *Design Book Review*, 10 (Fall), 9–10, 37–9.

Kostof, S. (1991) *The City Shaped: Urban Patterns and Meanings through History*. Boston: Bulfinch Press/Little, Brown.

Lang, J. (1987) *Creating Architectural Theory: The Role of the Behavioral Sciences in Environmental Design*. New York: Van Nostrand Reinhold.

Lavedan, H. (1941) *Histoire de l'urbanisme: Renaissance et temps modernes*. Paris: Laurens.

Lawrence, R. (1987) *Housing, Dwellings and Homes. Design Theory, Research and Practice*. New York: Wiley.

Lerup, L. (1977) *Building the Unfinished: Architecture and Human Action*. Beverly Hills, CA: Sage.

Lewis, P. F. (1975) Common houses, cultural spoor. *Landscape*, 19(2), 1–22.

Lowenthal, D. and Binney, M. (eds) (1981) *Our Past Before Us?* London: Temple Smith.

Lubove, R. (1967) The urbanization process: an approach to historical research. *Journal of the American Institute of Planners*, 33, 33–9.

Lyle, J. T. (1985) *Design for Human Ecosystem: Landscape, Land Use and Natural Resources*. New York: Van Nostrand Reinhold.

Lynch, K. (1960) *The Image of the City*. Cambridge, MA: MIT Press.

Lynch, K. (1972) *What Time Is This Place?* Cambridge, MA: MIT Press.

Lynch, K. (1981) *A theory of Good City Form*. Cambridge, MA: MIT Press.

Lynch, K. and Rodwin, L. (1958) A theory of urban form. *Journal of the American Institute of Planners*, 24, 201–14.

Lynd, R. S. and Lynd, H. M. (1929) *Middletown: A Study in Contemporary American Culture.* London: Constable.

Lyndon, D. (1982) *The City Observed: Boston.* New York: Random House.

McHarg, I. (1971) *Design with Nature.* Garden City, NY: Doubleday.

March, L. (1977) *Architecture of Form.* Cambridge, MA: MIT Press.

Marcus, C. C. (1975) *Easter Hill Village: Some Social Implications of Design.* New York: Free Press.

Marcus, C. C. and Sarkissian, W. (1986) *Housing as if People Mattered: Site Design Guidelines for Medium-density Family Housing.* Berkeley: University of California Press.

Maretto, P. (1986) *La casa veneziana nella storia della città, dalle origini all'ottocento.* Venice: Marsilio Editori.

Martin, L. and March, L. (eds) (1972) *Urban Space and Structures.* Cambridge: Cambridge University Press.

Michelson, W. (1970) *Man and His Environment.* Reading, MA: Addison-Wesley.

Michelson, W. (1977) *Environmental Choice, Human Behavior, and Residential Satisfaction.* New York: Oxford University Press.

Mitchell, W. J. (1990) *The Logic of Architecture, Design, Computation, and Cognition.* Cambridge, MA: MIT Press.

Moll, G. and Ebenreck, S. (eds) (1989) *Shading Our Cities: A Resource Guide for Urban and Community Forests.* Washington, DC: Island Press.

Moneo, R. (1978) On typology. *Oppositions,* 13 (Summer), 23–45.

Moore, C. W., Mitchell, W. J. and Turnbull, W. Jr (1988) *The Poetics of Gardens.* Cambridge, MA: MIT Press.

Moore, G. T. and the Faculty of the PhD Program (1987) *Resources in Environment-behavior Studies.* Milwaukee: School of Architecture and Urban Planning, University of Wisconsin.

Moore, G. T., Tuttle, P. and Howell, S. C. (eds) (1985) *Environmental Design Research Directions, Process and Prospects.* New York: Praeger Special Studies.

Moore, R. (1986) *Childhood Domain: Play and Place in Child Development.* London: Croom Helm.

Moore, Thomas, Sir, St (1989) *Utopia.* New York: Cambridge University Press (first published 1516).

Morris, A. E. J. (1972) *History of Urban Form: Prehistory to Renaissance.* New York: Wiley.

Moudon, A. V. (1986) *Built for Change: Neighborhood Architecture in San Francisco.* Cambridge, MA: MIT Press.

Moudon, A. V. (1987) The research component of typomorphological studies. Paper presented at the AIA/ACSA Research Conference, Boston, November.

Moudon, A. V. (1988) Normative/substantive and etic/emic dilemmas in design education. *Column 5 Journal of Architecture, University of Washington,* Spring, 13–15.

Moudon, A. V. (in progress) *City Building.* Manuscript.

Mumford, L. (1961) *The City in History: Its Origins, Its Transformations, and Its Prospects.* New York: Harcourt, Brace & World.

Muratori, S. (1959) *Studi per una operante storia urbana di Venezia.* Rome: Instituto Poligrafico dello Stato.

Muratori, S., Bollati, R., Bollati, S., and Marinucci, G. (1963) *Studi per una operante storia urbana di Roma.* Rome: Consiglio nazionale delle ricerche.

Muthesius, S. (1982) *The English Terraced House.* New Haven, CT: Yale University Press.

Myers, B. and Baird, G. (1978) Vacant lottery. *Design Quarterly,* 108 (special issue).

Nasar, J. L. (ed.) (1988) *Environmental Aesthetics: Theory, Research, and Applications.* Cambridge: Cambridge University Press.

Newman, O. (1972) *Defensible Space: Crime Prevention through Urban Design.* New York: Macmillan.

Newman, O. (1980) *Community of Interest.* Garden City, NY: Anchor Press/Doubleday.

Norberg-Schulz, C. (1980) *Genius Loci: Toward a Phenomenology of Architecture.* London: Academic Editions.

Norberg-Schulz, C. (1985) *The Concept of Dwelling.* New York: Rizzoli.

Odum, E. P. (1971) *Fundamentals of Ecology.* Philadelphia: W. B. Saunders.

Oxman, R. M. (1987) *Urban Design Theories and Methods: A Study of Contemporary Researches.* Occasional paper. Sydney: Department of Architecture, University of Sydney.

Panerei, P., Depaule, J.-C., Demorgon, M., and Veyrenche, M. (1980) *Eléments d'analyse urbaine.* Brussels: Editions Archives d'Architecture Moderne.

Passonneau, J. R. and Wurman, R. S. (1966) *Urban Atlas: 20 American Cities. A Communication Study Notating Selected Urban Data at a Scale of 1:48,000.* Cambridge, MA: MIT Press.

Perin, C. (1970) *With Man in Mind: An Interdisciplinary Prospectus for Environmental Design.* Cambridge, MA: MIT Press.

Perin, C. (1977) *Everything in Its Place: Social Order and Land Use in America.* Princeton, NJ: Princeton University Press.

Poëte, M. (1967) *Introduction à l'urbanisme.* Paris: Editions Anthropos (first published 1929).

Rapoport, A. (1977) *Human Aspects of Urban Form: Towards a Man–Environment Approach to Form and Design.* Oxford: Pergamon.

Rapoport, A. (1982) *The Meaning of the Built Environment: A Nonverbal Communication Approach.* Beverly Hills, CA: Sage.

Rapoport, A. (1990) *History and Precedents in Environmental Design.* New York: Plenum.

Rasmussen, S. E. (1967) *London: The Unique City.* Cambridge, MA: MIT Press.

Rational Architecture: The Reconstruction of the European City (1978) Brussels: Editions des Archives de l'Architecture Moderne.

Relph, E. (1976) *Place and Placelessness.* London: Pion.

Relph, E. (1984) Seeing, thinking and describing landscape. In T. Saarinen et al. (eds), *Environmental Perception and Behavior: An Inventory and Prospect.* Research paper no. 29. Chicago: Department of Geography, University of Chicago.

Relph, E. (1987) *The Modern Urban Landscape.* Baltimore: Johns Hopkins University Press.

Reps, J. W. (1965) *The Making of Urban America: A History of City Planning in the United States.* Princeton, NJ: Princeton University Press.

Rittel, H. and Webber, M. M. (1972) *Dilemmas in a General Theory of Planning.* Eorking paper 194. Berkeley: Institute of Urban and Regional Development, University of California.

Rodwin, L. and Hollister, R. M. (eds) (1984) *Cities of the Mind.* New York: Plenum.

Rossi, A. (1964) Aspetti della tipologia residenziale a Berlino. *Casabella,* 288 (June), 10–20.

Rossi, A. (1982) *The Architecture of the City.* Cambridge, MA: MIT Press (first Italian edition 1966).

Rowe, P. (1991) *Making a Middle Landscape.* Cambridge, MA: MIT Press.

Rudofsky, B. (1969) *Streets for People: A Primer for Americans.* Garden City, NY: Anchor Press/Doubleday.

Schlereth, T. J. (ed.) (1982) *Material Culture Studies in America.* Nashville, TN: American Association for State and Local History.

Schlereth, T. J. (ed.) (1985a) *Material Culture: A Research Guide.* Lawrence: University of Kansas Press.

Schlereth, T. J. (ed.) (1985b) *US 40: A Roadscape of the American Experience.* Indianapolis: Indiana Historical Society.

Schneider, K. R. (1979) *On the Nature of Cities: Toward Enduring and Creative Human Environments.* San Francisco: Jossey-Bass.

Seamon, D. (1987) Phenomenology and environment/behavior research. In E. H. Zube and G. T. Moore (eds), *Advances in Environment, Behavior, and Design.* New York: Plenum.

Seamon, D. and Mugerauer, R. (1989) *Dwelling, Place, and Environment.* New York: Columbia University Press.

Sennett, R. (ed.) (1969) *Nineteenth-century Cities: Essays in the New Urban History*. New Haven, CT: Yale University Press.

Sharp, T. (1946) *The Anatomy of the Village*. Harmondsworth: Penguin.

Sime, J. D. (1986) Creating places or designing spaces? *Journal of Environmental Psychology*, 6(1), 49–63.

Sitte, C. (1980) *L'art de bâtir les villes: l'urbanisme selon ses fondements artistiques*. Paris: Editions de l'Equerre (first published 1889).

Slater, T. R. (ed.) (1990) *The Built Form of Western Cities*. London: Leicester University Press.

Sommer, R. (1969) *Personal Space: The Behavioral Basis of Design*. Englewood Cliffs, NJ: Prentice Hall.

Spirn, A. W. (1984) *The Granite Garden: Urban Nature and Human Design*. New York: Basic Books.

Spreiregen, P. (1965) *Urban Design: The Architecture of Towns and Cities*. New York: McGraw-Hill.

Steadman, P. (1983) *Architectural Morphology: An Introduction to the Geometry of Building Plans*. London: Pion.

Stilgoe, J. R. (1982) *Common Landscape of America, 1580 to 1845*. New Haven, CT: Yale University Press.

Stokols, D. and Altman, I. (1987) *Handbook of Environmental Psychology*. New York: Wiley.

Sutcliffe, A. (ed.) (1984) *Metropolis 1890–1940*. Chicago: University of Chicago Press.

Thiel, P. (1986) *Notations for an Experimental Envirotecture*. Seattle: College of Architecture and Urban Planning, University of Washington.

Thompson, D'Arcy, W. (1961) *On Growth and Form*. Cambridge: Cambridge University Press (originally published 1917).

Todd, N. J. and Todd, J. (1984) *Bioshelters, Ocean Arks, City Farming*. San Francisco: Sierra Club Books.

Tuan, Y.-F. (1974) *Topophilia: A Study of Environmental Perceptions, Attitudes and Values*. Englewood Cliffs, NJ: Prentice Hall.

Tuan, Y.-F. (1977) *Space and Place: The Perspective of Experience*. Minneapolis, University of Minnesota Press.

Unwin, R. (1909) *Town Planning in Practice: An Introduction to the Art of Designing Cities and Suburbs*. New York: B. Blom.

Upton, D. and Vlach, J. M. (eds) (1986) *Common Places: Readings in American Vernacular Architecture*. Athens: University of Georgia Press.

Urban Morphology Research Group (1987–present) *Urban Morphology Newsletter*. Department of Geography, University of Birmingham.

Van der Ryn, S. and Calthorpe, P. (1986) *Sustainable Communities: A New Design Synthesis for Cities, Suburbs, and Towns*. San Francisco: Sierra Club Books.

Vance, J. E. Jr (1977) *This Scene of Man: The Role and Structure of the City in the Geography of Western Civilization*. New York: Harper's.

Vance, J. E. Jr (1990) *The Continuing City: Urban Morphology in Western Civilization*. Baltimore: Johns Hpkins University Press.

Venturi, R., Brown, D. S., and Izenour, S. (1977) *Learning from Las Vegas: The Forgotten Symbolism of Architectural Form*. Cambridge, MA: MIT Press.

Vidler, A. (1976) The third typology. *Oppositions*, 7, 28–32.

Villeco, M. and Brill, M. (1981) *Environmental Design Research: Concepts, Method and Values*. Washington, DC: National Endowment for the Arts.

Violich, F. (1983) *An Experiment in Revealing the Sense of Place: A Subjective Reading of Six Dalmation Towns*. Berkeley: Center for Environmental Design Research, College of Environmental Design, University of California, Berkeley.

Walter, E. V. (1988) *Placeways: A Theory of the Human Environment*. Chapel Hill: University of North Carolina Press.

Warner, S. B. (1962) *Streetcar Suburbs: The Process of Growth in Boston, 1870–1900*. Cambridge, MA: Harvard University Press.

Warner, S. B. (1968) *The Private City: Philadelphia in Three Periods of Its Growth*. Philadelphia: University of Pennsylvania Press.

Warner, W. L. (1963) *Yankee City*. New Haven, CT: Yale University Press.

Webber, M. W. (ed.) (1964) *Explorations into Urban Structure*. Philadelphia: University of Pennsylvania Press.

Weiss, M. A. (1987) *The Rise of the Community Builders: The American Building Industry and Urban Land Planning*. New York: Columbia University Press.

Whitehand, J. W. R. (ed.) (1981) *The Urban Landscape: Historical Development and Management, papers by M. R. G. Conzen*. Institute of British Geographers special publication no. 13. New York: Academic Press.

Whyte, W. H. (1980) *The Social Life of Small Urban Spaces*. Washington, DC: Conservation Foundation.

Whyte, W. H. (1988) *City: Rediscovering the Center*. New York: Doubleday.

Wohlwill, J. F. (1981) *The Physical Environment and Behavior: An Annotated Bibliography*. New York: Plenum.

Wohlwill, J. F. (1985) *Habitats for Children: The Impacts of Density*. Hillsdale, NJ: Lawrence Erlbaum Associates.

Wolfe, M. R. (1965) A visual supplement to urban social studies. *Journal of the American Institute of Planners*, 31(1), 51–61.

Wolfe, M. R. and Shinn, R. D. (1970) *Urban Design within the Comprehensive Planning Process*. Seattle: University of Washington.

Wright, G. (1981) *Building the Dream: A Social History of Housing in America*. New York: Pantheon.

Wurman, R. S. (1971) *Making the City Observable*. Minneapolis: Walker Art Center.

Wurman, R. S. (1972) *Man-made Philadelphia: A Guide to Its Physical and Cultural Environment*. Cambridge, MA: MIT Press.

Wurman, R. S. (1974) *Cities – Comparison of Form and Scale: Models of 50 Significant Towns*. Philadelphia: Joshua Press.

Yaro, R. D., Arendt, R. G., Dodson, H. L., and Brabec, E. A. (1988) *Dealing with Change in the Connecticut River Valley: A Design Manual for Conservation and Development*. Amherst: Center for Rural Massachusetts, University of Massachusetts.

Zube, E. H. and Moore, G. T. (1987) *Advances in Environment, Behavior, and Design*. New York: Plenum.

其他参考文献 （按类型划分）

以下的参考文献按类别划分。为了避免重复，已经在很大程度上避免了前面提到过的文献。

1 Theory

Alexander, C. (1964) *Notes on the Synthesis of Form*. Cambridge, MA: MIT Press.

Alexander, C. (1965) A city is not a tree. In J. Thackara (ed.), *Design After Modernism: Beyond the Object*. London: Thames and Hudson, pp. 67–84.

Buchanan, P. (1981) Patterns and regeneration. *The Architectural Review*, 170(1018), 330–3.

Choay, F. (1997) *The Rule and the Model*. Cambridge, MA: MIT Press, chapter 6, pp. 254–69, 420–9.

Cooke, P. (1990) Modern urban theory in question. *Transactions, Institute of British Geographers: New Series*, 15(3), 331–43.

Dickens, P. G. (1979) Marxism and architectural theory: a critique of recent work. *Environment and Planning B*, 6, 105–16.

Dickens, P. (1981) The hut and the machine: towards a social theory of architecture. *Architectural Design*, 51(1/2), 18–24.

Ellin, N. (1996) *Postmodern Urbanism*. Oxford: Blackwell.

Gosling, D. (1984) Definitions of urban design. *Architectural Design*, 54(1/2), 16–25.

Gosling, D. and Maitland, B. (1984) *Concepts of Urban Design*. London: Academy Editions, appendix, pp. 156–7.

Jacobs, J. (1990) Urban realities. In G. Broadbent (ed.), *Emerging Concepts in Urban Space Design*. London: Van Nostrand Reinhold, chapter 7, pp. 138–53.

Jameson, F. (1991) Theories of the postmodern. In *Postmodernism, or, the Cultural Logic of Late Capitalism*. London/New York: Verso, chapter 2, pp. 55–66, 421–2.

Jencks, C. (1987) Post-modernism and discontinuity. AD Profile 65. *Architectural Design*, 57(1/2), 5–8.

Lang, J. (1987) Understanding normative theories of environmental design. In *Creating Architectural Theory: The Role of the Behavioral Sciences in Environmental Design*. New York: Van Nostrand Reinhold, chapter 20, pp. 219–232.

Lynch, K. (1981) But is a general normative theory possible? In *A Theory of Good City Form*. Cambridge, MA: MIT Press, chapter 5, pp. 99–108.

Lynch, K. and Rodwin, L. (1958) A theory of urban form. *Journal of the American Institute of Planners*, 24(4), 201–14.

Minca, C. (ed.) (2001) *Postmodern Geography: Theory and Practice*. Oxford, Blackwell.

Minett, J. (1975) If the city is not a tree, nor is it a system. *Resource for Urban Design Information* (http://www2.rudi.net/bookshelf/classics/city/minett), accessed July 25, 2001.

Peponis, J. (1989) Space, culture and urban design in late modernism and after. *Ekistics*, 56(334/335), 93–108.

Punter, J. (1996) Urban design theory in planning practice: the British perspective. *Built Environment*, 22(4), 263–77.

Rabeneck, A. (1979) A pattern language (review). *Architectural Design*, 49(1), 18–20.

Salingaros, N. (2001) Remarks on a city's composition. *Resources for Urban Design Information* (http://www2.rudi.net/bookshelf/classics/city/remarkscity.html) accessed July 25, 2001.

Saunders, P. (1985) Space, the city and urban sociology. In D. Gregory and J. Urry (eds), *Social Relations and Spatial Structures*. Basingstoke: Macmillan, chapter 5, pp.

67–89.

Schwarzer, M. (2000) The contemporary city in four movements. *Journal of Urban Design*, 5(2), 127–44.

Shane, G. (1976) Contextualism. *Architectural Design*, 46(11), 676–9.

Shane, G. (1976) Theory versus practice. *Architectural Design*, 46(11), 680–4.

Sternberg, E. (2000) An integrative theory of urban design. *Journal of the American Planning Association*, 66(3), 265–78.

Trancik, R. (1986) Three theories of urban spatial design. In *Finding Lost Space: Theories of Urban Design*. New York: Van Nostrand Reinhold, chapter 4, pp. 97–124, 236–7.

Ward, T. (1979) A pattern language (review). *Architectural Design*, 49(1), 14–17.

2 History

Benevolo, L. (1980) *The History of the City*. London: Scolar Press.

Boyer, M. C. (1994) The place of history and memory in the contemporary city. *The City of Collective Memory*. Cambridge, MA: MIT Press, pp. 1–29, 495–8.

Cosgrove, D. (1998) Landscape and social formation: theoretical considerations. In *Social Formation and Symbolic Landscape*. Madison: University of Wisconsin Press, chapter 2, pp. 39–68.

Gosling, D. and Maitland, B. (1984) *Concepts of Urban Design*. London: Academy Editions.

Hanson, J. (1989) Order and structure in urban design: the plans for the rebuilding of london after the great fire of 1666. *Ekistics*, 56(334/335), 22–42.

Ive, G. (1995) Urban classicism and modern ideology. In I. Borden and D. Dunster (eds), *Architecture and the Sites of History: Interpretations of Buildings and Cities*. Oxford: Butterworth Architecture, chapter 3, pp. 38–52.

Miotto, L. and Muret, J. (1980) Urbanity in history. AD Profile 31. *Architectural Design*, 51(11/12), 8–13.

Moholy Nagy, S. (1968) *The Matrix of Man*. London: Pall Mall.

Mumford, L. (1961) Retrospect and prospect. In *The City in History: Its Origins, Its Transformations, and Its Prospects*. New York: Harcourt Brace and World, chapter 18, pp. 568–76.

Rowe, C. and Koetter, F. (1978) *Collage City*. Cambridge, MA: MIT Press.

Relph, E. (1987) Ordinary landscapes of the First Machine Age: 1900–40. In *The Modern Urban Landscape*. London: Croom Helm, chapter 5, pp. 76–97.

Spriergen, P. D. (1965) The roots of our modern concepts. In *Urban Design: The Architecture of Towns and Cities*. New York: McGraw-Hill, chapter 2, pp. 29–48.

3 Philosophy

Abel, C. (2000) Rationality and meaning in design. In *Architecture and Identity: Responses to Cultural and Technological Change*. Oxford: Architectural Press, chapter 6, pp. 71–84.

Barthes, R. (1967) Semiology and urbanism. In J. Ockman (ed.), *Architecture Culture 1943–1968: A Documentary Anthology*. New York: Rizzoli, pp. 413–37.

Broadbent, G. (1996) A plain man's guide to the theory of signs in architecture. In K. Nesbitt (ed.), *Theorizing a New Agenda for Architecture: An Anthology of Architectural Theory, 1965–1995*. New York: Princeton Architectural Press, pp. 122–140.

Cypher, J. and Higgs, E. (1997) Colonizing the imagination: Disney's wilderness lodge. *Capitalism, Nature, Socialism: A Journal of Socialist Ecology*, 8(4), 107–30.

Jameson, F. (1985) Architecture and the critique of ideology. In J. Ockman (ed.), *Architecture, Criticism, Ideology*. Princeton, NJ: Princeton Architectural Press, pp. 51–87.

Knox, P. L. (1982) The social production of the built environment. *Ekistics*, 49(295), 291–7.

Madanipour, A. (1996) Urban design and the dilemmas of space. *Environment and Planning D: Society and Space*, 14, 331–55.

Norberg-Schulz, C. (1971) Existential space. In *Existence Space and Architecture*. London: Studio Vista, chapter 2, pp. 17–36.

Pile, S. (1996) Conclusion to Part II: psychoanalysis and space. In *The Body and the City: Psychoanalysis, Space, and Subjectivity*. London: Routledge, pp. 145–69.

Sayer, A. and Storper, M. (1997) Ethics unbound: for a normative turn in social theory. *Environment and Planning D: Society and Space*, 15(1), 1–17.

Sayer, A. (1985) The difference that space makes. In D. Gregory and J. Urry (eds),

Social Relations and Spatial Structures. Basingstoke: Macmillan, pp. 49–66.

Swyngedouw, E. (1996) The city as hybrid: on nature, society and cyborg urbanization. *Capitalism, Nature, Socialism: A Journal of Socialist Ecology*, 7(2), 64–81.

Tschumi, B. (1994) Questions of space. *Architecture and Disjunction*. Cambridge, MA: MIT Press, pp. 54–62.

Wilson, E. (1995) The rhetoric of urban space. *New Left Review*, 209, 146–60.

4 Politics

Al-Hindi, K. F. and Staddon, C. (1997) The hidden histories and geographies of neotraditional town planning: the case of Seaside, Florida. *Environment and Planning D: Society and Space*, 15, 349–72.

Boyer, M. C. (1993) The city of illusion: New York's public places. In P. L. Knox (ed.), *The Restless Urban Landscape*. Englewood Cliffs, NJ: Prentice Hall, chapter 5, pp. 111–26.

Bremner, L. (1994) Space and the nation: three texts on Aldo Rossi. *Environment and Planning D: Society and Space*, 12(3), 287–300.

Brenner, N. (2000) The urban question as a scale question: reflections on Henri Lefebvre, urban theory and the politics of scale. *International Journal of Urban and Regional Research*, 24(2), 361–78.

Campbell, S. (1999) Capital reconstruction and capital accumulation in Berlin: a reply to Peter Marcuse. *International Journal of Urban and Regional Research*, 23(1), 173–9.

Cartier, C. (1999) The state, property development and symbolic landscape in high-rise Hong Kong. *Landscape Research*, 24(2), 185–208.

Cox, K. R. (1981) Capitalism and conflict around the communal living space. In M. Dear and A. Scott (eds), *Urbanization and Urban Planning in Capitalist Society*. London: Methuen, chapter 16, pp. 431–55.

Dutton, T. (1989) Cities, culture and resistance: beyond Leon Krier and the postmodern condition. *Journal of Architectural Education*, 42(2), 3–9.

Hahn, H. (1986) Disability and the urban environment: a perspective on Los Angeles. *Environment and Planning D: Society and Space*, 4(3), 273–88.

Jencks, C. and Valentine, M. (1987) The architecture of democracy: the hidden tradition. *Architectural Design*, 57(9/10), 8–25.

Krueckeberg, D. (1995) The difficult character of property: to whom do things belong? *Journal of the American Planning Association*, 61(3), 301–9.

Miller, K. (2001) The politics of defining public space. Unpublished article.

Sheller, M. and Urry, J. (2000) The city and the car. *International Journal of Urban and Regional Research*, 24(4), 737–57.

Taylor, P. J. and Peet, D. (1992) Classics in human geography revisited: Harvey, D. (1973) social justice and the city. *Progress in Human Geography*, 16(1), 71–4.

Ward, C. (1973) The utopian community. *RIBA Journal*, 80(2), 87–96.

5 Culture

Alexander, C. (1969) Major changes in environmental form required by social and psychological demands. *Ekistics*, 28(165), 78–85.

Alexander, C. (1971) Major changes in environmental form required by social and psychological demands. *Cities Fit to Live in*. New York: Macmillan, chapter 6, pp. 48–58.

Appleyard, D. (1979) The environment as a social symbol: within a theory of environmental action and perception. *Journal of the American Planning Association*, 45(2) 143–53.

Audirac, I. and Shermyen, A. (1994) An evaluation of neotraditional design's social prescription: postmodern placebo or remedy for suburban malaise? *Journal of Planning Education and Research*, 13(3), 161–73.

Castells, M. (1977) Conclusion: exploratory theses on the urban question. In *The Urban Question: A Marxist Approach*. London: Edward Arnold, pp. 429–36.

Castells, M. (1977) The myth of urban culture. In *The Urban Question: A Marxist Approach*. London: Edward Arnold, chapter 5, pp. 75–85.

Chambers, I. (1993) Cities without maps. In J. Bird, B. Curtis, T. Putnam, G. Robertson and L. Tickner (eds), *Mapping the Futures: Local Cultures, Global Change*. London: Routledge, pp. 188–98.

Cuthbert, A. R. (1985) Hong Kong: density, pathology and urban form. In D. Diamond and J. B. McLoughlin (eds), *Architecture, Society and Space: The High-density Question Re-examined*. Oxford: Pergamon Press, chapter 6, pp. 126–37.

Featherstone, M. (1993) Global and local cultures. In J. Bird, B. Curtis, T. Putnam, G. Robertson, and L. Tickner (eds), *Mapping the Futures: Local Cultures, Global Change*. London: Routledge, pp. 169–87.

Frampton, K. (1983) Towards a critical regionalism: six points for an architecture of resistance. In H. Foster (ed.), *Postmodern Culture*. London: Pluto Press, pp. 16–30.

Gould, P. and White, R. (1995) Mental maps. *Progress in Human Geography*, 19(1), 105–10.

Hall, E. (1959) The vocabulary of culture. In *The Silent Language*. Garden City: Doubleday, chapter 3, pp. 57–81, 222–3.

Hester, R. T., Blazej, N. J., and Moore, I. S. (1999) Whose wild? resolving cultural and biological diversity conflicts in urban wilderness. *Landscape Journal*, 18(2), 137–46.

Hillier, B. (1973) In defence of space. *RIBA Journal*, 80(11), 539–44.

Jameson, F. (1988) Cognitive mapping. In C. Nelson and L. Grossenberg (eds), *Marxism and the Interpretation of Culture*. Basingstoke: Macmillan, pp. 347–57.

Kallus, R. (2001) From abstract to concrete: subjective reading of urban space. *Journal of Urban Design*, 6(2), 129–50.

Montgomery, R. (1998) Is there still life in "the death and life"? *Journal of the American Planning Association*, 64(3), 269–74.

Newman, O. (1973) Defensible space as a crime preventive measure. In *Architectural Design for Crime Prevention*. New York: Institute of Planning and Housing, chapter 1, pp. 1–12.

Newman, O. (1995) Defensible space: a new physical planning tool for urban revitalization. *Journal of the American Planning Association*, 61(2), 149–55.

Rappoport, A. (1975) Toward a redefinition of density. *Environment and Behavior*, 7(2), 133–58.

Stretton, H. (1998) Density, efficiency and equality in australian cities. In K. Williams, M. Jenks, and E. Burton (eds), *Achieving Sustainable Urban Form?* London: E and F N Spon, pp. 45–52.

Tonuma, K. (1981) Theory of human scale. *Ekistics*, 48(289), 315–24.

6 Gender

Borden, I. (1995) Gender and the city. In I. Borden and D. Dunster (eds), *Architecture and the Sites of History: Interpretations of Buildings and Cities*. Oxford: Butterworth Architecture, chapter 23, pp. 317–30.

Boys, J. (1998) Beyond maps and metaphors? Re-thinking the relationships between architecture and gender. In R. Ainley (ed.), *New Frontiers of Space, Bodies and Gender*. London: Routledge, pp. 201–36.

Day, K. (1999) Introducing gender to the critique of privatised public space. *Journal of Urban Design*, 4(2), 155–78.

Knopp, L. (1992) Sexuality and the spatial dynamics of capitalism. *Environment and Planning D: Society and Space*, 10, 651–69.

McDowell, L. (1993) Space, place and gender relations: part 1. Feminist empiricism and the geography of social relations. *Progress in Human Geography*, 17(2), 157–79.

Roberts, M. (1998) Urban design, gender and the future of cities. *Journal of Urban Design*, 3(2), 133–5.

Sandercock, L. and Forsyth, A. (1992) A gender agenda: new directions for planning theory. *Journal of the American Planning Association*, 58(1), 49–59.

Walker, L. (1998) Home and away: the feminist remapping of public and private space in Victorian London. In R. Ainley (ed.), *New Frontiers of Space, Bodies and Gender*. London: Routledge, pp. 65–75, 224–6.

7 Environment

Bosselmann, P., Arens, E., Dunker, K., and Wright, R. (1995) Urban form and climate: case study, Toronto. *Journal of the American Planning Association*, 61(2), 226–39.

Breheny, M. J. (1992) The contradictions of the compact city: a review. In M. J. Breheny (ed.), *Sustainable Development and Urban Form*. London: Pion Limited, pp. 138–59.

Burgess, R. (2000) The compact city debate: a global perspective. In M. Jenks and R. Burgess (eds), *Compact Cities: Sustainable Urban Forms for Developing Countries*. London: Spon Press, pp. 9–24.

Frey, H. (1999) Compact, decentralised or what? The sustainable city debate. In *Designing the City: Towards a More Sustainable Urban Form*. London: E and F N Spon, chapter 2, pp. 23–35.

Gaffikin, F. and Morrissey, M. (1999) Sustainable cities. In F. Gaffikin and M. Morrissey (eds), *City Visions: Imagining Place, Enfranchising People. London: Pluto Press, chapter 5, pp. 90–103.

Hawken, P., Lovins, A., and Lovins, L. (1999) The Next Industrial Revolution. In *Natural Capitalism: The Next Industrial Revolution*. London: Earthscan, chapter 1, pp. 1–21, 323.

Hough, M. (1984) Urban ecology, a basis for design. In *City Form and Natural Process: Towards a New Urban Vernacular*. London: Croom Helm, Chapter 1, pp. 5–27.

Jenks, M. and Burgess, R. (2000) Compact cities in the context of developing countries: introduction. In M. Jenks and R. Burgess (eds), *Compact Cities: Sustainable Urban Forms for Developing Countries*. London: Spon Press, part 1, pp. 7–8.

McLoughlin, B. (1991) Urban consolidation and urban sprawl: a question of density. *Urban Policy and Research*, 9(3), 148–56.

Myers, B. and Dale, J. (1992) Designing in car-oriented cities: an argument for episodic urban congestion. In M. Wachs and M. Crawford (eds), *The Car and the City: The Automobile, The Built Environment, and Daily Urban Life*. Ann Arbor: University of Michigan Press, chapter 18, pp. 254–73, 320–1.

Newman, P. (1994) Urban design, transportation and greenhouse. In R. Samuels and D. K. Prasad (eds), *Global Warming and the Built Environment*. London: E and F N Spon, pp. 69–84.

Ravetz, J. (2000) Urban form and the sustainability of urban systems: theory and practice in a northern conurbation. In K. Williams, E. Burton and M. Jenks (eds), *Achieving Sustainable Urban Form*. London: E and F N Spon, pp. 215–28, 374–5.

Scoffham, E. and Vale, B. (1998) How compact is sustainable – how sustainable is compact? In M. Jenks, E. Burton and K. Williams (eds), *The Compact City: A Sustainable Urban Form?* London: E and F N Spon, pp. 66–73.

Stone, B. and Rodgers, M. (2001) Urban form and thermal efficiency: how the design of cities can influence the urban heat island effect. *Journal of the American Planning Association*, 67(2), 186–274.

Trepl, L. (1996) City and ecology. *Capitalism, Nature, Socialism: A Journal of Socialist Ecology*, 7(2), 85–94.

Wansborough, M. and Mageean, A. (2000) The role of urban design in cultural regeneration. *Journal of Urban Design*, 5(2), 181–97.

Welbank, M. (1998) The search for a sustainable urban form. In M. Jenks, E. Burton, and K. Williams (eds), *The Compact City: A Sustainable Urban Form?* London: E and F N Spon, pp. 74–82.

Yanarella, E. and Levine, R. (1993) The sustainable cities manifesto: pretext, text and post-text. *Built Environment*, 18(4), 301–13.

8 Aesthetics

Crawford, M. (1992) The fifth ecology: fantasy, the automobile, and Los Angeles. In M. Wachs and M. Crawford (eds), *The Car and the City: The Automobile, the Built Environment, and Daily Urban Life*. Ann Arbor: University of Michigan Press, chapter 16, pp. 222–33, 317–18.

Gottdiener, M. (1997) Themes, societal fantasies, and daily life. In *The Theming of America: Dreams, Visions, and Commercial Spaces*. Boulder, CO: Westview Press, chapter 7, pp. 143–59.

Lynch, K. (1991) The form of cities. In T. Banerjee and M. Southworth (eds), *City Sense and City Design: Writings and Projects of Kevin Lynch*. Cambridge, MA: MIT Press, pp. 35–46.

Scruton, R. (1981) Recent aesthetics in England and America. *Architectural Association Quarterly*, 13(1), 51–4.

Taylor, N. (1999) The elements of townscape and the art of urban design. *Journal of Urban Design*, 4(2), 195–209.

9 Typologies

Abel, C. (1988) Analogical models in architecture and urban design. *Middle East Technical University Journal of the Faculty of Architecture*, 8(2), 161–88.

Abel, C. (2000) Asian Urban Futures. In *Architecture and Identity: Responses to Cultural and Technological Change*. Oxford: Architectural Press, chapter 18, pp. 211–34.

Azaryahu, M. (1996) The power of commemorative street names. *Environment and Planning D: Society and Space*, 14(3), 311–30.

Beune, F. and Thus, T. (1990) Fragmentation of urban open space. In M. J. Vroom and J. H. A. Meeus (eds), *Learning from Rotterdam: Investigating the Process of Urban Park Design*. New York: Mansell and

Nichols Publishing, pp. 106–21.

Goode, T. (1992) Typological theory in the United States: the consumption of architectural "authenticity." *Journal of Architectural Education*, 46(1), 2–13.

Hillier, B. (1989) The architecture of the urban object. *Ekistics*, 56(334/335), 5–21.

Kostof, S. (1992) *The City Assembled*. New York: Little Brown and Co.

King, A. D. (1984) The social production of building form: theory and research. *Environment and Planning D: Society and Space*, 2(4), 429–46.

Krier, L. (1978) The reconstruction of the city. In *Rational Architecture Rationelle: The Reconstruction of the European City*. Brussels: Editions Archives d'Architecture Moderne, pp. 38–42.

Lang, J. (1996) Implementing urban design in America: project types and methodological implications. *Journal of Urban Design*, 1(1), 7–22.

Lynch, K. (1958) Environmental adaptability. *Journal of the American Institute of Planners*, 24(1), 16–24.

Perez de Arce, R. (1978) Urban transformations and the architecture of additions. *Architectural Design*, 48(4), 237–66.

Vidler, A. (1978) The third typology. In *Rational Architecture Rationelle: The Reconstruction of the European City*. Brussels: Editions Archives d'Architecture Moderne, pp. 28–32.

Webb, M. (1990) *The City Square*. London. Thames and Hudson.

Weiss, M. (1992) Skyscraper zoning: New York's pioneering role. *Journal of the American Planning Association*, 58(2), 201–12.

10 Pragmatics

Baer, W. C. (1997) Toward design regulations for the built environment. *Environment and Planning B: Planning and Design*, 24(1), 37–57.

Banai, R. (1996) A theoretical assessment of the "neotraditional" settlement form by dimensions of performance. *Environment and Planning B: Planning and Design*, 23(2), 177–90.

Brine, J. (1997) Urban design advisory panels: south Australia looks to Canadian experience. *Australian Planner*, 34(2), 116–20.

Cuthbert, A. (1994) An agenda for planning in the nineties. *Australian Planner*, 31(4), 206–11.

Gunder, M. (2001) Bridging theory and practice in planning education: a story from Auckland. In R. Freestone and S. Thompson (eds), *Bridging Theory and Practice in Planning Education: Proceedings of the 2001 ANZAPS Conference held at the University of New South Wales 21–23 September 2001*. Sydney: University of New South Wales, pp. 21–32.

Heide, H. T. and Wijnbelt, D. (1996) To know and to make: the link between research and urban design. *Journal of Urban Design*, 1(1), 75–90.

Jacobs, A. and Appleyard, D. (1987) Toward an urban design manifesto. *Journal of the American Planning Association*, 53(1), 112–20.

Jacobs, J. M. (1993) The city unbound: qualitative approaches to the city. *Urban Studies*, 30(4/5), 827–48.

Korllos, T. S. (1980) Sociology of architecture: an emerging perspective. *Ekistics*, 47(285), 470–5.

Noble, D. F. (1998) Digital diploma mills: the automation of higher education (http://www.itc.virginia.edu/virginia.edu/fall98/mills/home.html), accessed November 5, 2001.

Rowley, A. and Davies, L. (2001) Training for urban design. *Quarterly Journal of the Urban Design Group*, 78 (http://www2. rudi.net/ej/udq/78/research-udq78.html), accessed July 25, 2001.

Rowley, A. (1998) Private-property decision makers and the quality of urban design. *Journal of Urban Design*, 3(2), 151–73.

Schurch, T. W. (1999) Reconsidering urban design: thoughts about its definition and status as a field or profession. *Journal of Urban Design*, 4(1), 5–28.

The Congress for the New Urbanism (2001) *Charter of the New Urbanism* (http://www.newurbanism.org/page532096.htm), accessed September 19, 2001.

UK Department of the Environment, Transport and the Regions (2000) *Training for Urban Design* (http://www.planning.detr.gov.uk/urbandesign/training/summary.htm), accessed August 9, 2001.